机床电气控制线路故障维修

Breakdown Maintenance of Electric Control Circuit for Machine Tools

主　编　贺哲荣　肖　峰

副主编　黄金波　闫军礼　陆柏林　刘志勇

西安电子科技大学出版社

内 容 简 介

　　本书从常用机床电器的电路符号、结构、应用等入手，较为详细地分析了机床常用基本控制电路，介绍了三菱 FX2N 系列可编程控制器指令；在此基础上，介绍了机床电气故障的检修方法及步骤；最后，分类详细讲述了车床、磨床、钻床、铣床、镗床及其他机床的控制线路原理，对每种机床列举了两个以上的故障检修实例，并列出了每种机床可能出现的故障及检测点和维修方法，以便于读者在今后的工作中对照使用。

　　本书通俗易懂，尽量避免繁琐的理论叙述，注重培养实际操作和解决实际问题的能力，特别适合高、中等职业院校及中级技工学校和高级技工学校的电工、机电一体化专业的学生作为教材或参考书使用，亦可供大专院校电类自动控制专业的学生作为教材或课外参考书。对于工厂解决生产实际问题，这也是一本较好的参考书。

图书在版编目(CIP)数据

机床电气控制线路故障维修/贺哲荣，肖峰主编. —西安：
西安电子科技大学出版社，2012.9(2023.8 重印)
ISBN 978-7-5606-2825-7

Ⅰ.① 机… Ⅱ.① 贺… ② 肖… Ⅲ.① 机床—电气控制—控制电路—故障修复 Ⅳ.① TG502.35

中国版本图书馆 CIP 数据核字(2012)第 121467 号

责任编辑　雷鸿俊　云立实　黄薇谚
出版发行　西安电子科技大学出版社(西安市太白南路 2 号)
电　　话　(029)88202421　88201467　　　邮　编　710071
网　　址　www.xduph.com　　　　　　电子邮箱　xdupfxb001@163.com
经　　销　新华书店
印刷单位　广东虎彩云印刷有限公司
版　　次　2012 年 9 月第 1 版　　2023 年 8 月第 5 次印刷
开　　本　787 毫米×1092 毫米　1/16　印 张 19
字　　数　447 千字
定　　价　49.00 元
ISBN 978 - 7 - 5606 - 2825 - 7/TG
XDUP 3117001-5
如有印装问题可调换

前　言

　　技工教育及职业技术教育作为我国的一项基本技能教育，越来越受到社会各界普遍的关注和重视。如何提高劳动者的操作技能，是每一个职业技能教育者必须认真考虑及研究的问题。本书是以中华人民共和国劳动社会保障部公布的《工人技术等级标准大纲》为依据，结合作者多年的教学及实际工作经验编写的。

　　本书较为详细地分析了机床常用基本控制线路，介绍了机床电气故障的检修方法及步骤，重点分类详细讲述了车床、磨床、钻床、铣床、镗床及其他机床的控制线路原理，对每种机床列出了两个以上的故障检修实例，并列出了每种机床所有可能出现的故障及检测点和维修方法，以便读者在今后的工作中对照使用。

　　本书通俗易懂，尽量避免繁琐的理论，注重培养实际操作和解决实际问题的能力。读者通过阅读此书，在机床电气维修方面可达到高级工的水平。本书特别适合高、中等职业院校及中级技工学校和高级技工学校的电工、机电一体化专业的学生作为教材或参考书使用，亦可供大专院校电类自动控制专业的学生作为教材或课外参考书。对于工厂解决生产实际问题，这也是一本较好的参考书。

　　本书由湖南有色金属职业技术学院的贺哲荣、大唐华银金竹山火力发电分公司发电部的肖峰任主编，湖南有色金属职业技术学院的黄金波、闫军礼、陆柏林、刘志勇任副主编，参编人员有贺文娟、吴春燕、贺娜、段俊宇、刘海光、陈伟梅、苏林、骆涛、姜东平、姜美辉、康次华、段国光、刘胜、刘凯振、曾振华、伍金骠、潘凯、张霖、段吉鸿、康林、粟刚、陈益华、杨为、邹斌、姜新辉、黄秋平、梁建宏、罗富军、甄旭、刘拥华、罗俊平等。

　　由于编者水平有限，书中难免存在疏漏与不妥之处，恳请各位专家及读者批评指正。

编　者
2012 年 5 月

目　　录

第 1 章

❧❧❧❧❧❧❧❧❧❧❧❧❧❧❧❧❧❧❧❧❧❧❧❧❧❧❧❧❧❧❧❧❧❧❧❧❧

机床常用低压电器

低压电器用途广泛，品种规格繁杂。机床低压电器指的是用在机床控制系统中的低压电器。本章主要从实际应用的角度出发，介绍常用的机床低压电器及其用途。

1.1　机床常用低压开关

机床常用低压开关在电路中主要作隔离、转换以及接通和分断电路之用，如机床电源开关、照明开关等。还有的低压开关可直接用于 5.5 kW 以下小容量电动机的启动、停止及正、反转的控制等。在机床上使用的开关一般有刀开关、转换开关、自动空气开关及钮子开关等。其中刀开关和组合开关为非自动切换开关，下面分别予以介绍。

1.1.1　刀开关

刀开关又名"闸刀开关"，它是非自动切换开关中构造最简单、最常用的一种低压电器，其代表产品有 HK1、HK2 系列胶盖瓷底开关，HH3、HH4、HH10 系列负荷开关(铁壳开关)及老式的 HH9 和 DH14 系列开关板用开关等。其中 HK1 和 HH4 系列为全国统一设计产品。

刀开关又可分为两极和三极两种，在机床上一般采用三极的。

1. HK 系列胶盖瓷底刀开关

1) HK 系列胶盖瓷底刀开关简述

HK 系列胶盖瓷底刀开关又称为开启式负荷开关或闸刀开关。它由刀开关和熔断器组成，通过装在瓷底板上的铜接件将刀开关及熔丝相连接。刀开关装在上部，由进线座和静夹座组成；熔丝装在闸刀片座和出线座之间，闸刀片上端装有瓷质手柄。闸刀开关外表的上、下两部分由两个胶盖用紧固螺丝固定，以防止当电路过载时熔丝熔断产生电弧伤及人体和防止触电事故。

2) HK 系列胶盖瓷底刀开关的型号

HK 系列胶盖瓷底刀开关的型号意义如下：

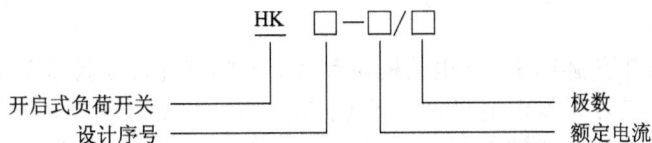

$$\text{HK} \quad \square - \square / \square$$

开启式负荷开关 ————————————— 极数
设计序号 ————————————— 额定电流

3) HK 系列胶盖瓷底刀开关在电路中的用途

HK 系列胶盖瓷底刀开关由于未设置专用的灭弧装置，且易受电弧灼伤引起接触不良等故障，故不适用于分断较大负载电流的电路，一般用于接通和断开有电压而无负载电流的电路，即作为隔离开关使用。但由于其经济性及构造简单、操作方便等特点，故在电动机功率不大于 5.5 kW 的控制电路中及要求不高、线路额定电流为 60 A 及以下的照明线路中作为手动不频繁地接通和断开负载电路及短路保护之用。

4) HK 系列胶盖瓷底刀开关的电路符号

HK 系列胶盖瓷底刀开关在电路中的图形符号及文字符号如图 1-1 所示。

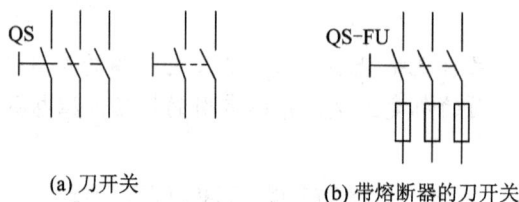

(a) 刀开关　　　　　　　(b) 带熔断器的刀开关

图 1-1　HK 系列刀开关在电路中的符号

5) HK 系列胶盖瓷底刀开关的基本技术参数

HK 系列胶盖瓷底刀开关的基本技术参数见表 1-1。

表 1-1　HK 系列胶盖瓷底刀开关的基本技术参数

型　号	极数	额定电压值/V	额定电流/A	可控制电动机最大容量值/kW		熔体配用规格	
				220 V	380 V	材料	熔体线径/mm
HK1—15	2	220	15	1.5	—	保险丝	1.45～1.59
KH1—30	2	220	30	3.0	—	保险丝	2.30～2.52
HK1—60	2	220	60	4.5	—	保险丝	3.36～4.0
HK1—15	3	380	15	—	2.2	保险丝	1.45～1.59
KH1—30	3	380	30	—	4.0	保险丝	2.30～2.52
HK1—60	3	380	60	—	5.5	保险丝	3.36～4.0
HK2—10	2	250	10	1.1	—	铜丝	0.25
HK2—15	2	250	15	1.5	—	铜丝	0.41
HK2—30	2	250	30	3.0	—	铜丝	0.56
HK2—15	3	380	15	—	2.2	铜丝	0.45
HK2—30	3	380	30	—	4.0	铜丝	0.71
HK2—60	3	380	60	—	5.5	铜丝	1.12

6) HK 系列胶盖瓷底刀开关的选用

(1) 用于普通照明电路。HK 系列胶盖瓷底刀开关用于普通照明电路作为隔离或负载开关时，应选额定电压大于或等于 220 V，额定电流大于或等于电路的最大工作电流的两极开关。

(2) 用于电动机控制电路。当电动机功率大于 5.5 kW 时，HK 系列胶盖瓷底刀开关可直接用于电动机的启动、停止控制；但当电动机功率大于 5.5 kW 时，只能作为隔离开关使用。应选用额定电压大于或等于 380 V，额定电流大于电动机额定电流 3 倍的三极开关。

例　某楼房采用 HK1 系列胶盖瓷底闸刀开关作为供电总开关，已知该楼房共有单人宿舍 6 间，每间按安装一个 60 W 的白炽灯和一个插座计算；家属宿舍 6 户，每户按安装 5 个 60 W 的白炽灯和 4 个插座计算。应选择多大电流的开关？

先计算线路总电流。设每个插座的功率为 100 W，则该楼房的总功率为

$$P_{总} = 60 \times 6 + 100 \times 6 + 60 \times 5 \times 6 + 100 \times 4 \times 6 = 5160 \text{ W}$$

如果不考虑需用系数，则总电流为

$$I_{总} = \frac{5160}{220} = 23.5 \text{ A}$$

查表 1-1 可知应选用 HK1—30 型额定电流为 30 A 的两极开关。

7) 安全注意事项

(1) 闸刀开关应垂直安装在开关板或控制屏上，不能倒装；在电路处于接通状态下操作手柄不能朝下，正确的安装应为手柄朝上，以免闸刀开关在分断状态下有松动而自动掉下误接通造成人身伤亡或设备事故。

(2) 闸刀开关在引接线时电源进线和出线不能接反，进线应在闸刀开关的上方，出线应在闸刀开关的下方，这样才能保证更换熔丝时不会发生触电事故。

2．HH 系列铁壳开关

铁壳开关又称为封闭式负荷开关，因其外壳为铁制，故俗称铁壳开关。铁壳开关的灭弧性能、操作及通断负载的能力和安全防护性能都优于 HK 系列胶盖瓷底刀开关，但其价格较 HK 系列胶盖瓷底刀开关贵。

1) HH 系列铁壳开关简述

HH 系列铁壳开关主要由 U 型动触片、静夹座、瓷插式熔断器、速断弹簧、转轴、操作手柄、开关盖、开关盖锁紧螺栓、进线孔、出线孔等组成。铁壳开关的操作机械与 HK 系列胶盖瓷底刀开关比较有两个特点：一是采用了弹簧贮能分合闸方式，其分合闸的速度与手柄的操作速度无关，从而提高了开关通断负载的能力，降低了触头系统的电气磨损及延长了开关的使用寿命；二是设有联锁装置，保证开关在合闸状态开关盖不能开启，开关盖开启时又不能合闸。联锁装置的采用，既有利于充分发挥外壳的防护作用，又保证了更换熔丝时不因误操作合闸而产生触电事故。

2) HH 系列铁壳开关的型号

HH 系列铁壳开关的型号意义如下：

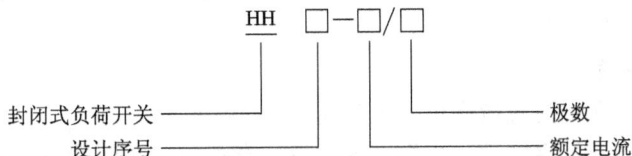

HH □—□/□

封闭式负荷开关　　　极数
设计序号　　　额定电流

3) HH 系列铁壳开关在电路中的用途

HH 系列铁壳开关适合作为机床的电源开关和直接启动与停止 15 kW 以下电动机的控制，同时还可作为工矿企业电气装置、农村电力排灌及电热照明等各种配电设备的开关及短路保护之用。

4) HH 系列铁壳开关的电路符号

HH 系列铁壳开关在电路中的图形符号及文字符号与 HK 系列的相同，见图 1-1。

5) HH 系列铁壳开关的基本技术参数

HH 系列铁壳开关的基本技术参数见表 1-2。

表 1-2　HH 系列铁壳开关的基本技术参数

型　号	极数	额定电压值/V	额定电流/A	可控制电动机最大容量值/kW	熔体额定电流/A	熔体配用规格	
						材料	熔体线径/mm
HH3—10/2	2	220	10	1.1	6、11	铜丝	0.26、0.35
HH3—15/2	2	220	15	2.2	6、10、15	铜丝	0.26、0.35、0.46
HH3—20/2	2	220	20	3	10、15、20	铜丝	0.35、0.46、0.65
HH3—30/2	2	220	30	5	20、25、30	铜丝	0.65、0.71、0.81
HH3—60/2	2	220	60	11	40、50、60	铜丝	1.02、1.22、1.32
HH3—100/2	2	220	100	15	60、80、100	铜丝	1.32、1.62、1.81
HH3—200/2	2	220	200	15	150、200	紫铜片	—
HH3—15/2	2	220	15	2.2	10、15	保险丝	1.03、1.25
HH3—30/2	2	220	30	5	20、25、30	铜丝	0.61、0.71、0.80
HH3—60/2	2	220	60	11	40、50、60	铜丝	0.92、1.07、1.20
HH3—10/3	3	380	10	1.1	6、10	铜丝	0.26、0.35
HH3—15/3	3	380	15	2.2	6、10、15	铜丝	0.26、0.35、0.46
HH3—20/3	3	380	20	3	10、15、20	铜丝	0.35、0.46、0.65
HH3—30/3	3	380	30	5	20、25、30	铜丝	0.65、0.71、0.81
HH3—60/3	3	380	60	11	40、50、60	铜丝	1.02、1.22、1.32
HH3—100/3	3	380	100	15	60、80、100	铜丝	1.32、1.62、1.81
HH3—200/3	3	380	200	15	150、200	紫铜片	—
HH3—15/3	3	380	15	2.2	10、15	保险丝	1.03、1.25
HH3—30/3	3	380	30	5	20、25、30	铜丝	0.61、0.71、0.80
HH3—60/3	3	380	60	11	40、50、60	铜丝	0.92、1.07、1.20

6) HH 系列铁壳开关的选用

(1) 用于普通照明电路。HH 系列铁壳开关在普通照明电路中的选用原则与 HK 系列胶盖瓷底刀开关相同。

(2) 用于电动机控制电路。HH 系列铁壳开关用于电动机功率小于 15 kW 以下的直接启动，其开关的额定电压值应选大于或等于电路的额定电压值，额定电流应选为电动机额定电流的 1.5～2.5 倍左右。

7) 安全注意事项

(1) 铁壳开关不允许随意放在地面上使用。

(2) 安装时外壳应可靠接地，否则可能会发生意外的漏电而造成人身触电事故。

(3) 操作铁壳开关时，操作者应在铁壳开关的手柄侧，不要面对开关，以免造成意外伤人事故。

1.1.2　HZ 系列组合开关

HZ 系列组合开关也称为转换开关，它实际上也属于刀开关的范畴，只不过它的动触点是通过操作手柄带动向右或向左转动，从而达到和静触点接通及断开来控制电路通断的目的的。可根据电路控制的要求，应用排列组合的规律，设计出许多不同层数、不同触点数及不同凸轮、棘轮形式的组合开关结构形式，以适合于各种控制场合的需要。

机床上应用较多的有 HZ10 系列无限位型组合开关和 HZ3 系列有限位型组合开关。

1. 组合开关的型号

HZ 系列组合开关的型号意义如下：

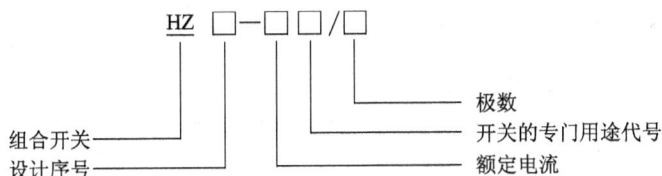

HZ □—□□/□

组合开关
设计序号
额定电流
开关的专门用途代号
极数

2. HZ10 系列组合开关

HZ10 系列组合开关为无限位型组合开关的代表型号，它可以在 360° 范围内旋转，每旋转一次，手柄位置在空中改变 90°，它可无定位及无方向限制转动。它由数层动、静触点分别组装于绝缘胶木盒内，动触点装于附有手柄的转轴上，随转轴旋转位置的改变而改变动、静触点的通断。由于采用了扭簧贮能机构，故开关能快速分断及闭合，且与操作手柄的速度无关。图 1-2 为 HZ10 系列组合开关在电路中的图形符号及文字符号。

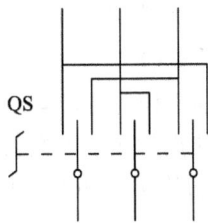

3. HZ3 系列组合开关

HZ3 系列组合开关为有限位型组合开关的代表型号。HZ3 系列组合开关又称为倒顺开关或可逆转换开关，它只能在"倒"、"顺"、"停"三个位置上转动，其转动范围为 90°。从"停"挡扳至"倒"挡转向为 45°，从"停"挡扳至"顺"挡亦为 45°。

当作为电动机正、反转控制时，将手柄扳至"顺"挡位置，在电路上接通电动机的正转电源，电动机正转；当电动机需要反转时，将手柄扳至"倒"挡位置，HZ3 系列组合开关在内部将两组触点互相调换相接通，使电动机通入反转电源，电动机得电反转。图 1-3 为 HZ3 系列组合开关在电路中的图形符号及文字符号。

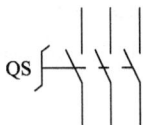

图 1-2　HZ10 系列组合开关在电路中的符号　　　图 1-3　HZ3 系列组合开关在电路中的符号

4. HZ10 系列及 HZ3 系列组合开关的用途

(1) HZ10 系列组合开关。HZ10 系列组合开关主要用于中、小型机床的电源隔离，控制线路的切换、小型直流电动机的励磁、磁性工作台的退磁等，还可直接用于控制功率小于 5.5 kW 以下电动机的启动及停止。

(2) HZ3 系列组合开关。HZ3 系列组合开关主要用于小型异步电动机的正、反转控制及双速异步电动机变速的控制。

5. HZ10 系列及 HZ3 系列组合开关的主要技术参数

HZ10 系列及 HZ3 系列组合开关的主要技术参数分别见表 1-3 和表 1-4。

表 1-3 　 HZ10 系列组合开关的主要技术参数

型　号	额定电压 /V	额定电流 /A	可控制电动机功率 /kW	在电路中的作用或用途	备　注
HZ10—10	交流：380 直流：220	10	1.7	在电气线路中作接通和断开电路、换接电源及负载、测量三相电压、控制小型异步电动机启停等	可取代 HZ1、HZ2 系列等老产品
HZ10—25		25	4		
HZ10—60		60	5.5		
HZ10—100		100	—		

表 1-4 　 HZ3 系列组合开关的主要技术参数

型　号	额定电流 /A	可控制电动机容量 /kW			罩壳	面板	手柄形式	鼓轮节数	安装地点	开关重量 /kg	适应范围
		220 V	380 V	500 V							
HZ3—131	10	2.2	3	3	有	—	普通	3	机床外部	0.92	控制电动机启动、停止
HZ3—132	10	2.2	3	3	有	—	普通	3		0.92	
HZ3—133	10	2.2	3	3			普通	3	控制屏	0.60	控制电动机倒、顺、停
HZ3—161	35	5.5	7.5	7.5	—	—	普通	6		0.95	
HZ3—432	10	2.2	3	3	—	有	加长	3	机床内部	0.8	控制电动机启动、停止
HZ3—431	10	2.2	3	3	—	有	加长	3		0.8	控制电动机倒、顺、停
HZ3—451	10	2.2		3		有	加长	5		1.15	△/YY、Y/YY 变速
HZ3—452	5(110 V) 10(220 V)	—	—	—		有	加长	5		1.15	控制电磁吸盘

6. 选用

HZ 系列组合开关在作为电动机控制时，应根据电压等级、额定电流、所需触点数及控制方式进行选择。一般开关的额定电流应选择为电动机额定电流的 1.5～2.5 倍左右。

7. 安全注意事项

(1) 用于电动机控制时，其启动、停止的操作频率应小于(15～20)次/时。

(2) 用于电动机的正、反转控制时，不能在电动机未完全停止的状态下接通电动机反转方向的电源，否则会因为反转启动电流较大而损坏开关。

1.1.3　自动空气开关

自动空气开关又叫自动空气断路器，在现代机床控制中被广泛作为电源的引入开关及各电动机启动、停止的控制开关。它不但能带负荷接通和断开电路，且对所控制的电路或电器有过载、短路、失压及欠压保护的功能。常用的自动空气开关有 DZ5 系列及 DZ10 系列。其中 DZ5 系列为小型小电流自动空气开关，DZ10 系列为大型大电流自动空气开关。

1. 型号

自动空气开关的型号意义如下：

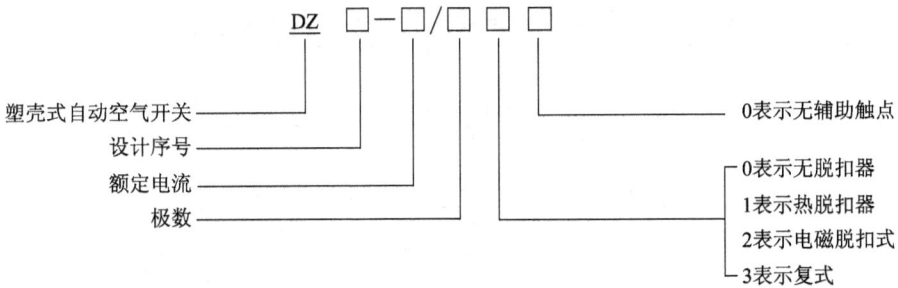

```
DZ □—□/□□□
```

塑壳式自动空气开关 ————┘　│　│　│ │ │
设计序号 ——————————┘　│　│ │ │
额定电流 ——————————————┘　│ │ │
极数 ——————————————————┘ │ │

0表示无辅助触点

┌ 0表示无脱扣器
├ 1表示热脱扣器
├ 2表示电磁脱扣式
└ 3表示复式

2. 用途

自动空气开关适用于交流 50 Hz 或 60 Hz、电压至 500 V，直流电压 440 V 以下的电路中，当电路中发生超过允许极限的过载、短路及失压时，电路自动分断。此外，在正常条件下自动空气开关可作为电路的不频繁接通和分断之用。

3. 电路符号

自动空气开关在电路中的图形符号及文字符号如图1-4所示。

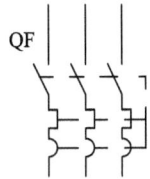

图 1-4　自动空气开关在电路中的符号

4. DZ5 系列及 DZ10 系列自动空气开关的主要技术参数

DZ5 系列及 DZ10 系列自动空气开关的主要技术参数分别见表 1-5 和表 1-6。

表 1-5　DZ5 系列自动空气开关的主要技术参数

| 型　号 | 额定电压 /V | 额定电流 /A | 极数 | 脱扣器类别 | 脱扣器额定电流 /A | 辅助触头 | | 最大分断电流 /A | | 主要用途 |
						形式	额定电流/A	交流 380 V	直流 220 V	—
DZ5—10	交流：380 直流：220	10	2	复式 热脱扣，电磁脱扣	—	一常开 一常闭	5	1000	—	照明线路或半导体自动化元件控制线路中作为控制开关及过载、短路保护及配电或电动机的保护、不频繁操作等用
DZ5—10F		10	2				5	1000	—	
DZ5—20		20	2 或 3	复式 热脱扣，电磁脱扣，无脱扣	0.15～20		5	1200	1200	
DZ5—25		25	1		0.5～25	—	5	2000	—	照明线路中作为控制开关及过载或短路保护用
DZ5B—50	交流 50 Hz 时：220	50	1	液体阻尼式电磁脱扣	2.5～50	一常开 一常闭 无辅助触头	5	2500	—	照明线路中作为控制开关及过载或短路保护用，配电或小容量电动机的保护与不频繁操作等用
DZ5—50		50	1		10～50	一常开 一常闭 二常开 二常闭 无辅助触头	5	2500	—	

表 1-6 DZ10 系列自动空气开关的主要技术参数

型 号	额定电压/V	额定电流/A	脱扣器类别	脱扣器额定电流/A	极限分断电流/A 直流220 V	极限分断电流/A 交流380 V	电气寿命/次	机械寿命/次	主要用途
DZ10—100	交流50 Hz 时：380、220	100	复式、电磁式、热脱扣式或无脱扣式	15	7000	7000	5000	10000	作为不频繁地接通与断开电路用，自动空气开关具有过载及短路保护装置，以保护电气设备、电动机和电缆不因过载而损坏
				20	7000	7000	5000	10000	
				25	9000	9000	5000	10000	
				30	9000	9000	5000	10000	
				40	9000	9000	5000	10000	
				50	12000	12000	5000	10000	
				60	12000	12000	5000	10000	
				80	12000	12000	5000	10000	
				100	12000	12000	5000	10000	
DZ10—250		250		100	20000	30000	4000	8000	
				120	20000	30000	4000	8000	
				140	20000	30000	4000	8000	
				170	20000	30000	4000	8000	
				200	20000	30000	4000	8000	
				250	20000	30000	4000	8000	
DZ10—600P		600		200	25000	50000	2000	7000	
				250	25000	50000	2000	7000	
				300	25000	50000	2000	7000	
				350	25000	50000	2000	7000	
				400	25000	50000	2000	7000	
				500	25000	50000	2000	7000	
				600	25000	50000	2000	7000	
DZ10—100R	交流50 Hz 时：380、220	60	复式、电磁式、热脱扣式或无脱扣式	—	—	100000	5000	10000	作为不频繁地接通与断开电路用，自动空气开关具有过载及短路保护装置，以保护电气设备、电动机和电缆不因过载而损坏
		80		—	—	100000	5000	10000	
		100		—	—	100000	5000	10000	
DZ10—200R		120		—	—	100000	4000	8000	
		140		—	—	100000	4000	8000	
		170		—	—	100000	4000	8000	
		200		—	—	100000	4000	8000	

5．选用

(1) 一般情况下，自动空气开关的额定工作电压应大于或等于被控制对象的额定电压；额定电流应选择大于或等于所控制负载的额定电流；热脱扣器的额定电流应等于所控制线路负载的额定电流；电磁脱扣器的瞬时脱扣整定电流应大于负载电路正常时的峰值电流；欠电压脱扣器的额定电压应与线路额定电压相等。

(2) 用于电动机控制时，除了自动空气开关的额定电压及额定电流应大于或等于所控制电动机的额定电压和电流及热脱扣器的额定电流应等于所控制电动机的额定电流外，其欠电压脱扣器的额定电压应与线路额定电压相等，且电磁脱扣器的瞬时整定电流应选择为电动机额定启动电流的 1.6 倍左右。

1.2　主令电器

在电路中发布命令控制电路通断的电器叫主令电器。主令电器通常有按钮、行程开关、主令控制器和万能式开关等。本节主要讨论按钮和行程开关。

1.2.1　按钮

按钮主要是用于远距离控制接触器、继电器及其他电磁装置等的小电流控制电器，其种类较多。按其触点常态时的闭合状态可分为常开触点(动触点与静触点断开)、常闭触点(动触点与静触点接通)、复合按钮(常开、常闭互为联锁组合)及积木式按钮(可六常开至六常闭任意组合)。按其在电路中的用途标志可有绿色、红色、黑色、白色和黄色之分。

1．型号

按钮的型号意义如下：

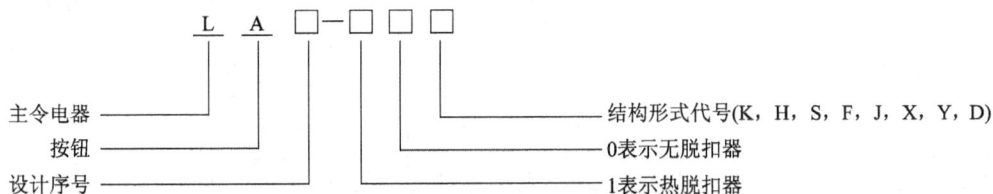

```
        L  A  □ — □  □  □
```

主令电器 ——————┘   │ │ │ └—————— 结构形式代号(K，H，S，F，J，X，Y，D)
按钮 —————————————┘   │ └——————————— 0表示无脱扣器
设计序号 ————————————————┘ └—————————————— 1表示热脱扣器

2．电路符号

图 1-5 所示为常开按钮、常闭按钮、复合按钮及积木式按钮在电路中的符号。其中图 (d) 为两常开积木式组合，图 (e) 为两常闭积木式组合。

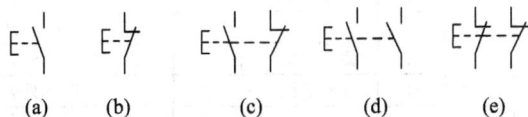

(a)　　　(b)　　　(c)　　　(d)　　　(e)

图 1-5　按钮在电路中的符号

3．主要技术参数

常用按钮的主要技术参数见表 1-7。

表 1-7　常用按钮的主要技术参数

型　号	额定电压 /V	额定电流 /A	按钮数量	按钮颜色	触头数量 常开	触头数量 常闭	结构形式	主要用途
LA10—1			1		1	1	元件	
LA10—1K			1		1	1	开启式	
LA10—2K			2		2	2	开启式	
LA10—3K			3	启动或停止：黑绿或红；启动或停止：黑红或绿红；向前、向后、停止：黑绿红	3	3	开启式	
LA10—1H			1		1	1	保护式	
LA10—2H		5	2		2	2	保护式	作为远距离控制各种电磁开关，也可用于转换信号和联锁线路
LA10—3H			3		3	3	防水式	
LA10—1S			1		1	1	防水式	
LA10—2S			2		2	2	防水式	
LA10—3S			3		3	3	防水式	
LA10—2F			1		1	1	防腐式	
LA12—11	交流 50 Hz 或 60 Hz 时：380 直流：220		1	黑绿或红	1	1	元件	
LA12—11J		5	1	红	1	1	元件(紧急式)	
LA12—22			1	黑绿或红	2	2	元件	
LA12—22J			1	红	2	2	元件(紧急式)	
LA18—22			1	红绿黑白	2	2	元件	
LA18—44			1	红绿黑白	4	4	元件	
LA18—66			1	红绿黑白	6	6	元件	
LA18—22J			1	红绿黑白	2	2	元件(紧急式)	
LA18—22Y		5	1	红	2	2	元件(钥匙式)	供电磁开关及其他电气线路中作为远程控制之用
LA18—66Y			1	红	6	6	元件(钥匙式)	
LA18—22X			1	黑	2	2	元件(旋转式)	
LA18—44X			1	黑	4	4	元件(旋转式)	
LA18—66X			1	黑	6	6	元件(旋转式)	
LA18—44J			1	红	4	4	元件(紧急式)	
LA18—66J			1	红	6	6	元件(紧急式)	
LA19—11			1		1	1	元件	供电磁开关及其他电气线路中作为远程控制之用，按钮内装有信号灯供交流 6.3 V、16 V、24 V 线路作信号指示之用
LA19—11J			1		1	1	元件(紧急式)	
LA19—11D		5	1	红绿黑白蓝 红 红绿黑 白蓝 红	1	1	元件(带灯)	
LA19—11DJ			1		1	1	元件(灯紧急式)	
LA19—11H			1		1	1	元件(保护式)	
LA19—11DH			1		1	1	元件(紧急式)	
LA20—1			1	红绿黑	1	1	元件	
LA2—11J			1	红	1	1	元件(紧急式)	
LA20—11D			1	红绿黄白	1	1	元件(带灯)	
LA20—11DJ			1	红	1	1	带灯紧急式	
LA20—22	交流 50 Hz 或 60 Hz 时：380 直流：220		1	红绿黑	2	2	元件	
LA20—22D		5	1	红绿黄白	2	2	元件(带灯)	供电磁开关及其他电气线路中作为远程控制之用
LA20—22DJ			1	红	2	2	元件(灯紧急式)	
LA20—2K			2	黑红或绿红	2	2	元件(开启式)	
LA20—3K			3	黑绿红	3	3	元件(开启式)	
LA20—2H			2	黑红或绿红	2	2	胶木外壳保护式	
LA20—3H			3	黑绿红	3	3	胶木外壳保护式	
LA20—22J			2	红	2	2	紧急式	

4．选用

选用时，主要根据使用场合选择按钮的结构形式；根据控制要求的触点数量选择单常开按钮、单常闭按钮、复合按钮及积木式按钮等；根据按钮的控制作用选择按钮的颜色。

1.2.2 行程开关

行程开关又称为位置开关或限位开关。行程开关的种类较多，按其结构形式有按钮式、滚轮式(单滚轮式、双滚轮式)、微动开关式之分；按其触点动作的速度有瞬动型和蠕动型之分；按其动作后的复位方式有自动复位和非自动复位之分；按其触点的形式有触点和无触点(接近行程开关)之分等。

1．型号

行程开关的型号意义如下：

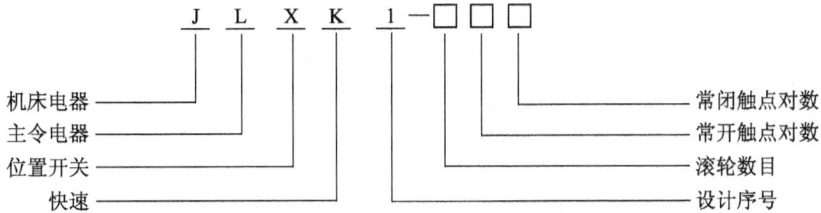

```
          J  L  X  K  1 —□□□
机床电器 ─┘  │  │  │  │    │ │ └─ 常闭触点对数
主令电器 ───┘  │  │  │    │ └─── 常开触点对数
位置开关 ──────┘  │  │    └───── 滚轮数目
快速    ─────────┘  └────────── 设计序号
```

2．用途

行程开关在电路中作为运动生产设备部件的行程、位置及限位的控制，使运动生产设备部件按预定的行程、位置自动停止或自动往返及变速等运动。

3．电路符号

行程开关在电路中的图形符号及文字符号如图 1-6 所示。

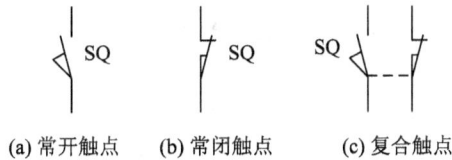

(a) 常开触点　　(b) 常闭触点　　(c) 复合触点

图 1-6　行程开关在电路中的符号

4．主要技术参数

常用行程开关的主要技术参数见表 1-8。

表 1-8　常用行程开关的主要技术参数

型 号	额定电压 /V	触点电流/A	结 构 形 式	触点对数 常开	触点对数 常闭	工作行程	超行程	触点转换时间
LX19K			元件	1	1	3 mm	1 mm	
LX19—111			单轮，滚轮装在传动杆内侧，能自动复位	1	1	30°	20°	
LX19—121			单轮，滚轮装在传动杆内侧，能自动复位	1	1	30°	20°	
LX19—131			单轮，滚轮装在传动杆凹槽内，能自动复位	1	1	30°	20°	
LX19—212	380	5	双轮，滚轮装在U形传动杆内侧，不能自动复位	1	1	30°	20°	小于或等于 0.04 s
LX19—222			双轮，滚轮装在U形传动杆外侧，不能自动复位	1	1	30°	20°	
LX19—232			双轮，滚轮装在U形传动杆内外侧，不能自动复位	1	1	30°	20°	
LX19—001			无滚轮，仅有径向传动杆，能自动复位	1	1	30°	20°	
JLXK1	交流：500 直流：440	5	—	1	1	4 mm	3 mm	

5. 选用

选用时，应根据生产机械的运动特点选择行程开关的结构形式(按钮式、单滚轮式、双滚轮式、微动开关式及复位式和非复位式)；按行程开关的控制精度可选择有触点式和无触点式。

1.3 熔 断 器

熔断器作为电路中的短路保护器件被广泛地采用。熔断器有半封闭瓷插式熔断器、螺旋式熔断器、无填料封闭管式熔断器、有填料封闭管式熔断器及快速熔断器等之分。熔断器在电路中的文字符号及图形符号如图 1-7 所示。

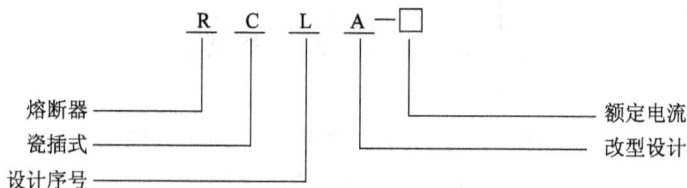

图 1-7　熔断器在电路中的符号

1.3.1 RC1A 系列瓷插式熔断器

RC1A 系列瓷插式熔断器属于半封闭瓷插式熔断器，它是 RC1 系列瓷插式熔断器的换代产品。

1. 型号

RC1A 系列瓷插式熔断器的型号意义如下：

```
            R   C   L   A — □
   熔断器                        额定电流
   瓷插式                        改型设计
   设计序号
```

2. 用途

RC1A 系列瓷插式熔断器一般用于交流 50 Hz、380 V 及以下的低压电路，作为电气设备的一般性短路保护。

3. 主要技术参数

RC1A 系列瓷插式熔断器的主要技术参数见表 1-9。

表 1-9　RC1A 系列瓷插式熔断器的主要技术参数

型 号	额定电压/V	熔断器额定电流/A	可配熔体额定电流/A	极限分断电流/A
RC1A—5	380	5	2、2.5、5	250
RC1A—10		10	2、4、6、10	500
RC1A—15		15	15	500
RC1A—30		30	20、25、30	1500
RC1A—60		60	40、50、60	3000
RC1A—100		100	80、100	3000
RC1A—200		200	120、150、200	3000

4. 选用

(1) 采用 RC1A 系列瓷插式熔断器作为电路负载的短路保护时，其线路最大负载额定电流不能大于 200 A。

(2) 采用 RC1A 系列瓷插式熔断器作为一般照明线路的短路保护时，其熔体的额定电流应稍大于或等于线路负载的额定电流。

(3) 作为电动机控制线路短路保护，分为两种情况：一是对于作单台电动机的短路保护，熔体额定电流应选为电动机额定电流的 1.5～2.5 倍；二是对于作多台电动机的短路保护，则应选熔体的额定电流大于或等于其中一台最大容量电动机额定电流的 1.5～2.5 倍加上其余电动机额定电流的总和。

5. 安全注意事项

在选用 RC1A 系列瓷插式熔断器作为电路的短路保护时，熔体的额定电流可以小于熔断器的标称额定电流，但熔体的额定电流不允许超过熔断器的标称额定电流。

例　某照明系统线路总电流约为 85 A，如果采用 RC1A 系列瓷插式熔断器作为电路的短路保护，应选择多大的熔断器为宜？

根据以上 RC1A 系列瓷插式熔断器的选用原则，查表 1-9 可知，应选用型号为 RC1A—100 的熔断器，熔体电流为 100 A。

1.3.2　RL1 系列螺旋式熔断器

顾名思义，螺旋式熔断器就像一个螺旋。RL1 系列螺旋式熔断器是螺旋式熔断器的代表产品。RL1 系列螺旋式熔断器可取代 F—15、F—60 系列老产品。这种熔断器当熔丝熔断后，可直接从瓷罩帽的玻璃窗中观察到。RL1 系列螺旋式熔断器的主要特点是：具有较高的断流能力、具有明显的熔断显示、能在不断电的情况下更换熔体等。

1. 型号

RL1 系列螺旋式熔断器的型号意义如下：

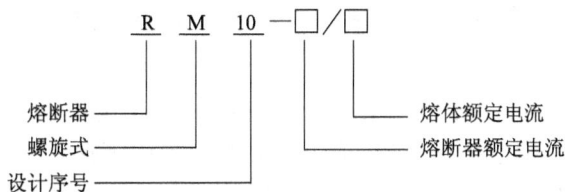

```
        R  M  10 — □/□
熔断器 ——┘  │   │    │  └—— 熔体额定电流
螺旋式 —————┘   │    └———— 熔断器额定电流
设计序号 —————————┘
```

2. 用途

RL1 系列螺旋式熔断器主要用于各种机床控制电路、控制箱、配电屏等作为短路保护之用。

3. 主要技术参数

RL1 系列螺旋式熔断器的主要技术参数见表 1-10。

表 1-10　RL1 系列螺旋式熔断器的主要技术参数

型　号	额定电压/V	额定电流/A	可配熔体额定电流/A	额定分断电流/A	
				交流 380 V	直流 440 V
RL1—15		15	2、4、5、6、10、15	25000	5000
RL1—60	380	60	20、25、30、35、40、50、60	25000	5000
RL1—100		100	60、80、100	50000	10000
RL1—200		200	100、125、150、200	50000	10000

4. 选用

(1) 采用 RL1 系列螺旋式熔断器作为电路负载的短路保护时，其通过电路的最大额定电流不能超过 200 A。如果通过电路的最大额定电流超过 200 A，则应另外选择允许通过更大电流的其他型号的熔断器。

(2) 其他选用原则与 RC1A 系列瓷插式熔断器相同。

5. 安全注意事项

(1) RL1 系列螺旋式熔断器在使用安装时不能将紧固螺丝用力紧固，以免将瓷螺钉口损坏。

(2) 与电路连接时，接点应本着"低进高出"的原则，即电源的进线应接在熔断器的低接线片(中心接触片)上，而不应接在螺旋体的一端。螺旋壳体的一端则应与负载相连接。

1.3.3　RM10 系列无填料封闭式熔断器

RM10 系列无填料封闭式熔断器为管型结构的熔断器，其熔管用钢纸管做成。当熔体熔断产生电弧时，电弧的热量能使熔管分解出一种混合气体，电弧在这种气体的作用下能迅速冷却熄灭。

1. 型号

RM10 系列无填料封闭式熔断器的型号意义如下：

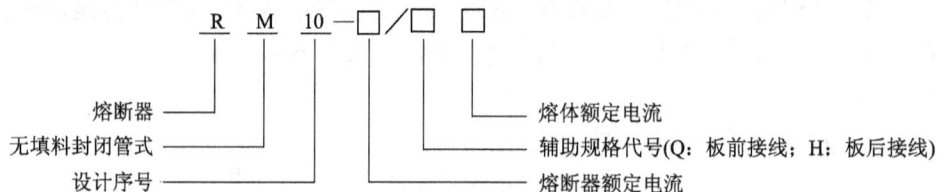

R　M　10 —□/□□

熔断器
无填料封闭管式
设计序号
熔断器额定电流
辅助规格代号(Q：板前接线；H：板后接线)
熔体额定电流

2. 用途

RM10 系列无填料封式熔断器主要用于交流额定电压 500 V 以下，直流额定电压 440 V 的低压电力网络或成套配电设备、开关柜、配电柜，或在负载电流比较大的供电系统中作为短路保护及连续过载保护之用。

3. 主要技术参数

RM10 系列无填料封闭式熔断器的主要技术参数见表 1-11。

表 1-11　RM10 系列无填充封闭式熔断器的主要技术参数

型　号	熔断器额定电压/V	熔断器额定电流/A	可选熔体额定电流/A
RM10—15	交流：220、380 或 500　　直流：220、440	15	6、10、15
RM10—60		60	15、20、25、35、45、60
RM10—100		100	60、80、100
RM10—200		200	100、125、160、200
RM10—350		350	200、225、260、300、350
RM10—600		600	350、430、500、600

4．选用

RM10 系列无填料封闭式熔断器的选用原则与 RC1A 系列瓷插式熔断器相同，但熔断器及熔体的最大额定电流可达 1000 A。

5．安全注意事项

当 RM10 系列无填料封闭式熔断器在切断过三次相当于分断能力的电流后，应更换熔管，以保证熔断器在以后的工作中能安全可靠地切断所规定的分断电流。

1.3.4　RT0 系列有填料封闭式熔断器

RT0 系列有填料封闭式熔断器与 RM10 系列无填料封闭式熔断器有所不同，它的熔管是用高频电工瓷烧制而成的。熔管内填满石英填料，以便熔体熔断时能迅速熄灭电弧。熔体由两片网状铜片构成，中间用焊锡焊接起来。当熔体熔化后，熔断器指示器连带的康铜丝亦熔断，指示器便在弹簧的作用下弹出，显示出醒目的红色熔断信号。

1．型号

RT0 系列有填料封闭式熔断器的型号意义如下：

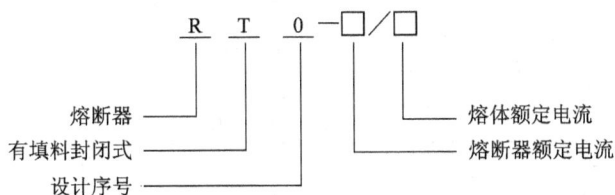

2．用途

RT0 系列有填料封闭式熔断器主要用于电路中具有很大短路电流的电力网络或配电系统中，或有易燃易爆气体的场合以及作电缆、导线及电气设备的短路保护和电缆、电线的过载保护等。

3．主要技术参数

RT0 系列有填料封闭式熔断器的主要技术参数见表 1-12。

表 1-12　RT0 系列有填料封闭式熔断器的主要技术参数

型　　号	额定电压 /V	额定电流/A	可选熔体额定电流/A	极限分断能力/A	
				交流 380 V	直流 440 V
RT0 —50	交流：380 直流：440	50	5、10、15、20、30、40、50	50000	25000
RT0 —100		100	30、40、50、60、80、100	50000	25000
RT0 —200		200	80、100、120、150、200	50000	25000
RT0 —400		400	150、200、250、300、350、400	50000	25000
RT0 —600		600	350、400、450、500、550、600	50000	25000
RT0 —1000		1000	700、800、900、1000	50000	25000

4．选用

RT0 系列有填料封闭式熔断器的选用原则与 RC1A 系列瓷插式熔断器相同，但熔断器及熔体最大额定电流可达 1000 A。

1.3.5　快速熔断器

快速熔断器具有结构简单、熔断迅速等特点，故主要用作晶闸管等元器件的短路保护。常用的快速熔断器有 RLS1、RLS2、RLS0 和 RLS3 系列。

1．用途

快速熔断器主要用于电力变换、可控整流、晶闸管及硅元件和承受过电流及过电压能力差的元器件在电路中作为短路和某些过流的保护。

2．主要技术参数

快速熔断器的主要技术参数见表 1-13。

表 1-13　快速熔断器的主要技术参数

型　　号	额定电压/V	额定电流/A	可选熔体额定电流/A	额定分断电流/kA		功率因数cosΦ
				110%额定电压下	380 V 或500 V	
RLS1—10	380 及以下	10	3、5、10	—		小于或等于 0.25
RLS1—50	380 及以下	50	15、20、25、30、40、50	—	50	
RLS1—100	380 及以下	100	60、80、100	—		
RLS2—30	500	30	15、20、25、30	—		0.1～0.2
RLS2—63	500	63	35、45、50、63	—		0.1～0.2
RLS2—100	500	100	75、80、90、100	—		0.1～0.2
RLS0—50/2.5	250	50	30、50	50	—	小于或等于 0.25
RLS0—100/2.5	250	100	50、80	50	—	
RLS0—200/2.5	250	200	150、200	50	—	
RLS0—350/2.5	250	350	250、350	50	—	
RLS0—500/2.5	250	500	400、500	50	—	
RLS0—50/5	500	50	30、50	40	—	
RLS0—100/5	500	100	50、80	40	—	
RLS0—200/5	500	200	150、200	40	—	
RLS0—350/5	500	350	250、320	40	—	小于或等于 0.25
RLS0—500/5	500	500	400、480	40	—	
RLS0—350/7.5	750	350	320、350	30	—	
快速熔断器熔断特性	熔体额定电流倍数			熔断时间		
	1.1 倍			4 小时不熔断		
	6 倍			小于或等于 0.02 s		

3．选用

(1) RLS1、RLS2 系列快速熔断器主要在直流或交流 50 Hz、额定电流 100 A 以下、额定电压 500 V 以下的电路中作为硅整流元件或整流装置的短路保护或过流保护之用。

(2) RLS0 系列快速熔断器主要在交流 50 Hz、额定电压 750 V 以下、额定电流 480 A 以下的电路中作为硅整流元件或其他装置的短路保护及过载保护之用。

(3) RLS3 系列快速熔断器主要在交流 50 Hz、额定电压 1000 V 以下、额定电流 700 A 以下的电路中作为硅整流元件及其成套设备和其他装置的短路保护及过载保护之用。

1.4　接　触　器

接触器是机床电路及自动控制电路中的重要器件，它广泛应用于各种自动控制系统的场合中，用以频繁地接通和断开带有负载的电路。它可和各种主令电器、继电器等器件组成比较复杂的控制系统。接触器具有以下特点：能遥控带负载接通和断开电路，具有欠电压、零电压释放保护，操作频率高，使用寿命长，工作可靠，工作性能稳定，维修方便等。接触器又可分为交流接触器和直流接触器，其中交流接触器应用较为广泛，直流接触器应用范围较小。

接触器在电路中的图形符号及文字符号如图 1-8 所示。

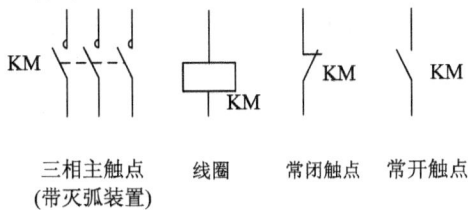

三相主触点　　线圈　　常闭触点　　常开触点
(带灭弧装置)

图 1-8　接触器在电路中的符号

1.4.1　交流接触器

交流接触器用来控制交流电路中交流电流的通断。交流接触器产品种类繁多，最常见的有我国自行设计的 CJ0、CJ10、CJX1 和 CJ20 系列产品。其中 CJX1 系列产品是 CJ0 及 CJ10 系列的换代产品。CJ20 系列接触器是全国统一设计的新型品种。目前，也有部分从国外引进的产品开始应用于机床和自动控制电路中，如从法国 TE 公司引进的 LC1-D、LC2-D 系列交流接触器，从德国 BBC 公司引进的 B 系列及从德国西门子公司引进的 3TB 系列交流接触器等。

尽管交流接触器种类繁多，品种各异，但均不外乎由触头系统、灭弧系统、电磁系统及其他辅助系统构成。

1. 常用交流接触器简介

1) CJ0 系列及 CJ10 系列交流接触器

CJ0 系列、CJ10 系列交流接触器是我国自行设计生产的产品，也是目前使用最多、最广泛的产品之一。它主要用于交流 50 Hz 或 60 Hz，电压 500 V 及以下、电流 150 A 及以下的电力电路的远距离接通与断开以及频繁启动和断开交流电动机的控制。

CJ0 系列及 CJ10 系列交流接触器的型号意义如下：

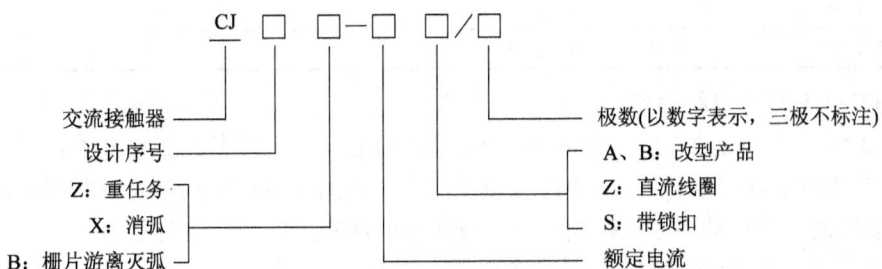

CJ0 系列及 CJ10 系列交流接触器的主要技术参数见表 1-14。

表 1-14　CJ0 系列及 CJ10 系列交流接触器的主要技术参数

型　号	额定电压/V	额定电流/A	主触点对数	辅助触点		线　圈		可控制三相交流异步电动机的最大功率/kW		操作频率/(次/小时)
				对数	额定电流/A	电压/V	消耗功率/V·A	220 V	380 V	
CJ0—10		10	3				14	2.5	4	
CJ0—20		20	3				33	5.5	10	
CJ0—40		40	3				33	11	20	
CJ0—75		75	3				55	22	30	
CJ10—5		5	3	均为二常开二常闭	5	36、110、127、220、380	11	1.2	2.2	小于等于 600
CJ10—10	380	10	3				11	2.2	4	
CJ10—20		20	3				22	5.5	10	
CJ10—40		40	3				32	11	20	
CJ10—60		60	3				70	22	30	
CJ10—100		100	3					30	50	
CJ10—150		150	3					43	75	

2) CJX1 系列交流接触器

CJX1 系列交流接触器为我国联合设计的用于一般控制的小容量交流接触器，可取代相应的 CJ0 系列和 CJ10 系列产品，适用于交流 50 Hz、电压 660 V 及以下的电力线路中，供远距离接通与分断电路之用和交流电动机的频繁启动及停止控制，并可与热继电器及其他电器组成电磁启动器。

CJX1 系列交流接触器的主要技术参数见表 1-15。

表 1-15　CJX1 系列交流接触器的主要技术参数

型　号	额定绝缘电压/V	额定发热电流/A	额定发热电流A	AC3 使用类别时，可控制三相鼠笼式异步电动机的最大功率/kW			线圈电压等级/V	吸引线圈消耗功率/V·A		通电持续率/%	操作频率/(次/小时)	
				220 V	380 V	660 V		启动	吸持		AC3	AC4
CJX1—9	660	20	9	2.2	4	5.5	(50 Hz)24、36、42、48、110、127、220、380 (60 Hz)24、42 110、220 440、460	64 (cosΦ = 0.84)	8.3 (cosΦ =0.29)	40	120	300
CJX1—12	660		12	3	5.5	7.5					120	300
CJX1—16	660	31.5	16	4	7.5	11		—	—			
CJX1—22	660		22	5.5	11	11		—	—			
CJX1—30	660	50	30	8.2	15	15		—	—		600	300
CJX1—37	660	80	37	12	18	30		—	—			
CJX1—45	660		45	15	22	37		—	—			

3) CJ20 系列交流接触器

CJ20 系列交流接触器是全国统一设计的新型接触器，主要用于交流 50 Hz，电压 660 V 及以下或 1140 V 及以下、电流 630 A 及以下的电力线路中供远距离接通和断开电路之用及交流电动机的频繁启动和停止控制，也可与其他电器构成电磁启动器等。

CJ20 系列交流接触器的主要技术参数见表 1-16。

表 1-16　CJ20 系列交流接触器的主要技术参数

型　号	额定绝缘电压 /V	额定工作电压 /V	额定发热电流 /A	断续周期工作制下的额定工作电流/A	AC3 类工作制下的控制功率/kW	在额定负载下的额定操作频率/(次/小时)		
						AC2	AC3	AC4
CJ20—6.3		220	6.3	6.3	1.7	—	—	—
		380		6.3	3	300	1200	300
		660		3.6	3	120	600	120
CJ20—10		220	10	10	2.2	—	—	—
		380		10	4	300	1200	300
		660		7.5	7.5	120	600	120
CJ20—16		220	16	16	4.5	—	—	—
		380		16	7.5	300	1200	300
		660		13.5	11	120	600	120
CJ20—25		220	32	25	5.5	—	—	—
		380		25	11	300	1200	300
		660		16	13	120	600	120
CJ20—40		220	55	55	11	—	—	—
		380		40	22	300	1200	300
		660		25	22	120	600	120
CJ20—63	660	220	80	63	18	—	—	—
		380		63	30	300	1200	300
		660		40	35	120	600	120
CJ20—100		220	125	100	28	—	—	—
		380		100	50	300	1200	300
		660		63	50	120	600	120
CJ20—160		220	220	160	48	—	—	—
		380		160	85	300	1200	300
		660		100	85	120	600	120
CJ20—250		220	315	250	80	—	—	—
		380		250	132	300	1200	300
		660		200	190	120	600	120
CJ20—400		220	400	400	115	—	—	—
		380		400	200	300	1200	300
		660		250	200	120	600	120
CJ20—630		220	630	630	175	—	—	—
		380		630	300	300	1200	300
		660		400	350	120	600	120
CJ20—160/11	—	1140	220	80	85	30	300	30
CJ20—630/11			400	400	400	30	120	30

4) LC1—D 系列交流接触器

LC1—D 系列交流接触器是由我国引进的法国 TE 公司的先进产品,主要在交流 50 Hz 或 60 Hz、额定电压 660 V 及以下、额定电流 80 A 及以下的电路中用于远距离接通与断开电路负载及频繁启动、停止控制交流电动机。

LC1—D 系列交流接触器可以拼装积木式辅助触头组(LA1—D 型)、空气式时间延时触头(LA2—D 或 LA3—D 型)及机械联锁机构等附件,组成时间延时接触器或机械联锁接触器以及 Y—△降压启动器等。

LC1—D 系列交流接触器可与其配套的热继电器(LR1—D 系列)直接插接安装,组成磁力启动器等。

LC1—D 系列交流接触器的主要技术参数见表 1-17。

表 1-17 LC1—D 系列交流接触器

型号	额定绝缘电压/V	额定工作电流/A AC3	AC4	可驱动单相电动机容量/kW (100~110)V	(200~220)V	可驱动三相鼠笼式异步电动机容量/kW 220V	380V	415V	440V	660V	主触头性能 AC1/A ≤40℃	约定发热电流/A ≤40℃	接通最大电流/A	断开最大电流/A 440V	500V	660V	可允许安装倾角	电寿命 AC4 /(次/小时)	电寿命 AC3 /(次/小时)	机械寿命 /(次/小时)
LC1—D09	660	9	4	0.4	0.75	2.2	4	4	4	5.5	25	25	250	250	175	85	±30°	300	2400	3600
LC1—D12		12	5	0.5	1.1	3	5.5	5.5	5.5	7.5	25	25	250	250	175	85		300	2400	
LC1—D16		16	7	0.75	1.5	4	7.5	9	9	7.5	32	32	300	300	250	120		300	1200	
LC1—D18		18	7	0.75	1.5	4	7.5	9	9	7.5	32	32	300	300	250	120		300	1200	
LC1—D25		25	10	1.1	2.2	5.5	11	11	11	15	40	40	450	450	400	180		300	1200	
LC1—D32		32	13	1.5	3	7.5	15	15	15	18.5	50	50	550	550	480	200		150	1200	
LC1—D40		40	16	1.5	3.7	11	18.5	22	22	30	60	60	800	800	800	400		150	1200	
LC1—D60		500	20	2.2	5.5	15	22	25	30	33	80	80	900	900	900	500		150	1200	
LC1—D63		63	25	3.7	—	18.5	30	37	37	37	80	80	1000	1000	1000	630		150	1200	
LC1—D80		80	32	—	—	22	37	45	45	45	125	125	1100	1100	1100	640		150	600	
LC1—D95		95	45	—	—	25	45	45	45	45	125	125	1200	1200	1200	700		150	600	

5) B 系列交流接触器

B 系列交流接触器是引进德国 BBC 公司生产技术的新产品，主要在交流 50 Hz 或 60 Hz、额定电压 660 V 及以下的电力电路的远距离接通与分断及频繁启动、停止控制交流电动机。

B 系列交流接触器有"正装式"和"倒装式"两种结构。"正装式"结构即触头系统在上面，电磁系统在下面；"倒装式"结构则恰好相反。B 系列交流接触器也可以组成机械式联锁装置用于电动机的可逆运转联锁和组成时间延时继电器对电路进行延时。

B 系列交流接触器可部分取代或全部取代我国现行生产的 CJ0、CJ8、CJ10 系列交流接触器。

B 系列交流接触器的主要技术参数见表 1-18。

6) 3TB40—58 系列交流接触器

3TB40—58 系列交流接触器是从德国西门子公司引进的技术生产的产品，主要用于交流 50 Hz 或 60 Hz，额定绝缘电压 660 V 及以下(3TB40—44 型)、(750～1000)V(3TB46～58 型)，额定工作电流为(9～32)A 及(80～630)A 的远距离电路的接通与断开之用及作为交流电动机的频繁启动、停止控制。3TB40—58 系列交流接触器可与其相配套的 3UA5 系列热继电器组成磁力启动器。

3TB40—58 系列交流接触器的主要技术参数见表 1-19。

2. 交流接触器的选用

(1) 交流接触器的额定工作电压应大于或等于控制电路的额定电压。

(2) 交流接触器主触点的额定电流应稍大于或等于控制电路的额定电流。

(3) 交流接触器的线圈电压应等于电源所能供给交流接触器线圈的电压。

(4) 辅助触点的触点数及额定电流应大于或等于控制电路所需的数量。

(5) 交流接触器的频率应与控制电路的电源频率相同。

(6) 交流接触器的操作频率应大于所控制电路需要的操作频率。

(7) 当作为电动机启动及停止控制时，除了以上指标应满足要求外，其交流接触器主触点的额定电流应稍大于或等于交流电动机的额定电流；而用于交流电动机频繁正、反转启动控制时，其接触器应向上选大一级。对于交流电压为 380 V 三相鼠笼式交流异步电动机的额定电流可采取简易计算方法进行估算，即电动机的额定电流

$$I_N = 2 \times P_N$$

式中，P_N 为电动机的额定功率，单位为 kW。

或采用公式计算，即

$$I_N = \frac{P_N}{KU_N}$$

式中：P_N 为电动机的额定功率，单位为 W；U_N 为额定电压；K 为经验系数，取 1～1.4。

例　有三台三相交流鼠笼式异步电动机，其型号为 Y132S2—2、Y160M—4 及 Y160L—4。其额定功率分别为 7.5 kW、11 kW、15 kW。试用简易计算法及公式计算法分别求出各电动机的额定电流，并根据三相异步电动机的技术参数表查出该三台电动机的额定电流与各计算额定电流值进行比较。

表1-18 B系列交流接触器的主要技术参数

型号	额定绝缘电压/V	最高工作电压/V	主触点数	额定发热电流 I_N/A	额定工作电流/A 380V时 AC3、AC4	额定工作电流/A 660V时 AC3、AC4	380V时AC3(600次/小时)、AC4(300次/小时)条件下 可控制电动机功率/kW	AC3电寿命/百万次	AC4电寿命/百万次	660V时AC3(600次/小时)、AC4(300次/小时)条件下 可控制电动机功率/kW	AC3电寿命/百万次	AC4电寿命/百万次	380V时接通能力/A	380V时分断能力/A	交流AC1工作制	交流AC2、AC3工作制	交流AC2、AC3工作制	直流DC2~DC5工作制
B9	750	660	3或4	16	8.5	3.5	4	1	0.04	3	—	—	105	85	600	600	300	300
B12				20	11.5	4.9	5.5	1	0.04	4	—	—	140	115				
B16				25	15.5	6.7	7.5	1	0.04	5.5	—	—	190	155				
B25			3	40	22	13	11	1	0.04	11	—	—	270	220				
B30				45	30	17.5	15	1	0.04	15	—	—	340	300				
B37				45	37	21	18.5	1	0.04	18.5	—	—	445	370				
B45				60	45	25	22	1	0.04	22	—	—	540	450				
B65				80	65	44	33	1	0.04	40	—	—	780	650				
B85				100	85	53	45	1	0.04	50	—	—	1020	850				
B105				140	105	82	55	1	0.04	75	—	—	1260	1050				
B170				230	170	118	90	1	0.03	110	—	—	2040	1700	600	600	150	150
B250				300	250	170	132	1	0.03	160	—	—	3000	2500				
B370				410	370	268	200	1	0.03	250	—	—	4450	3700	400	400	100	100
B460				600	475	337	250	1	0.01	315	—	—	5700	4750				

表1-19　3TB40—58系列交流接触器的主要技术参数

型号	额定绝缘电压/V	额定发热电流/A	AC1类负载(55℃时)不间断工作制额定电流/A	AC2及AC3类负载(鼠笼式电动机或绕线式电动机) 380V时额定工作电流/A	660V时额定工作电流/A	可控制电动机功率/kW 220V	(380~415)V	500V	600V	AC4类负载(100%点动)在(380~415)V触点寿命为20万次时额定电流/A	辅助触点 额定绝缘电压/V	额定发热电流/A	触点对数	在AC3类工作制下 操作频率/(次/小时)	电寿命/万次	机械寿命/万次	吸引线圈功率损耗/W 启动/W	保存/W
3TB40	660	220	—	9	7.2	—	4	—	5.5	—	660	10	一常开一常闭或三常开三常闭	1000	12	150	68	10
3TB41			—	12	9.5	—	5.5	—	7.5	—							68	10
3TB42		35	—	16	13.5	—	7.5	—	11	—					12		69	10
3TB43			—	22	13.5	—	11	—	11	—				750			69	10
3TB44	750	55	—	32	18	15	15	—	15	—							71	10
3TB46	1000		80	45	—	15	22	30	37	24					500	10	152	16
3TB47			90	63	—	18.5	30	37	37	28							—	—
3TB48			100	75	—	22	37	45	55	34							300	26
3TB50			160	110	—	37	55	75	90	52							470	32
3TB52			200	170	—	55	90	110	132	72							640	40
3TB54			300	250	—	75	132	160	200	103							980	48
3TB56			400	400	—	115	200	255	355	120							1340	84
3TB8			630	630	—	190	325	430	560	150							5850	470

用简易计算方法求出各电动机的额定电流值如下：

型号	功率(kW)	简易计算法求出的额定电流值(A)
Y132S2—2	7.5	15
Y160M—4	11	22
Y160L—4	15	30

用公式计算法求出各电动机的额定电流值如下：

型号	功率(kW)	公式计算法求出的额定电流值(A)
Y132S2—2	7.5	14.1~19.7
Y160M—4	11	20.6~28.9
Y160L—4	15	28.2~39.5

用查表法求出各电动机的额定电流值如下：

型号	功率(kW)	查表法求出的额定电流值(A)
Y132S2—2	7.5	14.4
Y160M—4	11	22.1
Y160L—4	15	29.7

经过以上各列表的比较，简易计算法计算的额定电流值更接近于实际额定电流值，故简易计算法在实际工作中更方便、更实用。

如将上面所列三台电动机用交流接触器控制它们的一般启动、停止及频繁正、反转启动、停止，试选择交流接触器。

作一般启动、停止控制时，经查表1-14～表1-19，列出各电动机所选各接触器型号见表1-20。

表1-20　交流接触器用于电动机一般控制选用实例

电动机额定功率/kW	电动机额定电流/A	所选交流接触器型号						
		CJ0系列	CJ10系列	CJX1系列	CJ20系列	LC1—D系列	B系列	3TB系列
7.5	14.4	CJ0—20	CJ10—20	CJX1—16	CJ20—16	LC1—D16	B16	3TB42
11	22.1	CJ0—40	CJ10—40	CJX1—22	CJ20—25	LC1—D25	B25	3TB43
15	29.7	CJ0—40	CJ10—40	CJX1—30	CJ20—40	LC1—D32	B30	3TB44

当做正、反转频繁启动、停止控制时，经查表1-14～表1-19，列出各电动机所选各接触器型号见表1-21。

表1-21　交流接触器用于电动机频繁正、反转控制选用实例

电动机额定功率/kW	电动机额定电流/A	所选交流接触器型号						
		CJ0系列	CJ10系列	CJX1系列	CJ20系列	LC1—D系列	B系列	3TB系列
7.5	14.4	CJ0—40	CJ10—40	CJX1—22	CJ20—25	LC1—D25	B25	3TB43
11	22.1	CJ0—75	CJ10—60	CJX1—30	CJ20—40	LC1—D32	B30	3TB44
15	29.7	CJ0—75	CJ10—60	CJX1—37	CJ20—63	LC1—D40	B37	3TB46

1.4.2　直流接触器

直流接触器主要用于控制直流电路中的直流用电器及直流电动机的启动与停止，其常

用型号有 CZ0、CZ16、CZ17 系列。直流接触器的结构较交流接触器简单。

1．各种直流接触器简介

1) CZ0 系列直流接触器

CZ0 系列直流接触器主要用于直流电压 440 V 及以下、电流 600 A 及以下的电力线路中，供远距离接通与断开电路及频繁启动、停止直流电动机和控制直流电动机的换向或反接制动等。

CZ0 系列直流接触器的主要技术参数见表 1-22。

表 1-22　CZ0 系列直流接触器的主要技术参数

型　号	额定电压/V	额定电流/A	主触点数量		辅助触点数量		辅助触点额定电流/A	额定操作频率（次/小时）	操作线圈功率/W	额定控制电源电压/V	机械寿命/万次
			常开	常闭	常开	常闭					
CZ0—40/20		40	2	—	2	2	5	1200	23		500
CZ0—40/02		40	—	2	2	2	5	600	24		300
CZ0—100/10		100	1	—	2	2	5	1200	24		500
CZ0—100/01		100	—	1	2	2	5	600	180/27	24、48、110、220	300
CZ0—100/20		100	2	—	2	2	5	1200	33		500
CZ0—150/10	400	150	1	—	2	2	5	1200	33		500
CZ0—150/01		150	—	1	2	2	5	600	310/21		300
CZ0—150/20		150	2	—	2	2	5	1200	41		500
CZ0—250/10		250	1	—	在五常闭一常开与五常开一常闭间任意组合		10	600	220/36		300
CZ0—250/20		250	2	—			10	600	292/48	110、220	300
CZ0—400/10		400	1	—			10	600	350/30		300
CZ0—400/20		400	2	—			10	600	430/49		300
CZ0—600/10		600	1	—			10	600	320/60		300

2) CZ16 系列及 CZ17 系列直流接触器

CZ16 系列直流接触器供远距离接通与断开额定直流电压 600 V 及以下、额定电流 1000 A 及 1500 A 的直流电力线路之用。

CZ17 系列直流接触器可在直流电压(24～48)V、额定电流 150 A 的直流电路中作直流电动机的启动、调速和换向之用。

CZ16 系列及 CZ17 系列直流接触器的主要技术参数见表 1-23。

表 1-23　CZ16 系列及 CZ17 系列直流接触器的主要技术参数

型　号	额定电压/V	额定电流/A	吸引线圈电压/V	消耗功率/W		固有动作时间/s		触点数量		操作频率/(次/小时)	机械寿命/万次	是否带灭弧罩
				启动瞬间	维持吸合	吸合	释放	常开	常闭			
CZ16—1000/10	660	1000	110	495	38	0.22	0.06	—	—	600	50	—
CZ16—1500/10		1500	220	745	80	0.15	0.04	—	—	600	50	—
CZ17—150/10		150		—	—	—	—	1	1	600	100	带
CZ17—150/11	24 48	150	24 48	—	—	—	—	1	1	600	100	不带
CZ17—150/10		150		—	—	—	—	1	1	600	100	不带

2．直流接触器的选用

直流接触器的选用原则与交流接触器相同，不再赘述。

1.5　继　电　器

继电器是自动控制的基本元件之一。当控制过程中某些电量或非电量特定的参数(如压力、速度、温度、电压、电流、时间等)发生变化并达到预定值时继电器动作，从而控制电路，实现预定的控制的目的。

继电器的种类很多，在机床控制电路中常用的有中间继电器、时间继电器、热继电器、电流继电器、电压继电器、速度继电器、压力继电器、温度继电器等。

1.5.1　中间继电器

中间继电器是控制系统中的中间控制机构元件，它起着一个控制电路传媒的作用，即输入一个较小信号控制中间继电器线圈电源的通断，再由中间继电器通过各触点的断开或闭合形成一个或多个输出信号控制接触器线圈或其他器件电源的通断，从而达到自动控制的目的。中间继电器的结构与交流接触器相似，但其触点无主、辅之分，且触点数量较多，其触点的额定电流为 5 A。常用的中间继电器有 JZ7、JZ8 系列。

1．型号

中间继电器的型号意义如下：

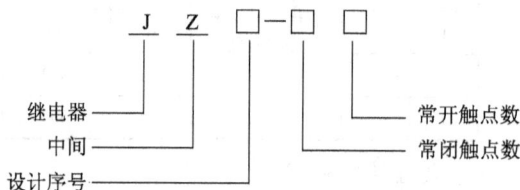

2．电路符号

中间继电器在电路中的图形符号及文字符号如图 1-9 所示。

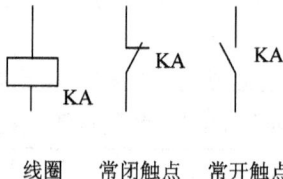

线圈　常闭触点　常开触点

图 1-9　中间继电器在电路中的符号

3．用途

中间继电器在电路中的主要用途有以下两个：

(1) 当各种继电器的触点容量不够或继电器的触点数目及接触器的辅助触点数目不够时，可利用中间继电器来替代。

(2) 在被控制电路中的额定电流较小时，中间继电器可代替接触器使用。

4．主要技术参数

JZ7 系列中间继电器的主要技术参数见表 1-24。

表 1-24　JZ7 系列中间继电器的主要技术参数

型号	触 点 参 数						操作频率 /(次/小时)	线圈消耗功率 /V·A	动作时间 /s	线圈交流电压/V
	常开	常闭	额定电压 /V	额定电流 /A	分断电流/A	闭合电流/A				
JZ7—44	4	4	110、127220、380	5	2.5、3.5、4	13	1200	12	≤0.03	12、24、36、48、110、127、220、380、420、440、500
JZ7—62	6	2		5		13				
JZ7—80	8	0		5		20				

5．选用

中间继电器的选择应根据被控制电路的电源种类(直流或交流)、电压等级、控制电路中所需常开、常闭触点的数目及额定电流来选择。

1.5.2　时间继电器

时间继电器在控制电路中用以作延时控制，即当输入信号进入控制系统时，输出系统不立即对输入作出反应，而是经过预定的时间后，输出系统才会有输出量。常用的时间继电器有空气阻尼式、电动式、电子式和电磁式等几种。时间继电器根据控制线路的控制要求又有通电延时和断电延时之分。图 1-10 为时间继电器在电路中的图形符号和文字符号。图中列出了通电延时和断电延时线圈的画法及通电延时和断电延时常开、常闭触点的画法。注意：通电延时常开、常闭触点上的小圆弧的凸出方向是向左的，而断电延时常开、常闭触点上的小圆弧的凸出方向是向右的。如果将触点在水平方向上绘制，则通电延时常开、常闭触点上的小圆弧的凸出方向是向上的，而断电延时常开、常闭触点上的小圆弧的凸出方向是向下的。

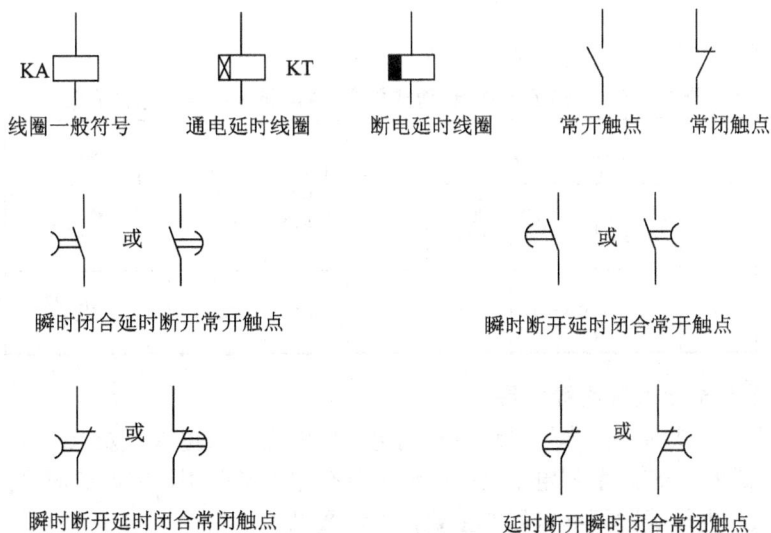

| KA 线圈一般符号 | KT 通电延时线圈 | 断电延时线圈 | 常开触点 | 常闭触点 |

瞬时闭合延时断开常开触点　或　　　瞬时断开延时闭合常开触点　或

瞬时断开延时闭合常闭触点　或　　　延时断开瞬时闭合常闭触点　或

图 1-10　时间继电器在电路中的符号

1. 各种时间继电器简介

1) JS7 系列空气阻尼式时间继电器

JS7 系列空气阻尼式时间继电器是利用空气节流延时的原理制成的。它的主要优点为：延时范围较大，可达(0.4～180)s，能同时做成通电和断电延时型，在将通电延时型改装为断电延时型或将断电延时型改装为通电延时型时，只需松开整个电磁系统的固定螺钉，将其旋转 180°固定好后即可达到要求。JS7 系列空气阻尼式时间继电器还具有结构简单、价格低廉、寿命长、不受电压和频率波动的影响等优点。其缺点是延时误差大，延时值要受周围环境温度、湿度、灰尘等影响。

JS7 系列空气阻尼式时间继电器主要用于延时精度要求不高的机床控制电路中以及电动机 Y—△降压自动转换和双速电动机及其他控制电路自动转换的控制中。

JS7 系列空气阻尼式时间继电器的主要技术参数见表 1-25。

表 1-25　JS7 系列空气阻尼式时间继电器的主要技术参数

型　号	线圈电压/V	延时整定范围/s	触点容量		延时触点的数量				瞬时触点数量		操作频率/(次/小时)
			电压/V	额定电流/A	线圈通电延时		线圈断电延时				
					常开	常闭	常开	常闭	常开	常闭	
JS7—1A	交流 50Hz 时：24、36、110、220、380、420 交流 60 Hz 时：24、36、110、220、380、440	0.4～60 及 0.4～180	380	5	—	—	—	—	1	1	不大于600 次
JS7—2A				5	1	1	1	1	—	—	
JS7—3A				5	1	1	1	1	—	—	
JS7—4A				5	—	—	—	—	1	1	

2) JS17 系列电动式时间继电器

JS17 系列电动式时间继电器是利用同步电动机驱动齿轮变速机构的原理制成的。它也有通电延时型和断电延时型之分，但 JS17 系列电动式时间继电器的通电和断电并非指接通和断开电动式时间继电器的电源，它是指接通和断开电动式时间继电器离合电磁铁线圈的电源。

JS17 系列电动式时间继电器的主要技术参数见表 1-26。

表 1-26　JS17 系列电动式时间继电器的主要技术参数

型　号	触点额定电压/V	触点接通和断开电流能力				主令脉冲持续时间/s	继电器返回时间/s	操作频率/(次/小时)	交流 50 Hz 时，线圈电压及离合电磁铁电动机电压/V	线圈消耗功率/W	
		接通电流/A	断开电流/A	cosΦ	通断次数/次					离合电磁铁	电动机
JS17 系列	220	3	3	0.3～0.4	20	0.2	0.2	1200	110、127、220、380	4	4

3) JS20 系列电子式时间继电器

JS20 系列电子式时间继电器是通过利用电容器的充、放电原理及 RC 放电的时间常数延时的原理制成的。JS20 系列电子式时间继电器有通电延时型、瞬时延时型及断电延时型三种。JS20 系列电子式时间继电器的主要技术参数见表 1-27。

表 1-27　JS20 系列电子式时间继电器的主要技术参数

型　号	工作电压/V		可延时间/s
	交流额定电压	直流额定电压	
通电延时型	36、110、127、220、380	24、48、110	1、5、10、30、60、120、180、240、300、600、900
瞬动延时型	36、110、127、220	24、48、110	1、5、10、30、60、120、180、240、300、600
断电延时型	36、110、127、220、380	—	1、5、10、30、60、120、180

　　4) 电磁式时间继电器

　　电磁式时间继电器是利用电磁线圈断电后磁通缓慢衰减的原理使磁系统的衔铁延时释放而获得触点的延时动作原理制成的。它的特点是触点容量大，故控制容量大，但延时时间范围小，精度稍差，主要用于直流电路的控制中。

　　2．时间继电器的选用

　　(1) 根据控制电路延时性能的特点，选择通电延时或断电延时。

　　(2) 时间继电器的线圈电压或额定电压值应等于控制电路的电压值。

　　(3) 根据控制电路要求延时的长短选择符合延时范围的时间继电器。

　　(4) 根据延时控制的精度选择时间继电器。当控制无精度要求时，可选价格便宜的一般时间继电器；当延时精度要求较高时，则可选择电子式或电动式时间继电器。

1.5.3　热继电器

　　热继电器是电力拖动自动控制线路、机床控制线路中的重要元件之一，在电路中用作过载保护。它是利用通过电路中的电流在电阻丝上产生的热量来加热膨胀系数各不相同的双金属片，双金属片产生变形弯曲使热电器动作的原理制成的。正常情况下，双金属片变形的程度不足以驱动热继电器动作，电路正常运转。当电路中出现过电流时，电流在电阻上产生的热量增加，双金属片弯曲程度加强，迫使热继电器动作，切断控制线路电源，从而实现电路的过载保护功能。热继电器在切断控制电路后，经过一定时间可自动复位断开的触点，也可手动复位断开的触点。热继电器自动复位的时间不大于 5 分钟，手动复位的时间不大于 2 分钟。热电器有两相结构和三相结构之分。三相结构的热继电器又可分为带断相保护和不带断相保护两种。常用的热继电器有 JR0 及 JR16 系列，其中 JR16 系列可全部取代 JR0 系列产品。

　　1．电路符号

　　热继电器在电路中的图形符号及文字符号如图 1-11 所示。

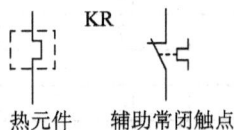

图 1-11　热继电器在电路中的符号

　　2．用途

　　JR0、JR16 系列热继电器用在电力线路中，作为长期工作制或间断工作制的一般交流电动机的过载保护，并能在三相电流严重不平衡的情况下起到过载保护的作用。

3. 主要技术参数

JR0、JR16 系列热继电器的主要技术参数见表 1-28。

表 1-28　JR16(JR0)系列热继电器的主要技术参数

型　号	额定电压/V	额定电流/A	热元件编号	热元件额定电流/A	整定电流范围值/A	主要用途
JR16—20/3 JR16—20/3D (JR0—20/3) (JR0—20/3D)		20	1	0.35	0.25～0.35	在电力线路中，作为长期工作制、间断工作制的一般交流电动机的过载保护，并能在三相电流严重不平衡时起到保护作用。D 表示带断相保护
		20	2	0.5	0.32～0.5	
		20	3	0.72	0.45～0.72	
		20	4	1.1	0.68～1.1	
		20	5	1.6	1.0～1.6	
		20	6	2.4	1.5～2.4	
		20	7	3.5	2.2～3.5	
		20	8	5	3.2～5.0	
		20	9	7.2	4.5～7.2	
		20	10	11	6.8～11	
		20	11	16	10～16	
		20	12	22	14～22	
JR16—60/3 JR16—60/3D (JR0—60/3) (JR0—60/3D)	交流 50 Hz 或 60 Hz 时：380 及以下	60	13	22	14～22	
		60	14	32	20～32	
		60	15	45	28～45	
		60	16	63	40～63	
JR16—150/3 JR16—150/3D (JR0—150/3) (JR0—150/3D)		150	17	63	40～63	
		150	18	85	53～85	
		150	19	120	75～120	
		150	20	160	100～160	
JR16B—20/3 JR16B—20/3D		20	1	0.35	0.25～0.35	在电力线路中，作为长期或间断工作的一般交流电动机的保护及断相保护之用
		20	2	0.5	0.32～0.5	
		20	3	0.72	0.45～0.72	
		20	4	1.1	0.68～1.1	
		20	5	1.6	1.0～1.6	
		20	6	2.4	1.5～2.4	
		20	7	3.5	2.2～3.5	
		20	8	5	3.2～5.0	
		20	9	7.2	4.5～7.2	
		20	10	11	6.8～11	
JR16B—20/3 JR16B—20/3D		20	11	16	10～16	
		20	12	22	14～22	在电力线路中，作为长期或间断工作的一般交流电动机的保护及断相保护之用
JR16B—60/3	交流 50 Hz 或 60 Hz 时：380 及以下	60	13	22	14～22	
		60	14	32	20～32	
		60	15	45	28～45	
		60	16	63	40～63	
JR16B—150/3 JR16B—150/3D		150	17	63	40～63	
		150	18	85	53～85	
		150	19	120	75～120	
		150	20	160	100～160	

4. 选用

热继电器的选用除其工作的额定电压及频率应与保护电路的额定电压及频率相符外，在作为电动机的过载保护时还应从以下几个方面来考虑。

(1) 作为一般性保护时，选热继电器的标称额定电流大于电动机的额定电流，热继电器的整定电流值为电动机额定电流的 0.95～1.05 倍。

(2) 作为轻负载电动机的过载保护时，热继电器的整定电流值也要根据被保护电动机的实际工作电流的 0.95～1.05 倍进行整定。

(3) 用作电动机断相保护时，一般 Y 形接法运行的电动机，如果有一相断路后，流过其他两相中的电流的增加比例相同，故无须使用带断相保护的热继电器，但对于△形接法运行的电动机，则应选择带断相保护的热继电器。

例　在 1.4.1 节例题中，型号为 YB2S2—2、Y160M—4 及 Y160L—4 的三台电动机，功率分别为 7.5 kW、11 kW、15 kW，额定电流分别为 14.4 A、22.1 A、29.7 A，若使用热继电器作它们的过载保护，试分别选择热继电器的型号、热元件额定电流及整定电流值。

查表 1-28 可知，YB2S2—2 型电动机(额定电流为 14.4 A)选择热继电器型号为 JR16—20/3D，热元件额定电流为 16 A，整定电流值调整为 14.4 A 左右；Y160M—4 型电动机(额定电流为 22.1 A)选择热继电器型号为 JR16—60/3D，热元件额定电流为 32 A，整定电流值调整为 22.1 A 左右；Y160L—4 型电动机(额定电流为 29.7 A)选择热继电器型号为 JR16—60/3D，热元件额定电流可选择 32 A 或 45 A，整定电流值调整为 29.7 A 左右。

1.5.4　电流继电器

电流继电器是反映电路电流量变化的器件，其线圈与电路串联，它是根据控制电路中电流变化的大小而决定是否动作的。电流继电器可分为过电流继电器和欠电流继电器。过电流继电器是当电路中的电流超过一定量时，过电流继电器动作，切断电路，从而起到电路中的过载保护作用。一般交流过电流继电器的过电流动作范围可调整在电路额定电路的 110%～400%，直流过电流继电器的动作范围可调整在电路额定电流的 70%～300%。而欠电流继电器是当电路中的电流小于一定数值时，欠电流继电器动作，切断电路，从而使某些要求具有一定电流的电路得到保护。例如，在直流电动机的电枢励磁电路中，如果励磁电流减小，根据直流电动机的机械特性可知其转速要上升。当励磁电流减小趋于零时，根据理论分析，其转速将趋于无穷大，会引起直流电动机转速猛增，亦即"飞车现象"。这样会发生严重的设备事故。为了杜绝这种现象的发生，在直流电动机的电枢励磁回路中串入欠电流继电器，一旦电枢励磁回路中电流下降到某数值时，欠电流继电器动作，切断电源，从而起到欠电流的保护作用。一般情况下，欠电流继电器的吸合电流为线圈额定电流的 30%～65% 左右，释放电流为线圈额定电流的 10%～20%。因此，当控制线路中电流减小到欠电流继电器线圈额定电流的 10%～20% 时，欠电流继电器动作，从而起到了欠电流保护的作用。在机床电路中，主要使用 JZ14 系列交、直流电流继电器。

1. 电路符号

电流继电器在电路中的图形符号及文字符号如图 1-12 所示。

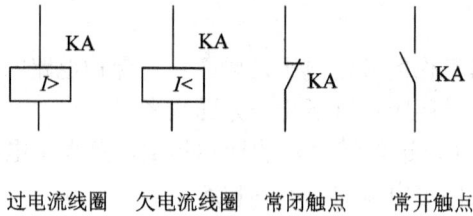

过电流线圈　　欠电流线圈　　常闭触点　　常开触点

图 1-12　电流继电器在电路中的符号

2．用途

过电流继电器主要用于绕线式异步电动机及直流电动机频繁启动和重载启动下的过载与短路保护。

欠电流继电器主要用于直流电动机电枢励磁回路及其他需保持一定电流的电路中。

3．选用

(1) 过电流继电器的选用。用于绕线式异步电动机和小容量直流电动机的过电流保护时，过电流继电器的线圈额定电流可选择电动机额定工作电流的大小；对于频繁启动或频繁正、反转启动的电动机，则电流继电器线圈的额定电流应向上选大一级。

(2) 欠电流继电器的选用。欠电流继电器线圈电流的选择应根据电路中所要求的最小电流值来选择，即电路中所要求的最小电流值应等于欠电流继电器线圈额定电流的 10%～20%。

1.5.5　电压继电器

电压继电器的作用与电流继电器的作用相似，但电压继电器动作的依据为线路中的电压量。电压继电器的线圈并联在电源的两端，根据电路中电压的变化决定是否动作。电压继电器有过电压继电器、欠电压继电器和零电压继电器之分。过电压继电器的主要作用是当电压超过某一上限电压值时，继电器工作，从而达到过电压的保护作用，一般当电压为线路额定电压的 105%～120%时，继电器即动作。欠电压继电器是当电路中的电压降低不足于一定值时，欠电压继电器动作切断电路，使某些用电设备不因电源电压低电流急剧上升而损坏。一般当电压低于线路额定电压的 40%～70%时，欠电压继电器即动作。零压继电器则当线路电源电压降低接近于零(一般为额定电压的 10%～35%)时动作。

常用的电压继电器为 JT4 系列。

值得一提的是，交流接触器和中间继电器本身也具有欠压和失压保护的功能，故在机床电气控制线路中，常用交流接触器或中间继电器代替失压和欠压继电器进行失压或欠压保护。

1．电路符号

电压继电器在电路中的图形符号及文字符号如图 1-13 所示。

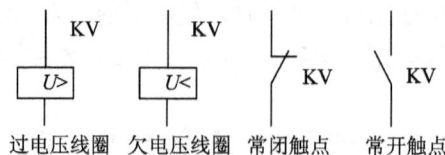

过电压线圈　　欠电压线圈　　常闭触点　　常开触点

图 1-13　电压继电器在电路中的符号

2．用途

电压继电器主要用于电力输入线路的电压升高或降低以及自动控制、机床线路中的过电压及失压保护。

3．选用

应根据控制电路所需要的保护电压值，选择电压继电器的线圈额定电压和被切断线路的额定电压。

1.5.6　速度继电器

速度继电器的输入量是转速。速度继电器一般和电动机同轴安装，用以控制电动机的转速或作为电动机停止时反接制动之用。当电动机的转速达到某一数值(一般为 120 r/min)时，速度继电器动作，它的常开(或常闭)触点闭合(或断开)，从而达到接通或断开控制电路的目的。当转速降至某一数值(一般为 100 r/min)时，它的常开、常闭点复位。

速度继电器一般有两对常开常闭触点。一对触点用于电动机的正转控制，即在电动机正转速度达到 120 r/min 时，常开触点闭合，常闭触点断开。当电动机停止，其转速下降至 100 r/min 时，常开触点复位断开，常闭触点复位闭合。同理，另一对触点用于电动机的反转控制。

速度继电器在机床控制中主要用于机床停止时的反接制动以及在其他控制电路中将电动机的转速限制于某一数值。

常用的速度继电器有 JY1、JFZ0 型。

速度继电器在电路中的图形符号及文字符号如图 1-14 所示。

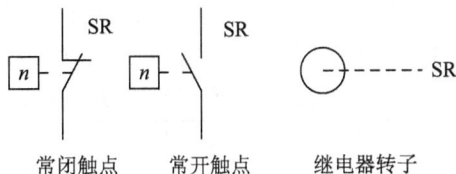

图 1-14　速度继电器在电路中的符号

1.5.7　压力继电器

压力继电器的输入量为压力。压力源有气压、水压及油压等。当系统压力达到一定值时，压力继电器动作，从而由压力的变化控制所需控制电路。

压力继电器一般用于机床的气压、水压和油压系统中，在其他自动控制系统中也被广泛应用。常用的压力继电器有 YJ0、YJ1 型。

压力继电器在电路中的图形符号及文字符号如图 1-15 所示。

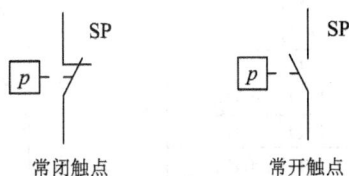

图 1-15　压力继电器在电路中的符号

1.5.8　温度继电器

温度继电器是反映温度高低变化的继电器，它的输入量为温度。当温度高于某一数值时，继电器动作，用以控制所需控制电路的通断。

温度继电器一般用于测量电动机绕组的温升或其他重要元器件的温度并对其进行保护，以防由于温度太高而过热损坏。

常用的温度继电器有 JW1、JW2、JW3、JW4 系列。

温度继电器在电路中的图形符号及文字符号如图 1-16 所示。

图 1-16　温度继电器在
电路中的符号

1.6　电　磁　铁

电磁铁在自动控制系统及机床控制系统中是一种将电磁能转换为机械能的电气元件。它主要由接触器或继电器控制接通其电源的通断。电磁铁有直流和交流之分，机床上常用的电磁铁按其作用可分为牵引电磁铁、制动电磁铁及阀用电磁铁等。

电磁铁在电路中的图形符号及文字符号如图 1-17 所示。

线圈符号　　　　电磁铁文字符号　　阀用电磁铁文字符号

图 1-17　电磁铁在电路中的符号

1.6.1　牵引电磁铁

牵引电磁铁在自动控制及机床控制系统中主要用作推斥或牵引机械装置。它主要由铁芯、衔铁及线圈组成。线圈通电后，由铁芯吸引衔铁，对机械装置进行牵引。

常用的牵引电磁铁有 MQ1、MQ3 系列，其主要技术参数见表 1-29。

表 1-29　MQ1、MQ3 系列牵引电磁铁的主要技术参数

型　号	使用方式	吸引线圈电压 /V	额定吸力 /N	额定行程 /mm	通电率 /%	操作次数 /(次/小时)
MQ1—5101	拉动	110、127、220、380	15	20	100	600
MQ1—5102			30	20	10	400
MQ1—5111			30	25	100	600
MQ1—5112			50	25	10	400
MQ1—5121			50	25	100	200
MQ1—5122			80	25	10	400
MQ1—5131	推动		80	25	100	200
MQ1—5132			150	25	10	400
MQ1—5141			150	50	100	200
MQ1—5151			250	30	100	200
MQ1—6101			10	20	100	600
MQ1—6102			30	20	10	400
MQ1—6111			30	25	100	600
MQ1—6112			50	25	10	400
MQ1—6121			50	25	100	200
MQ1—6122			80	25	10	400
MQ1—6131			80	25	100	200
MQ1—6132			150	25	10	400

续表

型　号	使用方式	吸引线圈电压 /V	额定吸力 /N	额定行程 /mm	通电率 /%	操作次数 /(次/小时)
MQ3—6.2N1	推拉两用		6.2	10	60	1200
MQ3—7.8N1			7.8	10	60	1200
MQ3—9.8N1			9.8	10	60	1200
MQ3—12.5N1			12.5	10	60	1200
MQ3—15.7N1			15.7	20	60	600
MQ3—19.6N1			19.6	20	60	600
MQ3—24.5N1			24.5	20	60	600
MQ3—31N1	拉动	36、110 220、380	31	20	60	600
MQ3—39N1			39	20	60	600
MQ3—49N1			49	30	60	600
MQ3—62N1			62	30	60	600
MQ3—78N1			78	30	60	600
MQ3—98N1			98	30	60	600
MQ3—123N1			123	40	60	300
MQ3—157N1			157	40	60	300
MQ3—196N1			196	40	60	300
MQ3—245N1			245	40	60	300

1.6.2　制动电磁铁

　　制动电磁铁和牵引电磁铁没有本质上的区别，也都是由线圈通电后，铁芯产生吸力，吸引衔铁，由衔铁牵引抱闸装置，对电动机进行抱闸或松开抱闸。制动电磁铁有交流和直流之分，有单相和三相之分，还有通电抱闸和断电抱闸之分。一般情况下采用断电抱闸电磁铁，即电动机通电时，制动电磁铁线圈也得电，此时抱闸松开；当电动机失电时，制动电磁铁线圈也失电，抱闸装置在弹簧力的作用下，将电动机轴抱住，制动电动机，使电动机迅速停转。

　　制动电磁铁一般用于起重、机床控制等制动中。常用的有单相电磁铁 MZD1 系列及三相电磁铁 MZS1 系列，其主要技术参数分别见表 1-30、表 1-31。

表 1-30　MZD1 系列交流制动电磁铁的主要技术参数

型　号	额定电压 /V	磁铁力矩/(kg·cm)		衔铁重量的力矩/(kg·cm)	回转角度 /°	额定回转角度下杆之位移 /mm
		暂载率 40%	暂载率 100%			
MZD1—100	220、380、500	55	30	5	7.5	3
MZD1—200		400	200	36	5.5	3.8
MZD1—300		1000	400	92	5.5	4.4

表 1-31　MZS1 系列制动电磁铁的主要技术参数

型　号	额定电压 /V	暂载率 /%	吸力(包括衔铁重量) /kg	衔铁重量/kg	衔铁额定行程/mm	视在功率/V·A	
						吸合瞬间功率	保持吸合功率
MZS1—6	220/380 或 220/500	25、40、100	8	2	20	2700	330
MZS1—7			10	2.8	40	7700	500
MZS1—15			20	4.5	50	14000	750
MZS1—25			35	11.2	50	23000	750
MZS1—25B			35	11.2	50	23000	750
MZS1—25A			38	11.2	50	23000	750
MZS1—45H			70	24.6	50	44000	2500
MZS1—80H			115	33.31	60	96000	3500
MZS1—100H			140	38.23	80	120000	5500

1.6.3　阀用电磁铁

　　阀用电磁铁主要用于电磁换向阀中。电磁换向阀在机床的液压系统中常用来改变液体的流动方向、液体分配、接通及关闭油路等。

　　换向阀有各种结构，如二位二通、二位四通、三位四通、三位五通等。所谓的二位二通，就是换向阀的阀芯可以在电磁铁的作用下处于阀体中的两个不同位置，但只有两个通口，即一进一出。

　　阀用电磁铁有交流和直流之分，视其控制系统所用电源选用。

第2章

❧❧❧

机床常用基本控制线路

机床的动力为电动机，控制电动机的启动、停止的线路称为电动机控制线路。机床电气控制线路是由各种电动机控制线路组成的，视机床的种类、工作性质、加工精细程度的不同，其控制线路有简单、复杂之分。但不论多么复杂的机床控制线路都是由最简单、最基本的电动机控制线路通过不同的线路组合而成的。本章主要讨论机床控制线路中常用电动机基本控制线路的组成、工作原理及故障检查。

2.1　电动机单向运转控制线路

从字面意思理解，电动机单向运转控制线路就是电动机单方向启动运转的控制线路，它可以使电动机单方向正转，也可以使电动机单方向反转。电动机单向运转控制线路又可分为手动单向运转控制线路、接触器控制点动单向运转控制线路、接触器控制连续单向运转控制线路、连续与点动混合控制的单向运转控制线路。

2.1.1　手动单向运转控制线路

1．线路控制原理

(1) 线路组成。手动单向运转控制线路原理如图 2-1 所示。其中图(a)由刀开关 QS、熔断器 FU 及三相鼠笼式异步电动机 M 组成。刀开关 QS 为线路电源开关，熔断器 FU 为线路的短路保护。

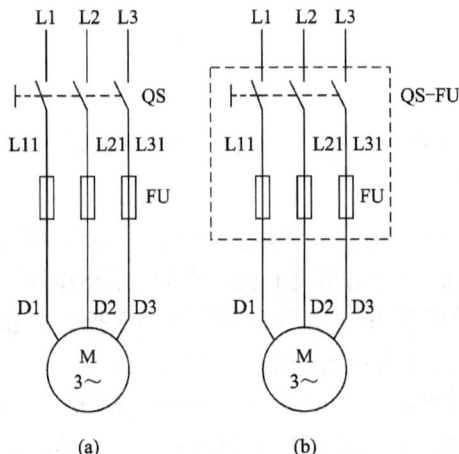

图 2-1　手动单向运转控制线路原理图

(2) 控制过程。手动合上电源开关 QS，三相电源从 L1、L2、L3 引入，经过刀开关 QS 至 L11、L12、L13 点，经过熔断器 FU，加在三相鼠笼式异步电动机的三相绕组上，使电动机 M 单向运转。手动断开刀开关 QS，电动机 M 断电停转。

图(b)中 QS-FU 为带熔断器的刀开关。同样，手动合上刀开关 QS-FU，电动机 M 得电运转；手动断开 QS-FU，电动机 M 断电停转。

从上面的分析我们知道，单向运转线路只能单向运转，即要么正转，要么反转。但是我们在实际工作当中，有时往往在控制线路安装完毕后，接上电动机却不能按我们所要求的方向进行旋转，即本来需要电动机正向(逆时针方向)旋转，但却变成了反向(顺时针方向)旋转。此时，我们只要改变电动机的电源相序，将 D1、D2、D3 接线端中的任意两接线端互相调换一下即可。

2. 故障检查

线路出现的主要故障现象：电动机 M 不能启动。

故障分析：该故障主要原因为熔断器 FU 断路或刀开关 QS 接触不良等。

故障检查步骤：用万用表交流 500 V 挡测量 D1、D2、D3 点电压是否有 380 V 电压。若有 380 V 电压，则重点检查电动机 M；若无，则测量 L11、L21、L31 点是否有 380 V 电压，若有则为熔断器 FU 断路，若无则检查刀开关 QS。

2.1.2　接触器控制点动单向运转控制线路

接触器控制点动单向运转控制线路原理如图 2-2 所示。

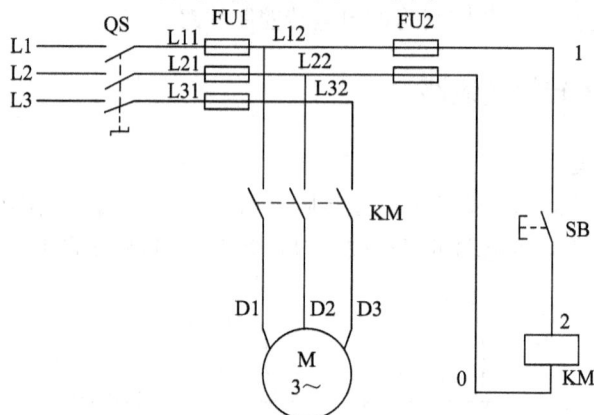

图 2-2　接触器控制点动单向运转控制线路原理图

1. 线路控制原理

(1) 线路组成及元器件的作用。该线路由转换开关 QS、熔断器 FU1、接触器 KM 的主触点及电动机 M 组成主线路；由熔断器 FU2、点动按钮 SB 及接触器 KM 线圈组成控制线路。QS 为电源总开关，熔断器 FU1 为线路的总短路保护，接触器 KM 的主触点控制电动机 M 电源的通断。熔断器 FU2 为控制线路的短路保护。

(2) 控制过程。合上线路总开关 QS，按下电动机 M 的点动按钮 SB，接触器 KM 线圈通电，其通电回路为：电源 L1→转换开关 QS→1 号线→熔断器 FU1→L12 号线→熔断器 FU2→1 号线→按钮 SB→2 号线→接触器 KM 线圈→0 号线→熔断器 FU2→L22 号线→熔断器 FU1→L21 号线→电源 L2。接触器 KM 闭合，其主线路中接触器 KM 的主触点闭合，接通电动机 M 的三相电源，电动机 M 获电单向启动运转。松开按钮 SB，接触器 KM 线圈失电释放，其在主线路中的主触点断开，切断电动机的三相电源，电动机 M 停转。

从以上分析我们知道，接触器控制点动单向运转线路，当按下按钮 SB 时，电动机 M 启动单向运转，松开按钮 SB 时，电动机 M 就停止，从而实现"一点就动，松开不动"的功能。

2．故障检查

线路出现的主要故障现象：电动机 M 不能点动运行。

故障分析：从主线路来分析，故障原因主要有熔断器 FU1 断路、电动机 M 绕组损坏等原因；从控制线路来分析，故障原因主要有熔断器 FU2 断路、接触器线圈损坏等。

故障检查步骤：按下点动按钮 SB，观察接触器 KM 是否闭合。若 KM 闭合，则重点检查电动机 M 绕组，接触器 KM 在主线路中的主触点闭合是否接触良好。若接触器 KM 未闭合则重点检查熔断器 FU1 和 FU2 是否断路、接触器 KM 线圈是否断路等。

2.1.3　接触器控制连续单向运转控制线路

具有接触器自锁的单向运转控制线路原理如图 2-3 所示。

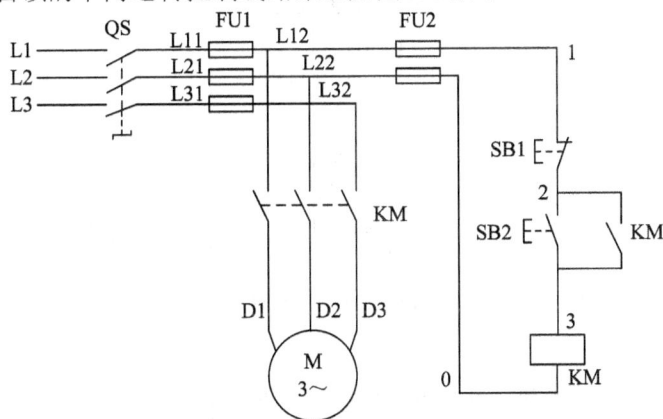

图 2-3　具有接触器自锁的单向运转控制线路原理图

1．控制原理

(1) 线路组成及各元器件的作用。主线路由转换开关 QS、熔断器 FU1、接触器 KM 的主触点及电动机 M 组成；由熔断器 FU2、停止按钮 SB1 的常闭触点、启动按钮 SB2 的常开触点及接触器 KM1 线圈组成控制线路。QS 为电源总开关，熔断器 FU1 为线路总短路保护，接触器 KM 控制电动机 M 电源的通断，按钮 SB1 为电动机 M 的停止按钮，SB2 为电动机的启动按钮。

(2) 控制过程。合上电源总开关 QS，按下电动机 M 的启动按钮 SB2，接触器 KM 线圈通过以下路径得电：L12 点→FU2→1 号线→按钮 SB1 常闭触点→2 号线→按钮 SB2 常开触点→3 号线→接触器 KM 线圈→0 号线→FU2→L22 点。接触器 KM 闭合，其主触点接通电动机 M 的电源，电动机 M 启动运行。同时并接在 2 号线及 3 号线之间 KM 的辅助常开触点闭合自锁。当松开启动按钮 SB2 时，由于并接在 2 号线及 3 号线之间 KM 的辅助常开触点闭合自锁，接触器 KM 通过以下途径保持得电：L12 点→FU2→1 号线→按钮 SB1 常闭触点→2 号线→接触器 KM 辅助常开触点→3 号线→接触器 KM 线圈→0 号线→FU2→L22 点。此时电动机 M 保持单向连续运行。当需要电动机 M 停止时，按下停止按钮 SB1，接触器 KM 线圈回路电源被切断失电，电动机 M 停转。

接触器自锁单向运转控制线路一般用于电动机功率小于 7.5 kW 以下只要求单方向运转的电力拖动中。接触器自锁单向运转控制线路的典型应用如图 2-4 所示。图中在主线路中增加了热继电器 KR 作为电动机的过载保护，KR 的辅助常闭触点串接在控制线路的 1 号线及 2 号线之间。当电动机过载运行时，线路中的电流增大，通过热继电器 KR 热元件的电流增大，故热元件发热量增大，使热继电器中的双金属片弯曲的程度增大，从而推动机械装置使串接在控制线路中 1 号线及 2 号线之间 KR 的辅助常闭触点断开，切断接触器 KM 线圈回路的电源，起到电动机 M 的过载保护。

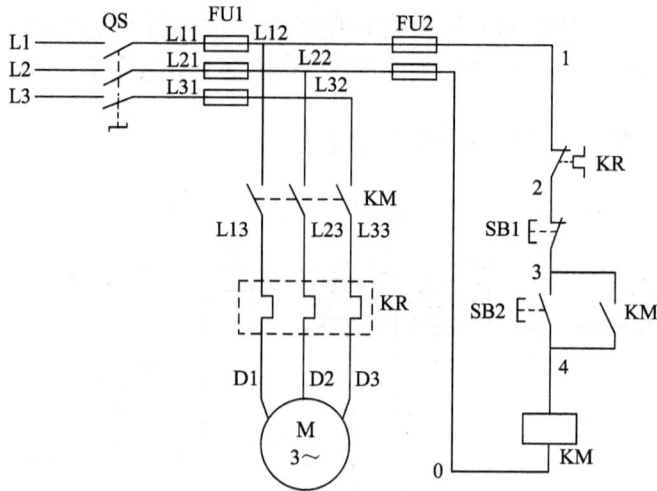

图 2-4　具有过载保护的单向运转控制线路原理图

2. 故障检查

线路出现的主要故障现象：电动机 M 不能启动运转。

故障分析：我们以图 2-4 为例。从主线路来分析，故障原因主要有电源总开关损坏、熔断器 FU1 断路、接器 KM 主触点闭合接触不良、热继电器 KR 的主通路有断点、电动机 M 绕组损坏；从控制线路来分析，故障原因主要有熔断器 FU2 断路、热继电器 KR 的辅助常闭触点闭合接触不良、按钮 SB1 的常闭触点闭合接触不良、接触器 KM 线圈损坏等。

故障检查步骤：按下启动按钮 SB2，观察接触器 KM 是否闭合。如果接触器 KM 的闭合，则故障范围在主线路，应重点检查接触器 KM 主触点、电动机 M 绕组等。如果接触器 KM 未闭合，则故障范围在控制线路，重点检查熔断器 FU1 和 FU2 是否断路、按钮 SB1 的常闭触点是否闭合接触良好、接触器 KM 线圈是否损坏等。

2.1.4　连续与点动混合控制的单向运转控制线路

连续与点动混合控制的单向运转控制线路原理如图 2-5 所示。

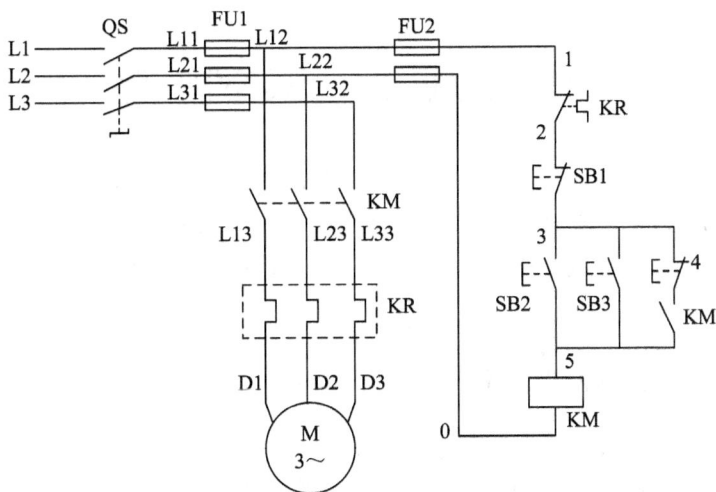

图 2-5　连接与点动混合控制的单向运转控制线路原理图

1．控制原理

(1) 线路组成及各元器件的作用。主线路的组成与图 2-4 相同，控制线路在图 2-4 的基础上增加了一个点动按钮 SB3，使电动机 M 能运行在单向连续和单向点动状态下。

(2) 控制过程。按下单向连续运行启动按钮 SB2，接触器 KM 通过以下途径得电：L12点→FU2→1 号线→KR→2 号线→按钮 SB1 常闭触点→3 号线→按钮 SB2 常开触点→5 号线→接触器 KM 线圈→0 号线→FU2→L22 点。接触器 KM 闭合，其主触点接通电动机 M 的电源，电动机 M 启动运行。同时串接在 4 号线及 5 号线之间 KM 的辅助常开触点闭合自锁，接触器 KM 通过以下途径得电：L12 点→FU2→1 号线→KR→2 号线→按钮 SB1 常闭触点→3 号线→按钮 SB3 常闭触点→4 号线→接触器 KM 常开辅助触点→5 号线→接触器 KM 线圈→0 号线→FU2→L22 点。从而使得松开按钮 SB2 时接触器 KM 仍然保持吸合，电动机M 连续单向运转。按下停止按钮 SB1，接触器 KM 失电，电动机 M 停转。

当需要电动机点动时，按下点动按钮 SB3，接触器 KM 通过以下途径得电：L12 点→FU2→1 号线→KR→2 号线→按钮 SB1 常闭触点→3 号线→按钮 SB3 常开触点→5 号线→接触器 KM 线圈→0 号线→FU2→L22 点。接触器 KM 闭合，电动机 M 点动运转。同时串在4 号线及 5 号线间的接触器 KM 的辅助常开触点闭合。在按下按钮 SB3 时，其 3 号线及 5号线间的常开触点被压合，也将按钮 SB3 在 3 号线及 4 号线间的常闭触点压开。其动作的顺序为先压开按钮 SB3 在 3 号线及 4 号线间的常闭触点，然后再接通 3 号线及 5 号线间 SB3的常开触点，使接触器 KM 不因 4 号线与 5 号线间 KM 触点的闭合而自锁。松开按钮 SB3时，按钮 SB3 在 3 号线及 5 号线间的常开触点先断开，接触器 KM 断电释放，然后 SB3在 3 号线及 4 号线间的常闭触点闭合，使电动机实现点动控制。

2．故障检查

线路出现的主要故障现象：电动机 M 不能连续运转；电动机不能点动运行。

故障分析：电动机 M 不能连续运转的故障原因见 2.1.3 节的分析。电动机 M 不能点动运行主要是按钮 SB3 的常开触点压合接触不良或按钮接线松脱等所引起的。

2.2 电动机正、反转控制线路

电动机正、反转控制线路是电动机中常见的基本控制线路，它是利用电源的换相原理来实现电动机的正、反转向的。常见的电动机正、反转控制线路有手动正、反转控制线路、接触器联锁的正、反转控制线路、按钮联锁的正、反转控制线路及接触器按钮双重联锁的正、反转控制线路。

2.2.1 手动正、反转控制线路

手动正、反转控制线路原理如图 2-6 所示。

在图 2-6 中，刀开关 QS1 为线路的总开关，熔断器 FU 为线路的短路保护，转换开关 QS2 为电源的换相开关。转换开关 QS2 有三挡位置，分别为"顺"、"停"、"反"转。

当合上电源开关 QS1，将转换开关 QS2 扳至左边"顺"挡位置时，三相电源通过以下途径进入电动机 M 三相绕组：L1→QS1→L11→FU→L12→QS2→D1→A 相绕组；L2→QS1→L21→FU→L22→QS2→D2→B 相绕组；L3→QS1→L31→FU→L32→QS2→D3→C 相绕组。此时电动机 M 通电正转。当需要电动机 M 反转时，将转换开关 QS2 扳至"停"挡位置，待电动机 M 完全停止后再将转换开关扳至右边"反"挡位置，三相电源通过以下途径进入电动机三相绕组：L1→QS1→L11→FU→L12→QS2→D3→C 相绕组；L2→QS1→L21→FU→L22→QS2→D2→B 相绕组；L3→QS1→L31→FU→L32→QS2→D1→A 相绕组。此时电动机反转。比较以上电动机 M 正转和反转时三相电源 L1、L2、L3 分别进入电动机 A、B、C 三相的情况可知，电动机 M 正转时，L1

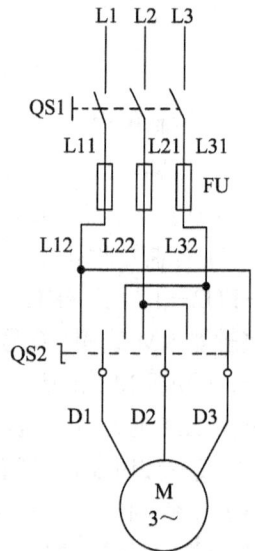

图 2-6 手动正、反转控制线路原理图

相电源进入 A 相绕组，L2 相电源进入 B 相绕组，L3 相电源进入 C 相绕组，电动机 M 按 A→B→C 相序产生顺向旋转磁场；而当电动机反转时 L1 相电源进入 C 相绕组，L2 相电源进入 B 相绕组，L3 相电源进入 A 相绕组，电动机 M 按 C→B→A 相序产生反向旋转磁场。从以上分析可知，若将电动机从正转运行状态转换为反转运行状态，只需将电动机的任意两相绕组调换相序即可。

2.2.2 接触器联锁的正、反转控制线路

接触器联锁的正、反转控制线路原理如图 2-7 所示。

主线路由组合开关 QS、熔断器 FU1、接触器 KM1 及 KM2 的主触点、热继电器 KR 和电动机 M 组成。其中接触器 KM1 及 KM2 的主触点担任着图 2-6 线路中转换开关 QS2 的作用，也就是说接触器 KM1 主触点负责接通和断开电动机 M 的正转电源，接触器 KM2

的主触点负责接通和断开电动机 M 的反转电源。控制线路由热继电器辅助常闭触点及按钮、接触器线圈等元件组成。

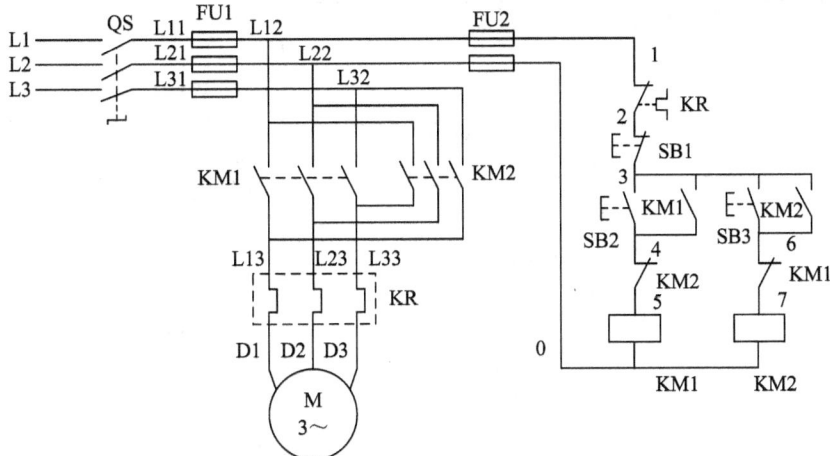

图 2-7　接触器联锁的正、反转控制线路原理图

　　合上电源开关 QS。当需要电动机正转时，按下电动机 M 的正转启动按钮 SB2，接触器 KM1 线圈通过以下途径通电：L12 号线→FU2→1 号线→KR→2 号线→SB1 常闭触点→3 号线→SB2 常开触点→4 号线→接触器 KM2 常闭触点→5 号线→接触器 KM1 线圈→0 号线→FU2→L22 号线。接触器 KM1 得电闭合，其主触点接通电动机 M 的正转电源，电动机 M 启动正转。同时，接触器 KM1 并接在 3 号线及 4 号线间的辅助常开触点闭合自锁，使得松开按钮 SB2 时，接触器 KM1 线圈仍然能够保持通电吸合。而串接在接触器 KM2 线圈回路 6 号线及 7 号线之间的接触器 KM1 的辅助常闭触点断开，切断接触器 KM2 线圈回路的电源，使得在接触器 KM1 得电吸合，电动机 M 正转时，接触器 KM2 不能得电，电动机 M 不能接通反转电源。这种控制线路的接法叫接触器联锁。当需要电动机 M 停止时，按下按钮 SB1，接触器 KM1 线圈失电释放，所有常开、常闭触点复位，线路恢复常态。

　　同理，当需要电动机 M 反转时，按下反转启动按钮 SB3，接触器 KM2 线圈通过以下途径得电：L12 号线→FU2→1 号线→KR→2 号线→SB1 常闭触点→3 号线→SB3 常开触点→6 号线→接触器 KM1 常闭触点→7 号线→接触器 KM2 线圈→0 号线→FU2→L22 号线。接触器 KM2 得电闭合，其主触点接通电动机 M 的反转电源，电动机 M 启动反转。同时，接触器 KM2 并接在 3 号线及 6 号线间的辅助常开触点闭合自锁，使得松开按钮 SB3 时，接触器 KM2 线圈仍然能够保持通电吸合。而串接在接触器 KM1 线圈回路 4 号线及 5 号线之间的接触器 KM2 的辅助常闭触点断开，切断接触器 KM1 线圈回路的电源，使得在接触器 KM2 得电吸合，电动机 M 反转时，接触器 KM1 不能得电，电动机 M 不能接通正转电源，从而实现接触器联锁。同样按下停止 SB1 时，接触器 KM2 线圈失电，电动机 M 断电停转。

2.2.3　按钮联锁的正、反转控制线路

　　按钮联锁的正、反转控制线路原理如图 2-8 所示。

　　按钮联锁的正、反转控制线路的控制原理与图 2-7 所示的接触器联锁的正、反转控制线路基本相同。不同之处在于本线路采用了复合按钮联锁代替图 2-7 中的接触器联锁触点。

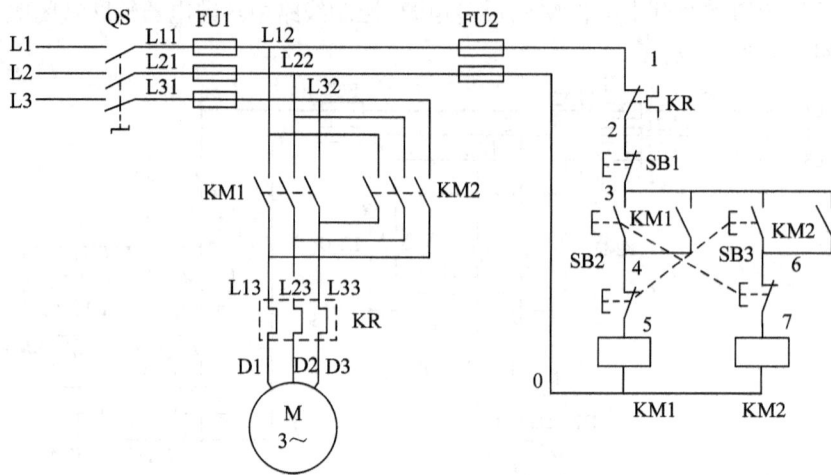

图 2-8　按钮联锁的正、反转控制线路原理图

从图 2-8 中我们可以看出，当需要电动机 M 正转时，按下正转启动按钮 SB2，按钮 SB2 串接在 6 号线及 7 号线之间的常闭触点首先断开，然后并在 3 号线及 4 号线之间的常开触点闭合，接触器 KM1 线圈通过以下途径得电：L12 号线→FU2→1 号线→KR→2 号线→SB1 常闭触点→3 号线→SB2 常开触点→4 号线→SB3 常闭触点→5 号线→接触器 KM1 线圈→0 号线→FU2→L22 号线。接触器 KM1 得电闭合，其主触点接通电动机 M 的正转电源，电动机 M 启动正转。同时，接触器 KM1 并接在 3 号线及 4 号线间的辅助常开触点闭合自锁，使得松开按钮 SB2 时，接触器 KM1 线圈仍然能够保持通电吸合。

同理，当需要电动机 M 在正转情况下反转时，按下电动机 M 的反转启动按钮 SB3，按钮 SB3 串接在 4 号线及 5 号线之间的常闭触点首先断开，切断接触器 KM1 线圈回路的电源，接触器 KM1 线圈失电释放，电动机 M 正转停止，然后并在 3 号线及 6 号线之间的 SB3 常开触点闭合，接触器 KM2 线圈通过以下途径得电：L12 号线→FU2→1 号线→KR→2 号线→SB1 常闭触点→3 号线→SB3 常开触点→6 号线→SB2 常闭触点→7 号线→接触器 KM2 线圈→0 号线→FU2→L22 号线。

接触器 KM2 得电闭合，其主触点接通电动机 M 的反转电源，电动机 M 启动反转。同时，接触器 KM2 并接在 3 号线及 6 号线间的辅助常开触点闭合自锁，使得松开按钮 SB3 时，接触器 KM2 线圈仍然能够保持通电吸合。

当需要电动机 M 停止时，按下停止按钮 SB1，不论电动机 M 处于正转或反转运行状态，接器 KM1、KM2 都会失电释放，电动机 M 会停止转动。

从以上分析可知，按钮联锁的正、反转控制线路其正转和反转可以在电动机 M 不停转的状态下直接进行转换。但是按钮联锁的正、反转控制线路有一个缺点就是当主线路中电动机严重过载或出现某种意外的情况时，有一个触点熔焊粘在一起，且操作人员并无察觉，再去按另一个启动按钮，就会发生短路事故。例如假设电动机 M 正转，接触器 KM1 的触点熔焊，动触点与静触点粘在一起不能分开，这时如果需要电动机反转，直接按下反转启动按钮 SB3，SB3 串在 4 号线及 5 号线之间的常闭触点虽然切断了接触器 KM1 线圈回路的电源，但接触器 KM1 的主触点在主线路中由于熔焊粘在一起并未断开，其结果是按钮 SB3 并接在 3 号线及 6 号线间的常开触点接通接触器 KM2 线圈的电源，接触器 KM2 得电闭合，其主触点接通电动机M的反转电源,这样电源L1相和L3相发生短路。解决以上问题的方法是采用接触器按钮双重联锁的正、反转控制线路。

2.2.4 接触器按钮双重联锁的正、反转控制线路

接触器按钮双重联锁的正、反转控制线路原理如图2-9所示。

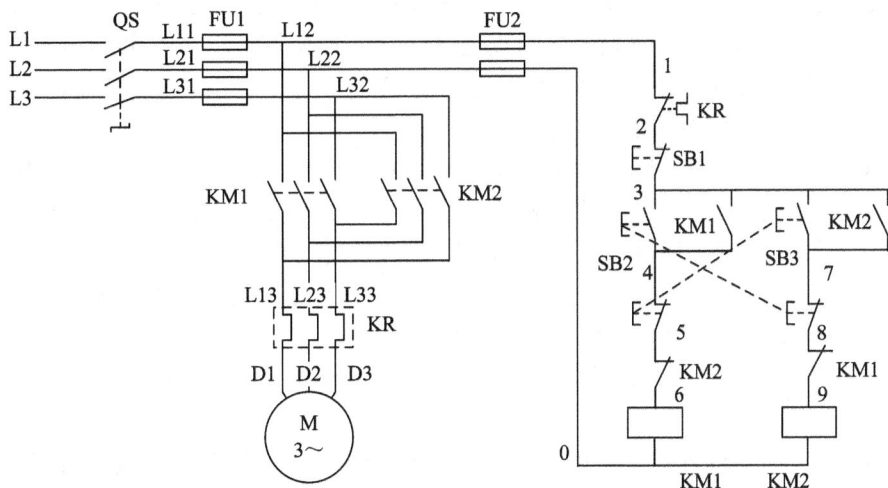

图 2-9 接触器按钮双重联锁的正、反转控制线路原理图

接触器按钮双重联锁的正、反转控制线路的控制原理与接触器联锁及按钮联锁的正、反转控制线路相同,它是结合了两者的优点组合而成的线路。从图中我们可以看到,在接触器 KM1 和 KM2 的线圈回路中,各自串接了对方接触器及启动按钮的常闭触点。这样即使主线路中电动机严重过载,有一个触点熔焊粘在一起,再去按另一个启动按钮,欲使电动机向相反的方向运动时,也不会发生短路事故。例如,电动机 M 处在正转状态,接触器 KM1 通电闭合,3 号线与 4 号线间的接触器 KM1 辅助常开触点闭合自锁,8 号线与 9 号线间的接触器 KM1 的常闭触点断开,使接触器 KM2 在电动机正转时不能得电闭合。假如线路中由于严重过载或某种意外,使接触器 KM1 的主触点熔焊并动静触点粘在一起,操作人员再去按下反转启动按钮 SB3 欲使电动机 M 反转。当按下 SB3 时,SB3 在接触器 KM1 线圈回路中 4 号线与 5 号线间的常闭触点断开,切断了接触器 KM1 线圈回路的电源,但是由于接触器 KM1 的主触点熔焊,动静触点不能分开,故所有的常开触点及常闭触点不能复位,电动机 M 仍然正向运转。同时 SB3 在接触器 KM2 线圈回路中 3 号线与 7 号线间的常开触点被压合,但由于 8 号线与 9 号线间的接触器 KM1 的常开触点未复位,仍然处于断开状态,故接触器 KM2 线圈不能得电闭合,从而保证了线路不会因接触器触点熔焊粘在一起而造成线路短路故障。当松开按钮 SB3 时,其 4 号线与 5 号线间的常闭触点复位,由于接触器 KM1 主触点熔焊动静触点不能分开,故在 3 号线与 4 号线间的 KM1 常开触点仍然是闭合的,因此接触器 KM1 线圈再次得电。

2.2.5 接触器按钮双重联锁的正、反转控制线路故障检查

线路出现的主要故障现象:电动机 M 不能启动;电动机 M 不能正转;电动机 M 不能

反转。

故障分析及检查如下:

(1) 对于电动机 M 不能启动的故障,从主线路来分析,主要原因有熔断器 FU1 断路、热继电器主通路有断点及电动机 M 绕组有故障;从控制线路来分析,主要原因有熔断器 FU2 断路、1 号线与 2 号线间的热继电器 KR 的辅助常闭触点接触不良、按钮 SB1 的常闭触点接触不良。检查步骤为:按下按钮 SB2 或 SB3,观察接触器 KM1 或接触器 KM2 是否闭合。如闭合,则是主线路的问题,应重点检查电动机 M 绕组。若接触器 KM1 或 KM2 未闭合,则为控制线路的问题,重点检查熔断器 FU1、FU2、1 号线与 2 号线间的热继电器 KR 的辅助常开触点及按钮 SB1 常闭触点。

(2) 对于电动机 M 不能正转的故障,从主线路来分析,主要原因有接触器 KM1 的主触点闭合接触不良;从控制线路来分析,主要原因有按钮 SB2 的常开触点压合接触不良、按钮 SB3 的常闭触点接触不良、接触器 KM2 在 5 号线与 6 号线间的常闭触点接触不良及接触器 KM1 线圈损坏等。检查步骤为:按下正转启动按钮 SB2,观察接触器 KM1 是否闭合。如果接触器 KM1 闭合,则检查接触器 KM1 主触点。如果接触器 KM1 未闭合,则重点检查按钮 SB3 在 4 号线与 5 号线间的常闭触点及接触器 KM2 在 5 号线与 6 号线间的常闭触点。

(3) 对于电动机 M 不能反转的故障,从主线路来分析,主要原因为接触器 KM2 的主触点闭合接触不良;从控制线路来分析,主要原因有按钮 SB3 的常开触点压合接触不良、按钮 SB2 的常闭触点接触不良、接触器 KM1 在 8 号线与 9 号线间的常闭触点接触不良及接触器 KM2 线圈损坏等。检查步骤为:按下反转启动按钮 SB3,观察接触器 KM2 是否闭合。如果接触器 KM2 闭合,则检查接触器 KM2 的主触点。如果接触器 KM2 未闭合,则重点检查按钮 SB2 在 7 号线与 8 号线间的常闭触点及接触器 KM1 在 8 号线与 9 号线间的常闭触点。

2.3　行程控制线路和自动往返控制线路

行程控制线路和自动往返控制线路是利用位置开关在正、反转控制线路的基础上改进而成的。它控制的主要目标是机械的行程及自动往返等。行程控制线路和自动往返控制线路主要用于机床运动机构上、下、左、右行程的限位和自动控制中的自动往返运动中。

2.3.1　行程控制线路

行程控制线路原理如图 2-10 所示。

从图 2-10 中我们可以看到,行程控制线路的控制原理与图 2-7 所示的接触器联锁的正、反转控制线路基本相同,它是在接触器联锁的正、反转控制线路的基础上在接触器 KM1、KM2 线圈回路中分别串接了行程开关 SQ1(4 号线与 5 号线间)和 SQ2(7 号线与 8 号线间)。这类线路一般用于机床的上、下限位或左、右限位中,以保证机床中的运动装置不会因超过所能运动的行程而造成机床设备事故。

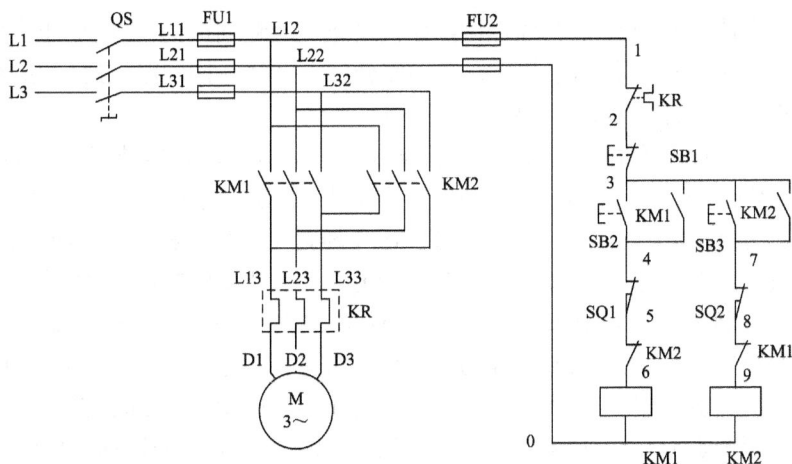

图 2-10　行程控制线路原理图

在线路中我们假设接触器 KM1 控制电动机 M 的正转，并带动机械装置向左(或向上)运动，接触器 KM2 控制电动机 M 反转，并带动机械装置向右(或向下)运动。按下正转启动按钮 SB2，接触器 KM1 线圈得电闭合(其得电通路的分析见对图 2-7 的分析)，电动机 M 正转，带动机械装置向上(或向左)运动。当机械装置运动至向上(或向左)极限位置时，机械装置撞击位置开关 SQ1，接触器 KM1 线圈回路中 4 号线与 5 号线间的 SQ1 常闭触点被撞击断开切断接触器 KM1 线圈回路电源，KM1 失电释放，电动机 M 停止正转，机械装置向上(或向左)运动停止，从而达到机械装置向上(或向左)的限位行程保护。

行程控制线路向下(或向右)运动的限位保护控制过程与向上(或向左)运动的限位保护过程相同，请读者自行分析。

2.3.2　自动往返行程控制线路

自动往返行程控制线路原理如图 2-11 所示。

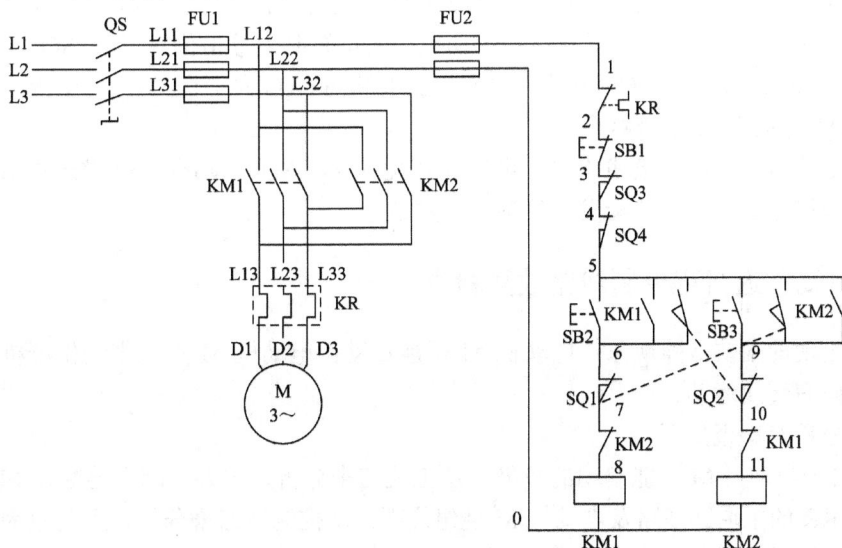

图 2-11　自动往返行程控制线路原理图

　　该线路是在图 2-10 所示的行程控制线路的基础上改进而成的。与行程控制线路不同的是：位置开关 SQ1、SQ2 使用了常开、常闭复合触点，并在接触器 KM1、KM2 线圈的公共回路中串接了位置开关 SQ3、SQ4。

　　我们仍然假设接触器 KM1 控制电动机 M 的正转，并带动机械装置向左(或向上)运动，接触器 KM2 控制电动机 M 反转,带动机械装置向右(或向下)运动。按下正转启动按钮 SB2，接触器 KM1 线圈得电闭合并自锁，电动机 M 正转，带动生产机械向左(或向上)运动，当到达限位点时，撞击位置开关 SQ1，位置开关 SQ1 在 6 号线与 7 号线之间的常开触点首先断开，切断接触器 KM1 线圈回路的电源，电动机 M 停止正转，生产机械向左(或向上)运动停止；然后位置开关 SQ1 在 5 号线与 9 号线之间的常开触点压合，接通接触器 KM2 线圈回路的电源，接触器 KM2 吸合并自锁，其主触点接通电动机 M 的反转电源，电动机反转，带动生产机械向右(或向下)运动。当生产机械运动向右(或向下)运动至极限行程位置时，撞击位置开关 SQ2，位置开关 SQ2 在 9 号线与 10 号线之间的常开触点首先断开，切断接触器 KM2 线圈回路的电源，电动机 M 停止反转，生产机械向右(或向下)运动停止；然后位置开关 SQ2 在 5 号线与 6 号线之间的常开触点压合，接通接触器 KM1 线圈回路的电源，接触器 KM1 吸合并自锁，其主触点接通电动机 M 的正转电源，电动机正转，带动生产机械向左(或向上)运动。如此反复进行，直至按下停止按钮 SB1，电动机 M 才停止运行。

　　线路中串接在 3 号线、4 号线、5 号线间的位置开关 SQ3、SQ4 分别安装在紧靠左(或上)、右(或下)位置开关 SQ1、SQ2 偏左或偏右的位置。它们的作用是当位置开关 SQ1 或 SQ2 因某种原因失控时，SQ3、SQ4 能起到终端保护的作用。例如，当按下正转启动按钮 SB2 时，电动机 M 正转，带动生产机械向左(或向上)运动，当向左(或向上)运动至极限位置时，撞击位置开关 SQ1，由于位置开关 SQ1 失控，6 号线与 7 号线间的常闭触点不能断开，生产机械继续向左(或向上)运动，撞击位置开关 SQ3(或 SQ4)，位置开关 SQ3(或 SQ4)切断总控制回路的电源，使电动机 M 停止转动。

　　位置开关 SQ3、SQ4 的另一个作用是当机床电气控制线路在维修时，若误将电源相序搞错，当按下正转启动按钮 SB2 时，接触器 KM1 闭合，由于电源反相，电动机 M 会反转，将带动生产机械向右(或向下)运动，当运动至极限位置时，撞击位置开关 SQ2，这时不能切断接触器 KM1 线圈回路的电源，生产机械继续向右(或向下)运动，直至撞击位置开关 SQ3(或 SQ4)电动机 M 才会停止。

　　从以上分析可知，如果线路中不设位置开关 SQ3、SQ4，那么在位置开关 SQ1、SQ2 失控及电源错相的情况下就会发生设备安全事故。

2.3.3　自动往返行程控制线路故障检查

　　线路出现的主要故障现象：电动机 M 不能启动；电动机 M 不能带动生产机械自动向左或自动向右转换运动。

　　故障分析及检查如下：

　　(1) 对于电动机 M 不能启动的故障，从主线路来分析，主要原因有熔断器 FU1 断路、热继电器 KR 的主通路断路及电动机 M 绕组烧毁；从控制线路来分析，主要原因有熔断器 FU2 断路、热继电器 KR 的辅助触点接触不良、按钮 SB1 的常闭触点接触不良、位置开关

SQ3 和 SQ4 的常闭触点接触不良及 0 号公共线松脱等。检查步骤为：按下正、反转启动按钮 SB2 或 SB3，观察接触器 KM1 或 KM2 是否闭合。如果闭合，则重点检查电动机 M 绕组、热继电器 KR 的主触点；如果未闭合，则为控制线路有问题，重点检查熔断器 FU1 和FU2、开关 SQ3 或 SQ4 的常闭触点、按钮 SB1 的常闭触点等。

(2) 对于电动机 M 不能带动生产机械自动向左或向右转换运动的故障，主要原因是位置开关 SQ1 或 SQ2 的常开触点压合接触不良。重点检查位置开关 SQ1 和 SQ2 的常开触点。

(3) 其他故障的检查参考正、反转控制线路的故障检查。

2.4　多地控制线路及顺序控制线路

多地控制是指两个以上不同位置对电动机进行启动停止的控制；顺序控制则是多台电动机按一定的顺序启动停止控制。

2.4.1　多地控制线路

多地控制线路原理如图 2-12 所示。

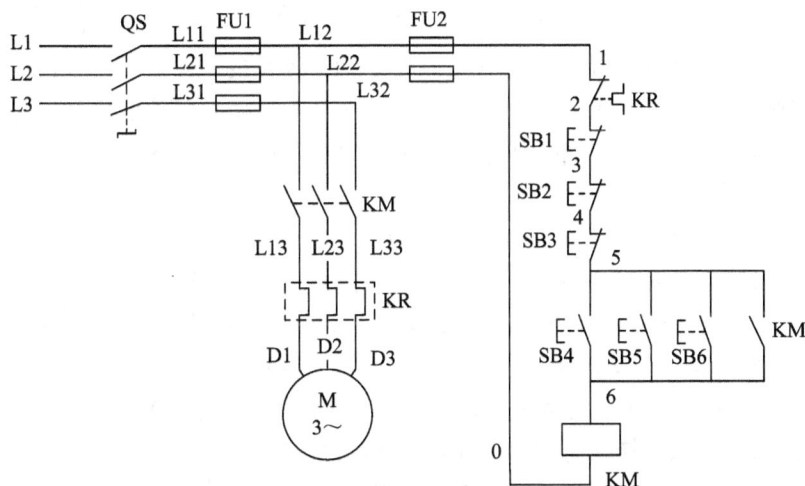

图 2-12　多地控制线路原理图

多地控制线路是用多个在不同地点或位置的启动按钮并联的形式来实现电动机启动控制，而用多个相应在不同地点或位置的停止按钮的串联来实现电动机 M 的停止控制。多地控制线路用于机床控制时，其多个启动按钮和停止按钮分别安装在机床不同的位置上，以利操作方便。

图 2-12 是一个三地控制电动机启动、停止的线路，其中 SB4、SB5、SB6 并接在一起，分别为三地不同的启动按钮，SB1、SB2、SB3 串接在一起，分别为三地不同的停止按钮。

当需要电动机 M 运行时，在三地中任意位置按下启动按钮 SB4、SB5、SB6 中的任意一个，接触器 KM 线圈得电并自锁，电动机 M 通电旋转。当需要电动机 M 停转时，在三地中任意位置按下启动按钮 SB1、SB2、SB3 中的任意一个，接触器 KM 线圈失电释放，电动机 M 断电停转。

2.4.2　顺序控制线路

顺序控制线路原理如图 2-13 所示。

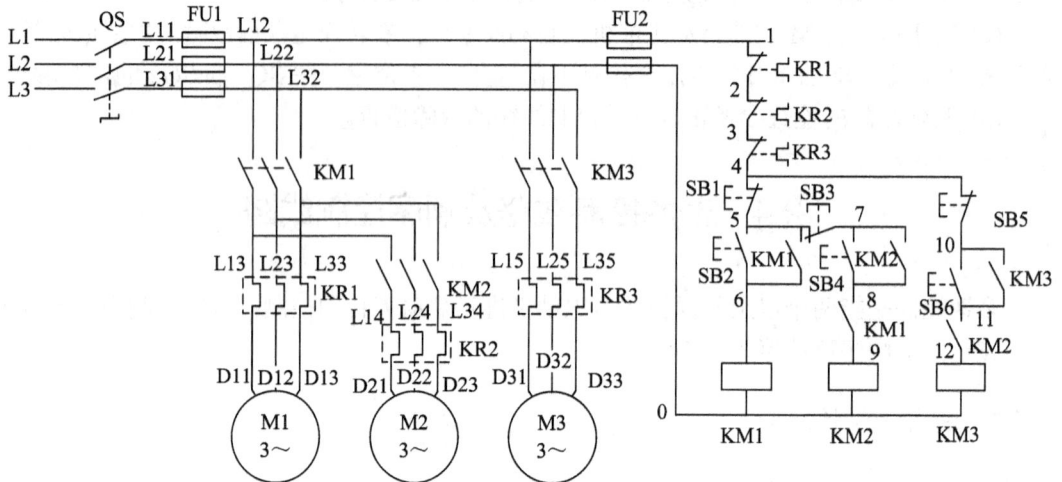

图 2-13　顺序控制线路原理图

顺序控制就是多台电动机按一定先后顺序启动、停止的线路。顺序控制线路有由主线路实现的顺序控制线路，也有由控制线路实现的顺序控制线路。图 2-13 的顺序控制线路既有由主线路实现的顺序控制线路，又有由控制线路实现的顺序控制线路。下面来分析它的线路组成及工作原理。

主线路分析：主线路中共有三台电动机 M1、M2、M3。接触器 KM1 控制电动机 M1 电源的通断，热继电器 KR1 为电动机 M1 的过载保护。接触器 KM2 控制电动机 M2 电源的通断，热继电器 KR2 为电动机 M2 的过载保护。显然，电动机 M2 只有在接触器 KM1 闭合，也就是电动机 M1 启动运转后它才能启动运转，这就是由主线路实现的顺序控制。接触器 KM3 控制电动机 M3 电源的通断，热继电器 KR3 为电动机 M3 的过载保护。三相电源由 L1、L2、L3 引入，转换开关 QS 为电源总开关，熔断器 FU1 为电源的总短路保护。

控制线路分析：按下电动机 M1 的启动按钮 SB2，接触器 KM1 线圈通电吸合并自锁，其主触点闭合接通电动机 M1 的电源，电动机 M1 启动运转。同时接触器 KM1 在 8 号线与 9 号线间的常开触点闭合，为接触器 KM2 线圈通电吸合做好准备。按下电动机 M2 的启动按钮 SB4，接触器 KM2 通电闭合并自锁，其主触点接通电动机 M2 的电源，M2 启动运转。同时接触器 KM2 在 11 号线与 12 号线之间的常开触点闭合，为接触器 KM3 的通电闭合做好准备。当需要电动机 M3 旋转时，按下电动机 M3 的启动按钮 SB6，接触器 KM3 通电闭合，其主触点接通电动机 M3 的电源，电动机 M3 启动运转。

停止时，当分别按下停止按钮 SB1、SB3、SB5 时，其结果亦不相同。按下停止按钮 SB1，接触器 KM1、KM2、KM3 全部失电释放，电动机 M1、M2、M3 全部断电停转；当按下停止按钮 SB3 时，接触器 KM2、KM3 失电释放，电动机 M2、M3 断电停转；当按下停止按钮 SB5 时，接触器 KM3 失电释放，电动机 M3 断电停转。

2.5　降压启动控制线路

电动机在启动时，其启动电流为额定电流的 6～7 倍左右，对于功率比较小的电动机，直接启动对电网影响不大，但是对于功率比较大的电动机，如直接启动对电网及电网中的其他用电设备有较大的影响。例如，一台 10 kW 的电动机，其额定电流约为 20 A，启动电流约为(120～140)A。而一台 30 kW 的电动机其启动电流高达约(360～420)A。这么大的启动电流将对用电网络造成较大的影响。所以一般情况下，当电动机功率大于 7.5 kW 以上时，应考虑对电动机采取降压启动控制，以减少电动机的启动电流，保证电网的正常供电。

机床控制线路中常用的降压启动控制线路有串电阻降压启动和 Y—△(星形—三角形)降压启动控制线路。

2.5.1　串电阻降压启动控制线路

串电阻降压启动控制线路原理如图 2-14 所示。

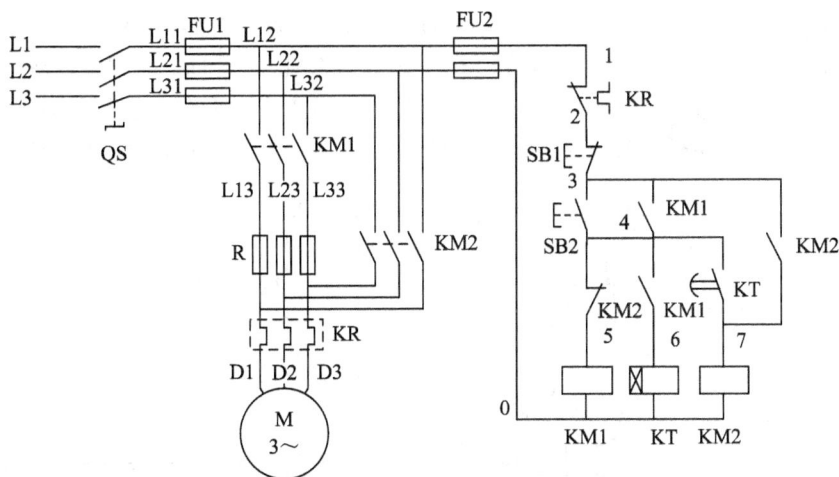

图 2-14　串电阻降压启动控制线路原理图

图 2-14 是一个串电阻自动转换启动线路。主线路中串接了电阻 R，其目的是在电动机 M 启动时，串接在电动机 M 的绕组中限制启动电流。

串电阻降压启动控制线路的工作原理如下：按下启动按钮 SB1，接触器 KM1 线圈通电闭合并自锁，三相电源经接触器 KM1 的主触点，电阻 R 降压、限流后加在电动机 M 的三相绕组上，电动机 M 降压启动。在接触器 KM1 闭合的同时，4 号线与 6 号线间的 KM1 常开触点闭合，接通了时间继电器 KT 线圈的电源，时间继电器 KT 线圈通电闭合并开始计时。经过一定时间后，4 号线与 7 号线之间的 KT 延时闭合瞬时断开触点闭合，接通接触器 KM2 线圈的电源，接触器 KM2 通电闭合并自锁，其主触点将限流电阻 R 及接触器 KM1 的主触点短接，电动机 M 全压运行，同时控制线路中 4 号线与 5 号线之间的 KM2 常闭触点断开，切断接触器 KM1 线圈的电源，接触器 KM1 失电释放，完成串电阻降压启动过程。按下停止按钮 SB1，电动机 M 停转。

2.5.2　Y—△降压启动控制线路

我们知道，电动机绕组有两种接法，一种是 Y 形接法，另一种是△形接法。当电动机绕组接成△形时，其每相绕组所承受的电压值为接成 Y 形时的 1.73 倍，而在电动机绕组接成△形接法所通过的电流值也为接成 Y 形时的 1.73 倍。Y—△降压启动控制线路就是电动机在启动时，将绕组接成 Y 形接法降压启动，减少启动电流，当转速达到一定速度时，再将电动机绕组接成△形接法全压运行。

图 2-15 所示为接触器按钮控制的 Y—△降压启动控制线路原理图。它是由按钮 SB2、SB3 进行 Y—△降压启动转换的。其控制过程如下：启动时，按下按钮 SB2，接触器 KM1、KM3 线圈通电闭合，KM1 在 3 号线与 4 号线间的常开触点闭合自锁，KM3 在 7 号线与 8 号线间的常闭触点断开，使得在接触器 KM3 闭合时接触器 KM2 不能闭合。而接触器 KM1、KM3 的主触点将电动机 M 的绕组接成 Y 形，电动机 M 绕组 Y 形连接降压启动。当电动机 M 的转速升高至一定转速时按下全压运行按钮 SB3，SB3 在 5 号线与 6 号线间的常开触点首先断开，切断接触器 KM3 线圈回路的电源，接触器 KM3 失电释放；然后 SB3 在 4 号线与 7 号线间的常开触点闭合，接通接触器 KM2 线圈的电源，接触器 KM2 通电闭合并自锁，其在 5 号线与 6 号线间的常闭触点断开，使得接触器 KM2 闭合时，接触器 KM3 不能闭合。接触器 KM2 与接触器 KM1 的主触点将电动机 M 绕组接成△形全压运行。当需要电动机停止时，只需按下停止按钮 SB1，接触器 KM1、KM2 失电释放，电动机 M 停转。

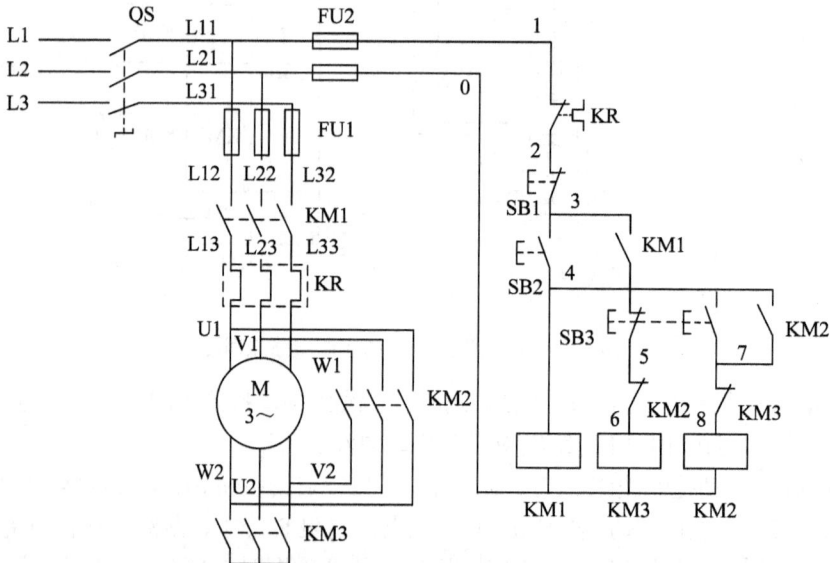

图 2-15　接触器按钮控制 Y—△降压启动电路原理图

图 2-16 所示为接触器时间继电器控制 Y—△降压自动转换线路原理图。它的特点是利用了时间继电器 KT 代替手动按钮转换，能准确地控制电动机的转换时间。其控制过程如下：按下启动按钮 SB2，时间继电器 KT、接触器 KM3 线圈通电闭合。接触器 KM3 在 4

号线与 6 号线间的常开触点闭合，接通接触器 KM1 线圈的电源，接触器 KM1 闭合并自锁（3 号线与 4 号线间的常开触点、4 号线与 6 号线间的常开触点闭合）。接触器 KM3、KM1 的主触点将电动机 M 绕组接成 Y 形降压启动。同时，接触器 KM3 在 6 号线与 7 号线间的常闭触点断开，切断接触器 KM2 线圈回路，使得在接触器 KM3 闭合时，接触器 KM2 不能闭合。经过一定时间后电动机转速升高至一定速度时，KT 在 4 号线与 8 号线之间的延时断开瞬时闭合触点断开，切断接触器 KM3 线圈回路的电源，接触器 KM3 失电释放，同时 KM3 在 6 号线与 7 号线之间的常闭触点复位闭合，接通接触器 KM2 线圈回路电源，接触器 KM2 线圈通电闭合，其主触点与接触器 KM1 的主触点将电动机 M 绕组接成△形全压运行。而接触器 KM2 在 4 号线与 5 号线间的常闭触点断开，切断时间继电器 KT 线圈电源通路，时间继电器 KT 失电释放，接触器 KM2 在 8 号线与 9 号线间的常闭触点断开，以保证接触器 KM2 闭合时接触器 KM3 不能闭合。

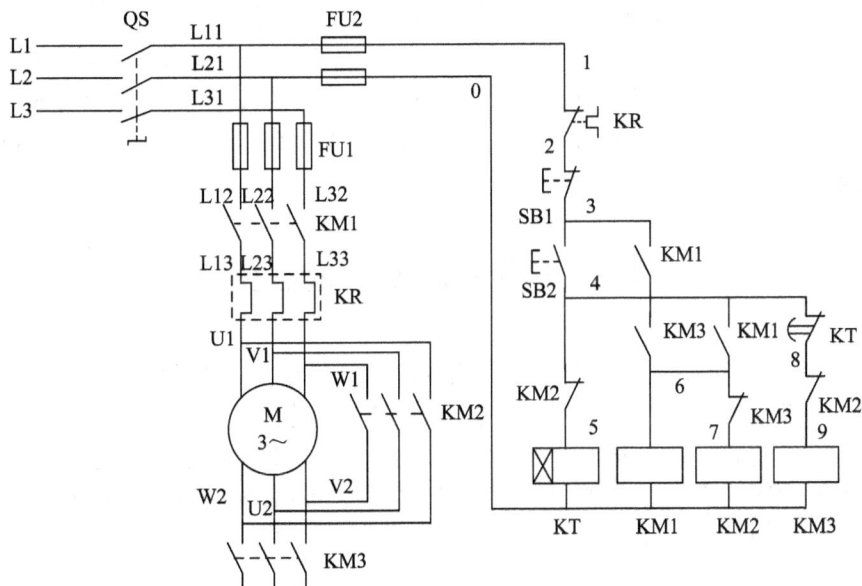

图 2-16 接触器时间继电器控制 Y—△降压自动转换电路原理图

2.5.3 Y—△降压控制线路故障检查

我们以图 2-16 所示的线路为例来分析 Y—△降压自动转换控制线路的故障。

线路出现的主要故障现象：电动机 M 不能启动；电动机 M 不能转换成△形运行。

故障分析及检查如下：

(1) 电动机 M 不能启动，这意味着电动机 M 不能接成 Y 形启动。从主线路来分析，主要原因有熔断器 FU1 断路、接触器 KM1 和 KM3 的主触点接触不良、热继电器 KR 的主通路有断点及电动机 M 绕组有故障；从控制线路来分析，主要原因有 1 号线与 2 号线间的热继电器 KR 的常闭触点接触不良、2 号线与 3 号线间的按钮 SB1 的常闭触点接触不良、8 号线与 9 号线间的接触器 KM2 的常闭触点接触不良、4 号线与 8 号线间的时间继电器 KT 的延时断开触点接触不良、接触器 KM1 及 KM3 线圈损坏等。故障检查的步骤：按下电动机 M 的启动按钮 SB2，观察接触器 KM1、KM3 是否闭合。若接触器 KM1、KM3 都闭合，则为主线路的问题，重点检查熔断器 FU1、接触器 KM1 及 KM3 的主触点、电动机 M 绕组等。如果接触器 KM1、KM3 均未闭合，则重点检查熔断器 FU2、1 号线与 2 号线间的热继电器 KR 的常闭触点、2 号线与 3 号线间的按钮 SB1 的常闭触点、4 号线与 8 号线间的时间继电器 KT 的延时断开常闭触点、8 号线与 9 号线间的接触器 KM2 的常闭触点等。如接触器 KM3 闭合，KM1 未闭合，则重点检查 4 号线与 6 号线间的接触器的常开触点及接触器 KM1 线圈。

(2) 对于电动机 M 能 Y 形启动但不能转换为△形运行的故障，从主线路来分析，主要原因为接触器 KM2 的主触点闭合接触不良；从控制线路来分析，主要原因有 4 号线与 5 号线间的接触器 KM2 的常闭触点接触不良、时间继电器 KT 线圈损坏、6 号线与 7 号线间的接触器 KM3 的常闭触点接触不良、接触器 KM2 线圈损坏等。检查步骤为：按下启动按钮 SB2，电动机 M 在 Y 形启动后，观察时间继电器 KT 是否闭合。若未闭合，则重点检查 4 号线与 5 号线间的接触器 KM2 的常闭触点及时间继电器 KT 线圈。如果 KT 闭合，则经过一定时间后，观察接触器 KM3 是否释放，KM2 是否闭合。如 KM3 未释放，则检查 4 号线与 8 号线间的 KT 延时断开触点(不能延时断开)。如 KM3 释放，则观察 KM2 是否闭合。如 KM2 未闭合，则检查 6 号线与 7 号线间的接触器 KM3 的常闭触点。若 KM2 闭合，则检查 KM2 主触点。

2.6　电动机制动控制线路

电动机在运行当中，有时根据生产的需要，要求在电动机停车时能立即停止下来。但是，电动机及其被带动的负载由于惯性的作用不能立即停止下来，这时需要对电动机进行制动。人们在长期的实践中设计了制动控制线路，使电动机能按要求迅速停车。常用的制动控制线路有电磁抱闸制动控制线路、单向运转反接制动控制线路、双向运转反接制动控制线路、能耗制动控制线路等。

2.6.1　电磁抱闸制动控制线路

电磁抱闸制动控制线路是利用电磁铁通电吸合带动闸瓦对电动机转轴抱闸进行制动，使电动机迅速停止转动。电磁抱闸控制线路可分为电磁断电抱闸制动控制和电磁通电抱闸制动控制两种。图 2-17 所示为电磁抱闸制动控制线路原理图。

图 2-17(a)所示为电磁抱闸断电制动控制线路原理图。从图 2-17(a)中我们可以看到，它实际上是一个电动机的正转控制线路加上一个电磁抱闸电磁铁 YA 构成。在常态时，闸瓦在弹簧力的作用下，将电动机转轴紧紧抱住，使电动机处于制动状态。当需要电动机 M 转动时，按下电动机 M 的启动按钮 SB2，接触器 KM 线圈通电吸合并自锁，KM 主触点闭合，接通电动机 M 绕组和电磁铁 YA 线圈的电源。YA 线圈通电后，电磁铁动作，带动轴瓦松开抱闸，电动机 M 启动运转。当需要电动机 M 停止时，按下停止按钮 SB1，接触器 KM 线圈失电释放，其主触点断开，切断电动机 M 绕组及电磁铁 YA 线圈的电源，电动机 M 制动停车。

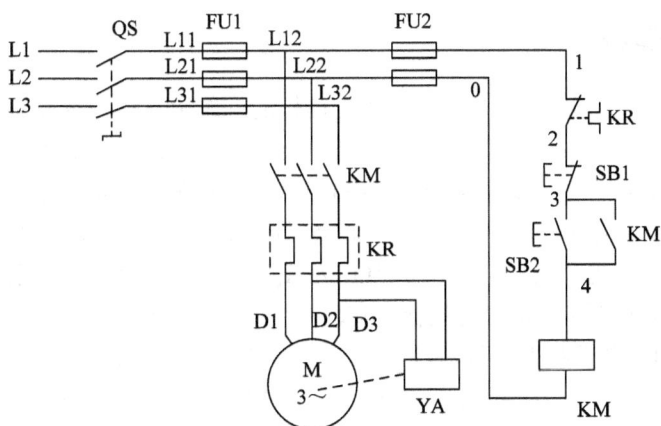

(a) 电磁抱闸断电制动控制线路原理图

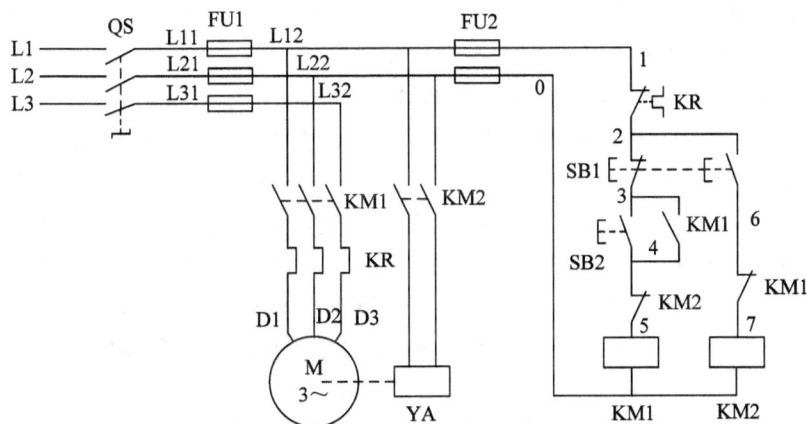

(b) 电磁抱闸通电制动控制线路原理图

图 2-17　电磁抱闸制动控制线路原理图

　　图 2-17(b)所示为电磁抱闸通电制动控制线路原理图。它的制动原理与图 2-17(a)断电抱闸的原理恰好相反。它是当电磁铁 YA 线圈通电后，闸瓦通过机械装置的带动对电动机 M 转轴进行制动。其控制过程如下：按下电动机 M 的启动按钮 SB2，接触器 KM1 线圈通电吸合并自锁，其主触点接通电动机 M 的电源，电动机 M 启动运转。而接触器 KM1 在 6 号线与 7 号线间的常闭触点断开，使得在接触器 KM1 闭合(电动机 M 运转)时，接触器 KM2 不能闭合。当需要电动机 M 停止时，按下停止按钮 SB1，SB1 在 2 号线与 3 号线间的常闭触点首先断开，切断接触器 KM1 线圈回路的电源，KM1 失电释放，其主触点断开切断电动机 M 的电源；然后按钮 SB1 在 2 号线与 6 号线间的常开触点闭合，接通接触器 KM2 线圈回路的电源，接触器 KM2 通电闭合，其主触点接通电磁铁 YA 线圈的电源，YA 通电对断电后的电动机 M 进行抱闸制动，使电动机 M 迅速停转。松开 SB1，完成抱闸制动。

2.6.2 反接制动控制线路

反接制动控制线路就是当电动机停止时，在电动机的绕组中再通入反向旋转电源，电动机产生一个与原转动方向相反的旋转力矩，使电动机迅速停车。反接制动控制线路主要由速度继电器 SR 来实现。一般的速度继电器有两对常开触点和两对常闭触点，可分别用于正、反运转的反接制动。电动机启动运转后，当其转速达到 120 r/min 时，常闭触点断开，常开触点闭合。停止时，当电动机的转速小于 100 r/min 时，常开、常闭触点复位。反接制动控制线路可分为单向运转反接制动控制线路和双向运转反接制动控制线路。

图 2-18 所示为单向运转反接制动控制线路原理图，其中速度继电器 SR 的转轴与电动机 M 的转轴同轴相连。当需要电动机 M 运转时，按下电动机 M 的启动按钮 SB2，接触器 KM1 线圈通电闭合，其主触点接通电动机 M 的电源，电动机 M 启动运行。而在 7 号线与 8 号线间的接触器 KM1 常闭触点断开，使得在接触器 KM1 闭合，电动机 M 运转时，接触器 KM2 不能闭合。电动机 M 启动后，其转速上升到 120 r/min 时，速度继电器 SR 在 6 号线与 7 号线之间的常开触点闭合，为接触器 KM2 线圈电源的接通以便停车时的反接制动做好准备。当需要电动机 M 停止时，按下停止按钮 SB1，SB1 在 2 号线与 3 号线间的常闭触点首先断开，切断接触器 KM1 线圈的电源，接触器 KM1 失电释放，电动机 M 断电。接触器 KM1 在 7 号线与 8 号线间的常闭触点复位闭合。但由于惯性作用，电动机 M 不能立即停止。然后按钮 SB1 在 2 号线与 6 号线之间的常开触点闭合，接通接触器 KM2 线圈回路的电源，KM2 通电闭合，其主触点接通电动机 M 的反转电源，使电动机 M 产生一个反向旋转力矩。这个反向旋转力矩与电动机原惯性转动方向相反，故使电动机 M 的转速迅速下降。当电动机 M 的转速下降为 100 r/min 时，速度继电器 SR 在 6 号线与 7 号线间的常开触点复位断开，切断接器 KM2 线圈的电源，KM2 失电释放，完成单向反接制动控制过程。

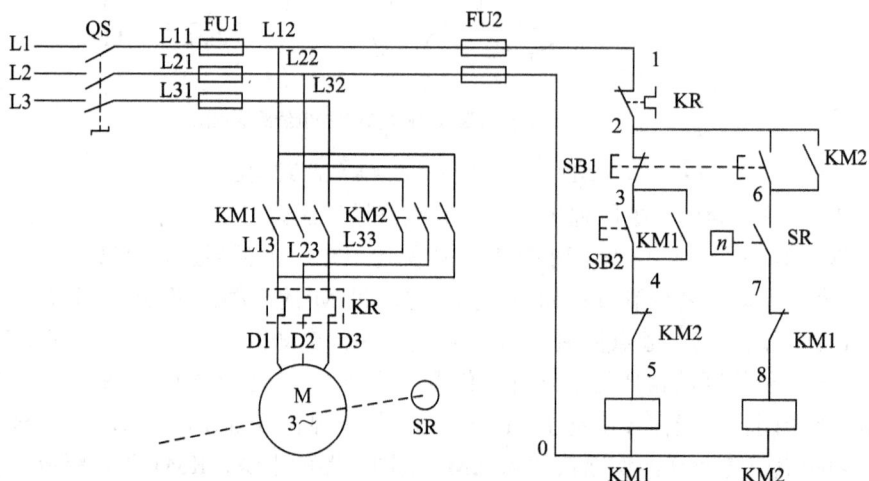

图 2-18　单向运转反接制动控制线路原理图

图 2-19 所示为双向运转反接制动控制线路原理图。它的控制原理与单向运转反接制动控制线路基本相同，不同之处只不过是双向运转反接制动控制线路中的电动机 M 在正、反向运转需要停止时，都可以进行反接制动停车。下面分析它的控制原理。

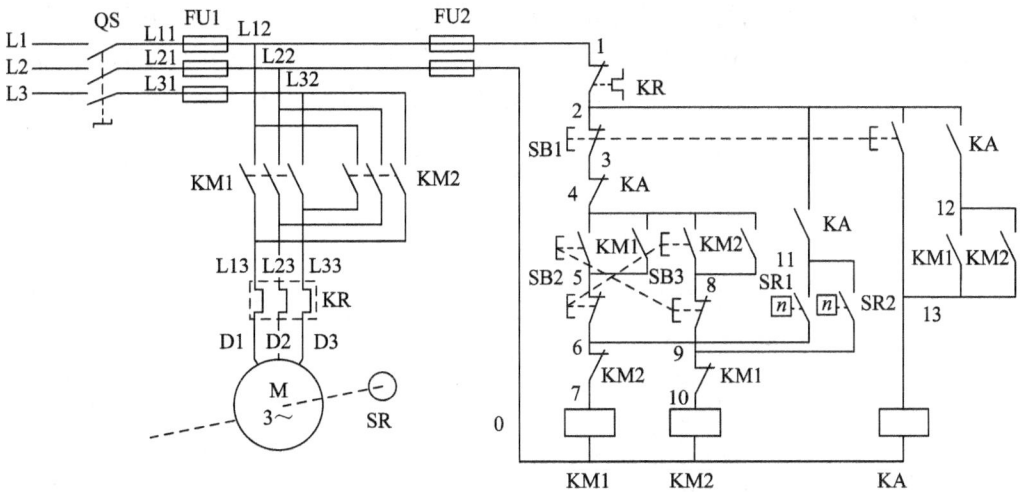

图 2-19　双向运转反接制动控制线路原理图

当需要电动机 M 正转时，按下电动机 M 的正转启动按钮 SB2，接触器 KM1 线圈通电闭合并自锁，其主触点接通电动机 M 的正转电源，电动机 M 启动正转。同时接触器 KM1 在 9 号线与 10 号线之间的常闭触点断开，使得在接触器 KM1 闭合，电动机 M 正转时，接触器 KM2 不能闭合。接触器 KM1 在 12 号线与 13 号线间的常开触点闭合，为电动机 M 的制动停止做好准备。当电动机 M 的正转速度达到 120 r/min 时，速度继电器 SR 在 11 号线与 9 号线之间的正转常闭触点 SR2 闭合，为接触器 KM2 线圈电源的接通及电动机 M 的正转反接制动做好准备。当需要电动机 M 停转时，按下停止按钮 SB1，SB1 在 2 号线与 3 号线间的常闭触点首先断开，切断接触器 KM1 线圈电源，接触器 KM1 失电释放，主触点断开电动机 M 的正转电源；然后 SB1 在 2 号线与 13 号线间的常开触点闭合，接通中间继电器 KA 线圈的电源，中间继电器 KA 通电闭合，其 4 号线与 5 号线间的常闭触点断开，2 号线与 11 号线、2 号线与 12 号线间的常开触点闭合，接触器 KM2 线圈通过以下途径得电：L12→FU2→1 号线→KR 常闭触点→2 号线→KA 常开触点→11 号线→SR2 常开触点→9 号线→KM1 常闭触点→10 号线→接触器 KM2 线圈→0 号线→FU2→L22。接触器 KM2 通电闭合，其 12 号线与 13 号线间的常开触点闭合，使得松开按钮 SB1 时，中间继电器 KA 线圈不会失电，而 KM2 主触点接通电动机 M 的反转电源，使电动机 M 产生一个反向旋转的力矩，电动机 M 转速迅速下降。当转速下降至 100 r/min 时，速度继电器 SR 在 11 号线与 9 号线间的常开触点复位断开，切断接触器 KM2 线圈的电源，KM2 失电释放，其在 12 号线与 13 号线之间的常开触点复位断开，中间继电器 KA 断电释放，所有常开、常闭触点复位，为下一次电动机 M 的启动及制动做好准备。

当电动机 M 反转时，其启动和制动的原理与电动机 M 正转的启动和制动原理相同，请读者自行分析。

2.6.3　能耗制动控制线路

能耗制动控制线路是当电动机停车后，立即在电动机定子绕组中通入两相直流电源，使之产生一个恒定的静止磁场，由运动的转子切割该磁场后，在转子绕组中产生感生电流。

这个电流又受到静止磁场的作用产生电磁力矩。而产生电磁力矩的方向正好与电动机的转向相反，从而使电动机迅速停转。在机床上常用的有变压器全波整流单向运转能耗制动控制线路。图 2-20 所示为变压器全波整流单向运转能耗制动控制线路原理图。

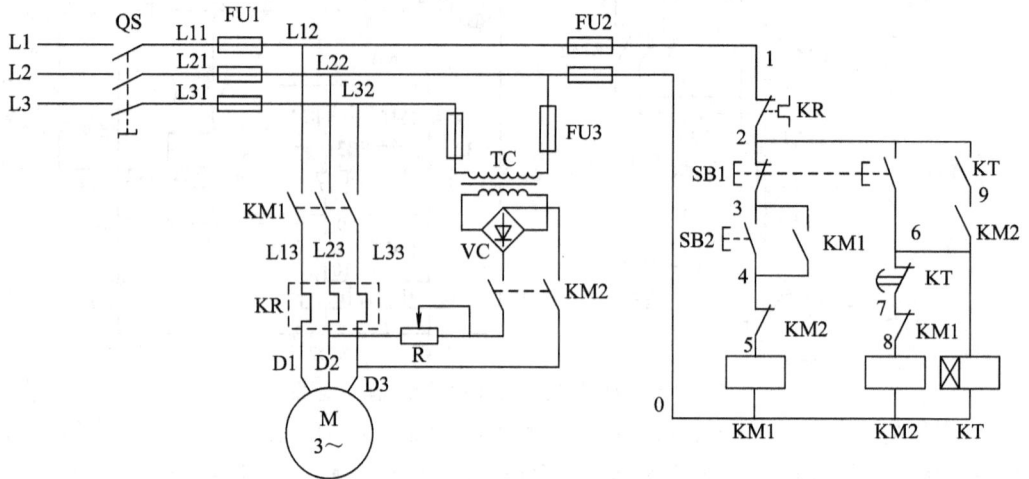

图 2-20　变压器全波整流单向运转能耗制动控制线路原理图

从图 2-20 中可以看出，主线路中除了单向运转线路的结构外，主要增加了降压变压器 TC、桥式整流器 VC 和制动限流电阻 R。当电动机 M 需要转动时，按下启动按钮 SB2，接触器 KM1 通电闭合并自锁，电动机 M 单向运转。而接触器 KM1 在 7 号线与 8 号线间的常闭触点断开，使得在接触器 KM1 闭合时，接触器 KM2 不能闭合。当需要电动机 M 停转时，按下停止按钮 SB1，SB1 在 2 号线与 3 号线间的常闭触点首先断开，切断接触器 KM1 线圈的电源，KM1 失电释放，电动机 M 断电。然后按钮 SB1 在 2 号线与 6 号线间的常开触点闭合，接通接触器 KM2 及时间继电器 KT 线圈的电源，接触器 KM2 及时间继电器 KT 线圈通电闭合，使在 2 号线、6 号线与 9 号线间的常开触点闭合自锁。接触器 KM2 主触点闭合，两相电源通过变压器 TC 降压、整流器 VC 桥式整流及电阻 R 限流后加入电动机 M 的两相绕组中，对电动机 M 进行能耗制动。电动机 M 的转速迅速下降。而接触器 KM2 在 4 号线与 5 号线间的常闭触点断开，实现接触器 KM1、KM2 联锁功能。经过一定的时间后，时间继电器 KT 在 6 号线与 7 号线间的延时断开瞬时闭合触点断开，切断接触器 KM2 线圈的电源，接触器 KM2 失电释放，切断通入电动机 M 的两相直流电源，完成电动机 M 的能耗制动过程。同时，接触器 KM2 在 9 号线与 6 号线间的常开触点复位，使时间继电器 KT 失电释放。接触器 KM2 及时间继电器 KT 各常开、常闭触点复位。

2.6.4　变压器全波整流单向运转能耗制动控制线路故障检查

线路出现的主要故障现象：电动机 M 在停止时不能制动。

故障分析：电动机 M 在停止时不能制动，从主线路来分析，主要原因有熔断器 FU3 断路、降压变压器 TC 损坏、整流器 VC 损坏、接触器 KM2 主触点闭合接触不良、限流电阻 R 断路等；从控制线路来分析，主要原因有时间继电器 KT 在 6 号线与 7 号线间的延时断开瞬时闭合常闭触点接触不良、7 号线与 8 号线间的接触器 KM1 的常闭触点接触不良、接触器 KM2 线圈损坏等。

　　检查步骤：按下停止按钮 SB1 时，观察接触器 KM2 是否闭合。如 KM2 闭合，则重点检查主线路中的熔断器 FU3、降压变压器 TC、接触器 KM2 的主触点。如接触器 KM2 未闭合，则重点检查 6 号线与 7 号线间的时间继电器延时断开瞬时闭合常开触点、接触器 KM1 在 7 号线及 8 号线间的常闭触点。

2.7　多速电动机控制线路

　　在机床对工件的加工过程中，往往需要对机床进行变速。一般普通的机床采用机械变速箱取得相应的转速。但是，对于调速要求较高的机床来说，单纯采用机械变速难以满足变速的要求，故常采用多速电动机拖动，以提高它的调速范围。

　　多速电动机是通过改变电动机绕组极数的方法达到改变电动机的同步转速而达到一机多速的。多速电动机控制有双速电动机的控制、三速电动机的控制及四速电动机的控制三种。本节主要讨论双速和三速电动机的控制。

2.7.1　双速电动机控制线路

　　双速电动机绕组有六个出线头，分别为 U1、V1、W1 及 U2、V2、W2。图 2-21 所示为双速电动机绕组接线图。当需要电动机低速运转时，三相电源从出线头 U1、V1、W1 进入电动机绕组中，电动机绕组接成△形接法低速运转。当需要电动机高速运转时，三相电源从出线头 U2、V2、W2 进入电动机绕组中，而 U1、V1、W1 三个出线头短接在一起，此时电动机绕组接成 YY 形接法，电动机高速运转。

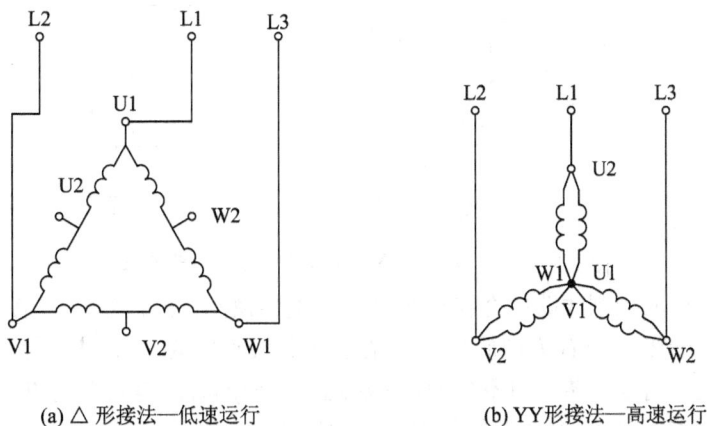

(a) △形接法—低速运行　　　　　　　(b) YY 形接法—高速运行

图 2-21　双速电动机绕组接线图

　　图 2-22 所示为按钮接触器控制的双速电动机线路原理图。主线路中的接触器 KM1 闭合，接触器 KM2、KM3 断开时，三相电源从 U1、V1、W1 接线头进入双速电动机 M 中，双速电动机绕组接成△形低速启动运转。而当接触器 KM1 断开，KM2、KM3 闭合时，三相电源从 U2、V2、W2 接线头进入双速电动机中，双速电动机 M 绕组被接成 YY 形接法高速运转。具体控制过程为：当需要电动机低速运转或需要电动机从高速运转转换为低速

运转时，按下低速运转启动按钮 SB2，SB2 在 8 号线与 9 号线间的常闭触点首先断开，切断接触器 KM2、KM3 线圈回路电源的通路，使接触器 KM2、KM3 在需要接触器 KM1 闭合时不能闭合或失电断开。然后 SB2 在 3 号线与 4 号线间的常开触点闭合，接通接触器 KM1 线圈的电源，接触器 KM1 通电吸合并自锁，主线路中的接触器 KM1 主触点闭合，将双速电动机 M 绕组接成△形接法，三相电源经过 KM1 主触点经 U1、V1、W1 进入双速电动机 M 中，双速电动机 M 低速启动运转。而在 9 号线与 10 号线间的 KM1 常闭触点断开，与接触器 KM2、KM3 联锁，使接触器 KM2、KM3 在接触器 KM1 闭合时不能闭合。当需要电动机 M 高速运转或从低速运转转换为高速启动运转时，按下高速运转启动按钮 SB3，SB3 在 4 号线与 5 号线间的常闭触点首先断开，切断接触器 KM1 线圈回路电源的通路，使接触器 KM1 在需要接触器 KM2、KM3 闭合时不能闭合或失电断开。然后 SB3 在 3 号线与 8 号线间的常开触点闭合，接通接触器 KM2、KM3 线圈电源，接触器 KM2、KM3 通电吸合，主线路中的接触器 KM2、KM3 主触点闭合，将双速电动机 M 绕组接成 YY 形，三相电源经过 KM2 主触点经 U2、V2、W2 进入双速电动机 M 中，双速电动机 M 高速启动运转。在 5 号线、6 号线与 7 号线间的 KM2、KM3 常闭触点断开，使接触器 KM2、KM3 在闭合时接触器 KM1 不能闭合。当需要电动机 M 停止时，按下停止按钮 SB1 即可。

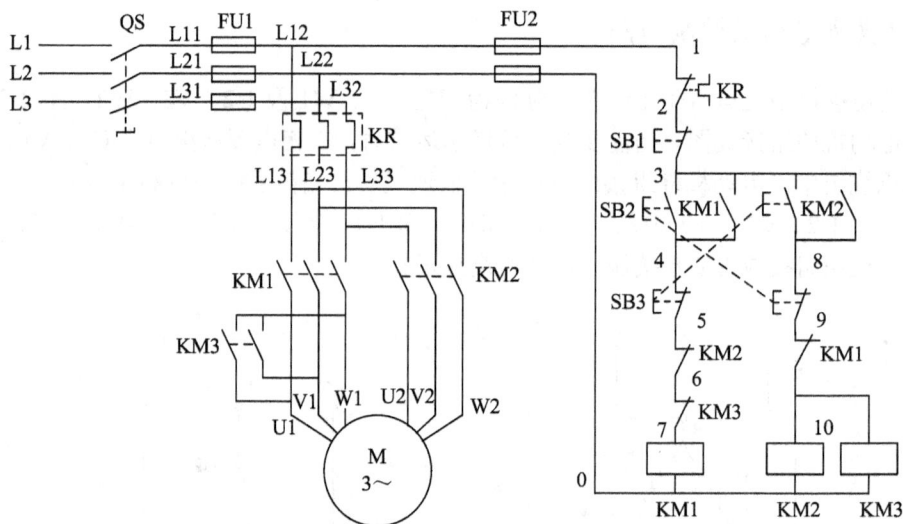

图 2-22　按钮接触器控制的双速电动机线路原理图

　　在双速电动机的控制线路中存在一个高、低速转换同向的问题，即电动机在低速运转时，如果转向是正转(逆时针方向旋转)，而在转换为高速时为反转(顺时针方向旋转)，这就说明双速电动机在高低速转换时不同向。解决这种问题的方法是将双速电动机 M 的接线端 U1、V1、W1 或 U2、V2、W2 中的任意两相调换即可。

　　图 2-23 所示为时间继电器接触器控制的双速电动机线路原理图。它可以低速启动并低速运转或低速启动而由时间继电器 KT 自动切换到高速运转。当需要电动机 M 低速运转时，按下低速启动按钮 SB2，接触器 KM1 通电闭合，三相电源经接触器 KM1 主触点及双速电动机 M 接线端 U1、V1、W1 进入电动机 M 的绕组中，电动机 M 绕组接成△形低速启动运转。当需要电动机高速运转时，按下高速运转启动按钮 SB3，中间继电器 KA 线圈通电闭合，时间继电器 KT 线圈通电闭合并开始计时。中间继电器 KA 在 3 号线与 8 号线间的常

开触点闭合自锁，在 4 号线与 8 号线间的常开触点闭合，接通接触器 KM1 线圈的电源，接触器 KM1 通过以下途径通电：L12→FU2→1 号线→KR 常闭触点→2 号线→SB1 常闭触点→3 号线→KA 常开触点→8 号线→KA 常开触点→4 号线→KT 延时断开常闭触点→7 号线→接触器 KM1 线圈→0 号线→FU2→L22。接触器 KM1 闭合并自锁，其主触点接通电动机 M 低速运转电源，电动机 M 低速启动。经过一定时间，时间继电器 KT 在 4 号线与 5 号线间的延时断开常闭触点断开，切断接触器 KM1 线圈的电源，接触器 KM1 失电释放，在 8 号线与 10 号线间的 KT 延时闭合瞬时断开常开触点闭合，接通接触器 KM2、KM3 线圈的电源，接触器 KM2、KM3 通电闭合，其主触点将电动机 M 绕组接成 YY 形高速运转。当需要电动机 M 停止时，按下停止按钮 SB1，电动机 M 即可停止。

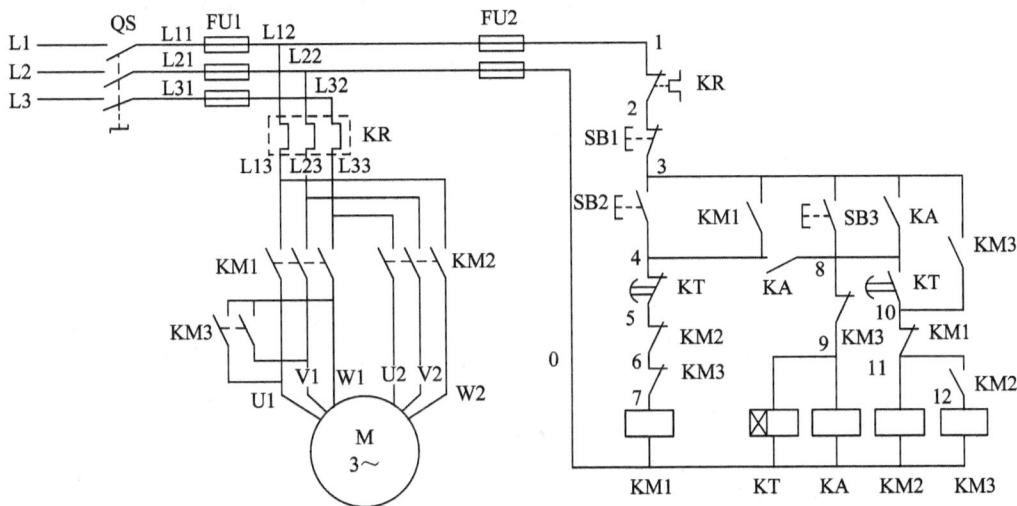

图 2-23　时间继电器接触器控制的双速电动机线路原理图

2.7.2　三速电动机控制线路

三速电动机有三个速度档次，即低速、中速、高速。其定子绕组与电源接线图见图 2-24。从图(a)中可以看出，三速电动机有两套绕组：一套为△形中心抽头绕组，分别引出接线端 U1、V1、W1，U2、V2、W2 和 U3；另一套绕组为 Y 形接法绕组，分别引出接线端 U4、V4、W4。当△形中心抽头绕组与电源接成△形时(见图(b))，电动机低速启动运转；当△中心抽头绕组与电源接成 YY 形时(见图(d))，电动机高速运转；当电动机 Y 形接法绕组与电源接成 Y 形时(见图(c))，电动机中速运行。比较图 2-24 及图 2-21 我们知道，三速电动机在绕组结构上只不过是比双速电动机绕组多了一套 Y 形接法的绕组，在电动机的调速方面多了一个中速而已，其他方面与双速电动机没有两样。

按钮接触器控制的三速电动机线路原理图如图 2-25 所示。按下低速启动按钮 SB2，接触器 KM1 线圈通电吸合并自锁。其主触点闭合，电动机 M 绕组接成△形低速运转。同时在接触器 KM2、KM3 线圈回路中 KM1 的常闭触点断开，使接触器 KM1 闭合。电动机 M 低速运转时，接触器 KM2、KM3 不能闭合，电动机 M 不能中速或高速启动。当需要电动机 M 停止时，按下停止按钮 SB1，电动机 M 即可停止。

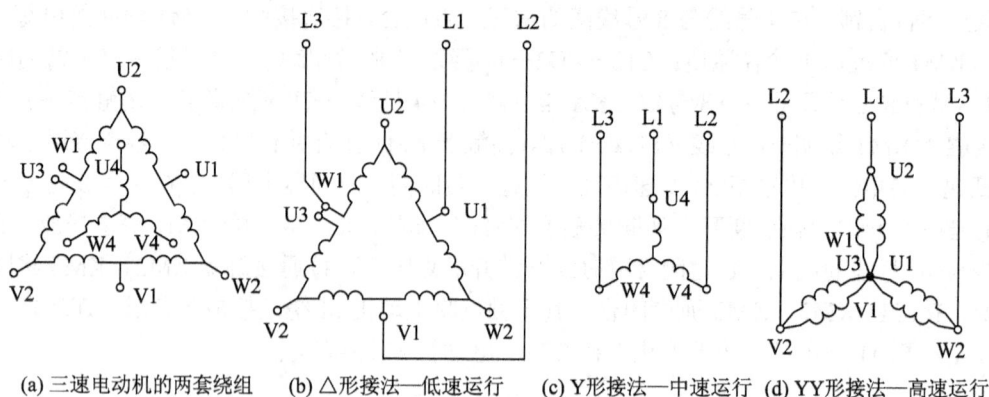

(a) 三速电动机的两套绕组　　　(b) △形接法—低速运行　　　(c) Y形接法—中速运行　　(d) YY形接法—高速运行

图 2-24　三速电动机定子绕组与电源接线图

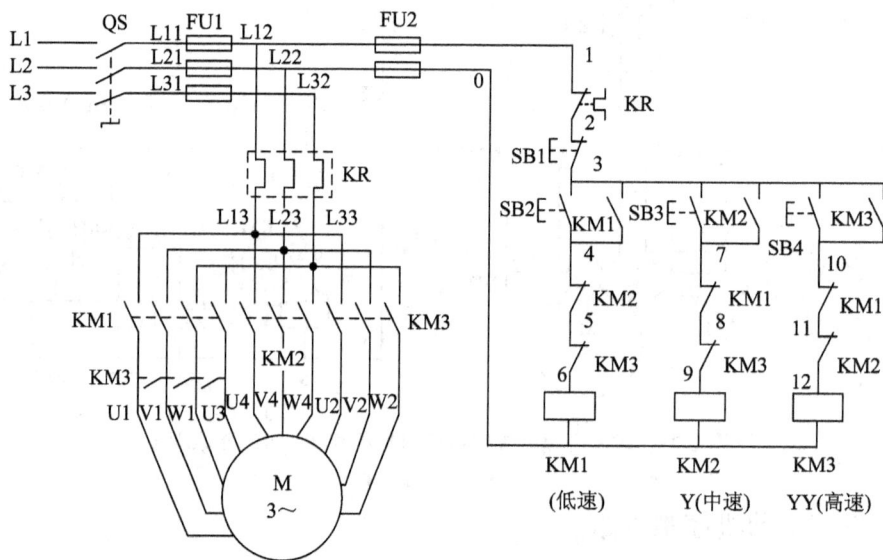

图 2-25　按钮接触器控制的三速电动机线路原理图

同理，按下 SB3 或 SB4，电动机 M 中速或高速启动运转。

2.7.3　双速电动机控制线路故障检查

我们以图 2-23 所示的时间继电器接触器控制的双速电动机线路为例，说明双速电动机控制线路故障的检查。

线路出现的主要故障现象：电动机 M 低速启动后不能转换为高速运转。

故障分析：从主线路来分析，故障原因主要有接触器 KM2、KM3 的主触点闭合接触不良；从控制线路来分析，故障原因主要有时间继电器 KT 线圈损坏、3 号线与 8 号线间的中间继电器 KA 的常开触点闭合接触不良、8 号线与 10 号线间的时间继电器 KT 的延时闭合触点接触不良、10 号线与 11 号线间的接触器 KM1 的常闭触点接触不良、11 号线与 12 号线间的接触器 KM2 的常开触点闭合接触不良、接触器 KM2 和 KM3 线圈损坏等。

　　检查步骤为：按下高速启动按钮 SB3，接触器 KM1 闭合，电动机 M 低速启动后，经过一定时间，观察接触器 KM1 是否释放。若未释放，则检查时间继电器 KT 线圈。若释放，则观察接触器 KM2、KM3 是否闭合。若 KM2、KM3 闭合，则检查 KM2、KM3 主触点。若 KM2、KM3 未闭合，则重点检查 8 号线与 10 号线间的时间继电器 KT 的延时闭合常开触点及 10 号线与 11 号线间的接触器 KM1 的常闭触点等。

第 3 章

※※※※※※※※※※※※※※※※※※※※※※※※※※※※※※※※※※※※※※

三菱 FX2N 系列可编程控制器指令系统

本章简要讨论日本三菱公司 FX2 系列可编程控制器的指令系统，以便为后续机床改造打好基础。

3.1　基　本　指　令

FX2 系列可编程控制器的基本指令有连接与驱动指令、多路输出指令、置位与复位指令及脉冲微分指令。在这里将步进指令也列入这一范畴。

3.1.1　连接与驱动指令

连接与驱动指令有 LD、LDI、OUT、AND、ANI、OR、ORI、ANB、ORB 共九条。这类指令主要用于表示触点之间的逻辑关系和驱动线圈的驱动指令。

1．LD 指令和 LDI 指令

LD 指令叫做"取指令"。其功能是使元件的常开触点与左母线连接。其用法见图 3-1 中 X0 的常开触点。

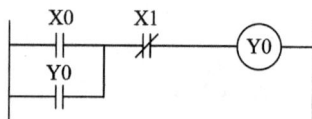

图 3-1　LD 指令用法

LDI 指令叫做"取反指令"。其功能是使元件的常闭触点与左母线连接。其用法见图 3-2 中 X1 的常闭触点。

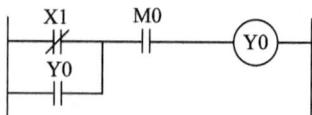

图 3-2　LDI 指令用法

使用 LD 指令和 LDI 指令时应注意：LD 和 LDI 指令的操作元件为输入继电器 X、输出继电器 Y、辅助继电器 M、状态继电器 S、定时器 T 和计数器 C。

2．OUT 指令

OUT 指令叫做"输出指令"。其功能是根据逻辑运算结果去驱动一个指定元件的线圈。

其用法见图 3-1、图 3-2 中的 Y0 线圈。

使用 OUT 指令时应注意：

(1) 输入继电器不能用 OUT 指令驱动，输入继电的状态只能由输入信号决定。

(2) OUT 指令可以连续使用，不受使用次数的限制。这种输出称为并行输出。

(3) 当计数器 C 和定时器 T 使用 OUT 指令驱动时，其后应设定计数器和定时器的常数值，如图 3-3 所示。

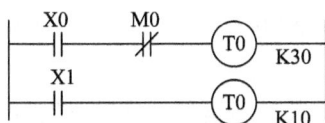

图 3-3 OUT 指令用法

(4) OUT 指令的操作元件为输出继电器 Y、辅助继电器 M、状态继电器 S、定时器 T 和计数器 C。

3. AND 指令和 ANI 指令

AND 指令叫做"与指令"。其功能是使元件的常开触点与其他元件的触点串联。其用法见图 3-4 中 X2 的常开触点。

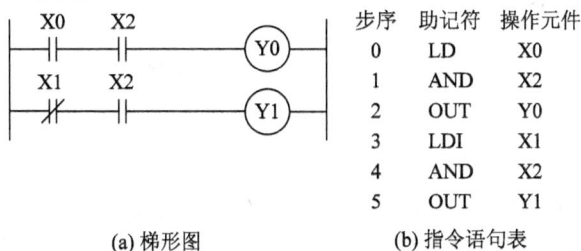

步序	助记符	操作元件
0	LD	X0
1	AND	X2
2	OUT	Y0
3	LDI	X1
4	AND	X2
5	OUT	Y1

(a) 梯形图   (b) 指令语句表

图 3-4 AND 指令用法

ANI 指令叫做"与非指令"。其功能是元件的常闭触点与其他元件的触点串联。其用法见图 3-5 中 X3 的常闭触点。

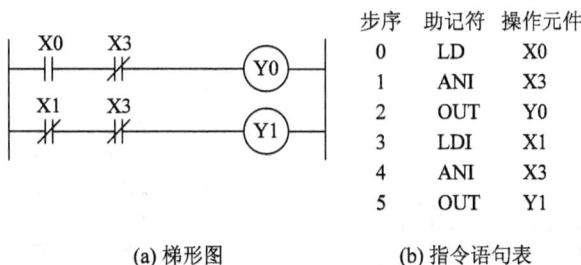

步序	助记符	操作元件
0	LD	X0
1	ANI	X3
2	OUT	Y0
3	LDI	X1
4	ANI	X3
5	OUT	Y1

(a) 梯形图   (b) 指令语句表

图 3-5 ANI 指令用法

使用 AND 指令和 ANI 指令时应注意：

(1) AND 指令和 ANI 指令可以不受使用次数的限制连续使用。

(2) AND 指令和 ANI 指令的操作元件为输入继电器 X、输出继电器 Y、辅助继电器 M、状态继电器 S、定时器 T 和计数器 C。

4. OR 指令和 ORI 指令

OR 指令叫做"或指令"。其功能是使元件的常开触点与其他元件的触点并联。其用法如图 3-6 所示。

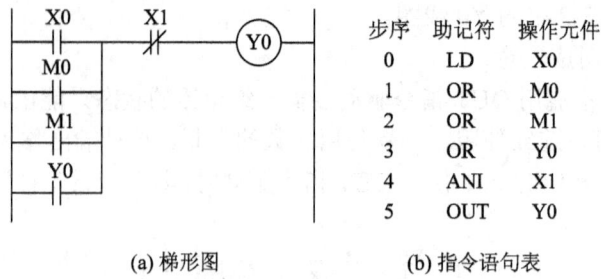

(a) 梯形图　　　　　　　(b) 指令语句表

图 3-6　OR 指令用法

ORI 指令叫做"或非指令"。其功能是使元件的常闭触点与其他元件的触点并联。其用法如图 3-7 所示。

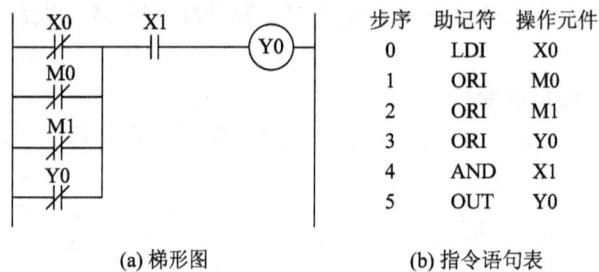

(a) 梯形图　　　　　　　(b) 指令语句表

图 3-7　ORI 指令用法

使用 OR 指令和 ORI 指令时应注意：

(1) OR 指令和 ORI 指令可以不受使用次数的限制连续使用。

(2) OR 指令和 ORI 指令的操作元件为输入继电器 X、输出继电器 Y、辅助继电器 M、状态继电器 S、定时器 T 和计数器 C。

5. ANB 指令和 ORB 指令

ANB 指令叫做"电路块与指令"。其功能是使电路块与电路块串联。其用法如图 3-8 所示。

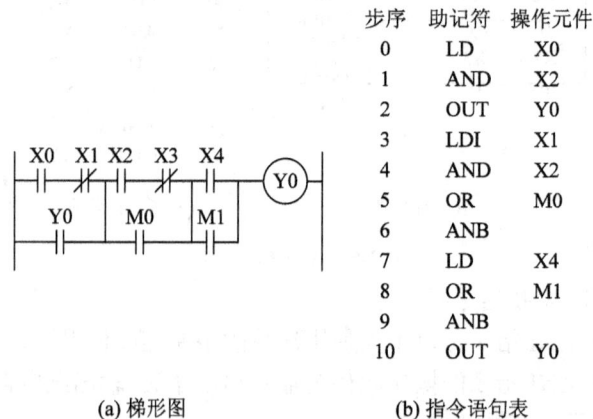

(a) 梯形图　　　　　　　(b) 指令语句表

图 3-8　ANB 指令用法

ORB 指令叫做"电路块或指令"。其功能是使电路块与电路块并联。其用法如图 3-9 所示。

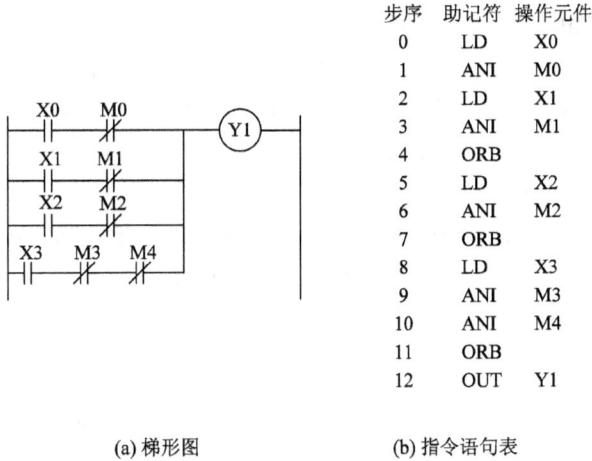

步序	助记符	操作元件
0	LD	X0
1	ANI	M0
2	LD	X1
3	ANI	M1
4	ORB	
5	LD	X2
6	ANI	M2
7	ORB	
8	LD	X3
9	ANI	M3
10	ANI	M4
11	ORB	
12	OUT	Y1

　　　　　(a) 梯形图　　　　　　　　(b) 指令语句表

图 3-9　ORB 指令用法

使用 ANB 指令和 ORB 指令时应注意：

(1) ANB 指令和 ORB 指令可以不受使用次数的限制连续使用。

(2) ANB 指令和 ORB 指令为独立指令，无操作元件。

3.1.2　多路输出指令

　　以上指令对于简单的梯形图能很方便地写出指令语句表。但对于有些梯形图则不能直接用以上指令写出，例如图 3-10 所示的梯形图。对于这类梯形图则要用到多路输出指令。多路输出指令有 MC/MCR 指令(主控指令/主控复位指令)、MPS/MRD/MPP 指令(进栈指令/读栈指令/出栈指令)。

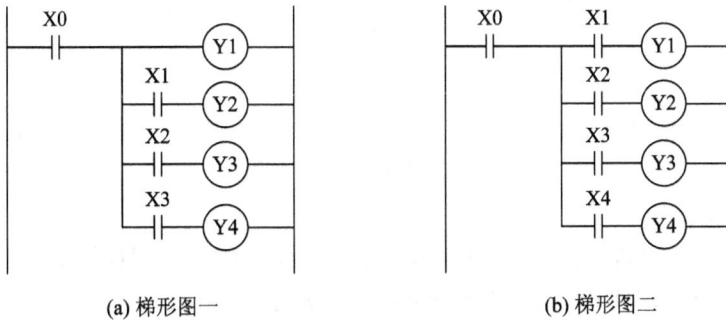

　　　　(a) 梯形图一　　　　　　　　　　　　　(b) 梯形图二

图 3-10　多路输出梯形图

1. MC/MCR 指令

　　MC 指令叫做"主控指令"。其功能是通过 MC 的操作元件 Y 或 M 的常开触点将左母线临时移到一个所需要的位置，产生一个临时的母线，形成一个主控电路块。

　　MCR 指令叫做"主控复位指令"。其功能是取消由主控指令 MC 产生的临时母线，即将左母线返回到原来的位置，结束主控电路块。

　　使用 MC/MCR 指令时应注意：

　　(1) MC 指令的操作元件可以是输出继电器 Y 及辅助继电器 M。一般情况下使用辅助继电器 M(特殊辅助继电器除外)。

---

(2) MC 指令和 MCR 指令应成对出现。

(3) 执行 MC 指令后，在主控电路块前，产生一个临时母线。故主控电路块在开始写指令语句时，必须使用 LD 指令或 LDI 指令，其他触点则可使用触点连接的其他基本指令。

(4) MC/MCR 指令可以嵌套使用，其嵌套次数为 8 次(N0～N7)，其使用顺序为 N0～N7 按从小至大递增，顺序不能颠倒。

(5) 执行 MC 指令后，必须用 MCR 指令使左母线由临时母线位置回到原来位置，其返回顺序为 N7～N0 按从大至小递减，同样顺序不能颠倒。

MC/MCR 指令的用法如图 3-11 所示。

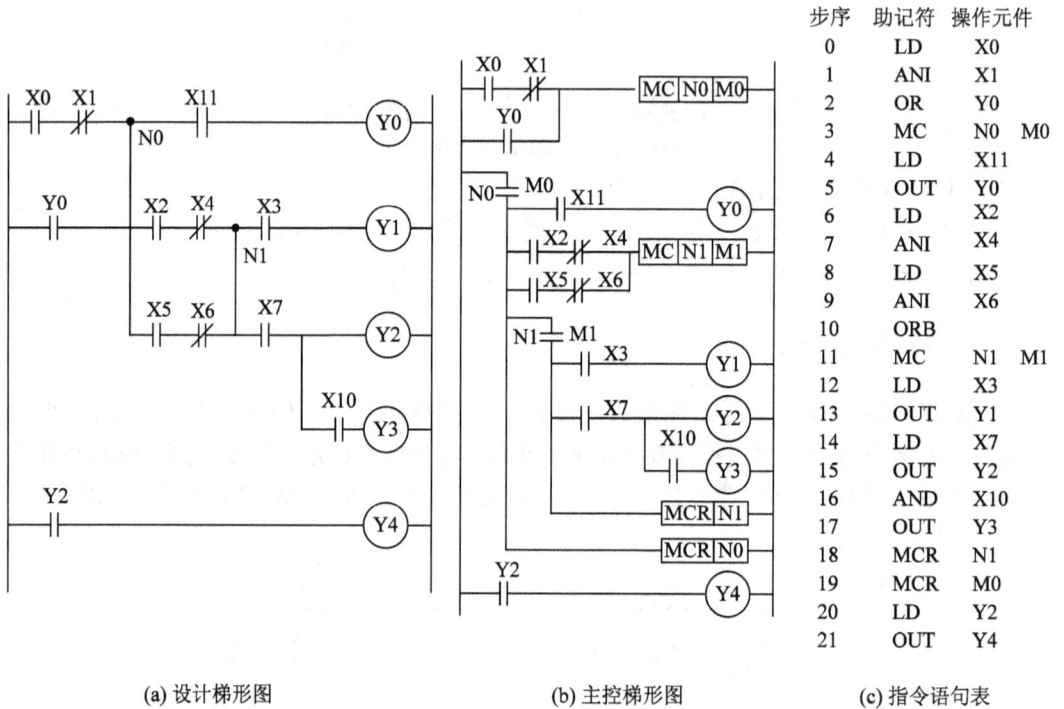

步序	助记符	操作元件	
0	LD	X0	
1	ANI	X1	
2	OR	Y0	
3	MC	N0	M0
4	LD	X11	
5	OUT	Y0	
6	LD	X2	
7	ANI	X4	
8	LD	X5	
9	ANI	X6	
10	ORB		
11	MC	N1	M1
12	LD	X3	
13	OUT	Y1	
14	LD	X7	
15	OUT	Y2	
16	AND	X10	
17	OUT	Y3	
18	MCR	N1	
19	MCR	M0	
20	LD	Y2	
21	OUT	Y4	

(a) 设计梯形图　　　　(b) 主控梯形图　　　　(c) 指令语句表

图 3-11　MC/MCR 指令用法

2. MPS/MRD/MPP 指令

MPS 指令叫做"进栈指令"。它的功能是：将触点的逻辑运算结果存入栈存储器的顶层单元中，栈存储器中每个单元中原来的数据依次向下推移。

MRD 指令叫做"读栈指令"，它的功能是：将栈存储器顶层单元中的数据读出来。

MPP 指令叫做"出栈指令"，它的功能是：将栈存储器顶层单元中的结果弹出，栈存储器中的数据依次往上推移。

使用 MPS/MRD/MPP 指令时应注意：

(1) MPS 指令和 MPP 指令在指令中必须成对使用，而 MRD 指令有时也可以不用。

(2) MPS 指令连续使用次数最多不能超过 11 次。

(3) 在 MPS 指令或 MRD 指令及 MPP 指令之后若有单个常闭触点或常开触点，则应用 ANI 指令或 AND 指令。

(4) 在 MPS 指令或 MRD 指令及 MPP 指令之后若有触点组组成的电路串联块，则应用 ANB 指令。

(5) 在 MPS 指令或 MRD 指令及 MPP 指令之后若无触点串联，即直接连接线圈，则应使用 OUT 指令。

(6) MPS 指令、MRD 指令及 MPP 指令均无操作元件。

MPS/MRD/MPP 指令的用法如图 3-12 所示。

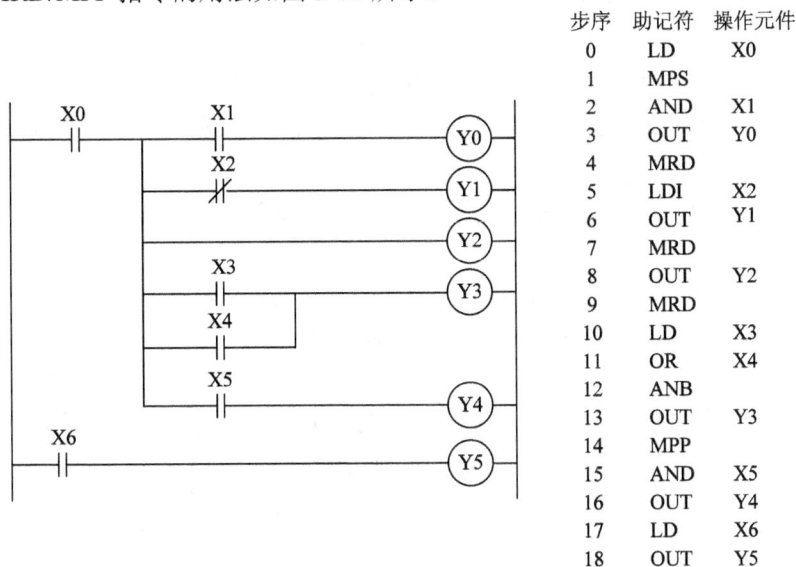

步序	助记符	操作元件
0	LD	X0
1	MPS	
2	AND	X1
3	OUT	Y0
4	MRD	
5	LDI	X2
6	OUT	Y1
7	MRD	
8	OUT	Y2
9	MRD	
10	LD	X3
11	OR	X4
12	ANB	
13	OUT	Y3
14	MPP	
15	AND	X5
16	OUT	Y4
17	LD	X6
18	OUT	Y5

(a) 设计梯形图　　　　　　(b) 指令语句表

图 3-12　MPS/MRD/MPP 指令用法

3.1.3　置位与复位指令

所谓置位，就是当条件符合时，元件接通并保持，这相当于自锁的功能。所谓复位，即条件符合时，元件由接通并保持状态转换为复位断开状态。

1. SET 指令

SET 指令叫做"置位指令"。其功能是：驱动元件线圈，使其元件自锁，维持接通状态。置位指令的操作元件为输出继电器 Y、辅助继电器 M 及状态继电器 S。

2. RST 指令

RST 指令叫做"复位指令"。其功能是使元件线圈复位。

复位指令的操作元件为输出继电器 Y、辅助继电器 M、状态继电器 S、积算定时器 T 及计数器 C。

SET 置位与 RST 复位指令的用法如图 3-13 所示。

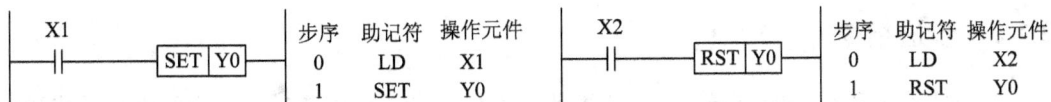

步序	助记符	操作元件
0	LD	X1
1	SET	Y0

步序	助记符	操作元件
0	LD	X2
1	RST	Y0

(a) SET置位指令用法　　　　　　(b) RST复位指令用法

图 3-13　SET 置位与 RST 复位指令用法

3.1.4　脉冲微分指令

所谓微分脉冲指令，是指用于检测输入脉冲的上升沿和下降沿的指令。当符合条件时，元件产生一个扫描周期宽的窄脉冲。

1. PLS 指令

PLS 指令叫做"上升沿脉冲指令"。它的功能是：当条件符合时，从输入脉冲上升沿的时候开始，其操作元件的线圈得到一个扫描周期宽的时间，使其产生一个宽度为扫描周期宽的脉冲信号输出。

PLS 指令的操作元件为输出继电器 Y 及辅助继电器 M(不包含特殊辅助继电器)。

2. PLF 指令

PLF 指令叫做"下降沿脉冲指令"。它的功能是：当条件符合时，从输入脉冲下降沿的时候开始，其操作元件的线圈得到一个扫描周期宽的时间，使其产生一个宽度为扫描周期宽的脉冲信号输出。

PLF 指令的操作元件为输出继电器 Y 及辅助继电器 M(不包含特殊辅助继电器)。

PLS 指令的用法如图 3-14 所示，PLF 指令的用法如图 3-15 所示。

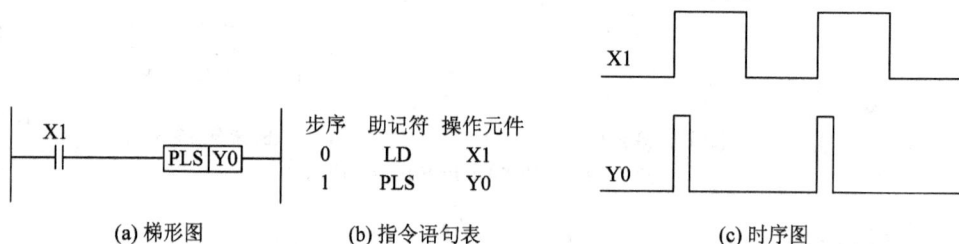

图 3-14　PLS 指令用法

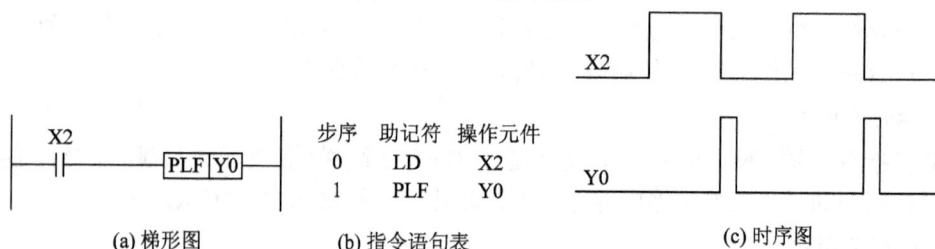

图 3-15　PLF 指令用法

3. END 指令

END 指令叫做"结束指令"。其功能是：执行到 END 指令后，该指令后的指令不再执行。注意：操作人员每编制的一个实用程序最后都要编写 END 指令，否则程序不能运行。

3.1.5　步进指令

步进指令又称步进顺控指令，它主要用于对较复杂的顺序控制程序进行编程。步进指令有两条：STL 指令和 RET 指令。

1. STL 指令

STL 指令叫做"步进接点"指令。其功能是：将步进接点接到左母线，形成副母线。

步进接点没有常闭触点，只有常开触点。步进接点在使用时，需要使用 SET 指令将其置位。

2. RET 指令

RET 指令叫做"步进返回"指令。其功能是使副母线返回到原来的位置。

使用 STL 指令和 RET 指令时应注意：

(1) STL/RET 指令与状态继电器 S0～S899 结合使用，才能形成步进控制。而状态继电器 S0～S899 只有在使用 SET 置位指令后才具有步进控制功能，提供步进接点。

(2) 在使用 STL/RET 指令时，在每条 STL 指令后面不必都加一条 RET 指令，但必须要有 RET 指令，可只在一系列步进指令的最后面接一条 RET 指令。

(3) 步进控制中，在状态转移过程中，会出现在一个扫描周期内有两个状态同时接通动作的可能。故在两个状态中不允许同时动作的线圈之间应该有必要的联锁。

(4) 状态继电器在使用时，可以按编号从小至大顺序使用，也可以不按编号顺序任意使用，但不能重复使用。

(5) 步进触点之后的电路块中不能使用主控 MC/MCR 指令。

(6) 在状态继电器 S0～S899 中，其中 S0～S9 作为初始状态的专用状态继电器，S10～S19 作为回零状态的专用状态继电器，S20～S899 为一般通用的状态继电器。

步进 STL/RET 指令的用法如图 3-16 所示。

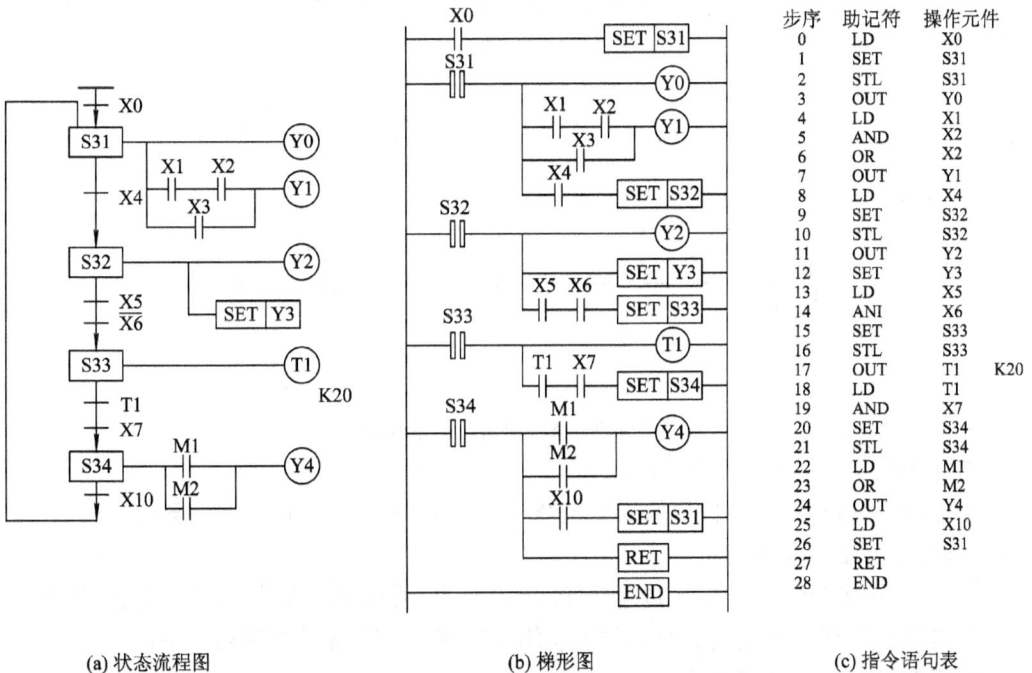

步序	助记符	操作元件	
0	LD	X0	
1	SET	S31	
2	STL	S31	
3	OUT	Y0	
4	LD	X1	
5	AND	X2	
6	OR	X2	
7	OUT	Y1	
8	LD	X4	
9	SET	S32	
10	STL	S32	
11	OUT	Y2	
12	SET	Y3	
13	LD	X5	
14	ANI	X6	
15	SET	S33	
16	STL	S33	
17	OUT	T1	K20
18	LD	T1	
19	AND	X7	
20	SET	S34	
21	STL	S34	
22	LD	M1	
23	OR	M2	
24	OUT	Y4	
25	LD	X10	
26	SET	S31	
27	RET		
28	END		

(a) 状态流程图　　　　　　(b) 梯形图　　　　　　(c) 指令语句表

图 3-16 步进 STL/SET 指令用法

3.2 功能指令

日本三菱公司的 FX2 系列 PLC 可编程控制器除了基本指令和步进指令外，还有许多的功能指令。这些功能指令实际上就是在基本指令的基础上，拓宽 PLC 的应用范围，开发出一系列能完成不同功能的子程序。FX2 系列可编程控制器的功能指令有：程序流向控制功能指令、比较和传送指令、四则运算与逻辑运算指令、循环移位与移位指令、数据处理指令、高速处理指令、方便指令、外部 I/O 指令、外围设备(SER)指令、浮点数指令、时钟运算指令及接点比较指令。本节主要讨论各常用的功能指令。

3.2.1　程序流向控制功能指令

程序流向控制功能指令有：CJ 条件跳转指令、CALL 子程序调用指令、SRET 子程序返回指令、IRET 中断返回指令、EI 允许中断指令、DI 禁止中断指令、FEND 主程序结束指令、WDT 警戒时钟指令、FOR 循环开始指令、NEXT 循环结束指令。

1．CJ 条件跳转指令

(1) CJ 条件跳转指令的助记符、代码、操作元件及程序步见表 3-1。

表 3-1　条件跳转指令助记符、代码、操作元件及程序步表

指令名称	助记符	指令代码	操作元件(D)	程序步
条件跳转	CJ	FNC00	P0～P63	CJ　3 步 标号P　1 步

(2) 功能。CJ 条件跳转指令主要用于跳过顺序程序中的某一段，以减少扫描时间。该指令的用法如图 3-17 所示。

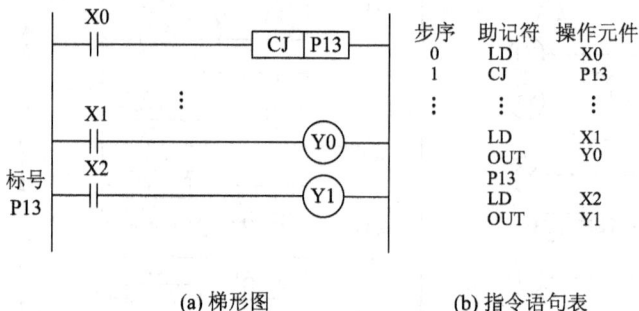

(a) 梯形图　　　　　　　　　(b) 指令语句表

图 3-17　条件跳转指令的用法

(3) 使用 CJ 条件跳转指令时应注意：

① CJ 条件跳转指令中使用的标号为 P0～P63 共 64 个，每个标号只能使用一次，不能使用两次以上，否则会出错。

② 程序中两条或两条以上的条件跳转指令可以使用相同的标号，即跳至相同的程序步。

③ 在条件跳转指令前的执行条件若使用 M8000，则为无条件跳转指令。

2．子程序调用与返回指令

(1) 子程序调用与返回指令的助记符、代码、操作元件及程序步见表 3-2。

表 3-2　子程序调用与返回指令助记符、代码、操作元件及程序步表

指令名称	助记符	指令代码	操作元件(D)	程序步
子程序调用	CALL	FNC01	指针 P0～P62 嵌套 5 级	3 步＋1 步 指令＋标号
子程序返回	SRET	FNC02	无	1 步

(2) 功能。CALL 子程序调用指令用于调用子程序。SRET 子程序返回指令用于子程序执行完毕后返回。子程序调用与返回指令的用法如图 3-18 所示。

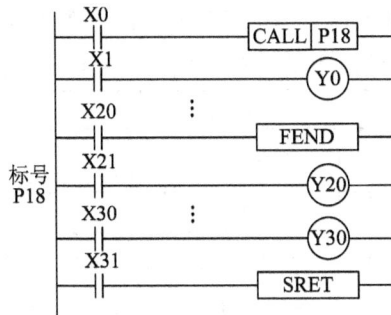

图 3-18　子程序调用与返回指令用法

(3) 使用子程序调用与返回指令时应注意：

① CALL 子程序调用指令中使用的标号为 P0~P62 共 63 个，每个标号只能使用一次，不能使用两次以上，否则会出错。在同一程序中，CJ 条件跳转指令使用过的标号，CALL 子程序调用指令不能重复使用。

② 程序中两条或两条以上的 CALL 子程序调用指令可以调用相同标号的子程序。

③ 在子程序中，可以再用 CALL 子程序调用指令，形成子程序嵌套。一共可以有 5 级嵌套。

3. 警戒时钟指令

(1) 警戒时钟指令的助记符、代码、操作元件及程序步见表 3-3。

表 3-3　警戒时钟指令助记符、代码、操作元件及程序步表

指令名称	助记符	指令代码	操作元件(D)	程序步
警戒时钟指令	WDT	FNC07	无	1 步

(2) 功能。当用户编制的程序比较大，PLC 从 0 步开始运行至 END 指令的扫描时间超过 100 ms(FX$_{2N}$ 为 200 ms)时，PLC 将停止运行。如果在程序中插入 WDT 指令，将程序分成两段，程序即可顺利执行完毕。警戒时钟指令的用法如图 3-19 所示。

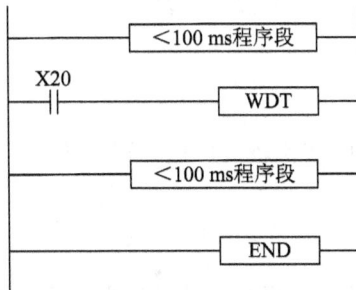

图 3-19　警戒时钟指令用法

(3) 使用警戒时钟指令时应注意：

① 如果希望 PLC 每次的扫描时间为 150 ms，可用 MOV(传送)指令改写特殊数据寄存器 D8000 的值。

② WDT 指令可用于 FOR-NEXT(循环)指令中。此外，当 CJ 指令对应的步号低于 CJ

指令步号时，在标号下一句后应写入 WDT 指令。

4. 循环指令

(1) 循环指令的助记符、代码、操作元件及程序步见表 3-4。

表 3-4　循环指令助记符、代码、操作元件及程序步表

指令名称	助记符	指令代码	操作元件(S)	程序步
循环开始指令	FOR	FNC08	K、H、KnX、KnY、KnM、KnS、T、C、D、V、Z	3 步
循环结束指令	NEXT	FNC09	无	1 步

(2) 功能。循环指令的功能是：在程序运行时，将 FOR 指令与 NEXT 指令之间的程序重复执行 n 次，然后执行 NEXT 指令之后的程序。该指令的用法如图 3-20 所示。

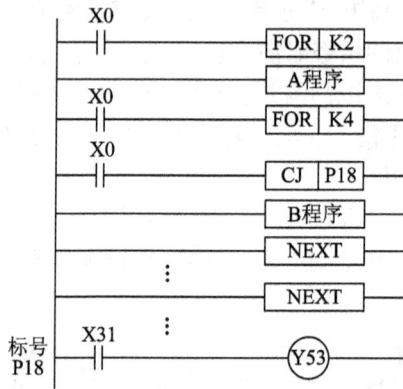

图 3-20　循环指令用法

(3) 使用循环指令时应注意：

① 循环次数 n 由操作元件指定，其范围为 1～32 767。

② FOR 指令与 NEXT 指令必须成对使用，缺一不可。且 FOR 指令应在前，NEXT 指令应在后。

③ 利用跳转指令可跳出循环体。

④ 循环指令可嵌套，但最多只能嵌套 5 级。

3.2.2　比较和传送指令

比较和传送指令有比较、区间比较、传送、移位传送、取反传送、成批传送、变换传送等指令。

1. 比较指令

(1) 比较指令的助记符、代码、操作元件及程序步见表 3-5。

表 3-5　比较指令助记符、代码、操作元件及程序步表

指令名称	助记符	指令代码	操作元件 S1	操作元件 S2	操作元件 D	程序步
比较指令	CMP	FNC10	K、H、KnX、KnY、KnM、KnS、T、C、D、V、Z		Y、M、S	CMP、CMP(P)　7 步 (D)CMP、(D)CMP(P)　13 步

(2) 功能。比较指令 CMP 的功能是：将源操作元件[S1]和源操作元件[S2]的数据进行比较，其结果存于目标操作元件[D]中。该指令的用法如图 3-21 所示。

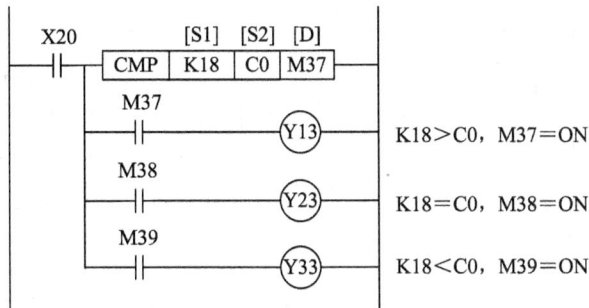

图 3-21　比较指令用法

(3) 使用比较指令时应注意：

① 程序中所有的源操作元件和目标操作元件均已做了二进制处理。

② 编程序时应注意源操作元件和目标操作元件元件的范围。

2. 区间比较指令

(1) 区间比较指令的助记符、代码、操作元件及程序步见表 3-6。

表 3-6　区间比较指令助记符、代码、操作元件及程序步表

指令名称	助记符	指令代码	操 作 元 件				程 序 步
			S1	S2	S3	D	
区间比较指令	ZCP	FNC11	K、H、KnX、KnY、KnM、KnS、T、C、D、V、Z			Y、M、S	ZCP、ZCP(P)　7 步 (D)ZCP、(D)ZCP(P)　13 步

(2) 功能。区间比较指令 ZCP 的功能是：将一个源操作元件[S3]和另外两个源操作元件[S1]、[S2]的数据进行比较，其结果存于目标操作元件[D]中。该指令的用法如图 3-22 所示。

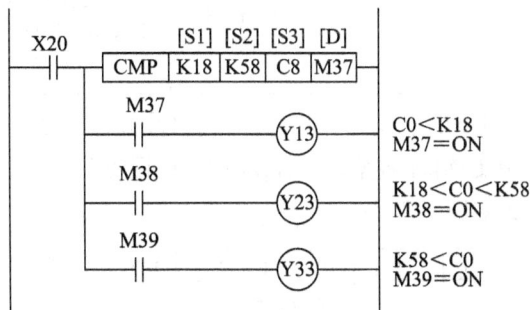

图 3-22　区间比较指令用法

(3) 使用区间比较指令时应注意：

① 源操作元件[S1]的数据不能大于源操作元件[S2]的数据。

② 其他注意事项同比较指令。

3. 传送指令

(1) 传送指令的助记符、代码、操作元件及程序步见表 3-7。

表3-7　传送指令助记符、代码、操作元件及程序步表

指令名称	助记符	指令代码	操作元件		程序步
			S	D	
传送指令	MOV	FNC12	K、H、KnX、KnY、KnM、KnS、T、C、D、V、Z	KnY、KnM、KnS、T、C、D、V、Z	MOV、MOV(P)　5步 (D)MOV、(D)MOV(P)　9步

(2) 功能。传送指令的功能是：将源操作元件[S]中的数据传送到目标操作元件[D]中。该指令的用法如图3-23所示。

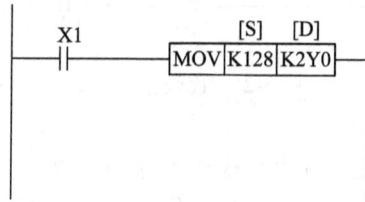

图3-23　传送指令用法

(3) 使用传送指令时应注意：

① 程序中所有的源操作元件和目标操作元件均已做了二进制处理。

② 编程序时应注意源操作元件和目标操作元件的范围。

4. 移位传送指令

(1) 移位传送指令的助记符、代码、操作元件及程序步见表3-8。

表3-8　移位传送指令助记符、代码、操作元件及程序步表

指令名称	助记符	指令代码	操作元件					程序步
			m1	m2	n	S	D	
移位传送指令	SMOV	FNC13	K、H			K、H、KnX、KnY、KnM、KnS、T、C、D、V、Z	K、H、KnY、KnM、KnS、T、C、D、V、Z	SMOV、SMOV(P)　11步

(2) 功能。移位传送指令的功能是：将源操作元件[S]中的二进制代码数据转换成BCD码，然后将BCD码移位传送到目标操作元件[D]中，目标操作元件的BCD码又自动转换为二进制数。该指令的用法如图3-24所示。

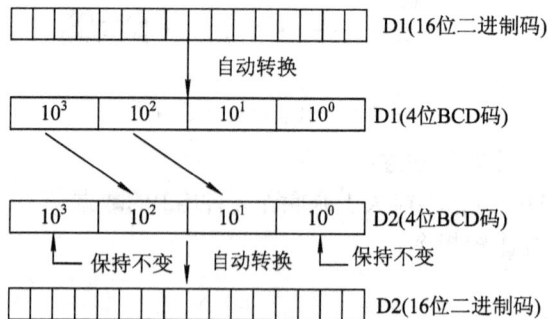

图3-24　移位传送指令用法

(3) 使用移位传送指令时应注意：

① 程序中所有的源操作元件和目标操作元件均已做了二进制处理。

② 编程序时应注意源操作元件和目标操作元件的范围。

5. 取反传送指令

(1) 取反传送指令的助记符、代码、操作元件及程序步见表 3-9。

表 3-9　取反传送指令助记符、代码、操作元件及程序步表

指令名称	助记符	指令代码	操 作 元 件		程 序 步
			S	D	
取反传送指令	CML	FNC14	K、H、KnX、KnY、KnM、KnS、T、C、D、V、Z	KnY、KnM、KnS、T、C、D、V、Z	CML、CML(P)　5 步 (D)CML、(D)CML(P)　9 步

(2) 功能。取反传送指令的功能是：将源操作元件[S]中的数据取反后传送到目标操作元件[D]中。该指令的用法如图 3-25 所示。

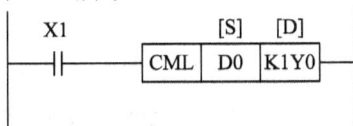

图 3-25　取反传送指令用法

(3) 使用取反传送指令时应注意：

① 若源操作元件[S]中的数据为常数 K，则数据自动转换为二进制数。

② 若源操作元件[S]中的数据不为常数 K，则状态取反(即 0 转换为 1，1 转换为 0)。

6. BCD 变换指令

(1) BCD 变换指令的助记符、代码、操作元件及程序步见表 3-10。

表 3-10　BCD 变换指令助记符、代码、操作元件及程序步表

指令名称	助记符	指令代码	操 作 元 件		程 序 步
			S	D	
BCD 变换指令	BCD	FNC18	KnX、KnY、KnM、KnS、T、C、D、V、Z	KnY、KnM、KnS、T、C、D、V、Z	BCD、BCD(P)　5 步 (D)BCD、(D)BCD(P)　9 步

(2) 功能。BCD 变换指令的功能是：将源操作元件[S]中的二进制数转换成 BCD 码送到目标操作元件[D]中。该指令的用法如图 3-26 所示。

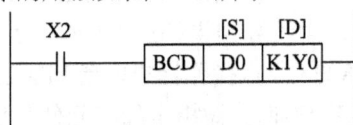

图 3-26　BCD 变换指令用法

(3) 使用 BCD 变换指令时应注意：

① BCD、BCD(P)指令执行的变换结果超出 0～9999 的范围时会出错。

② (D)BCD、(D)BCD(P)指令执行的变换结果超出 0～99 999 999 的范围时会出错。

7. BIN 变换指令

(1) BIN 变换指令的助记符、代码、操作元件及程序步见表 3-11。

表 3-11　BIN 变换指令助记符、代码、操作元件及程序步表

指令名称	助记符	指令代码	操作元件		程　序　步
			S	D	
BIN 变换指令	BIN	FNC19	KnX、KnY、KnM、KnS、T、C、D、V、Z	KnY、KnM、KnS、T、C、D、V、Z	BIN、BIN(P)5 步 (D)BIN、(D)BIN(P)9 步

(2) 功能。BIN 变换指令的功能是：将源操作元件[S]中 BCD 码转换成二进制数送到目标操作元件[D]中。注意常数 K 不能为 BIN 变换指令的操作元件。

3.2.3　四则运算与逻辑运算指令

四则运算与逻辑运算指令有加法指令、减法指令、乘法指令、除法指令、加 1 指令、减 1 指令等。

1. 加法指令

(1) 加法指令的助记符、代码、操作元件及程序步见表 3-12。

表 3-12　加法指令助记符、代码、操作元件及程序步表

指令名称	助记符	指令代码	操作元件			程　序　步
			S1	S2	D	
加法指令	ADD	FNC20	K、H、KnX、KnY、KnM、KnS、T、C、D、V、Z		KnY、KnM、KnS、T、C、D、V、Z	ADD、ADD(P)　7 步 (D)ADD、(D)ADD(P)　13 步

(2) 功能。加法指令的功能是：将源操作元件[S1]和[S2]中的二进制数相加，结果送到指定的目标操作元件[D]中。该指令的用法如图 3-27 所示。

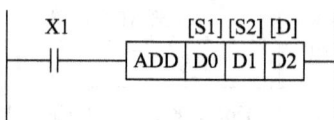

```
      X1              [S1] [S2] [D]
  ──┤├──        ┌────┬───┬───┬───┐
                  │ADD │D0 │D1 │D2 │
                  └────┴───┴───┴───┘
```

图 3-27　加法指令用法

(3) 使用加法指令时应注意：

① 加法指令有四个标志：M8020 零标志，即当运算结果为 0 时，M8020 置 1；M8021 借位标志，即当运算结果小于－32 767(为 16 位运算)或－2 147 483 647(为 32 位运算)时，M8021 置 1；M8022 进位标志，当运算结果超过 32 767(为 16 位运算)或 2 147 483 647(为 32 位运算)时，M8022 置 1；M8023 浮点操作标志，当 M8023 置 1 后，即可进行浮点运算。

② 在 32 位运算中，当用字元件时，被指定的字元件是低 16 位元件，而下一个元件即为高 16 位元件。

2. 减法指令

(1) 减法指令的助记符、代码、操作元件及程序步见表 3-13。

表 3-13　减法指令助记符、代码、操作元件及程序步表

指令名称	助记符	指令代码	操作元件			程 序 步
			S1	S2	D	
减法指令	SUB	FNC21	K、H、KnX、KnY、KnM、KnS、T、C、D、V、Z		KnY、KnM、KnS、T、C、D、V、Z	SUB、SUB(P)　7 步 (D)SUB、(D)SUB(P)　13 步

(2) 功能。减法指令的功能是：将源操作元件[S1]和[S2]中的二进制数相减，结果送到指定的目标操作元件[D]中。该指令的用法如图 3-28 所示。

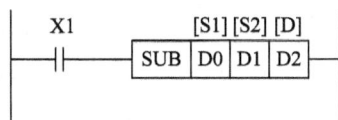

图 3-28　减法指令用法

(3) 使用减法指令时应注意：

① 减法指令同样也有四个标志：M8020 零标志，即当运算结果为 0 时，M8020 置 1；M8021 借位标志，即当运算结果小于−32767(为 16 位运算)或−2 147 483 647(为 32 位运算)时，M8021 置 1；M8022 进位标志，当运算结果超过 32 767(为 16 位运算)或 2 147 483 647(为 32 位运算)时，M8022 置 1；M8023 浮点操作标志，当 M8023 置 1 后，即可进行浮点运算。

② 与加法指令相同，在 32 位运算中，当用字元件时，被指定的字元件是低 16 位元件，而下一个元件即为高 16 位元件。

3．乘法指令

(1) 乘法指令的助记符、代码、操作元件及程序步见表 3-14。

表 3-14　乘法指令助记符、代码、操作元件及程序步表

指令名称	助记符	指令代码	操作元件			程 序 步
			S1	S2	D	
乘法指令	MUL	FNC22	K、H、KnX、KnY、KnM、KnS、T、C、D、V、Z		KnY、KnM、KnS、T、C、D、V、Z(Z 只用 16 位)	MUL、MUL(P)7 步 (D)MUL、(D)MUL(P)13 步

(2) 功能。乘法指令的功能是：将源操作元件[S1]和[S2]中的二进制数相乘，结果送到指定的目标操作元件[D]中。该指令的用法如图 3-29 所示。

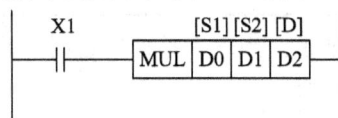

图 3-29　乘法指令用法

(3) 使用乘法指令时应注意：

① 若源操作元件[S1]、[S2]为 16 位，乘积则以 32 位的形式送往目标操作元件[D]中，低 16 位为指定的元件，而下一个元件则为高 16 位操作元件。

② 若源操作元件[S1]、[S2]为 32 位，乘积则以 64 位的形式送往目标操作元件[D]中。源操作元件的低 16 位为指定元件，下一个元件为高 16 位。在目标操作元件中，低 32 位为指定元件和相邻的下一个元件，高 32 位为指定目标操作元件的再下一相邻的两个元件。

4. 除法指令

(1) 除法指令的助记符、代码、操作元件及程序步见表 3-15。

表 3-15　除法指令助记符、代码、操作元件及程序步表

指令名称	助记符	指令代码	操作元件			程　序　步
			S1	S2	D	
除法指令	DIV	FNC23	K、H、KnX、KnY、KnM、KnS、T、C、D、V、Z		KnY、KnM、KnS、T、C、D、V、Z(Z可用16位)	DIV、DIV(P)　7步 (D)DIV、(D)DIV(P)　13步

(2) 功能。除法指令的功能是：将源操作元件[S1]和[S2]中的二进制数相除，结果送到指定的目标操作元件[D]中。除法指令的用法如图 3-30 所示。

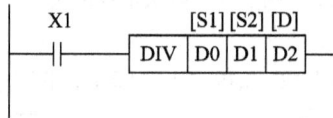

```
    X1              [S1] [S2] [D]
 ───┤├───────┬───┬───┬───┬───┐
              │DIV│D0 │D1 │D2 │
              └───┴───┴───┴───┘
```

图 3-30　除法指令用法

(3) 使用除法指令时应注意：

① 源操作元件[S1]为被除数，源操作元件[S2]为除数。

② 若源操作元件[S1]、[S2]为 16 位，则源操作元件[S1]除以源操作元件[S2]，商送到目标操作元件[D]中，余数送到指定目标操作元件[D]的下一个元件中。

③ 若源操作元件[S1]、[S2]为 32 位，则商和余数送往目标操作元件[D]指定的 4 个连续的目标操作元件中。

5. 加 1 指令

(1) 加 1 指令的助记符、代码、操作元件及程序步见表 3-16。

表 3-16　加 1 指令助记符、代码、操作元件及程序步表

指令名称	助记符	指令代码	操作元件	程　序　步
			D	
加 1 指令	INC	FNC24	KnY、KnM、KnS、T、C、D、V、Z	INC、INC(P)　3步 (D)INC、(D)INC(P)　5步

(2) 功能。加 1 指令的功能是：当输入条件符合时，目标操作元件中的二进制数自动加 1。加 1 指令的用法如图 3-31 所示。

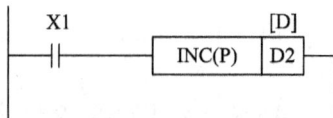

```
    X1                    [D]
 ───┤├───────┬────────┬───┐
              │ INC(P) │D2 │
              └────────┴───┘
```

图 3-31　加 1 指令用法

(3) 使用加 1 指令时应注意：

① 若使用连续指令，则每个扫描周期加 1。

② 在 16 位运算中，当目标操作元件中的数到 32 767 时，如果再加 1 则变为 -32 768，

但标志位不置位。同样的理由，在 32 位运算中，当目标操作元件中的数到 2 147 483 647 时，如果再加 1 则变为 −2 147 483 648，标志位也不置位。

6．减 1 指令

(1) 减 1 指令的助记符、代码、操作元件及程序步见表 3-17。

表 3-17　减 1 指令助记符、代码、操作元件及程序步表

指令名称	助记符	指令代码	操作元件 D	程　序　步
减 1 指令	DEC	FNC25	KnY、KnM、KnS、T、C、D、V、Z	DEC、DEC(P)　3 步 (D)DEC、(D)、DEC(P)　5 步

(2) 功能。减 1 指令的功能是：当输入条件符合时，目标操作元件中的二进制数自动减 1。该指令的用法如图 3-32 所示。

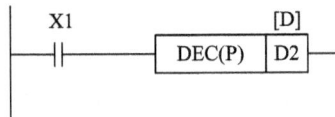

图 3-32　减 1 指令用法

(3) 使用减 1 指令时应注意：

① 若使用连续指令，则每个扫描周期减 1。

② 在 16 位运算中，当目标操作元件中的数到 −32 768 时，如果再减 1 则变为 32 767，但标志位不置位。同样的理由，在 32 位运算中，当目标操作元件中的数到 −2 147 483 648 时，如果再减 1 则变为 2 147 483 647，标志位也不置位。

3.2.4　循环移位与移位指令

循环移位与移位指令有：左、右循环移位指令，带进位左、右循环移位指令，位左、右移位指令，字左、右移位指令等。

1．左、右循环移位指令

(1) 左、右循环位移指令的助记符、代码、操作元件及程序步见表 3-18。

表 3-18　左、右循环位移指令助记符、代码、操作元件及程序步表

指令名称	助记符	指令代码	操作元件 D	n	程　序　步
右循环移位指令	ROR	FNC30	KnY、KnM、KnS、T、C、D、V、Z 16 位运算 Kn=K4 32 位运算 Kn=K8	K、H 移位量 n≤16(16 位指令) n≤32(32 位指令)	ROR、ROR(P)　5 步 (D)ROR、(D)、ROR(P)　9 步
左循环移位指令	ROL	FNC31	KnY、KnM、KnS、T、C、D、V、Z 16 位运算 Kn=K4 32 位运算 Kn=K8	K、H 移位量 n≤16(16 位指令) n≤32(32 位指令)	ROL、ROL(P)　5 步 (D)ROL、(D)、ROL(P)　9 步

(2) 功能。

右循环移位指令的功能是：当输入条件符合时，可以使 16 位数据、32 位数据向右循环移位。该指令的用法如图 3-33 所示。

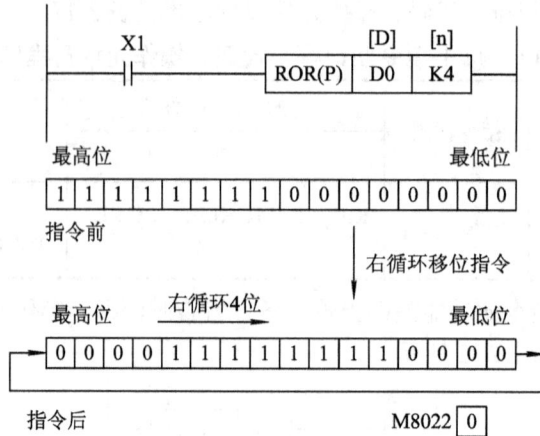

图 3-33 右循环移位指令用法

左循环移位指令的功能是：当输入条件符合时，可以使 16 位数据、32 位数据向左循环移位。该指令的用法如图 3-34 所示。

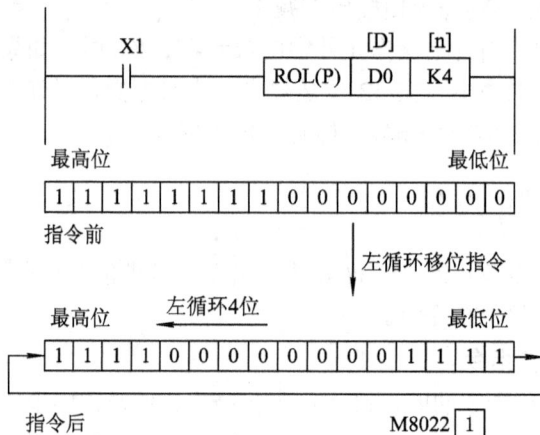

图 3-34 左循环移位指令用法

(3) 使用左、右循环移位指令时应注意：

① 当条件满足时，左循环移位指令使各位数据向左移动 n 位，最后一次从最高位移出的状态也存于进位标志 M8022 中。

② 当条件满足时，右循环移位指令使各位数据向右移动 n 位，最后一次从最高位移出的状态也存于进位标志 M8022 中。

③ 用连续指令执行时，循环移位操作每个周期执行一次。

2. 带进位左、右循环移位指令

(1) 带进位左、右循环移位指令的助记符、代码、操作元件及程序步见表 3-19。

表 3-19　带进位左、右循环移位指令助记符、代码、操作元件及程序步表

指令名称	助记符	指令代码	操作元件		程 序 步
			D	n	
带进位右循环移位指令	RCR	FNC32	KnY、KnM、KnS、T、C、D、V、Z 16 位运算 Kn=K4 32 位运算 Kn=K8	K、H 移位量 n≤16(16 位指令) n≤32(32 位指令)	RCR、RCR(P) 5 步 (D)RCR、(D)、RCR(P) 9 步
带进位左循环移位指令	RCL	FNC33	KnY、KnM、KnS、T、C、D、V、Z 16 位运算 Kn=K4 32 位运算 Kn=K8	K、H 移位量 n≤16(16 位指令) n≤32(32 位指令)	ROL、ROL(P) 5 步 (D)ROL、(D)、ROL(P) 9 步

(2) 功能。

带进位右循环移位指令的功能是：当输入条件符合时，可以使 16 位数据、32 位数据连同进位一起向右循环移位。该指令的用法如图 3-35 所示。

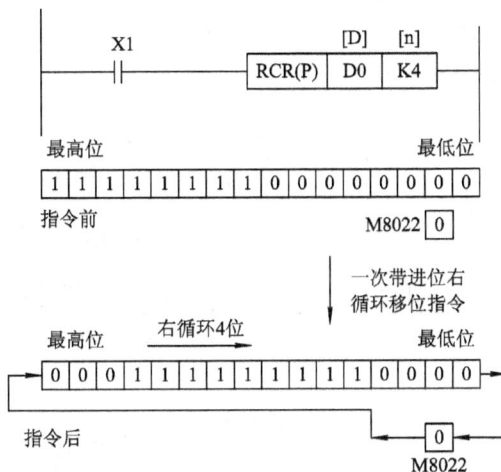

图 3-35　带进位右循环移位指令用法

带进位左循环移位指令的功能是：当输入条件符合时，可以使 16 位数据、32 位数据连同进位一起向左循环移位。该指令的用法如图 3-36 所示。

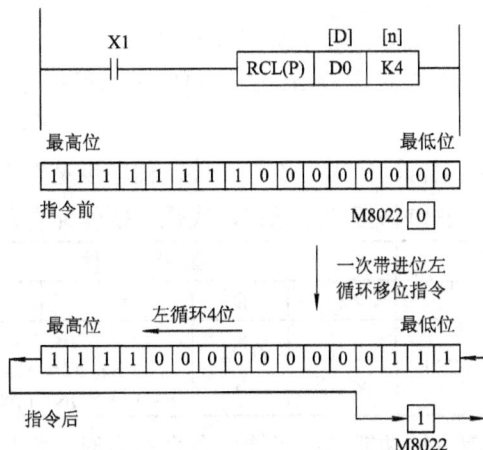

图 3-36　带进位左循环移位指令用法

(3) 使用带进位左、右循环移位指令时应注意：

① 当条件满足时，带进位左循环移位指令连同进位一起使各位数据向左移动 n 位。

② 当条件满足时，带进位右循环移位指令连同进位一起使各位数据向右移动 n 位。

③ 如果在执行指令前，M8022 为 ON，则循环中的进位标志被送到目标。

④ 用连续指令执行时，循环移位操作每个周期执行一次。

3. 位左移位指令

(1) 位左移位指令的助记符、代码、操作元件及程序步见表 3-20。

表 3-20　位左移位指令助记符、代码、操作元件及程序步表

指令名称	助记符	指令代码	操作元件				程序步
			S	D	n1	n2	
位左移位指令	SFTL	FNC34	X、Y、M、S	Y、M、S	K、H FX：n2≤n1≤1024 FX0、FXON：n2≤n1≤512		SFTL、SFTL(P) 9 步

(2) 功能。位左移位指令的功能是：当输入条件符合时，使目标操作元件[D]中的状态值位左移 n 位，源操作元件[S]中的状态值位移入最低位。该指令的用法如图 3-37 所示。

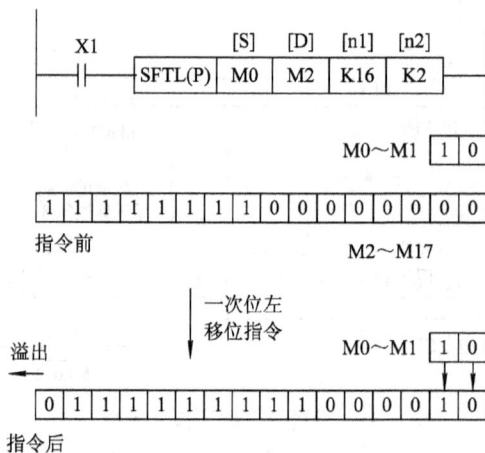

图 3-37　位左移位指令用法

(3) 使用位左移位指令时应注意：

① n1 指定位操作元件的长度，n2 指定移位位数。

② 每执行一次位左移位指令，目标操作元件[D]中的最高 n2 位溢出。

4. 位右移位指令

(1) 位右移位指令的助记符、代码、操作元件及程序步见表 3-21。

表 3-21　位右位移指令助记符、代码、操作元件及程序步表

指令名称	助记符	指令代码	操作元件				程序步
			S	D	n1	n2	
位右移位指令	SFTR	FNC34	X、Y、M、S	Y、M、S	K、H FX：n2≤n1≤1024 FX0、FXON：n2≤n1≤512		SFTR、SFTR(P) 9 步

(2) 功能。位右移位指令的功能是：当输入条件符合时，使目标操作元件[D]中的状态值位右移 n 位，源操作元件[S]中的状态值位移入最高位。该指令的用法如图 3-38 所示。

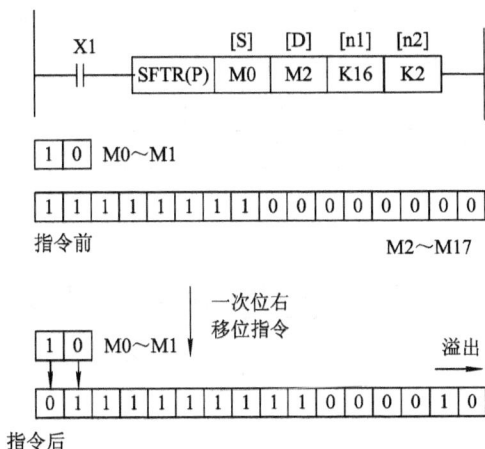

图 3-38　位右移位指令用法

(3) 使用位右移位指令时应注意：

① n1 指定位操作元件的长度，n2 指定移位位数。

② 每执行一次位右移位指令，目标操作元件[D]中的最低 n2 位溢出。

5．字左、右移位指令

(1) 字左、右移位指令的助记符、代码、操作元件及程序步见表 3-22。

表 3-22　字左、右移位指令助记符、代码、操作元件及程序步表

指令名称	助记符	指令代码	操作元件				程序步
			S	D	n1	n2	
字左移位指令	WSFL	FNC37	KnX、KnY、KnM、KnS、T、C、D	KnY、KnM、KnS、T、C、D	K、H n2≤n1≤512		WSFL、WSFL(P) 9 步
字右移位指令	WSKR	FNC36	KnX、KnY、KnM、KnS、T、C、D	KnY、KnM、KnS、T、C、D	K、H n2≤n1≤512		WSKR、WSKR(P) 9 步

(2) 功能。

字左移位指令的功能是：当输入条件符合时，使目标操作元件[D]中的状态值位左移 n 位，源操作元件[S]中的状态值位移入最低位。该指令的用法如图 3-39 所示。

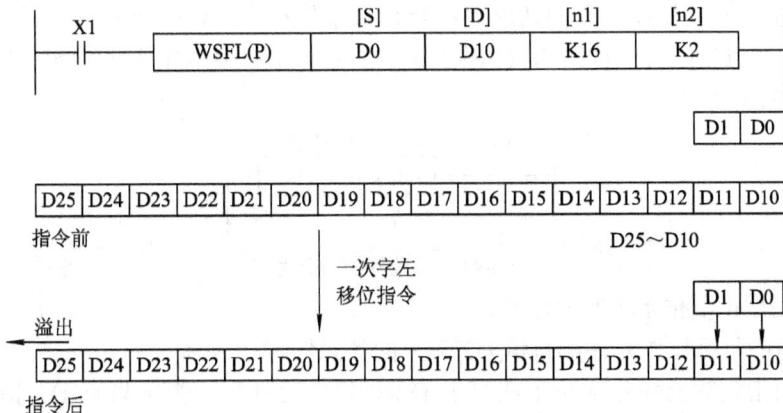

图 3-39　字左移位指令用法

字右移位指令的功能是：当输入条件符合时，使目标操作元件[D]中的状态值位右移 n 位，源操作元件[S]中的状态值位移入最高位。该指令的用法如图 3-40 所示。

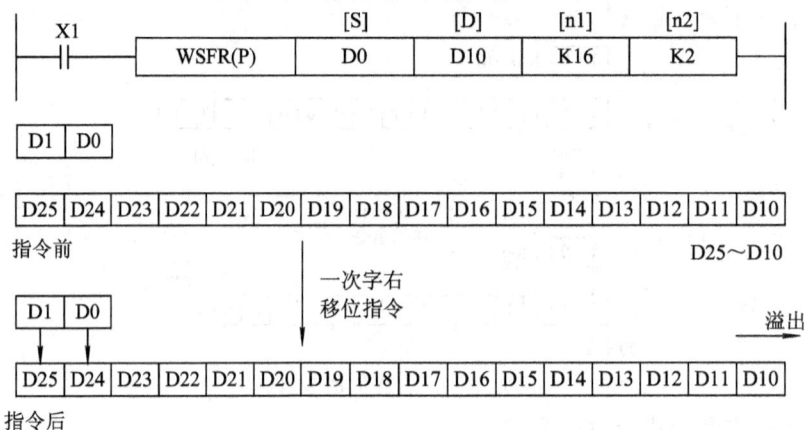

图 3-40　字右移位指令用法

(3) 使用字左、右移位指令时应注意：

① n1 指定位操作元件的长度，n2 指定移位位数。

② 每执行一次字左移位指令，目标操作元件[D]中的最高 n2 位溢出。每执行一次字右移位指令，目标操作元件[D]中的最低 n2 位溢出。

3.2.5　数据处理指令

常用的数据处理指令有成批复位指令、平均值指令等。

1. 成批复位指令

(1) 成批复位指令的助记符、代码、操作元件及程序步见表 3-23。

表 3-23　成批复位指令助记符、代码、操作元件及程序步表

指令名称	助记符	指令代码	操作元件		程序步
			D1	D2	
成批复位指令	ZRST	FNC40	Y、M、S、T、C、D、(D1≤D2)		ZRST、ZRST(P)　5 步

(2) 功能。成批复位指令的功能是：当输入条件符合时，使目标操作元件[D1]和[D2]间的所有元件(包括[D1]、[D2])的状态全部复位，所以成批复位指令也称区间复位指令。该指令的用法如图 3-41 所示。

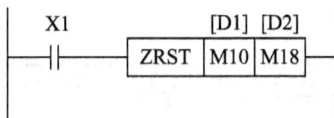

图 3-41　成批复位指令用法

(3) 使用成批复位指令时应注意：

① 指定的目标操作元件[D1]和[D2]应为同类元件。

② [D1]指定的元件号应小于或等于[D2]指定的元件号，否则只有[D1]指定的元件被复位。

③ 成批复位指令可作 16 位指令处理，[D1]、[D2]也可同时指定 32 位计数器。

2. 平均值指令

(1) 平均值指令的助记符、代码、操作元件及程序步见表 3-24。

表 3-24　增均值指令助记符、代码、操作元件及程序步表

指令名称	助记符	指令代码	操作元件			程序步
			S	D	n	
平均值指令	MEAN	FNC45	KnX、KnY、KnM、KnS、T、C、D	KnY、KnM、KnS、T、C、D	K、H n=1~64	MWAN、MEAN(P) 7 步

(2) 功能。平均值指令的功能是：当输入条件符合时，使 n 个源数据的平均值送到指定目标。该指令的用法如图 3-42 所示。

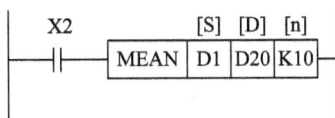

图 3-42　平均值指令用法

(3) 使用平均值指令时应注意：

① 平均值是指 n 个源数据的代数和被 n 除所得的商，余数略去。

② 如元件超出指定的范围，n 值会自动缩小，计算出元件在允许范围内数据的平均值。

③ 在编程时，若程序中指定的 n 值超出 1~64 的范围，则会出错。

3.2.6　高速处理指令

常用的高速处理指令有矩阵输入指令、脉冲输出指令、脉宽调制指令等。

1. 矩阵输入指令

(1) 矩阵输入指令的名称、助记符、代码、操作元件和程序步见表 3-25。

表 3-25　矩阵输入指令名称、助记符、代码、操作元件和程序步表

指令名称	助记符	指令代码	操作元件				程序步
			S	D1	D2	n	
矩阵输入指令	MTR	FNC52	X	Y	Y、M、S	K、H n=2~8	MTR　9 步

(2) 功能。矩阵输入指令的功能是：当输入条件符合时，利用矩阵输入指令 MTR 可以构成连续排列的 8 点输入与 n 点输出组成的 8 列 n 行的输入矩阵。该指令的用法如图 3-43 所示。

(3) 使用矩阵输入指令时应注意：

① 由[S]指定的输入点开始的 8 个输入元件(X10~X17)及由[D]指定的输出开始的 n 个晶体管输出点(图 3-43 中为 Y20~Y27)按 Y20~Y27 的顺序反复接通。

② 当 Y20 为 ON 时，读入第一行的输入数据，并存入到 M30~M37 中；当 Y21 为 ON 时，读入第二行的输入数据，并存入到 M40~M47 中……当 Y27 为 ON 时，读入第八行的输入数据，并存入到 M100~M107 中。

③ 矩阵输入 MTR 指令占用 8 点输入和 8 点输出，可读入 64 个输入点的状态。

④ 在图 3-43 中，当 X1=ON 时，执行 MTR 矩阵输入指令。当 X1 由 ON 变为 OFF 时，M8029 复位，M30~M107 的状态保持不变。

⑤ 矩阵输入 MTR 指令的操作元件指定的元件应是 10 的倍数，即 X0、X10、…，Y10、Y20、Y30…，M30、M40…。

⑥ 矩阵输入 MTR 指令适应于晶体管输出模式的 PLC。

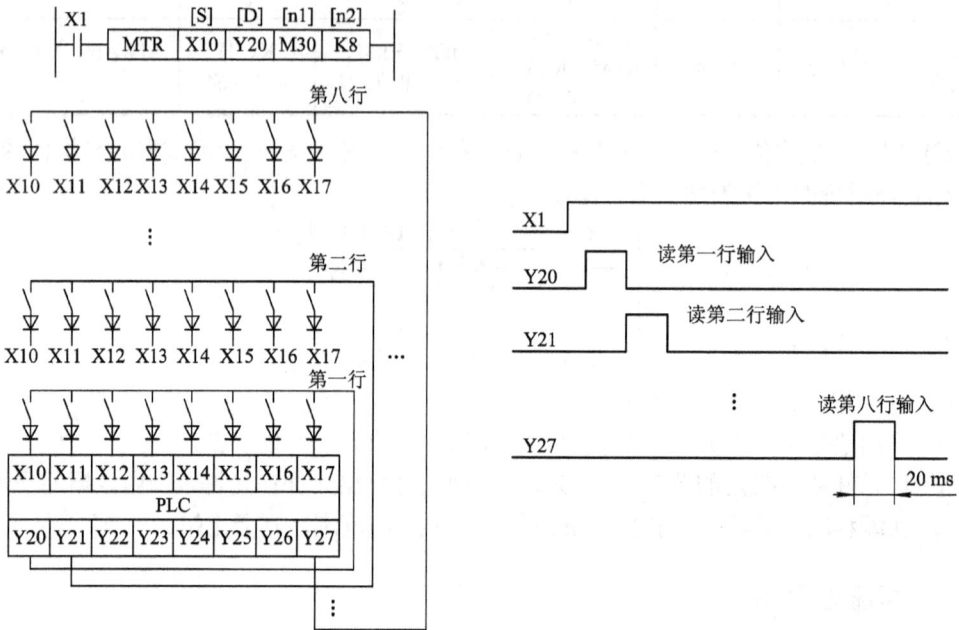

图 3-43　矩阵输入指令用法

2．脉冲输出指令

(1) 脉冲输出指令的助记符、代码、操作元件及程序步见表 3-26。

表 3-26　脉冲输出指令助记符、代码、操作元件及程序步表

指令名称	助记符	指令代码	操作元件			程序步
			S1	S2	D	
脉冲输出指令	PLSY	FNC57	K、H、KnX、KnY、KnM、KnS、T、C、D、V、Z、		Y	PLSY　7 步 PLSY(P)　7 步

(2) 功能。脉冲输出指令的功能是：当输入条件符合时，产生指定数量的脉冲。该指令的用法如图 3-44 所示。

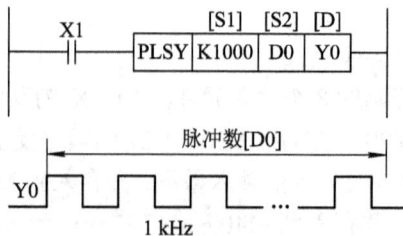

图 3-44　脉冲输出指令用法

(3) 使用脉冲输出指令时应注意：

① [S1]指定脉冲频率；[S2]指定脉冲的个数(16 位指令：1～32 767 个；32 位指令：1～2 147 483 647 个)；[D]指定脉冲输出元件号，脉冲占空比为 50%，脉冲以中断方式输出。

② 脉冲输出指令只适应于晶体管输出模式的 PLC。

③ 脉冲输出指令在程序中只能使用一次。

3. 脉宽调制指令

(1) 脉宽调制指令的助记符、代码、操作元件及程序步见表 3-27。

表 3-27　脉冲输出指令助记符、代码、操作元件及程序步表

指令名称	助记符	指令代码	操作元件			程序步
			S1	S2	D	
脉宽调制指令	PWM	FNC58	K、H、KnX、KnY、KnM、KnS、T、C、D、V、Z、		Y	PWM　7步

(2) 功能。脉宽调制指令的功能是：用于产生脉冲宽度和周期可控制的波形。该指令的用法如图 3-45 所示。

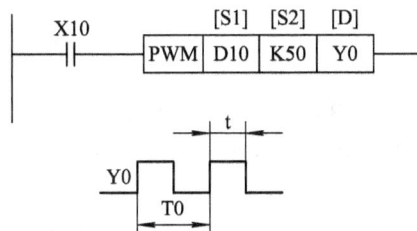

图 3-45　脉宽调制指令用法

(3) 使用脉宽调制指令时应注意：

① [S1]指定脉冲宽度 t，范围为 0～32 767 ms；[S2]指定脉冲周期 T0，范围为 1～32 767 ms；[S1]≤[S2]。[D]指定脉冲输出元件号，对于 FX0、FXON 型号的 PLC 只能指定 Y1，而对于 FX2、FX2C 等型号的 PLC，对所有的输出继电器 Y 有效。

② 脉冲输出指令只适应于晶体管输出模式的 PLC。

3.2.7　方便指令

常用的方便指令有初始状态指令、交替输出指令等。

1. 初始状态指令

(1) 初始状态指令的助记符、代码、操作元件及程序步见表 3-28。

表 3-28　初始状态指令助记符、代码、操作元件及程序步表

指令名称	助记符	指令代码	操作元件			程序步
			S	D1	D2	
初始状态指令	IST	FNC60	X、Y、M、S 用 8 个连号元件	[D1]<[D2] FX0: S20～S63 FX0N: S20～S127 FX: S20～S899		IST　7步

(2) 功能。初始状态指令的功能是：用于自动设置初始状态的特殊辅助继电器。该指令的用法如图 3-46 所示。

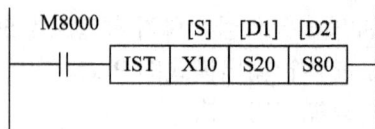

```
        M8000              [S]  [D1]  [D2]
        ┤├         IST   X10   S20   S80
```

图 3-46　初始状态指令用法

(3) 使用初始状态指令时应注意：

① 源操作元件[S]指定操作方式输入的首元件，这些元件可为 X、Y、M、S。在图 3-46 中，其 8 个元件的作用如下：

X10：手动；

X11：回原点；

X12：单步运行；

X13：单周运行；

X14：全自动运行；

X15：回原点启动；

X16：自动运行启动；

X17：停止。

其中 X10～X14 五个元件不会同时接通，只有一个元件接通。建议选择外接开关控制。

② 目标操作元件[D1]、[D2]分别指定在自动操作中实际用到的状态元件的最低编号和最高编号。

③ 当条件符合时，即 M8000 为 ON 时，下列数据自动受控；M8000 变为 OFF 时，这些元件的状态仍保持不变。

S0：手动操作初始状态；

S1：回零点初始状态；

S2：自动操作初始状态；

M8040：禁止转移；

M8041：转移开始；

M8042：启动脉冲；

M8047：STL(步进顺控指令)监控有效。

④ 初始状态指令在程序中只能使用一次，放在步进顺控指令 STL 之前编程。

2. 交替输出指令

(1) 交替输出指令的助记符、代码、操作元件及程序步见表 3-29。

表 3-29　交替输出指令助记符、代码、操作元件及程序步表

指令名称	助记符	指令代码	操作元件 D	程序步
交替输出指令	ALT	FNC66	Y、M、S	ALT、ALT(P)　3 步

(2) 功能。交替输出指令的功能是：当控制条件从 OFF 变到 ON 时，目标操作元件中的状态发生一次改变，即由断开状态变为接通状态或由接通状态变为断开状态。该指令的用法如图 3-47 所示。

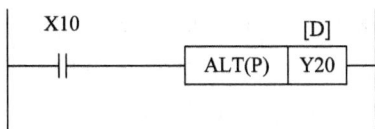

图 3-47　交替输出指令用法

3.2.8　其他功能指令

1. 十键输入指令

(1) 十键输入指令的助记符、代码、操作元件及程序步见表 3-30。

表 3-30　十键输入指令助记符、代码、操作元件及程序步表

指令名称	助记符	指令代码	操作元件			程序步
			S	D1	D2	
十键输入指令	TKY	FNC70	X、Y、M、S（用 10 个连号元件）	KnX、KnY、KnM、KnS、T、C、D、V、Z	Y、M、S（用 10 个连号元件）	TKY　9 步（D)TKY　17 步

(2) 功能。十键输入指令的功能是：用 10 个键输入十进制数的功能指令。该指令的用法及动作时序分别如图 3-48、图 3-49 所示。

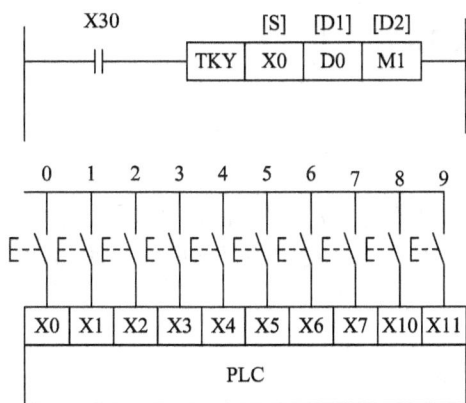

图 3-48　十键输入指令用法

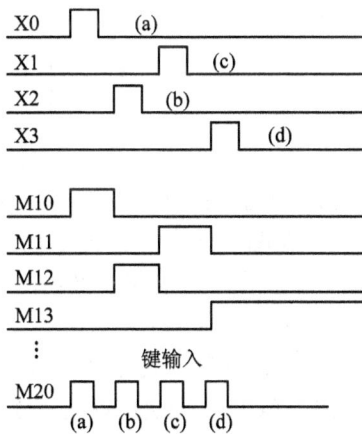

图 3-49　十键输入指令动作时序图

(3) 使用十键输入指令时应注意：

① 源操作元件[S]为指定输入元件；目标操作元件[D1]为指定存储元件；目标操作元件[D2]为指定读出元件。

② 当使用 TKY 十键输入指令时，如果输入数据大于 9999，则高位溢出丢失，且数据以二进制存于目标操作元件[D1]中。

③ 当使用(D)TKY 十键输入指令时，指定目标操作元件[D1]与下一个元件应成对使用，当输入数据大于 99 999 999 时溢出。

④ 在图 3-49 中，从其键输入与其对应的辅助继电器动作时序图中可见，如果以(a)、(b)、(c)、(d)的顺序按数字键，则[D1]中所存的数据为 1324。

⑤ 在图 3-49 中，M10～M19 的动作对应于 X1～X11。当按下任一键时，键信号置 1 直到该键放开；当按下两个以上的键时，首先按下的键有效。

⑥ 在图 3-48 中，当 X30 从 ON 变为 OFF 时，目标操作元件[D1]中的数据保持不变，但 M10～M20 全部复位。

2．ASCII 码变换指令

(1) ASCII 码变换指令的助记符、代码、操作元件及程序步见表 3-31。

表 3-31　ASCII 码变换指令助记符、代码、操作元件及程序步表

指令名称	助记符	指令代码	操作元件			程序步
			S	D	n	
ASCII 码变换指令	ASCI	FNC82	K、H、T、C、D、KnX、KnY、KnM、KnS、	T、C、D、KnY、KnM、KnS、	K、H n=1～256	ASCI、ASCI(P) 7 步

(2) 功能。ASCII 码变换指令的功能是：将数据寄存器中的十六进制数转换成 ASCII 码。该指令的用法如图 3-50 所示。

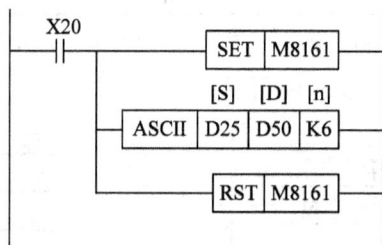

```
      X20
       │├───────┬───[ SET   M8161 ]
                │
                │      [S]  [D]  [n]
                ├──[ ASCII D25  D50  K6 ]
                │
                └───[ RST   M8161 ]
```

图 3-50　ASCII 码变换指令用法

(3) 使用 ASCII 码变换指令时应注意：

① 在图 3-50 中，当 X20 由 OFF 变成 ON 时，在指定的源操作元件[S]和下一个元件寄存器中的 6 位十六进制数将被转换成 ASCII 码，并且存储在指定的目标操作元件[D]和下 5 个元件(D51～D55)中。

② 数据存储形式可以是 16 位，也可以是 8 位。

③ ASCII 码变换指令也有连续和脉冲两种形式。

3．十六进制转换指令

(1) 十六进制转换指令的助记符、代码、操作元件及程序步见表 3-32。

表 3-32　十六进制转换指令助记符、代码、操作元件及程序步表

指令名称	助记符	指令代码	操作元件			程序步
			S	D	n	
十六进制转换指令	HEX	FNC83	K、H、T、C、D、KnX、KnY、KnM、KnS、	T、C、D、KnY、KnM、KnS、	K、H n=1～256	HEX、HEX(P) 7 步

(2) 功能。十六进制转换指令的功能是：将用 ASCII 码表示的数据转换成十六进制表示的数据。该指令的用法如图 3-51 所示。

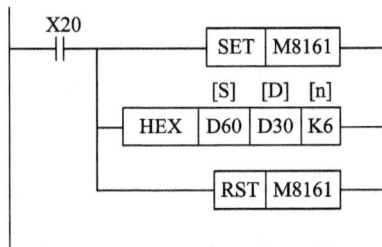

图 3-51　十六进制转换指令用法

(3) 使用十六进制转换指令时应注意：

① 十六进制转换指令有 6 个参数：数据存储形式、十六进制转换指令自身状态、源首地址、目的首地址、字符数目、数据存储形式复位。

② 数据存储形式可以是 16 位，也可以是 8 位。

第 4 章

机床电气故障的检修方法及步骤

机床电气故障，究其原因，大多有两种情况，一是自然故障，二是人为故障。自然故障是机床在运行当中各种元器件老化、机床本身的振动等诸多因素所引起的；人为故障则是机床在运行过程中操作人员使用不当或不熟练的检修人员在检修过程中造成的扩大性故障等。不论自然故障还是人为故障，出了故障则应进行检修。本章主要讨论机床故障常用检修方法及步骤。

4.1　机床电气故障的检修方法

常用机床电气故障的检修方法有电压法、电阻法、短路法、开路法和电流法。

1. 电压法

利用仪表测量线路上某点的电压值来判断确定机床电气故障点的范围或元器件故障的方法叫电压法或电压测量法。

用电压法测量机床电气故障时，应根据该线路上的电压值，选择好万用表的量程进行测量。例如，一台 M7120 型平面磨床液压泵电动机 M1 的控制电路如图 4-1 所示。按下液压泵电动机 M1 的启动按钮 SB3，液压泵电动机 M1 不启动。根据故障现象，这时可用电压法检查。如果按下液压泵电动机 M1 的启动按钮 SB3，接触器 KM1 闭合，但液压泵电动

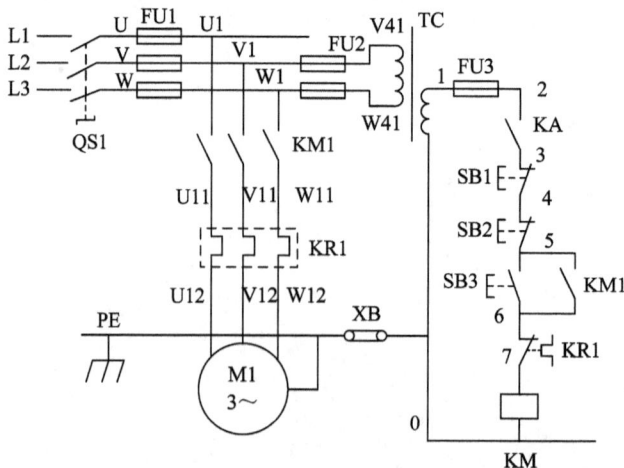

图 4-1　液压泵电动机 M1 的控制电路

机 M1 不能启动，则是主电路的问题。我们可以用万用表交流 500 V 挡测量 U11、V12、W12 点三相是否有 380 V 电压。如果有 380 V，则液压泵电动机 M1 有问题，应检查电动机 M1。若一相或三相都没有 380 V 电压，则测量 U11、V11、W11 点有没有 380 V 电压。如果有，则 KR1 断路；如果没有，则测量 U1、V1、W1 是否有 380 V 电压。若有，则 KM1 主触头接触不好；若无，则往上检查。以此类推，直至查出主电路上的故障点。如果按下液压泵电动机 M1 的启动按钮 SB3(KA 预先闭合)，KM1 没有闭合，则为控制电路的故障。这时可用万用表交流 250 V 挡测量 1 号线和 0 号线的电压是否为 110 V。若不是 110 V，则为变压器 TC、FU2 或电源有问题，重点检查这些器件；若是 110 V，则依次测量 2 号、3 号、4 号、5 号线与 0 号线的电压是否为 110 V，然后按下液压泵电动机 M1 的启动按钮 SB3，测量 6 号、7 号线与 0 号线的电压是否为 110 V。直至检查出控制线路上的故障点。电压法检测示意图见图 4-2。

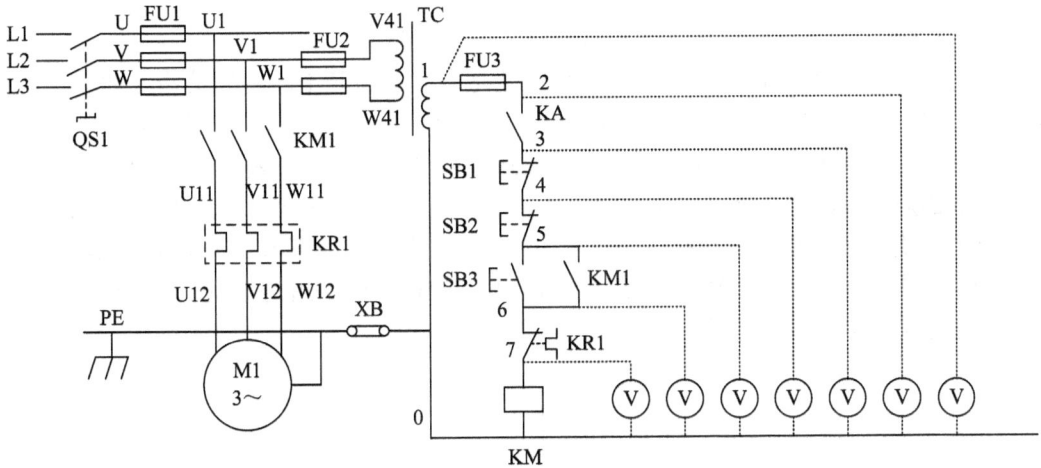

图 4-2　电压法测量电路示意图

用电压法检测电路的故障点简单明了、直观，但应注意线路中的交流电压和直流电压的测量，并应注意万用表电压量程，切不可用万用表的电流挡或电阻挡在线路上带电进行测量，否则会烧坏万用表。

2. 电阻法

利用仪表测量线路上某点或某个元器件的通断来确定故障点的方法叫电阻法。

用电阻法来检查机床故障时，应先切断机床电源，然后用万用表的电阻挡对有怀疑的线路或元器件进行测量。例如图 4-2 中，若用电压法测量主电路上 U11、V12、W12 点无 380 V 电压，但测得 U11、V11、W11 上有 380 V 电压，则可怀疑 KR1 断路，此时可用万用表 R×1 挡或 R×10 挡分别测量 V11、V12，W11、W12 端，进一步断定 KR1 断路。对于图 4-1 中的控制电路，如果按下 SB3，KM1 不闭合，则断定从 0 号线到 1 号线有断点。切断电源，用万用表 R×1 挡或 R×10 挡分别测量线路上两点之间的电阻，当测量到某两点之间的电阻为无穷大时，则该点或该元器件为故障点，如图 4-3 所示。用电阻法测量与电压法一样，简单明了、直观，它主要用在检测元器件好坏或线路的通断上，但特别注意测量前一定要切断机床电源，否则会烧坏万用表。

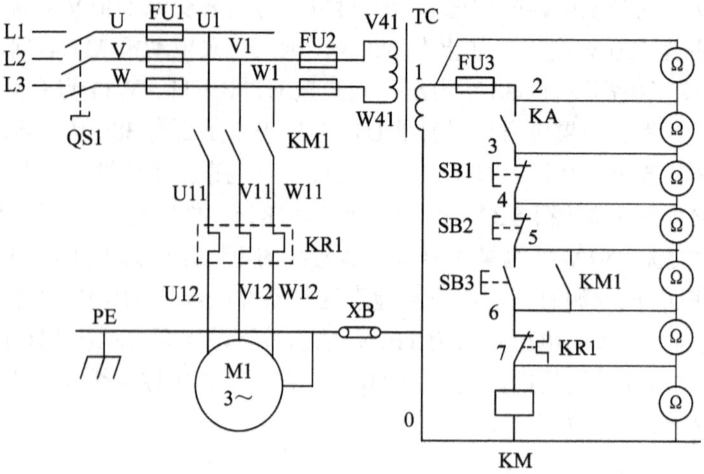

图 4-3　电阻法测量电路示意图

用电阻法检查电路时还应注意的一个问题是有时应断开电路中的某些元件。例如图 4-4 中，如果按下 SB2，接触器 KM1 不闭合，可以怀疑是启动按钮 SB2 接触不良。断开机床电路后，用电阻法测量启动按钮 SB2 两端的电阻。这时我们可以将熔断器 FU2(见图 4-3) 旋开，取出熔芯，然后选择万用表的欧姆挡，将万用表笔搭在启动按钮 SB2 的两端，按下 SB2 就可以检查按钮 SB2 是否接触不良。如果我们在测量中，不断开熔断器 FU2，那么万用表测量出来的电阻则为接触器 KM 线圈和变压器 TC 次级绕组的电阻值，这样会出现误测量。这是初学者应该注意的问题。

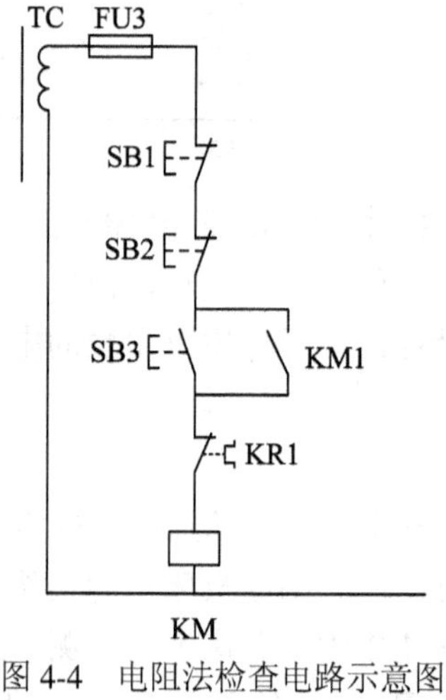

图 4-4　电阻法检查电路示意图

3. 短路法

用导线将机床上两等电位点短接起来，确定故障点的范围或故障点的方法叫短路法。

例如图 4-1 电路中，若按下 SB3，接触器 KM1 不闭合，可以断定 0 号线至 1 号线有断点。用导线短接 1 号线和 7 号线，KM1 应吸合，否则 0 号线或 KM1 线圈本身有断路点。如 KM1 吸合，证明断点在 1 号线至 7 号线之间。然后将 1 号线与 6 号线短接，看 KM1 是否吸合。若不吸合，则 KR1 有断路点；若吸合，可分别将 2 号线、3 号线、4 号线、5 号线和 6 号线短接，找出断点故障，如图 4-5 所示。

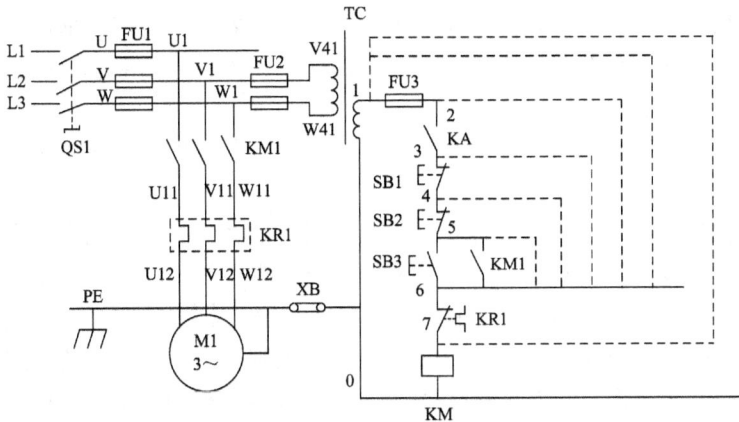

图 4-5　短路法检测电路示意图

短路法简单、实用，查找故障快捷、迅速，是熟练维修电工常用的方法之一。它主要用在机床控制电路的故障检查上。但在使用过程中一定要注意"等电位"点的概念，不能随意进行短路。例如图 4-1 中，1 号线与 7 号线为"等电位"点，即在 1 号线与 7 号线之间没有串接任何器件使 1 号线和 7 号线产生电位差，因此可以短接。但是 1 号线与 0 号线就不是等电位点了，它们之间接了一个 KM1 线圈，存在 110 V 的电压差，如果将它们短接，就会发生短路事故。这是读者在使用短路法之前务必要弄清楚的概念。

4．开路法

在检修机床电路中，有时为了方便检测的特殊需要，必须将电路断开进行检查，这种方法叫开路法。例如图 4-1 电路中，如果按下按钮 SB3，接触器 KM1 闭合，电动机不启动，但有"嗡、嗡"声，则可断定电动机缺相。但到底是电动机本身绕组断路还是电源缺相还不能确定，这时必须断开电动机的三相电源后进行测量，否则在测量时电动机处于单相运行状态，可能会烧毁电动机。如果测量线路上均有 380 V 电压，则证明电动机有问题。应重点检查电动机，否则检查线路。

5．电流法

用测量通过某线路上的电流是否正常的方法来确定故障点的方法叫电流法。电流法一般使用在特殊的情况下，此处不作详细讨论。

机床电气故障的检修方法大致为以上所述，在运用中各种方法又是互相渗透的。读者可在实际工作中灵活掌握，切不可生搬硬套。

4.2　机床电气故障的检修步骤

对于初学者来说，一旦机床电气出现故障后怎样去检修，如何确定检修步骤是很重要的。机床电气故障检修一般包括以下几个步骤。

1．准备工作

准备工作包括准备必需的工具、仪表、机床电路图和其他资料等。

2．读图

对于要去维修的机床，首先必须读懂电路原理图。如果原理图都弄不清楚，则根本无法进行维修。初学者对有的电路图一时弄不清楚，不要着急，可慢慢地读，在读的过程中分清主电路及其他部分，并将主电路和控制电路化整为零，分清哪部分控制电路控制哪部分主电路。慢慢习惯了，自然就会读图了。

那么怎样读图，在读图的过程中应注意哪些问题？下面我们以图 4-6 为例来说明机床控制线路的读图方法。

图 4-6 所示为 M7120 型平面磨床电气控制线路原理图。在图中的上方有一些方框中标注有文字。例如"电源开关及保护"或"液压泵电动机"等，这是电路功能文字说明框，其意义为：从构成文字方框的两条垂直边往下延伸，其方框中的文字则说明由该方框两条垂直延伸边延伸所夹在里面的元件或由元件构成的控制线路在电路中的作用。例如，左上角第一个方框中的文字为"电源开关及保护"，由构成该方框的两条垂直边往下延伸后夹在里面的元器件有电源总开关 QS 和电路总短路保护熔断器 FU1，其作用为总电源开关及总短路保护。又如第二个方框中的文字为"液压泵电动机"，说明该方框的两条垂直边往下延伸后夹在里面的元器件组成液压泵电动机 M1 的主电路。以此类推。

在电路图的下方有一些方框中依次标有数字 1、2、3…。这是电路图中的区号。由该区号中两条垂直边往上延伸则夹在两条垂直延伸边中间的元件为该区的元件。在电路中使用区号的目的是在电路图比较复杂时，利用区号能迅速准确地找到元器件的位置。例如：在 5 区中从下往上看，有砂轮升降电动机 M4、接触器 KM3 主触点；在 7 区中，有接触器 KM1 线圈、热继电器 KR1 的常闭触点、按钮 SB3 的常开触点、接触器 SB2 的常闭触点、按钮 SB1 的常闭触点、欠电压继电器 KV 的常开触点。

在接触器的下端标有三列数字，继电器线圈的下端标有两列数字，这些数字表示该接触器或继电器的常开或常闭触点在电路图中的区号。例如：接触器 KM1 线圈下端有三列数字，第一列为"2、2、2"，说明接触器 KM1 的三个主触点都在电路图的 2 区中，用以控制液压泵电动机 M1 的通断；第二列为"8、22"，说明接触器 KM1 有一个辅助常开触点在电路图的 8 区中作为自锁触点，另一个辅助触点在 22 区中用作接通砂轮下降时的信号指示灯；第三列表示辅助常闭触点在电路图中的某区(这里没有)。又如：接触器 KM5 线圈下端的第一列数字为"17、20、26"，说明接触器 KM5 的主触点分别在 17 区、20 区和 26 区中；第二列的数字为"14"，说明有一个辅助常开触点在 14 区中；第三列为"15"，说明接触器 KM5 有一个辅助常闭触点在 15 区。关于接触器或继电器线圈下端的数字标注问题应注意以下几点：

① 标在接触器线圈下端的数字为三列，从左至右依次为主触点、辅助常开触点、辅助常闭触点；

② 标在继电器线圈下端的数字一般为两列，从左至右依次为常开触点、常闭触点。

电路原理图分为两部分：主电路和控制电路：从 6 区的熔断器 FU2 和变压器 TC 起，左边部分为主电路，右边部分为控制电路。主电路中有四台电动机 M1、M2、M3、M4，其每台电动机在电路中的作用在电路图上方的方框图中标明。控制这些电动机运转的接触器很容易从主电路中看出。例如：接触器 KM1 控制液压泵电动机 M1 的单向运转；接触器 KM3、KM 4 分别控制砂轮升降电动机的正、反转等。至于其他元件 QS1、FU1、KR1、KR2 等我们也很容易理解它们的作用分别为电源总开关、电源总短路保护、电动机 M1 的过载保护和电动机 M2 的过载保护。

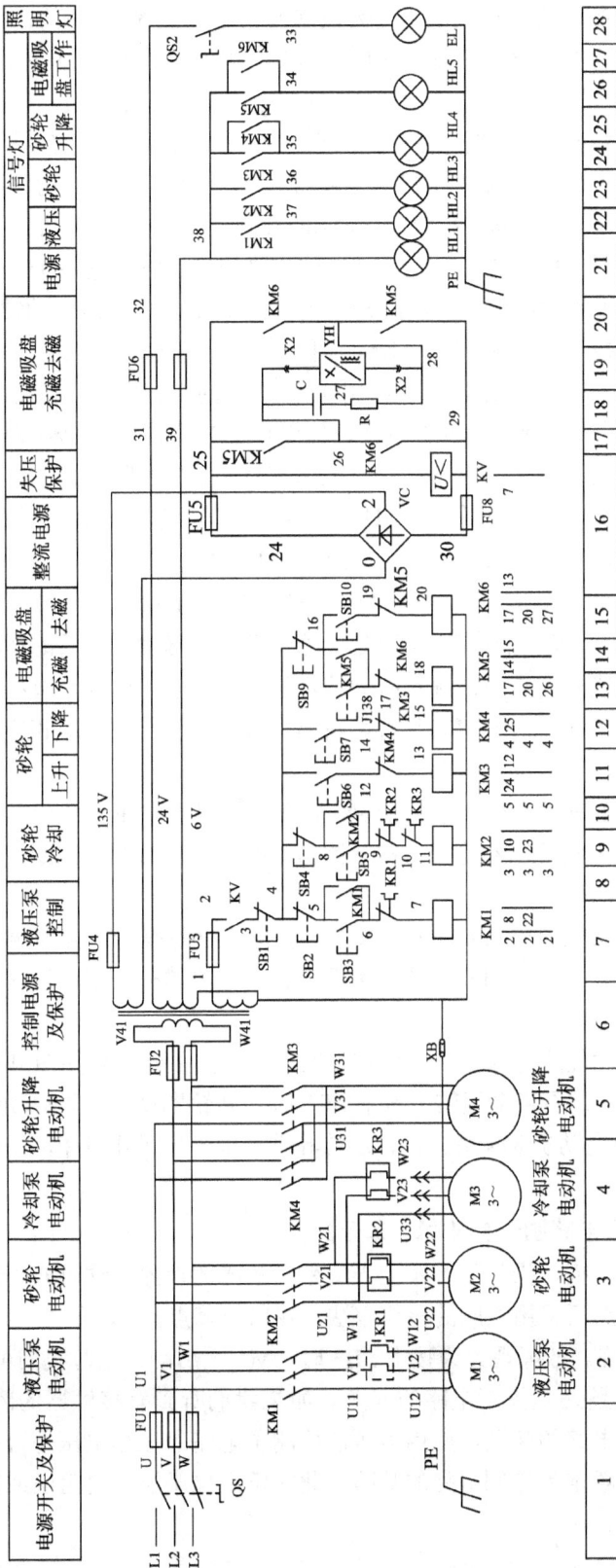

图 4-6　M7120 型平面磨床电气控制线路原理图

现在我们再来分析控制电路。控制电路是为控制主电路而设置的，所以我们分析控制电路时，应紧扣主电路，否则不会有清晰的思路。例如，我们要分析电路是如何控制液压泵电动机 M1 启动和停止的，那么应在主电路中找到使液压泵电动机 M1 启动和停止的关键元件接触器 KM1 的主触点，在控制电路中找到它相应的接触器 KM1 的线圈。在图中，接触器 KM1 的线圈处于第 7 区。电路中串接在接触器 KM1 线圈中的元件构成接触器 KM1 的线圈得电或失电的通路，这条通路叫接触器 KM1 的线圈回路。从图中我们可以看到接触器 KM1 的线圈回路由以下元件构成：变压器 TC 的次级线圈、熔断器 FU3、电压继电器 KV 的常开触点、按钮 SB1 的常闭触点、按钮 SB2 的常闭触点、按钮 SB3 的常开触点、接触器 KM1 的常开触点(当按钮 SB3 松开时，KM1 用于自锁)、热继电器 KR1 的辅助常闭触点、接触器 KM1 的线圈。在以上回路中，电压继电器 KV 的常开触点、按钮 SB3 的常开触点、接触器 KM1 的辅助常开触点为断开状态，但当合上电源总开关 QS1 时，电压继电器 KV 的常开触点闭合，故只要将按钮 SB3 按下接通 KM1 线圈回路电源，KM1 的线圈即可得电闭合，KM1 的辅助常开触点自锁，KM1 在 2 区的主触点闭合，接通液压泵电动机 M1 的电源，液压泵电动机 M1 启动运转。同理按下 SB2，SB2 的常闭触点断开，接触器 KM1 的线圈回路电源被切断，KM1 失电释放，2 区主触点断开，液压泵电动机 M1 失电停转。

3. 通过"看、问、听、摸、操作"，弄清楚故障现象和故障发生前后的情况

看：观察机床电器或线路的表面情况，有的故障能一目了然。例如，有些元器件或导线连接处有无烧焦痕迹，熔断器内的熔芯是否熔断等。根据具体情况采取相应的措施予以排除，这样可以事半功倍。

问：向机床操作者了解故障发生的前后情况，故障是突然发生的还是经常发生的，有什么异常现象出现，有什么失常现象等。这样掌握初始的资料，有利于判断故障发生的部位，迅速找出故障点。

听：启动机床，听电动机、控制变压器、接触器、继电器等是否有异常声和闭合声。

摸：当机床运行一段时间后，切断电源，用手摸有关电器的外壳或电磁线圈，看是否有不正常的发热现象等。

操作：对机床的所有功能进行操作，在操作中发现机床的故障。例如图 4-6 中，按下 SB3 时，液压泵电动机 M1 是否启动运转；按下 SB5 时，砂轮电动机是否启动运转；按下 SB6 或 SB7 时，砂轮升降电动机 M4 是否正、反转等。一步一步操作机床，以便迅速找出机床的故障范围。

4. 根据故障现象结合电路图分析故障大致范围

由以上"看、问、听、摸、操作"基本上弄清楚了故障的现象，这时即可结合电路图分析故障的大致范围了。然后采用相应的检测方法，找出故障点。

我们仍以图 4-1 来说明。故障现象为按下 SB3 时，M1 不启动，这时我们可以用"听"来分析判断是主电路的问题还是控制电路的问题。如果我们听到有接触器的闭合声，M1 不启动，这时可断定为主电路的问题，应用电压法检测主电路的三相电压是否正常。若听不到接触器的闭合声，可断定为控制电路的故障，此时可用电压法、电阻法或短路法对电路进行检查，找出故障点。

5．更换元器件

找出故障点后，需要更换元器件。更换元器件时，新的元器件必须符合机床原有元器件的标准。比如额定电压值、额定电流值、功率等。例如，更换接触器时不但要注意它的额定电流值，还要注意它的额定电压值。机床上一般使用电压为 110 V 的接触器，绝对不能将额定电压为 24 V 的接触器装上，否则会烧毁接触器线圈；也不能将额定电压为 380 V 的接触器装上，这样会造成接触器通电后接触器不闭合或吸力不足而产生振动，从而使接触器线圈中的电流增大而烧毁接触器线圈。

第 5 章

常用车床电气控制线路分析及故障检修

上一章我们学习了机床电气线路故障的检修方法及步骤。从本章开始，将讲解常用机床电气控制线路的工作原理，列举电气故障检修实例，并给出每一台机床电气故障维修汇总，以便读者在今后的实际工作中根据机床的种类、型号予以对照，迅速查出机床故障。另外，为了便于在实际工作中对机床进行改造，对每台机床给出了用 PLC 控制进行改造的参考接线图、控制梯形图及指令语句表。

5.1　C620 型普通车床

C620 型普通车床主要由床身、主轴变速箱、溜板箱、溜板与刀架等几部分组成。机床是由主轴电动机通过皮带传动到主轴箱再旋转的，其主传动力是主轴的运动，其他进给运动也都是由主轴传给的。

5.1.1　C620 型普通车床电气控制线路分析

C620 型普通车床电气控制线路原理图如图 5-1 所示。

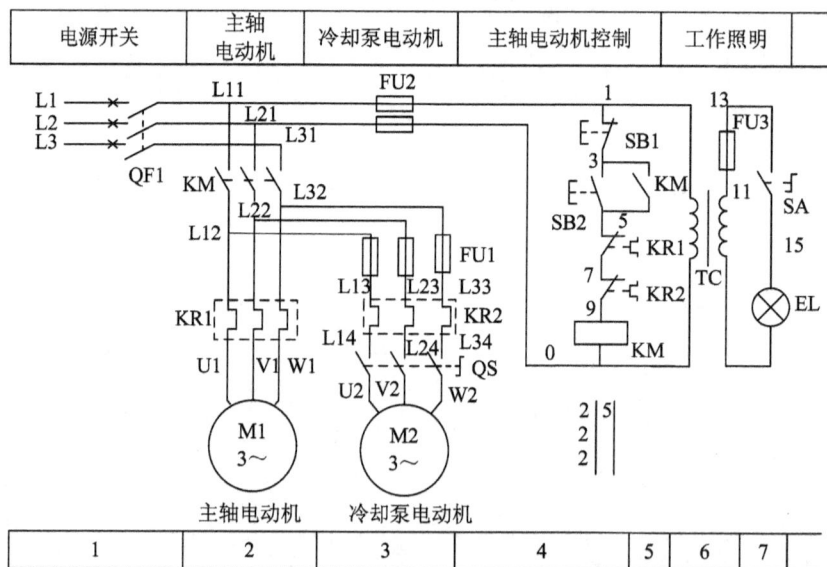

图 5-1　C620 型普通车床电气控制线路原理图

1. 主电路分析

三相电源由 L1、L2、L3 引入，经过电源总开关 QF1 后接通机床总电源。KM 为接通主轴电动机 M1 电源通断的接触器，KR1 为主轴电动机的过载保护；冷却泵电动机 M2 由手动开关 QS1 控制其电源的通断，KR2 为 M2 的过载保护，FU1 为它的短路保护。冷却泵电动机 M2 只有在主轴电动机 M1 启动后，它才能启动。主轴电动机的短路保护由上一级车间配电系统安装设置。

2. 控制电路分析

控制电路由于元器件少，控制比较简单，故直接接在 380 V 的电源上。图 5-1 中的 FU2 为控制电路的短路保护，变压器 TC 为机床照明提供 36 V 的低压电源。扳动 QS2，可接通或断开机床照明灯 EL 电源。

需主轴电动机启动时，按下 SB2，KM 线圈通电。其通电回路为：U1→FU2→1 号线→SB1 常闭触点→3 号线→SB2 常开触点→5 号线→KR1→7 号线→KR2→9 号线→KM 线圈→0 号线→FU2→V1。此时，KM 线圈通电后铁芯吸合，控制线路中 3 号线、5 号线的 KM 触点闭合自锁，保证松开 SB2 时 KM 不会失电。主电路中 KM 的三个常开触点闭合，主轴电动机通电运转。若在加工中，需要冷却泵电动机 M2 启动运转，只需扳动 QS1，此时 QS1 接通冷却泵电动机 M2 电源，从而带动冷却泵供给机床冷却液。

停止时，按下停止按钮 SB1，切断了 KM 线圈回路的电源，KM 线圈失电，铁芯释放，主电路中 KM 的三个常开触点复位，控制回路中 3 号线、5 号线 KM 断开，主轴电动机 M1 停转。

为了便于读者在实际工作当中对照元器件的规格型号，表 5-1 列出 C620 型普通车床电气元件明细表，供查阅时参考。

表 5-1　C620 型普通车床电气元件明细表

代号	名　称	型　号	规　格	数量	用　途
M1	主轴电动机	J52—4	7 kW 1400 r/min	1	主轴传动及进给传动
M2	冷却泵电动机	JCB—22	125 W 2790 r/min	1	带动冷却泵
KM	交流接触器	CJ0—20	线圈电压 380 V	1	控制主轴电动机 M1
KR1	热继电器	JR16—20/3D	热元件电流 14 A	1	M1 过载保护
KR2	热继电器	JR16—20	热元件电流 0.43 A	1	M2 过载保护
QF1	自动空气开关	DZ5—20	380 V　20A	1	电源总开关
QS1	三相转换开关	HZ2—10/3	380 V　10 A	1	冷却泵电动机开关
QS2	二相转换开关	HZ2—10/2	380 V　10 A	1	照明开关
FU1	熔断器	RL1—15	熔芯 4 A	1	冷却泵电动机 M2 短路保护
FU2	熔断器	RL1—15	熔芯 4 A	1	控制线路短路保护
FU3	熔断器	RL1—15	熔芯 0.5 A	1	照明线路短路保护
TC	照明变压器	BZ—50	50 V·A 380 V/36 V	1	照明低压电源
SB1	控制按钮	LA4—22K 双钮	5 A	1	控制 M1
SB2	控制按钮	LA4—22K 双钮	5 A	1	控制 M1
EL	照明灯	JC6—1	40 W/36 V	1	机床局部照明

5.1.2　C620型普通车床电气控制线路故障检修实例

1．主轴电动机 M1 不能启动

故障现象：按下启动按钮 SB2，主轴电动机 M1 不能启动运行。

故障分析：主轴电动机 M1 不能启动，从大方向来分析可能是主电路出了故障，也可能是控制电路有问题。具体是主电路的问题还是控制电路的问题，尚需进一步检查。故障检查思路为：按下启动按钮 SB2，观察接触器 KM 是否闭合。如果接触器 KM 闭合，则为主电路有问题，重点检查接触器 KM 的主触点是否闭合接触不良、主轴电动机 M1 绕组是否烧毁等。如果接触器 KM 未闭合，则为控制电路的问题，应重点检查熔断器 FU2 是否断路、停止按钮 SB1 的常闭触点是否接触不良、热继电器 KR1、KR2 的常闭触点是否有问题等。

故障检查：按下 SB2，KM 闭合；按下停止按钮，KM 断开。这证明控制电路没有问题，问题出在主电路中。对于问题出在主电路当中，且 KM 闭合的情况，必须要用断路法将电动机从主电路中断开；否则，若为主电路中其他电器损坏的原因，造成主轴电动机单相运转而电动机不能启动，如果不将电动机从主电路中断开，有可能会烧毁电动机，造成人为的扩大性故障。故用断路法将电动机 M1 从主电路中断开。再按 SB2，此时 KM 闭合，用万用表交流 500 V 挡测量 U3、V3、W3 点，均有 380 V 电压。这证明主电路中其他电路无问题，确定主轴电动机有故障。询问操作人员，方知前几天就出现机床经常跳闸，最近主轴电动机突然冒烟，以后就不能启动了。检查电动机，发现已烧毁。

故障处理：更换或修理主轴电动机 M1。

2．机床照明灯不亮

故障现象：扳动 QS2，照明灯不亮，且全车间所有的 C620 型车床照明灯均如此。

故障分析：机床没有工作照明，主要是照明通路有断开点或没有电源所致。

故障检查：合上 QF1，用万用表交流 500 V 挡测量机床变压器 TC 初级端(1 号线与 0 号线之间)有 380 V 交流电压，说明电源电压正常。再用万用表交流 50 V 电压挡测量机床照明变压器 TC 次级端无 36 V 交流电压，证明变压器 TC 有问题。断开机床电源，拆下机床照明变压器 TC 检查，发现 TC 表面有明显烧焦痕迹。用万用表 R×1 k 挡测量初级电阻为无穷大，表明变压器 TC 初级线圈已烧毁并断路。分析其原因，主要是短路或过载所造成。但从变压器表面明显的烧焦痕迹来判断，过载的可能性更大。拧下灯泡进一步检查，仔细一看灯泡的规格型号为 100 W/36 V，原来在型号为 BK—50 型的机床照明变压器上带了一个功率为 100 W 的灯泡，故车间所有的机床照明变压器全部由于此原因而过载烧毁。

故障处理：全部改换 40 W/36 V 低压灯泡。更换后，机床照明一直未出故障。

5.1.3　C620型普通车床电气控制线路故障维修汇总

1．主轴电动机 M1 不能启动

(1) 故障可能出现的范围或故障点：无电源电压；主电路中有断路故障；QF1 合不上；KM 主触点接触不良；主电路中 KR1 断路；主轴电动机 M1 烧毁；控制电路中 SB1 的常闭触点接触不良；SB2 接触不良；KR1、KR2 有断点；KM 线圈断路；FU2 断路。

(2) 重点检测对象或检测点：U1、V1、W1 点电压值；U3、V3、W3 点电压值；0 号线和 1 号线电压值。

2. 冷却泵电动机 M2 不能启动

(1) 故障可能出现的范围或故障点：FU1 断路；KR2 断路；QS1 接触不良；M2 烧毁。

(2) 重点检测对象或检测点：L13、L23、L33 点电压值；L14、L24、L34 点电压值；U2、V2、W2 点电压值。

3. 主轴电动机 M1 只有点动

(1) 故障可能出现的范围或故障点：3 号线、5 号线间的 KM 常开触点接触不良。

(2) 重点检测对象或检测点：3 号线与 5 号线间的 KM 常开触点。

4. 机床无工作照明

(1) 故障可能出现的范围或故障点：FU3 断路；EL 损坏；SQ2 接触不良；TC 烧毁。

(2) 重点检测对象或检测点：TC；FU3；EL。

5.1.4　C620 型普通车床电气控制线路 PLC 控制改造

1. 输入/输出点分配表

C620 型普通车床 PLC 输入/输出点分配表见表 5-2。

表 5-2　C620 型普通车床 PLC 输入/输出点分配表

输 入 信 号			输 出 信 号		
名　称	代　号	输入点编号	名　称	代　号	输出点编号
启动按钮	SB2	X0	接触器	KM	Y0
停止按钮	SB1	X1			
热继电器	KR1、KR2	X2			

2. PLC 控制接线图

C620 型普通车床 PLC 控制接线图如图 5-2 所示。

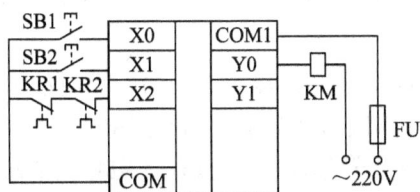

图 5-2　C620 型普通车库 PLC 控制接线图

3. PLC 控制梯形图及指令语句表

C620 型普通车床 PLC 控制梯形图及指令语句表如图 5-3 所示。

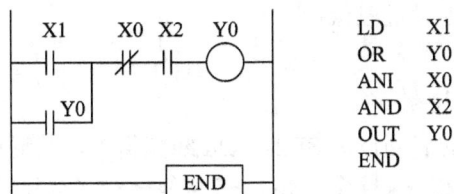

图 5-3　C620 型普通车床 PLC 控制梯形图及指令语句表

5.2　CA6140 型普通车床

　　CA6140 型普通车床主要由床身、主轴箱、进给箱、溜板箱、刀架、丝杠、光杆、床座等组成。

5.2.1　CA6140 型普通车床电气控制线路分析

　　CA6140 型普通车床电气控制线路原理图如图 5-4 所示。

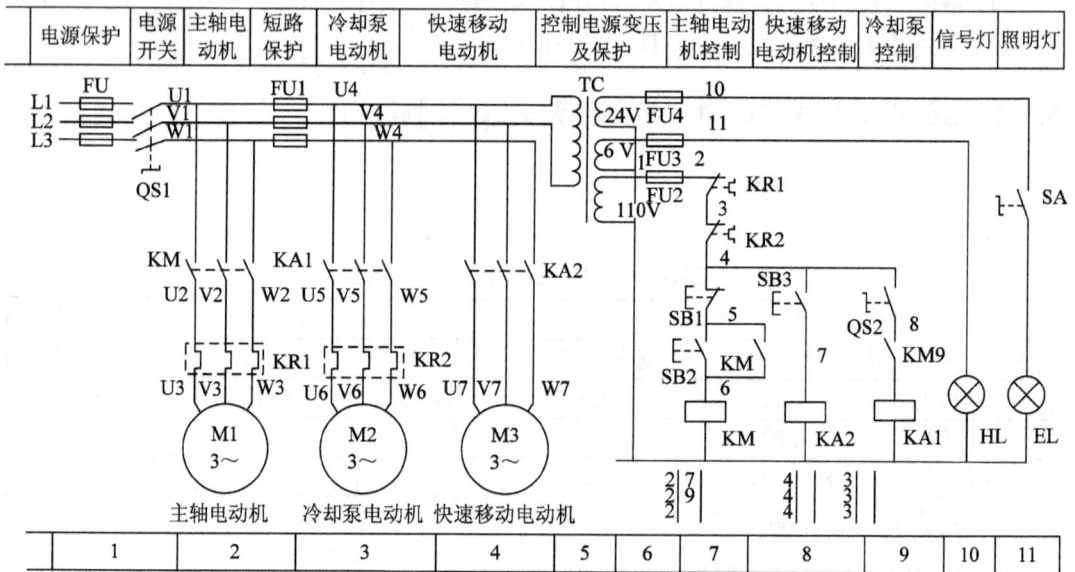

图 5-4　CA6140 型车床电气控制线路原理图

1．主电路分析

　　主电路主要控制三台电动机运转。其中 M1 为主轴电动机，作为机床的主动力，负责主轴旋转和工作台进给运动；M2 为冷却泵电动机；M3 为工作台快速移动电动机。

　　380 V 交流电源通过电源开关 QS1 引入，FU 为电路中的总短路保护，FU1 为冷却泵电动机 M2、工作台快速移动电动机 M3 的短路保护。KM1 控制主轴电动机 M1 电源的通断，KR1 为主轴电动机 M1 的过载保护。由于冷却泵电动机 M2 和工作台快速移动电动机 M3 的功率较小，因此电路中采用了中间继电器 KA1、KA2 控制冷却泵电动机 M2 和工作台快速移动电动机 M3 电源的通断。KR2 为冷却泵电动机 M2 的过载保护。工作台快速移动电动机 M3 为短期工作，故不设过载保护。

2．控制电路分析

　　1）主轴电动机 M1 的控制

　　按下主轴电动机 M1 的启动按钮 SB2，KM 线圈得电，其通电回路为：1 号线→FU2→2 号线→KR1→3 号线→KR2→4 号线→SB1→5 号线→SB2 常开触点→6 号线→KM 线圈→0 号线。KM 铁芯吸合，同时 5 号线、6 号线之间的 KM 常开触点闭合自锁，8 号线、9 号线之间的 KM 常开触点闭合，为冷却泵电动机 M2 的启动运行做准备。主电路中 KM 主触点闭合，接通主轴电动机 M1 的电源，主轴电动机 M1 启动运转。按下主轴电动机 M1 的停止按钮 SB1，KM 失电，其主触点断开复位，断开 M1 的电源，主轴电动机 M1 停转。

2) 冷却泵电动机 M2 的控制

当主轴电动机 M1 启动运转后，中间继电器 KA1 线圈回路中 8 号线、9 号线之间的 KM 常开触点闭合，扭动 QS2 至接通位置，中间继电器 KA1 线圈回路中 4 号线和 8 号线接通，KA1 线圈得电闭合，其常开触点闭合接通主电路中冷却泵电动机 M2 的电源，M2 启动运转，带动冷却泵供给机床冷却液。断开 QS2，中间继电器 KA1 失电，冷却泵电动机 M2 停转。

3) 工作台快速移动电动机 M3 的控制

振动工作台快速移动操纵杆，压下 SB3，中间继电器 KA2 线圈得电闭合，其主触点接通主电路中工作台快速移动电动机 M3 的电源，M3 得电启动运行，带动工作台按要求方向快速移动。将操纵杆复位，SB3 松开，中间继电器 KA2 断电，工作台快速移动电动机 M3 停转。

4) 信号及照明电路

图 5-4 中 HL、EL 分别为控制线路的电源信号指示灯和机床工作照明灯，由控制变压器的次级分别输出 6 V 和 24 V 交流电压供电。当合上电源总开关 QS1 时，电源信号指示灯 HL 亮，表示机床控制线路电源正常。合上机床照明灯开关 SA，机床工作照明灯 EL 亮。

CA6140 型普通车床电气元件明细表见表 5-3。

表 5-3　CA6140 型车床电气元件明细表

符号	名　称	型　号	规　格	数量	用　途
M1	三相异步电动机	JO2—15—4	7.5 kW	1	主轴拖动
M2	热继电器	AOB—25	90 W	1	带动冷却泵
M3	三相异步电动机	AOS5634	250 W	1	带动工作台快速移动
KR1	热继电器	JR16—20/3D	15.1 A	1	M1 的过载保护
KR2	冷却泵电动机	JR16—20/3D	0.32 A	1	M2 的过载保护
KM1	交流接触器	CJ0—20B	线圈电压 110 V	1	控制 M1
KA1	中间继电器	JZ7—44	线圈电压 110 V	1	控制 M2
KA2	中间继电器	JZ7—44	线圈电压 110 V	1	控制 M3
FU1	螺旋式熔断器	RL1—15	熔芯 6 A	1	M2、M3 短路保护
FU2	螺旋式熔断器	RL1—15	熔芯 2 A	1	控制电路短路保护
FU3	螺旋式熔断器	RL1—15	熔芯 2 A	1	指示灯短路保护
FU4	螺旋式熔断器	RL1—15	熔芯 4 A	1	照明短路保护
SB1	按钮	LA19—11	红色	1	M1 停止
SB2	按钮	LA19—11	绿色	1	M1 启动
SB3	按钮	LA9	绿色或黑色	1	M3 启动
QS1	组合开关	HZ2—25/3	25 A	1	机床电源总开关
QS2	组合开关	HZ2—10/1	10 A	1	控制 M2
SA	钮子开关	—	—	1	照明灯开关
TC	控制变压器	BK—150	380 V/110 V, 24 V, 6.3 V	1	控制、照明、指示

5.2.2　CA6140 型普通车床电气控制线路故障检修实例

1. 三台电动机均不能启动

故障现象：合上电源总开关 QS1 时，电源指示灯 HL 亮，但按下 SB2、SB3 及扳动 QS2 时，三台电动机均不能启动运转。

故障分析：扳动 QS2，冷却泵电动机 M2 不能启动运转，是因为冷却泵电动机 M2 必须在主轴电动机 M1 启动后才能启动运转，故 M2 不启动运转可以不考虑为故障。至于按下 SB2、SB3 时 M2 不启动运转，但当合上 QS1 时，电源指示灯 HL 亮，则可以认为是控制电路中 KM 及 KA2 线圈公共回路中有问题，故查找故障点应从它们的公共共有线路着手。

故障检查：合上电源总开关 QS1，分别按下 SB2、SB3，接触器 KM 和中间继电器 KA2 不闭合，用"短路法"将导线短接 1 号线和 4 号线，分别按下 SB2、SB3，接触器 KM、中间继电器 KA2 仍不闭合。将 1 号线和 5 号线用导线短接，再按 SB2，接触器依然不闭合。怀疑是接触器 KM、中间继电器 KA2 线圈的 0 号线与从控制变压器 TC 引出的 0 号线有断点。将从控制变压器引出的 0 号线与中间继电器 KA2 线圈的 0 号线用导线短接，并按 SB3，KA2 闭合，工作台快速移动电动机 M3 能点动运转。证明接触器 KM、中间继电器 KA2 的 0 号线与从控制变压器 TC 引出的 0 号线之间确有断点。仔细查找，发现控制变压器 0 号线接往接触器 KM、中间继电器 KA2 的接线脱落。询问原因，在此之前，因机床照明原因已有人检修过机床照明故障，但未修理好。接上脱线，故障排除。此故障属于人为扩大性故障。

2. 工作台不能快速移动

故障现象：扳动操作杆压下点动按钮 SB3，工作台不能快速移动。

故障分析：工作台不能快速移动，可能为主电路的问题，也可能为控制电路的问题。要判别是主电路还是控制电路的问题，只要扳动操纵杆压下点动按钮 SB3，观察 KA2 是否闭合就可以判断。

故障检查：扳动操纵杆，压下点动按钮 SB3，KA2 不闭合，由此确定为控制电路故障。用"短路法"将控制电路中的 2 号线和 7 号线短接，KA2 闭合；再短接 4 号线和 7 号线，KA2 闭合。这证明是点动按钮 SB3 的常开触点接触不良。拆出 SB3，发现 SB3 有油污垢，按下 SB3，用万用表电阻挡测量 SB3 的常开触点不能接通。更换 SB3，故障排除。

5.2.3　CA6140 型普通车床电气控制线路故障维修汇总

1. 电动机 M1、M2、M3 全部不能启动

(1) 故障可能出现的范围或故障点：FU 断路；QS1 接触不良；变压器 TC 损坏；FU1 断路；FU2 断路；KR1、KR2 接触不良；0 号线断路。

(2) 重点检测对象或检测点：TC；FU2；FU1；KR1、KR2。

2. 主轴电动机 M1 不能启动

(1) 故障可能出现的范围或故障点：KM1 主触点接触不良；KR1 主触点断路；主轴电动机 M1 烧毁；控制电路中的 SB1 接触不良；SB2 接触不良；KM1 线圈损坏。

(2) 重点检测对象或检测点：SB1；SB2；KM1 主触点；主轴电动机 M1。

3．主轴电动机 M1 启动后，冷却泵电动机 M2 不能启动

(1) 故障可能出现的范围或故障点：主电路中的 KA1 触点接触不良；KR2 主触点断路；冷却泵电动机 M2 烧毁；QS2 接触不良；8 号线与 9 号线间的 KM1 接触不良；KA1 线圈损坏。

(2) 重点检测对象或检测点：主电路中的 KA1 触点；冷却泵电动机 M2；8 号线与 9 号线间的 KM1。

4．工作台不能快速移动(M3 不能启动动转)

(1) 故障可能出现的范围或故障点：主电路中的 KA2 触点接触不良；工作台快速移动电动机 M3 烧毁；SB3 接触不良；KA2 线圈损坏。

(2) 重点检测对象或检测点：主电路中的 KA2 触点；SB3。

5．机床无工作照明

(1) 故障可能出现的范围或故障点：FU4 断路；SA 接触不良；EL 损坏；TC 损坏。

(2) 重点检测对象或检测点：FU4；EL；SA。

5.2.4　CA6140 型普通车床电气控制线路 PLC 控制改造

1．输入/输出点分配表

根据 CA6140 型普通车床的控制特点，列出其 PLC 输入/输出点分配表见表 5-4。

表 5-4　CA6140 型普通车床 PLC 控制输入/输出点分配表

输　入　信　号			输　出　信　号		
名　　称	代　号	输入点编号	名　　称	代　号	输出点编号
主轴电动机 M1 停止按钮	SB1	X0	接触器	KM	Y0
主轴电动机 M1 启动按钮	SB2	X1	中间继电器	K1	Y1
快速移动电动机 M3 点动按钮	SB3	X2	中间继电器	K2	Y2
冷却泵电动机 M2 手动开关	SA1	X3	机床电源指示灯	HL	Y4
过载保护热继电器	KR1、KR2	X4			

2．PLC 控制接线图

CA6140 型普通车床 PLC 控制接线图如图 5-5 所示。

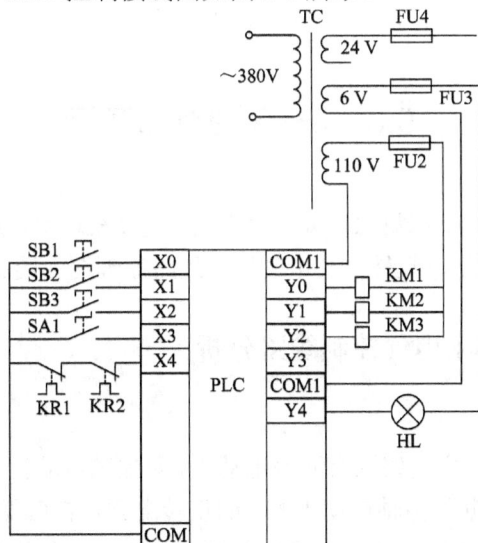

图 5-5　CA6140 型普通车床 PLC 控制接线图

3. 程序设计

1) 程序设计思路

(1) 合上电源开关，Y4 闭合(电源指示灯 HL 发亮)，表示电源正常。

(2) 当 X1(SB2)闭合时，Y0 闭合并自锁，主轴电动机 M1 启动运转；当 X0(SB1)闭合时，Y0 释放，主轴电动机 M1 停转。

(3) 当 X2(SB3)闭合时，Y2 闭合，快速移动电动机 M3 启动运转；当 X2 断开时，Y2 释放，快速移动电动机 M3 停转。

(4) 当 Y0 闭合后，若 X3(SA1)闭合，则 Y1 闭合，冷却泵电动机 M2 启动运转；当 X3 断开时，Y1 释放，冷却泵电动机 M2 停止运转。

(5) 当 X4(KR1、KR2)断开时，Y0、Y1、Y2 均失电释放，各电动机均停止运转。

(6) 照明灯 EL 采用手动开关 SA2 直接控制。

2) PLC 控制梯形图及指令语句表

CA6140 型普通车床 PLC 控制梯形图及指令语句表如图 5-6 所示。

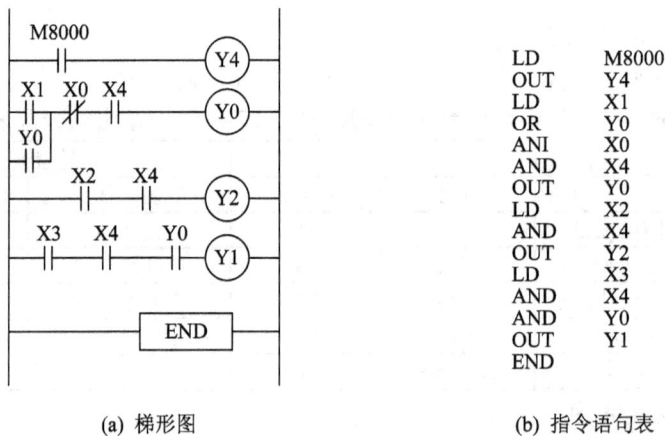

| (a) 梯形图 | (b) 指令语句表 |

图 5-6　CA6140 型普通车床 PLC 控制程序梯形图及指令语句表

5.3　L—3 型普通车床

L—3 型普通车床是由上海第二机床厂生产的，与 C620 型普通车床基本相同。不同之处是主轴电动机 M1 可以正、反转。其电气控制线路原理图如图 5-7 所示。

5.3.1　L—3 型普通车床电气控制线路分析

1. 主电路分析

从图 5-7 中可以看出，主电路共有两台电动机，即主轴电动机 M1 和冷却泵电动机 M2。其中接触器 KM1 接通和断开主轴电动机 M1 的正转电源，接触器 KM2 接通和断开主轴电动机 M1 的反转电源，故 M1 可正、反方向旋转。KR1 为主轴电动机 M1 的过载保护；接触器 KM3 接通和断开冷却泵电动机 M2 的电源。FU2 为冷却泵电动机 M2 的过载保护。
FU1 为电路的总短路保护。三相电源从 L1、L2、L3 经过电源总开关 QS1 引入。

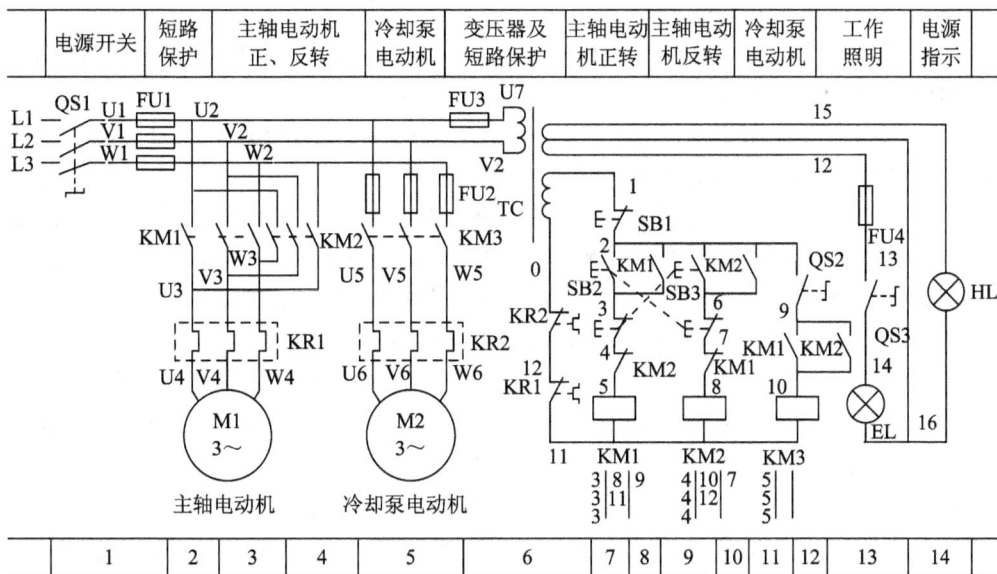

图 5-7　L—3 型普通车床电气控制线路原理图

2．控制电路分析

380 V 交流电源经 FU3 后由 U2、V2 引入控制变器 TC 初级端，经降压后输出 127 V、
36 V 和 6 V 的交流电源。其中 127 V 作为供给控制电路的电源，36 V 为机床照明电源，
6 V 则为机床控制电路指示灯电源。

1) 主轴电动机 M1 的控制

合上电源总开关 QS1，按下主轴电动机 M1 的启动按钮 SB2，接触器 KM1 得电并自锁，
主电路中接触器 KM1 的主触点闭合，主轴电动机 M1 得电正向启动运转，同时在 KM3 线
圈回路中 9 号线与 10 号线间的 KM1 辅助常开触点闭合，为冷却泵电动启动运行做准备。
按下 SB1、KM1 失电，主轴电动机 M1 停转。上面分析的是主轴电动机 M1 的正转过程，
其反转的工作原理与正转的工作原理是一样的，只不过是 SB2 换成了 SB3，KM1 换成了
KM2。从图 5-7 中可以看出，主轴电动机 M1 的控制是一个典型的接触器按钮双重联锁正、
反转控制电路，其电路具有良好的正、反转联锁保护功能。

2) 冷却泵电动机 M2 的控制

冷却泵电动机 M2 只有在主轴电动机 M1 启动后，KM1(或 KM2)闭合，将 9 号线和 10
号线接通，冷却泵电动机才具备启动运转的条件。当加工过程中需要冷却液时，只需合上
冷却泵电动机启动开关 QS2，此时接触器 KM3 得电闭合，接通冷却泵电动机 M2 的电源，
M2 启动运转。断开 QS2，接触器 KM3 失电，冷却泵电动机 M2 停转。

3) 机床照明、信号控制

当合上电源总开关 QS1 时，控制电路指示灯 HL 亮，表示接通机床电源并且控制电路
电源正常；合上 QS3 时，机床照明灯 EL 亮，图中 FU4 为机床照明灯 EL 的短路保护。

5.3.2　L—3型普通车床电气控制线路故障检修实例

1. 主轴电动机 M1 不能运行

故障现象：按下主轴电动机 M1 的正、反转启动按钮 SB2 和 SB3，KM1、KM2 均闭合，但是主轴电动机 M1 不启动运行。

故障分析：按下主轴电动机 M1 的正、反转启动按钮 SB2 和 SB3，KM1、KM2 都闭合，证明控制电路没有问题，所以重点应放在主电路的检查上。

故障检查：先将主轴电动机 M1 的接线端从 U4、V4、W4 点拆下来，与三相电源断开。合上电源总开关 QS1 后按下 SB2，接触器 KM1 闭合。用万用表交流 500 V 挡测量 U4、V4、W4 点的电压，测得一相没有电压。继续往上一级检查测量 U3、V3、W3 点的电压，U3、V3、W3 点的电压正常，断定热继电器 KR1 主通路有断点。断开 QS1，用万用表 R×1 k 挡检查发现 KR1 主通路确有一相断路。拆下 KR1，更换同一型号的新热继电器，并将 M1 重新接上后再次合上电源总开关 QS1，按下 SB2，主轴电动机 M1 能启动运行，但有很大的电磁噪声。几分钟后，主轴电动机 M1 又自动停止。很明显，从主轴电动机 M1 运行当中有很大的电磁噪声可以怀疑主轴电动机 M1 绕组中至少存在短路故障，并且主轴电动机 M1 在启动运行当中几分钟之后又自动停止，这证明主轴电动机 M1 通过的电流比较大，新换上的热继电器 KR1 起到了过载保护的作用。断开 QS1，再次拆下主轴电动机，用兆欧表测量主轴电动机 M1 绕组的对地电阻，为 20 MΩ，绕组的对地电阻合格。用万用表欧姆挡测量主轴电动机 M1 绕组的三相直流电阻，发现严重不平衡，证明主轴电动机 M1 绕组中确有短路故障存在。拆开主轴电动机 M1，观察其绕组，其中有一相已有明显的烧焦痕迹。

故障处理：更换主轴电动机 M1，故障排除。

2. 冷却泵电动机 M2 时而能启动运行，时而不能启动运行

故障现象：冷却泵电动机 M2 在主轴电动机正转时能启动运行，在主轴电动机 M1 反转时不能启动运行。

故障分析：这种故障看似很怪，其实只要看懂了电路控制原理图，很快就会找出故障点。很显然，冷却泵电动机 M2 只有在主轴电动机 M1 启动运行后，它才能启动运行。在主轴电动机 M1 正转时，KM1 辅助常开触点接通了 KM3 线圈回路中的 9 号线和 10 号线，故冷却泵电动机 M2 能启动运行。但在主轴电动机 M1 反转时 KM2 闭合，KM2 的辅助常开触点同样要接通 KM3 线圈的 9 号线和 10 号线，冷却泵电动机 M2 才能启动运行。如果在 KM3 线圈回路中 KM2 的辅助常开触点接触不良，冷却泵电动机 M2 就不能启动运行。

故障检查：根据以上分析，判断故障点就在 KM3 线圈回路 9 号线与 10 号线间的 KM2 辅助常开触点上。断开机床电源，用螺丝刀将接触器 KM2 的铁芯往下压，使其相当于线圈得电闭合时的状态。然后用万用表 R×1 k 挡测量 9 号线与 10 号线没有接通，证明 9 号线与 10 号线间的 KM2 常开触点接触不良。合上电源开关 QS1，用"短路法"将 9 号线与 10 号线短接，按下 SB3，主轴电动机 M2 启动反转，合上 QS2，冷却泵电动机 M2 能启动运行。

故障处理：用镊子或尖嘴钳将 9 号线与 10 号线间 KM2 的动触点夹出后，进行修理，

在触点的机械形状上适当修理改变一下,使其与静触点很好接触,否则需要更换接触器或触点。

5.3.3　L—3 型普通车床电气控制线路故障维修汇总

1. 主轴电动机 M1 和冷却泵电动机 M2 均不能启动

(1) 故障可能出现的范围或故障点:电源开关 QS1 接触不良;FU1 断路;FU3 断路;变压器 TC 损坏;总停止按钮 SB1 接触不良;控制线路中的 KR1、KR2 断路;主轴电动机 M1 损坏。

(2) 重点检测对象或检测点:FU1;FU3;SB1;KR1;KR2;主轴电动机 M1。

2. 主轴电动机 M1 不能正转启动

(1) 故障可能出现的范围或故障点:主电路中的 KR1 主通路断路;SB3(3 号线到 4 号线间)常闭触点接触不良;KM2(4 号线到 5 号线间)常闭触点接触不良;接触器 KM1 主电路触点闭合不良。

(2) 重点检测对象或检测点:SB3(3 号线到 4 号线间)常闭触点;KM2(4 号线到 5 号线间)常闭触点。

3. 主轴电动机 M2 不能反转启动

(1) 故障可能出现的范围或故障点:主电路中的 KR1 主通路断路;SB2(6 号线到 7 号线间)常闭触点接触不良;KM1(7 号线到 8 号线间)常闭触点接触不良;接触器 KM2 主电路触点闭合不良。

(2) 重点检测对象或检测点:SB2(6 号线到 7 号线间)常闭触点;KM1(7 号线到 8 号线间)常闭触点。

4. 主轴电动机 M1 正、反转只有点动

(1) 故障可能出现的范围或故障点:KM2(2 号线到 3 号线间)常闭触点闭合不良;KM1(2 号线到 6 号线间)常闭触点闭合不良。

(2) 重点检测对象或检测点:KM1(正转点动);KM2(反转点动)。

5. 冷却泵电动机 M2 不能启动

(1) 故障可能出现的范围或故障点:QS2 接触不良;接触器 KM3 线圈断路;9 号线到 10 号线间的 KM1、KM2 常开触点闭合不良;FU2 断路;接触器 KM3 主触点闭合不良;KR2 主通路断路;冷却泵电动机 M2 本身有问题。

(2) 重点检测对象或检测点:QS2;9 号线到 10 号线间的 KM1、KM2 常开触点;FU2;冷却泵电动机 M2。

6. 机床无工作照明

(1) 故障可能出现的范围或故障点:FU4 断路;QS3 接触不良;EL 损坏。

(2) 重点检测对象或检测点:FU4;EL。

5.3.4　L—3 型普通车床电气控制线路 PLC 控制改造

1. PLC 输入/输出点分配表

L—3 型普通车床 PLC 输入/输出点分配表见表 5-5。

表 5-5　L—3 型普通车床 PLC 输入/输出点分配表

输 入 信 号			输 出 信 号		
名　　称	代号	输入点编号	名　　称	代号	输出点编号
停止按钮	SB1	X0	主轴电动机 M1 正转接触器	KM1	Y0
主轴电动机 M1 正转启动按钮	SB2	X1	主轴电动机 M1 反转接触器	KM2	Y1
主轴电动机 M1 反转启动按钮	SB3	X2	冷却泵电动机接触器	KM3	Y2
冷却泵电动机手动控制开关	SA1	X3			
热继电器	KR1、KR2	X4			

2. PLC 控制接线图

L—3 型普通车床 PLC 控制接线图如图 5-8 所示。

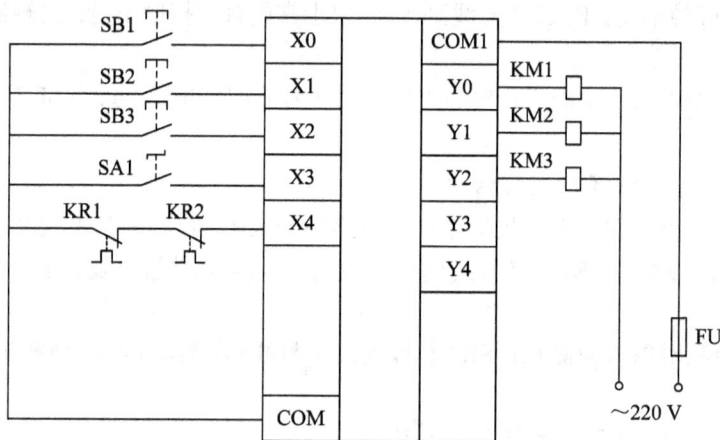

图 5-8　L—3 型普通车床 PLC 控制接线图

3. PLC 控制梯形图及指令语句表

L—3 型普通车床 PLC 控制梯形图及指令语句表如图 5-9 所示。

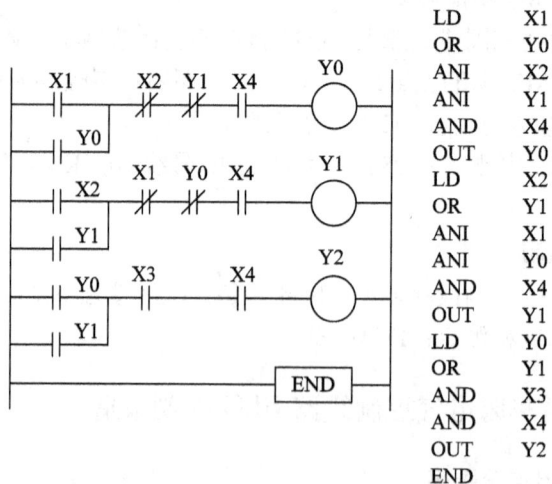

```
LD    X1
OR    Y0
ANI   X2
ANI   Y1
AND   X4
OUT   Y0
LD    X2
OR    Y1
ANI   X1
ANI   Y0
AND   X4
OUT   Y1
LD    Y0
OR    Y1
AND   X3
AND   X4
OUT   Y2
END
```

图 5-9　L—3 型普通车床 PLC 控制梯形图及指令语句表

5.4　CW6136A 型普通车床

　　CW6136A 型普通车床由长沙第二机床制造厂制造。该机床功率大、转速高、刚性好，适合于高速切削和强力切削。因主拖动采用了双速电动机，故调速性能好，调速范围广。

5.4.1　CW6136A 型普通车床电气控制线路分析

　　CW6136A 型普通车床电气控制线路原理图如图 5-10 所示。机床电气控制板安装在机床前面左侧，带锁的电源总开关 QF 装在机床后面。开动机床前，先用钥匙开启锁头，再按下绿色的按钮，此时电源接通，白色电源信号灯 HL 亮，机床即可启动加工。加工完毕，按下红色的按钮，即可切断电源，再反转钥匙，锁住锁头后，非操作人员无法启动机床。

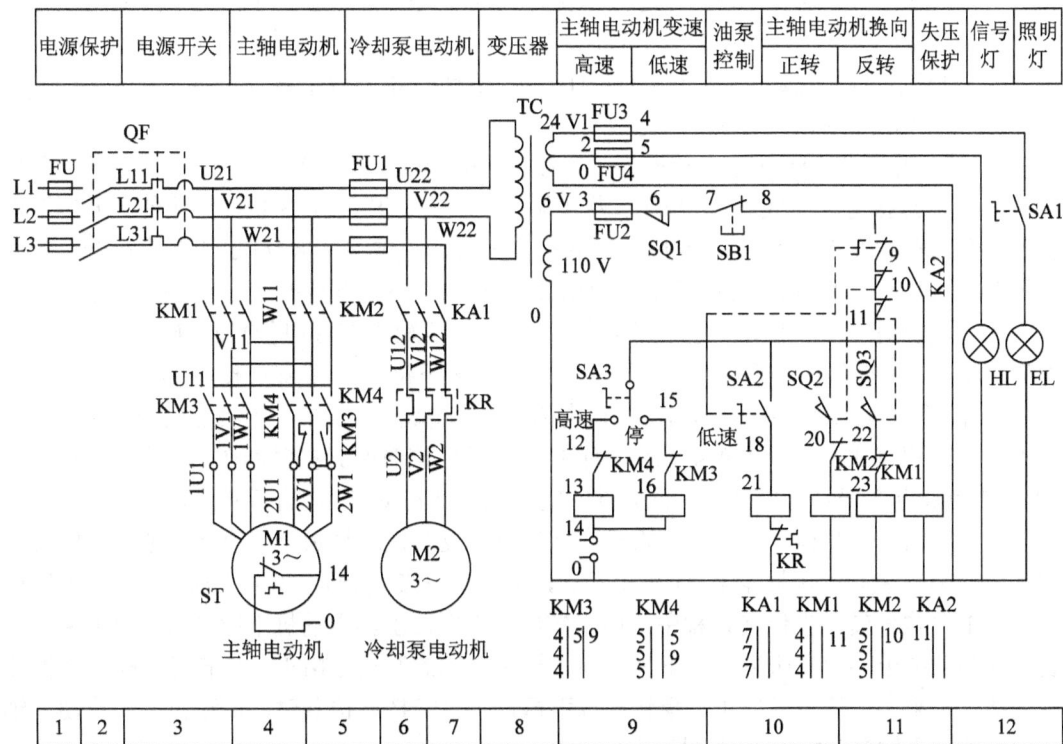

电源保护	电源开关	主轴电动机	冷却泵电动机	变压器	主轴电动机变速		油泵控制	主轴电动机换向		失压保护	信号灯	照明灯
					高速	低速		正转	反转			

图 5-10　CW6136A 型普通车床电气控制线路原理图

1. 主电路分析

　　主电路中共有两台电动机，即主轴电动机 M1 和冷却泵电动机 M2。其中主轴电动机 M1 是一台双速电动机，为机床的主拖动电动机，它带动主轴旋转及工作进给。接触器 KM1、KM2、KM3、KM4 控制主轴电动机的四种运动状态，即低速正转、低速反转、高速正转、高速反转。当接触器 KM1 和 KM4 闭合时，主轴电动机 M1 处于低速正转运行状态；当接触器 KM2 和 KM4 闭合时，主轴电动机 M1 处于低速反转状态；当接触器 KM2 和 KM3 闭合时，主轴电动机 M1 处于高速正转状态；当接触器 KM2 和 KM4 闭合时，主轴电动机 M1 处于高速反转状态。主轴电动机 M1 的过载保护和短路保护由电源引入开关 QF 担任，主轴电动机 M1 的短路保护还可由机床前级熔断器 FU 担任。在主轴电动机 M1 内设有温度继电器 ST，以便当电动机频繁启动或电流增大、电动机温度升高时及时切断电源，起着保护主轴电动机 M1 的作用。冷却泵电动机 M2 由于功率小，故采用了中间继电器 KA1 控制其电源的通断。热继电器 KR 为它的过载保护，熔断器 FU1 为它的短路保护。三相电源由自动空气开关 QF 引入，按下自动空气开关 QF 上的绿色按钮，接通机床电源，接下红色按钮，断开机床电源。

2. 控制电路分析

1) 控制电源、电源指示及照明部分

合上自动空气开关 QF，接通机床电源。变压器 TC 的初级绕组由 U22、V22 点引入接通交流 380 V 电源，经降压后，次级端输出 24 V 交流电压作为机床工作照明电源，6 V 交流电压为机床信号灯电源，110 V 交流电压为机床电气控制电源。FU3 为工作照明电路短路保护，SA1 为机床工作照明灯开关，EL 为工作照明灯。FU4 为电源指示灯的短路保护，HL 为电源指示灯。当接通机床电源时，HL 亮，表明机床电源正常。

2) 主轴电动机 M1 的控制

(1) 主轴电动机 M1 低速正转控制。合上电源开关 QF，中间继电器 KA2 得电闭合并自锁，KA2 触点接通 8 号线和 11 号线。将主轴电动机变速开关 SA3 拨向右边的"低速"挡位置，主轴电动机低速运行，接触器 KM4 得电闭合，主电路中 KM4 的主触点闭合，辅助常闭触点断开，为主轴电动机低速运转做准备。同时，控制电路中 KM4 的常闭触点(12 号线到 13 号线间)断开了 KM3 线圈回路的电源，使得接触器 KM4 闭合时 KM3 不能闭合。扳动机床正、反转操纵杆至"正转"位置，操纵杆压下位置开关 SQ2 接通 11 号线和 20 号线，同时压开 9 号线和 10 号线，KM1 得电闭合，主电路中 KM1 的主触点闭合，将主轴电动机 M1 绕组接成△形，主轴电动机 M1 低速正转。同时断开接触器 KM2 线圈回路中的 KM1 常闭触点(22 号线到 23 号线间)，使接触器 KM2 在 KM1 闭合后不能得电闭合，从而实现了可靠的安全联锁。停车时，将机床上的正、反转操纵杆扳至"空挡"位置，此时，位置开关 SQ2 复位，接触器 KM1 失电断开，主电路中接触器 KM1 的主触点断开，主轴电动机 M1 失电停转。在停转过程中，由于惯性的作用，主轴电动机不能立即停止下来，需要采取制动措施，使机床很快停下来。而该机床主轴的制动是由正、反转开车操纵手柄操纵制动机构来实现的。当将正、反转操纵手柄扳到"空挡"位置时，制动机构动作使主轴受到制动，主轴电动机 M1 就立即停了下来。

(2) 主轴电动机 M1 低速反转控制。在中间继电器 KA2 及接触器 KM4 闭合的状态下，也就是说机床已经初启动，中间继电器 KA2 已经得电闭合，SA3 扳在"低速"位置挡，或者机床已运行后，反转操纵杆处于"空挡"位置。此时，只需将机床正、反转纵杆扳向"反转"位置，压下位置开关 SQ3 后，SQ3 的压合触点(11 号线到 22 号线间)闭合，接触器 KM2 得电闭合，主电路中接触器 KM2 的主触点闭合，将三相电源调相引入主轴电动机 M1 中(从 2U1、2V1、2W1 引入)，主轴电动机绕组仍然为△接法，只不过电源反相，主轴电动机 M1 低速反转。同样当需要停车时，将机床正、反转操纵杆扳到"空挡"位置，位置开关复位，主轴电动机 M1 制动停止。

(3) 主轴电动机 M1 高速正转控制。合上电源总开关 QF 后，中间继电器 KA2 得电闭合，将 SA3 扳到左边"高速"挡位置，此时接通了接触器 KM3 线圈回路的电源，主电路中接触器 KM3 的四个主触点闭合，其中接触器 KM3 的三个主触点为主轴电动机 M1 三相电源引入 1U1、1V1、1W1 做好准备，接触器 KM3 的另一个触点与 KM4 的常闭触点将主轴电动机 M1 的另外三个引线 2U1、2V1、2W1 短接，使得主轴电动机 M1 的绕组接成 YY 形，为主轴电动机 M1 的高速运转做好准备。将机床正、反转操纵杆扳向"正转"位置，压下位置开关 SQ2，接触器 KM1 得电闭合，主轴电动机 M1 高速正转。同样将机床正、反转操纵杆扳向"空挡"位置，位置开关 SQ2 复位，主轴电动机 M1 停转。

(4) 主轴电动机 M1 高速反转控制。同样在中间继电器 KA2 得电闭合，将机床高、低速转换开关 SA3 扳在左边的"高速"挡位置，机床正、反转操纵杆扳向"反转"位置，位置开关 SQ3 被压下，接触器 KM2 得电闭合，主电路中接触器 KM2 的主触点闭合，将三相电源反相引入主轴电动机 M1 中，主轴电动机高速反转。停止时，将机床正、反转操纵杆扳向"空挡"位置，位置开关 SQ3 复位，主轴电动机 M1 即可停止转动。

主轴电动机在运行当中，如果启动次数超过 5 次/分钟，或因过载运行而温度升高，安装在主轴电动机中的温度继电器 ST 动作，切断控制电路中的 14 号线和 0 号线，使得接触器 KM3 或 KM4 线圈断电，从而切断主轴电动机 M1 的电源，使主轴电动机 M1 停转。此时，主轴电动机需要冷却一段时间后，才能再次启动。

3) 冷却泵电动机 M2 的控制

在中间继电器 KA2 得电后，如机床在加工过程中需要冷却液，手动合上 SA2，接通了控制电路中的 11 号线和 18 号线，KA1 线圈得电闭合，接通主电路中冷却泵电动机 M2 的电源，冷却泵电动机 M2 启动运行。手动断开 SA2，中间继电器 KA1 失电，冷却泵电动机 M2 停转。

手动合上 SA2，冷却泵电动机 M2 启动运转后，如车间突然停电，机床控制电路中所有电器失电，在下次启动机床之前必须将 SA2 复位，接通控制电路中 KA2 线圈的电源，机床才能启动。

控制电路中，FU2 为各控制电器的短路保护，SB1 为紧急停止按钮，SQ1 为端面保护行程开关。

CW6136A 型普通车床电气元件明细表见表 5-6。

表 5-6 CW6136A 型普通车床电气元件明细表

代号	名 称	型 号 与 规 格		件数
M1	主轴电动机	YD135S—4/6 B5 4/3.5 kW	双速，380 V，50 Hz	1
M2	油泵电动机	AYB—25，0.15 kW	380 V，50 Hz	1
KM1	交流接触器	CJ0—10 A	110 V，50 Hz	1
KM2	交流接触器	CJ0—10 A	110 V，50 Hz	1
KM3	交流接触器	CJ0—10 A	110 V，50 Hz	1
KM4	交流接触器	CJ0—10A	110 V，50 Hz	1
KA1	中间继电器	JZ7—62	110 V，50 Hz	1
KA2	中间继电器	JZ7—62	110 V，50 Hz	1

代号	名　称	型　号　与　规　格		件数
KR	热继电器	JR16—20/3	整定电流在 0.39 A	1
ST	温度继电器	JW3—95	95°	1
FU1	螺旋式熔断器	RL1—15	熔芯 15 A	1
FU2	管型熔断器	BLX—1	熔芯 2 A	1
FU3	管型熔断器	BLX—1	熔芯 2 A	1
FU4	管型熔断器	BLX—1	熔芯 2 A	1
TC	控制变压器	BK—100　380 V/110 V, 6 V, 24 V	6 V 从 24 V 中抽头	1
SB1	总停止按钮	LA30—11ZS	500 V, 红色	1
SA1	照明开关	LAY1—11X	1 位置	1
SA2	油泵旋钮	LAY1—11X	2 位置	1
SA3	变速旋钮	LAY1—11X/7	3 位置	1
SQ1	行程开关	LX12—2	380 V	1
SQ2	微动开关	LXW2—11	380 V	1
SQ3	微动开关	LXW2—11	380 V	1
QF	电源总开关	JKS4—DZ5—20/330	380 V，复式 15 A	1
EL	工作照明灯	JC11—1	24 V	1
HL	信号灯	XDX2	6.3 V	1

5.4.2　CW6136A 型普通车床电气控制线路故障检修实例

1. 主轴电动机 M1 启动后，电源总开关 QF 自动跳闸切断电源

故障分析：电源总开关 QF 自动跳闸，这说明机床线路中有大电流通过。根据故障现象来分析，产生大电流的主要原因有五种可能：① 主轴电动机 M1 绕组有短路故障；② 冷却泵电动机 M2 绕组有短路故障；③ 变压器 TC 绕组有短路故障；④ 主轴电动机断相运行；⑤ 线路本身老化出现短路故障。由于本例中冷却泵电动机 M2 根本就没有启动运行，故冷却泵电动机 M2 绕组有短路故障的可能性可以排除。但最有可能的应该是主轴电动机 M1 绕组短路和变压器 TC 绕组短路故障及主轴电动机断相运行。

故障检查：分析了上述情况后，先检查主轴电动机 M1 是否断相运行。用"短路法"将主轴电动机 M1 从主电路的接线端 1U1、1V1、1W1 和 2U1、2U1、2W1 上拆下。合上电源开关 QF，分别启动主轴电动机 M1 的低速正转和低速反转，用万用表交流 500 V 挡测量主电路中 2U1、2V1、2W1 点的电压值，测得 2U1、2V1、2W1 点电压均为 380 V。再分别启动主轴电动机高速正转和高速反转，用万用表 500 V 挡测量 1U1、1V1、1W1 点的电压值也有 380 V 电压，证明主轴电动机有故障。同时在测量的过程中 QF 也没有出现跳闸的现象，证明线路本身老化出现故障和变压器 TC 绕组短路故障的设想也得到否定。经过逐步的排查，故障焦点就可集中在主轴电动机 M1 上。用万用表 R×10 k 挡初步测量主轴

电动机 M1 绕组与外壳的绝缘电阻完好。用万用表 R×1 挡分别测量主轴电动机 M1 绕组 1U1、1V1、1W1 点及 2U1、2V1、2W1 点的直流电阻，发现有轻微的不平衡，怀疑主轴电动机 M1 绕组有短路故障。拆开主轴电动机 M1 检查，发现绕组中有一颗小螺丝钉，并有三根漆包线被电弧烧毛后粘在一起。其他绕组完好。

故障处理：将主轴电动机 M1 被电弧烧毛粘在一起的绕组分开，把绝缘破坏了的导线用绝缘导管套好，浇上绝缘漆，经烘干处理后，重新安装好，故障排除。

2．主轴电动机 M1 启动运行后声音不正常

故障现象：合上电源开关 QF，启动主轴电动机 M1 后，电动机低速正转，发出很大的"嗡、嗡"声。操作人员立即按下停止按钮，切断电动机 M1 的电源。

故障分析：启动主轴电动机 M1 后，有很大的"嗡、嗡"声，这是电动机单相运转的电磁噪声，如操作人员不及时切断主轴电动机 M1 的电源，电动机 M1 会因单相运转过流而烧毁。

造成主轴电动机 M1 单相运转的原因有以下几个方面：① 从车间配电系统来的三相熔断器 FU 断路；② 四个接触器 KM1、KM2、KM3、KM4 有一个以上的主触点闭合接触不良；③ 主轴电动机 M1 本身绕组有一相断路。

故障检查：先检查从车间配电系统引进的三相熔断器，经检查完好。合上电源总开关 QF，用万用表交流 500 V 挡测量 U21、V21、W21 点的电压值均为 380 V，U21、V21、W21 点的电压正常，故排除熔断器 FU 断路故障。断开电源总开关 QF，用"断路法"将主轴电动机 M1 从主电路 1U1、1V1、1W1 及 2U1、2V1、2W1 上拆下。合上电源总开关 QF，将高低速转换开关 SA3 扳至右边"低速"挡位置，接通接触器 KM4 的线圈回路，使 KM4 得电闭合，扳动机床上的正、反转操纵杆至"正转"位置，位置开关 SQ2 被压下，接触器 KM1 的线圈得电闭合。用万用表交流 500 V 挡测量 2U1、2V1、2W1 点的电压值，有一相异常，断定接触器 KM1 或 KM4 有一触点闭合接触不良。但具体是接触器 KM1 还是 KM4，还需要进一步检查判断。接着继续往下检查，将机床上正、反转操纵杆扳至"正转"位置，位置开关 SQ3 被压下，接通接触器 KM2 的线圈回路，KM2 得电闭合。用万用表交流 500 V 挡测量 2U1、2V1、2W1 点的电压值，仍然有一相异常。检查到这一步时，按理应该就可以肯定是接触器 KM4 的主触点中有一触点闭合接触不良了。但是，如果刚才接通主轴电动机 M1 低速正转和低速反转的接触器 KM1 和 KM2 也各有一个触点闭合不良，恰好与接触器 KM4 主触点中那一个闭合不良的触点同在一相电源上，那么表现出来的现象结果与上面用万用表测得 2U1、2V1、2W1 电压值的结果是相同的。因此，为了确定 KM1、KM2 是否也有触点闭合不良，必须进一步进行检查判断。将机床上的高、低速转换开关 SA3 扳至左边"高速"挡位置，接通接触器 KM3 的线圈回路，KM3 闭合。扳动机床上的正、反操纵杆至"正转"位置，位置开关 SQ2 被压下，接通 KM1 的线圈回路，KM1 闭合。用万用表交流 500 V 挡测量 1U1、1V1、1W1 点的电压值正常；再将机床上的正、反转操纵杆扳至"反转"位置，位置开关 SQ3 被压下，接通 KM2 的线圈回路，KM2 闭合。用万用表交流 500 V 挡测量 1U1、1V1、1W1 点的电压值也正常。这时完全可判断接触器 KM1、KM2、KM3 的触点闭合完好，接触器 KM4 有一触点闭合不良。

故障处理：修理或更换接触器 KM4 的触点。

5.4.3　CW6136A 型普通车床电气控制线路故障维修汇总

1. 主轴电动机 M1 和冷却泵电动机 M2 均不能启动

(1) 故障可能出现的范围或故障点：无电源电压；电源总开关 QF 坏；FU1 断路；变压器 TC 损坏；FU2 断路；行程开关 SQ1 接触不良；总停止按钮 SB1 接触不良；SA2 常闭触点闭合不良；位置开关 SQ2、SQ3 接触不良；8 号线至 11 号线间的 KA2 触点闭合时接触不良。

(2) 重点检测对象或检测点：FU1；FU2；SB1；SA2 常闭触点；8 号线至 11 号线间的 KA2 触点。

2. 主轴电动机 M1 不能启动

(1) 故障可能出现的范围或故障点：接触器 KM1～KM4 的主触点接触不良；温度继电器 ST 烧坏；主轴电动机 M1 有问题。

(2) 重点检测对象或检测点：主轴电动机 M1；温度继电器 ST。

3. 主轴电动机 M1 无低速

(1) 故障可能出现的范围或故障点：15 号线至 16 号线间的 KM3 常闭触点接触不良；高、低速转换开关 SA3 的低速转换开关挡接触不良；接触器 KM4 线圈损坏；KM4 主触点接触不良。

(2) 重点检测对象或检测点：15 号线至 16 号线间的 KM3 常闭触点；高、低速转换开关 SA3；KM4 主触点。

4. 主轴电动机 M1 无高速

(1) 故障可能出现的范围或故障点：KM3 主触点接触不良；12 号线至 13 号线间的 KM4 常闭触点接触不良；高、低速转换开关 SA3 的高速转换开关接触不良；接触器 KM3 线圈损坏。

(2) 重点检测对象或检测点：12 号线至 13 号线间的 KM4 常闭触点；高、低速转换开关 SA3；KM3 主触点。

5. 主轴电动机 M1 不能正转

(1) 故障可能出现的范围或故障点：KM1 主触点接触不良；20 号线到 21 号线间的 KM2 常闭触点接触不良；KM1 线圈损坏；11 号线到 20 号线间的位置开关 SQ2 接触不良。

(2) 重点检测对象或检测点：KM1 主触点；20 号线到 21 号线间的 KM2 常闭触点；位置开关 SQ2。

6. 主轴电动机 M1 不能反转

(1) 故障可能出现的范围或故障点：KM2 主触点接触不良；22 号线到 23 号线间的 KM1 常闭触点接触不良；KM2 线圈损坏；11 号线到 22 号线间的位置开关 SQ3 接触不良。

(2) 重点检测对象或检测点：KM2 主触点；22 号线到 23 号线间的 KM1 常闭触点；位置开关 SQ3。

7. 冷却泵电动机 M2 不能启动

(1) 故障可能出现的范围或故障点：主电路中的 KA1 触点接触不良；KR 有问题；冷却泵电动机 M2 本身有问题；11 号线到 18 号线间的 SA2 接触不良；控制线路中的 KR 有问题；KA1 线圈断路。

(2) 重点检测对象或检测点：KA1；KR；11 号线到 18 号线间的 SA2。

5.4.4　CW6136A 型普通车床电气控制线路 PLC 控制改造

1．PLC 输入/输出点分配表

CW6136A 型普通车床 PLC 输入/输出点分配表见表 5-7。

表 5-7　CW6136A 型普通车床 PLC 输入/输出点分配表

输 入 信 号			输 出 信 号		
名　　称	代号	输入点编号	名　　称	代号	输出点编号
停止按钮	SB	X0	主轴电动机正转接触器	KM1	Y0
端面保护行程开关	ST1	X1	主轴电动机反转接触器	KM2	Y1
正转行程开关	ST2	X2	主轴电动机低速接触器	KM3	Y2
反转行程开关	ST3	X3	主轴电动机高速接触器	KM4	Y3
主轴电动机高、低速转换开关	SA3	X4	冷却泵电动机用中间继电器	K1	Y4
温度继电器	BT	X5			
冷却泵电动机启动开关	SA2	X6			
冷却泵电动机热继电器	KR	X7			

2．PLC 控制接线图

CW6136A 型普通车床 PLC 控制接线图如图 5-11 所示。

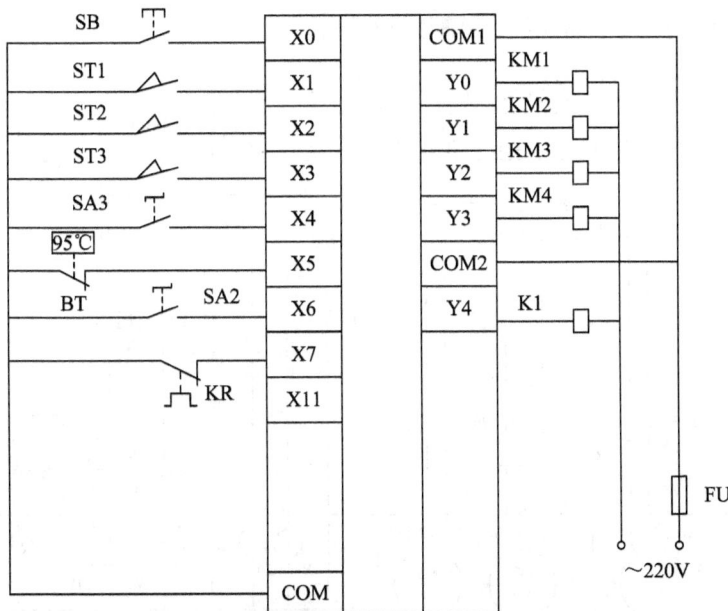

图 5-11　CW6136A 型普通车床 PLC 控制接线图

3．PLC 控制梯形图及指令语句表

CW6136A 型普通车床 PLC 控制梯形图及指令语句表如图 5-12 所示。

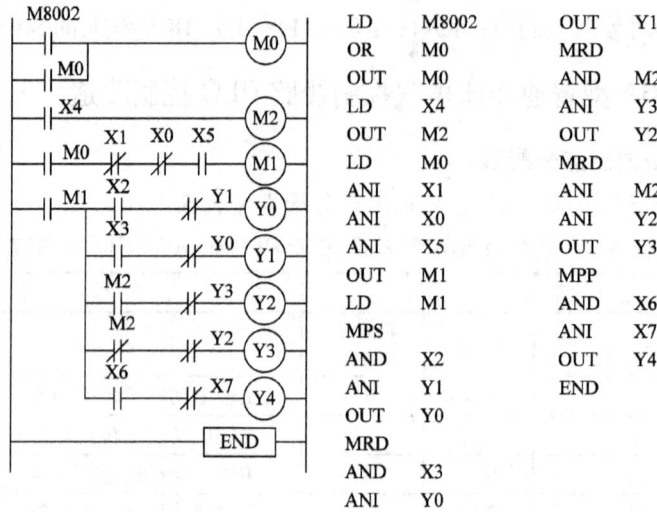

图 5-12　CW6136A 型普通车床 PLC 控制梯形图及指令语句表

5.5　CW6136B 型车床

　　CW6136B 型车床主要由床身、主轴变速箱、进给箱、溜板箱、溜板、刀架、尾架、主轴、丝杆与光杆等部件组成。其床身最大工作回转半径为 630 mm，工件的最大长度可根据床身的不同分为 1500 mm 和 3000 mm 两种。

5.5.1　CW6163B 型车床电气控制线路分析

　　CW6163B 型车床电气控制线路原理图如图 5-13 所示。

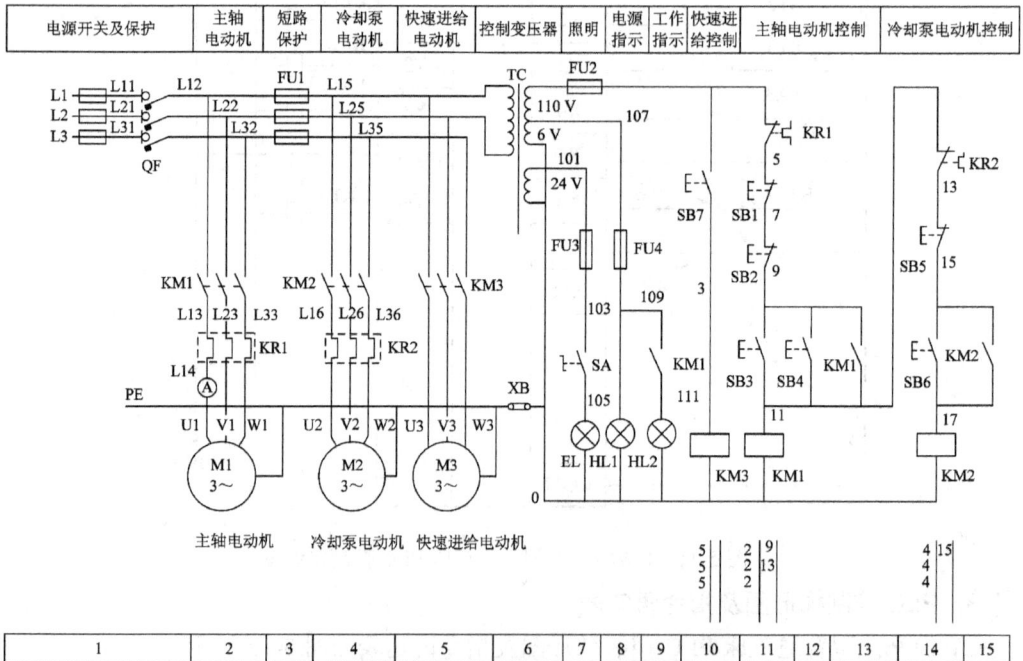

图 5-13　CW6163B 型车床电气控制线路原理图

1．主电路分析

主电路中共有三台电动机。其中 M1 为主轴电动机，M2 为冷却泵电动机，M3 为快速进给电动机。接触器 KM1 控制主轴电动机 M1 电源的通断，KR1 为主轴电动机 M1 的过载保护，在主轴电动机 M1 的主回路中，串入了电流表 A 监视主轴电动机 M1 的电流，以提高主轴电动机 M1 的功率因数和生产效率，充分发挥主轴电动机 M1 的潜力。接触器 KM2 控制冷却泵电动机 M2 电源的通和断，KR2 为冷却泵电动机 M2 的过载保护。接触器 KM3 控制快速进给电动机 M3 电源的通断，由于快速进给电动机 M3 是短时工作，又是点动控制，故 M3 未设过载保护。

电路中，FU 担任主轴电动机 M1 的短路保护，FU1 为冷却泵电动机 M2、快速进给电动机 M3 的短路保护，自动空气开关 QF 为电源总开关，QF 又担任电路总短路保护及主轴电动机 M1 的过载保护。三相交流电源由 L1、L2、L3 经自动空气开关 QF 引入。

2．控制电路分析

1) 控制电路电源、照明、电源显示电路

合上电源总开关 QF，380 V 交流电压经 U14、V14 接入变压器 TC 的初级输入端，经降压后从次级绕组输出 110 V 的电压提供给控制电路，6 V 电压作为电源指示灯的电源，24 V 电压为机床工作照明灯的电源。当合上电源总开关 QF 后，电源指示灯 HL1 亮，表明机床已接通电源。当机床需要工作照明时，只需扳动机床照明灯开关 SA，工作照明灯 EL 亮。HL2 为主轴电动机的工作指示灯。

2) 主轴电动机 M1 的控制

主轴电动机 M1 的启动按钮 SB3、SB4 和停止按钮 SB1、SB2 是两地控制启动、停止按钮，它们分别装在机床床头操纵板上和刀架拖板上进行控制。当按下主轴电动机 M1 的电源时，主轴电动机 M1 启动运转，同时接触器 KM1 的辅助常开触点闭合，分别接通 201 号线和 202 号线及 4 号线和 5 号线。201 号线和 202 号线的接通，使得 HL2 亮，表示主轴电动机 M1 运转。4 号线和 5 号线的接通，一方面使得接触器 KM1 自锁，另一方面为冷却泵电动机 M2 的启动运行做好准备。需要停止时，按下主轴电动机 M1 的停止按钮 SB1 或 SB2，KM1 失电，主轴电动机 M1 停转。

3) 冷却泵电动机 M2 的控制

从图 5-13 中可以看出，只有在主轴电动机 M1 启动运行后，也就是控制线路中 4 号线和 5 号线间的接触器 KM1 的辅助触点闭合后，冷却泵电动机 M2 才能启动。当主轴电动机 M1 启动运行后，按下冷却泵电动机 M2 的启动按钮 SB6，接触器 KM2 得电闭合并自锁，接通冷却泵电动机 M2 的电源，冷却泵电动机 M2 启动运转。按下冷却泵电动机 M2 的停止按钮 SB5，KM2 失电，断开冷却泵电动机 M2 的电源，冷却泵电动机 M2 失电停转。

4) 快速进给电动机 M3 的控制

快速进给电动机 M3 是一个点动控制。按下快速进给电动机 M3 的启动按钮 SB7，接触器 KM3 得电，接通快速进给电动机 M3 的电源，快速进给电动机 M3 启动运转，带动工作台按进给方向快速移动。松开 SB7，接触器 KM3 失电断开，快速进给电动机 M3 停转。

CW6163B 型车床电气元件明细表见表 5-8。

表 5-8　CW6163B 型车床电气元件明细表

代　号	名　　称	型号与规格	数量	用　　途
QF	自动空气开关	DZ5—50	1	电源总开关
M1	主轴电动机	JO2—52—4　10 kW	1	拖动主轴
M2	冷却泵电动机	AOB—25　90 W	1	驱动冷却泵
M3	快速进给电动机	NJ12—4　1.1 kW	1	拖动工作台快速进给
FU1	熔断器	RL1—15/6	3	M2、M3 短路保护
FU2	熔断器	RL1—15/4	1	控制电路短路保护
FU3	熔断器	RL1—15/2	1	工作照明短路保护
FU4	熔断器	RL1—15/2	1	指示显示短路保护
TC	控制变压器	BK100　380 V/110 V、24 V、6 V	1	控制电源
KM1	交流接触器	CJ0—40　线圈电压 110 V	1	主轴电动机 M1 控制
KA1(KM2)	中间继电器	JZ7—44　线圈电压 110 V	1	冷却泵电动机 M2 控制
KA2(KM3)	中间继电器	JZ7—44　线圈电压 110 V	1	快速进给电动机 M3 控制
KR1	热继电器	JR16—60/3D　整定电流 19.9 A	1	主轴电动机 M1 过载保护
KR2	热继电器	JR16—20/3D　整定电流 0.32 A	1	冷却泵电动机过载保护
SB1	按钮	LA19—11J	1	主轴电动机 M1 停止控制
SB2	按钮	LA19—11J	1	主轴电动机 M1 停止控制
SB3	按钮	LA19—11D	1	主轴电动机 M1 启动控制
SB4	按钮	LA19—11D	1	主轴电动机 M1 启动控制
SB5	按钮	LA19—11	1	冷却泵电动机 M2 停止控制
SB6	按钮	LA19—11	1	冷却泵电动机 M2 启动控制
SB7	按钮	LA9—11	1	快速进给电动机 M3 控制
A	交流电流表	81T2—A0—50A	1	主轴电动机 M1 电流监控
HL1	电源指示灯	ZSD—0	1	电源显示
HL2	主轴电动机运转指示灯	ZSD—0	1	主轴电动机运转指示
EL	照明灯	JC2　24 V　40 W	1	工作照明
SA	工作照明开关	—	1	照明开关

5.5.2　CW6163B 型车床电气控制线路故障检修实例

1. 冷却泵电动机 M2 不能启动

故障现象：在主轴电动机 M1 启动运转后，按下冷却泵电动机 M2 的启动按钮 SB6，冷却泵电动机 M2 不能启动。

故障分析：按下冷却泵电动机 M2 的启动按钮 SB6，冷却泵电动机 M2 不能启动的原因有很多，既有主电路方面的原因，也有控制电路方面的原因。主电路方面如接触器 KM2、热继电器 KR2、冷却泵电动机 M2 有故障，控制电路方面如 4 号线和 5 号线之间的 KM1

触点在主轴电动机 M1 启动后闭合不良、冷却泵电动机 M2 的停止按钮 SB5 和启动按钮 SB6 接触不良、接触器 KM2 的线圈损坏等都有可能引起冷却泵电动机 M2 不能启动。但是，尽管多方面的原因能引起冷却泵电动机 M2 不能启动，但我们还是可以根据故障现象和在检查过程中故障所反映的表面现象，一步一步靠近故障点，最后查出故障。

故障检查：合上电源总开关 QF，启动运行主轴电动机 M1，使控制线路中 4 号线和 5 号线之间的接触器 KM1 的辅助常开触点闭合，按下冷却泵电动机 M2 的启动按钮 SB6，观察到接触器 KM2 闭合，表明冷却泵电动机 M2 的控制线路没有问题，因此问题应该出现在主电路中。将主轴电动机 M1 停止，断开机床电源总开关 QF。用"断路法"将冷却泵电动机 M2 从主电路 U2、V2、W2 接点断开。合上电源总开关 QF，再次启动运行主轴电动机 M1，按下冷却泵电动机 M2 的启动按钮 SB6，用万用表交流 500 V 挡测量冷却泵电动机主电路中 U2、V2、W2 点的电压值，三相线电压均为 380 V。这证明冷却泵电动机 M2 的主电路没有故障，有故障的为冷却泵电动机 M2 本身，应重点检查冷却泵电动机 M2 的绕组。用万用表电阻 R×10 k 挡粗略测量冷却泵电动机 M2 绕组的对地绝缘电阻约为 100 kΩ左右，证明冷却泵电动机 M2 对地绝缘击穿。再用万用表 R×10 挡检查冷却泵电动机 M2 绕组的直流电阻，只有两相通路，其中一相断路。至此，可判断该故障为冷却泵电动机 M2 绕组烧毁。

处理：更换冷却泵电动机 M2 或修理冷却泵电动机 M2 的绕组。

2. 主轴电动机 M1、冷却泵电动机 M2 及快速进给电动机 M3 都不能启动

故障现象：合上电源开关 QF，电源指示灯 HL1 亮。按下主轴电动机 M1 的启动按钮 SB3 和 SB4，主轴电动机 M1 不能启动运行；按下冷却泵电动机 M2 的启动按钮 SB6，冷却泵电动机 M2 不能启动运行；按下快速进给电动机 M3 的启动按钮 SB7，快速进给电动机 M3 也不能启动运行。

故障分析：由图 5-13 所示的电路原理图可知，由于按下主轴电动机 M1 的启动按钮 SB3 和 SB4，主轴电动机不能启动运行，要观察接触器 KM1 是否闭合。如果接触器 KM1 闭合了，主轴电动机 M1 不能启动，那就是控制主轴电动机 M1 的主电路有问题或主轴电动机 M1 本身有问题。但是，在本例中，按下冷却泵电动机 M2 的启动按钮 SB6 及按下快速进给电动机 M3 的启动按钮 SB7，相应的冷却泵电动机 M2 和快速进给电动机 M3 也不能启动。从这点分析，接触器 KM1 没有闭合的可能性很大。也就是说应该是控制电路的故障。而从按下快速进给电动机 M3 的启动按钮 SB7，快速进给电动机 M3 也不能启动的现象来分析，故障点的范围应在控制三台电动机公共点的线路 0 号线或从变压器至 1 号线 FU2 上。

故障检查：通过以上分析，明白了故障点的大致范围，故直接查找故障点。先在机床控制线路上找到 FU2，经检查，FU2 熔芯断路。更换同型号熔芯，合上 QF，按主轴电动机 M1 的启动按钮 SB3 或 SB4，主轴电动机 M1 能启动运行；按快速进给电动机 M3 的启动按钮 SB7，快速进给电动机 M3 能启动运行。按冷却泵电动机 M2 的启动按钮 SB6，接触器 KM2 有振动现象并勉强吸合，冷却泵电动机能启动运行。经过几分钟后，机床又自动停止。经检查 FU2，其熔芯又被烧断。可以断定，控制线路中有轻微的短路故障，其故障范围应该是在三个接触器的线圈上。而从刚才启动电动机的情况来看，其中启动冷却泵电动机 M2

时，接触器 KM2 的吸合现象最值得怀疑。将接触器 KM2 的 0 号线断开，用万用表 R×10 挡测量接触器 KM2 线圈的直流电阻为 40 Ω左右(正常值为 150 Ω左右)，证明接触器 KM2 的线圈有短路故障。从电路板上拆下接触器 KM2，拆出 KM2 线圈，观察到有明显的烧焦痕迹。

处理：换上同电压、同型号的交流接触器的线圈或更换交流接触器 KM2，故障排除。

5.5.3 CW6163B 型车床电气控制线路故障维修汇总

1. 主轴电动机 M1、冷却泵电动机 M2 及快速进给电动机 M3 均不能启动

(1) 故障可能出现的范围或故障点：熔断器 FU 断路；电源总开关 QF 损坏；熔断器 FU1 断路；控制变压器 TC 损坏；熔断器 FU2 断路。

(2) 重点检测对象或检测点：熔断器 FU；熔断器 FU1；熔断器 FU2；控制变压器 TC。

2. 主轴电动机 M1 不能启动

(1) 故障可能出现的范围或故障点：主电路中接触器 KM1 的主触点闭合不好；KR1 主通路有断点；主轴电动机 M1 本身有问题；控制线路中 KR1 断路；SB1、SB2 常闭触点接触不良；SB3、SB4 接触不良；KM1 线圈损坏。

(2) 重点检测对象或检测点：主轴电动机 M1；接触器 KM1 的主触点；SB1、SB2 常闭触点。

3. 主轴电动机 M1 启动后，冷却泵电动机 M2 不能启动

(1) 故障可能出现的范围或故障点：主电路中接触器 KM2 的主触点闭合不良；熔断器 KR2 的主通路有断路点；M2 本身损坏；控制电路中 4 号线到 5 号线间的 KM1 常开触点闭合不良；KR2 断路；SB5、SB6 接触不良；KM2 线圈损坏。

(2) 重点检测对象或检测点：KM2 主触点；冷却泵电动机 M2；4 号线到 5 号线间的 KM1 常开触点；SB5、SB6。

4. 快速进给电动机 M3 不能启动

(1) 故障可能出现的范围或故障点：主电路中接触器 KM3 的主触点闭合不良；快速进给电动机 M3 本身绕组有问题；SB7 压合接触不良；KM3 线圈损坏。

(2) 重点检测对象或检测点：接触器 KM3 的主触点；快速进给电动机 M3 的绕组；SB7。

5. 机床无工作照明和电源指示显示

(1) 故障可能出现的范围或故障点：熔断器 FU3、FU4 断路；SA 闭合不良；工作照明灯 EL、电源指示灯 HL1、主轴电动机工作指示灯 HL2 损坏。

(2) 重点检测对象或检测点：熔断器 FU3、FU4；工作照明灯 EL 及电源指示 HL1；主轴电动机工作指示灯 HL2。

5.5.4 CW6136B 型普通车床电气控制线路 PLC 控制改造

1. PLC 输入/输出点分配表

CW6163B 型普通车床 PLC 输入/输出点分配表见表 5-9。

表 5-9　CW6163B 型普通车床 PLC 输入/输出点分配表

输 入 信 号			输 出 信 号		
名　　称	代号	输入点编号	名　　称	代号	输出点编号
主轴电动机 M1 停止按钮	SB1、SB2	X0	主轴电动机 M1 接触器	KM1	Y0
主轴电动机 M1 启动按钮	SB3、SB4	X1	冷却泵电动机 M2 接触器	KM2	Y1
主轴电动机 M1 热继电器	KR1	X2	快速进给电动机 M3 接触器	KM3	Y2
冷却泵电动机 M2 停止按钮	SB5	X3			
冷却泵电动机 M2 启动按钮	SB6	X4			
冷却泵电动机 M2 热继电器	KR2	X5			
快速进给电动机 M3 点动按钮	SB7	X6			

2. PLC 控制接线图

CW6163B 型普通车床 PLC 控制接线图如图 5-14 所示。

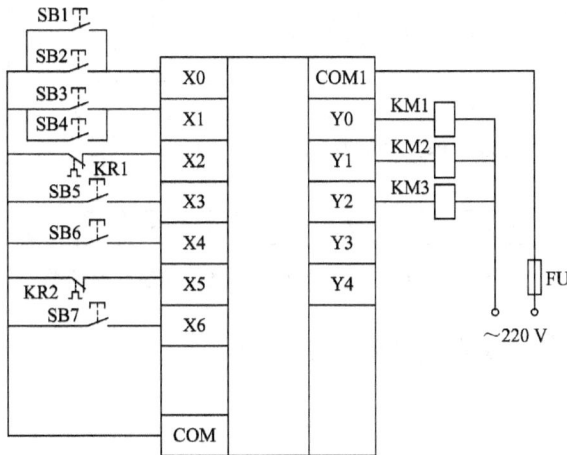

图 5-14　CW6163B 型普通车库 PLC 控制接线图

3. PLC 控制梯形图及指令语句表

CW6163B 型普通车床 PLC 控制梯形图及指令语句表如图 5-15 所示。

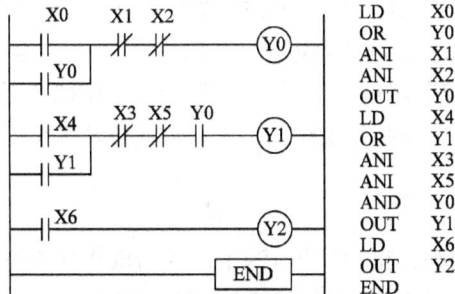

图 5-15　CW6163B 型普通车床 PLC 控制梯形图及指令语句表

5.6　C616 型卧式车床

C616 型卧式车床是一种小型的车床，床身最大工件回转半径为 160 mm，工件的最大长度为 550 mm。C616 型卧式车床的电气控制线路原理图如图 5-16 所示。

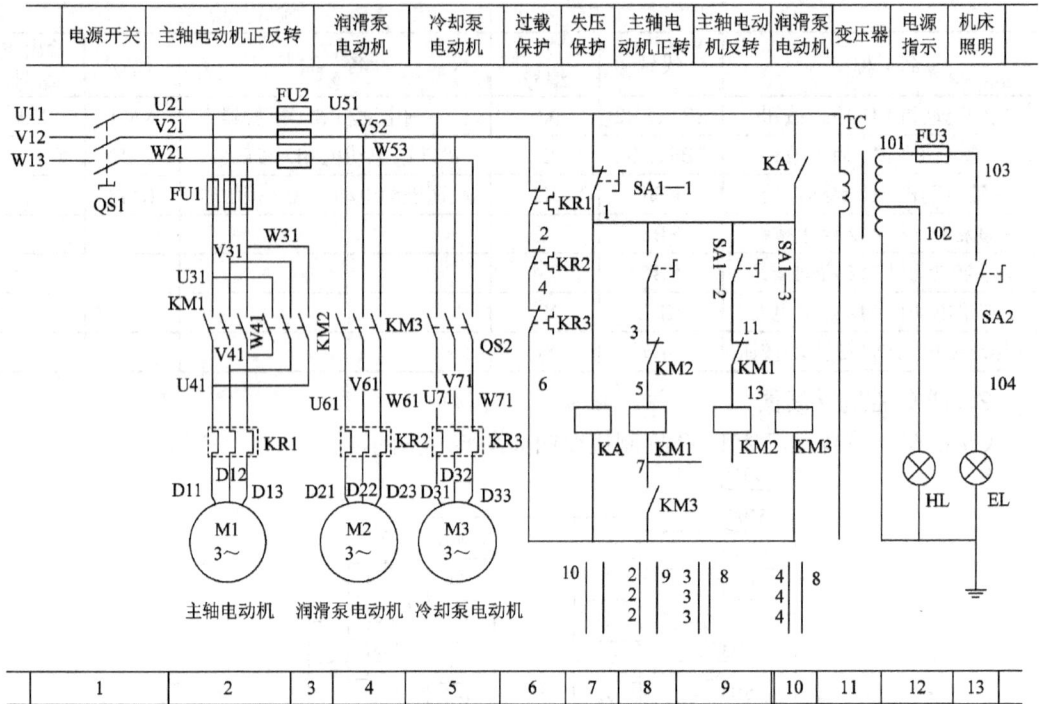

图 5-16　C616 型卧式车床电气控制线路原理图

5.6.1　C616 型卧式车床电气控制线路分析

1. 主电路分析

C616 型卧式车床的主电路中有三台电动机，即主轴电动机 M1、润滑泵电动机 M2 和冷却泵电动机 M3。其中主轴电动机 M1 可正、反转动，由接触器 KM1 控制其正转电源的通断，接触器 KM2 控制其反转电源的通断。熔断器 FU1 为主轴电动机 M1 的短路保护，热继电器 KR1 为主轴电动机 M1 的过载保护。熔断器 FU2 为润滑泵电动机 M2 和冷却泵机 M3 及控制电路的总短路保护。润滑泵电动机 M2 为单向正转运行，它提供给机床润滑系统润滑油，由接触器 KM3 控制其电源的通断，热继电器 KR2 为它的过载保护。冷却泵电动机 M3 由手动转换开关 QS2 控制其电源的通断，热继电器 KR3 为它的过载保护。三相电源由电源总开关 QS1 引入。

2. 控制电路分析

控制电路各电器直接接在 380 V 的电源上。手动操作转换开关 SA1 用来控制主轴电动机 M1 的正、反转及停止，它有三对触点 SA1—1、SA1—2、SA1—3。在正常情况下，即 SA1 处于"零"位置时，SA1—1 闭合，SA1—2、SA1—3 断开；当将 SA1 的操作手柄扳到"正转"位置时，SA1—2 接通，SA1—1、SA1—3 断开；将 SA1 的操作手柄扳到"反转"位置时，SA1—3 接通，SA1—1、SA1—2 断开。

1) 主轴电动机 M1 及润滑泵电动机 M2 的控制

将手动操作转换开关 SA1 扳到"零"位置，合上电源开关 QS1，接触器 KM3 得电闭合，润滑泵电动机 M2 启动运行。KM3 闭合后，它的常开触点接通了 6 号线到 7 号线间的接触器 KM1 线圈和接触器 KM2 线圈的通路，为主轴电动机的正、反转启动运行做好了准备。同时中间继电器 KA(U51 号线与 1 号线间)得电闭合并自锁。当将手动操作转换开关 SA1 扳到"正转"位置时，SA1—2 接通，SA1—1、SA1—3 断开，主轴电动机 M1 的正转接触器 KM1 得电闭合。其得电通路为：U51→KA→1 号线→SA1—2→3 号线→KM2 常闭触点→5 号线→KM1 线圈→7 号线→KM3 常开触点→6 号线→KR3→4 号线→KR2→2 号线→KR1→V52，主轴电动机 M1 正转启动运行。将手动操作转换开关 SA1 扳向"反转"位置时，SA1—3 接通，SA1—1、SA1—2 断开，KM1 失电释放，KM2 得电闭合，其得电通路为：U51→KA→1 号线→SA1—3→11 号线→KM1 常闭触点→13 号线→KM2 线圈→7 号线→KM3 常开触点→6 号线→KR3→4 号线→KR2→2 号线→KR1→V52，主轴电动机 M1 反转启动运行。将手动操作转换开关 SA1 扳回"零"位置时，主轴电动机 M1 停止。断开 QS1，接触器 KM3 和中间继电器 KA 失电，润滑泵电动机 M2 停止。

在以上主轴电动机 M1 正、反转的控制过程中，SA1 始终只能有一对触点闭合，从而保证了主轴电动机 M1 的正、反转接触器 KM1、KM2 在任何时候都不会同时闭合。同时在接触器 KM1 和 KM2 的线圈回路中互相串入了对方的常闭触点，组成了典型的接触器联锁正、反转控制电路，使控制电路具有很高的可靠性。中间继电器 KA 在电路中起一个欠压和零压的保护作用。

2) 冷却泵电动机 M3 的控制

冷却泵电动机 M3 的启动与停止由手动转换开关 QS2 操作。当手动闭合 QS2 时，冷却泵电动机 M3 启动运行；手动断开 QS2 时，冷却泵电动机 M3 停止运转。

3) 机床工作照明及信号指示电路

合上电源总开关 QS1 时，380 V 电源加在变压器的 TC 初级绕组上，经降压后，6 V 电压作为电源指示灯 HL 的电源，36 V 电压作为机床工作照明电源。当机床需要工作照明时，合上 SA2，机床工作照明灯 EL 亮。

5.6.2　C616 型卧式车床电气控制线路故障检修实例

1. 主轴电动机 M1 不能启动

故障现象：合上电源开关 QS1，润滑泵电动机 M2 能启动。将主轴电动机 M1 的手动操作转换开关 SA1 分别扳至"正转"、"反转"位置，润滑泵电动机 M2 仍能启动运行，但主轴电动机 M1 不能启动运行。

故障分析：合上电源总开关 QS1，润滑泵电动机 M2 能启动运行，证明从电源至控制润滑泵电动机 M2 的接触器 KM3 的线圈回路无问题。从扳动主轴电动机 M1 的操作转换开关 SA1 至"正转"与"反转"位置，润滑泵电动机 M2 仍能启动运行可以判断控制线路中中间继电器 KA 闭合完好而主轴电动机 M1 仍不能启动运行的故障范围应在 1 号线至 6 号线间的接触器 KM1 及 KM2 的线圈回路中，而在这个范围之内，7 号线到 6 号线间的接触器 KM3 的常开触点闭合接触不良的可能性最大。

故障检查：关闭电源总开关 QS1。用螺丝刀将接触器 KM3 的铁芯用力按下，相当于接触器 KM3 处于闭合状态。用万用表 R×1k 挡测量 7 号线到 6 号线间的接触器 KM3 的常开触点，7号线和6号线接通。松开铁芯，用万用表R×1k挡分别测量3号线到5号线间的接触器KM2的常闭触点及11号线到13号线间的接触器KM1的常闭触点。经测量，没有闭合不良的现象。再次合上电源总开关QS1，将主轴电动机M1的手动操作转换开关SA1扳至"正转"位置，用"短路法"将导线从U51号线短接到5号线，主轴电动机M1不能启动。将导线从7号线短接到4号线，主轴电动机M1能正转启动运行，再将导线从7号线短接到6号线，主轴电动机M1仍能正转启动运行。将手动操作转换开关SA1扳至"反转"位置，短接7号线至6号线，主轴电动机M1能反转启动运行。经过"短路法"检查判断，主轴电动机M1不能启动运行的原因是7号线到6号线之间的接触器KM3的常闭触点闭合不良。但是，我们刚才在断开机床的电源时，用螺丝刀将接触器KM3的铁芯压下后，对7号线和6号线间的这个触点进行了测量，认为这个触点是没有问题的，现在为什么用短路法检查却判断是它闭合不良而引起主轴电动机M1不能启动运转呢？道理很简单，我们刚才用的是手动按下去的方法，虽然模仿了接触器KM3的闭合动作，但是力的轻和重以及受力的位置都会改变接触器KM3各个常开触点的闭合情况。而7号线与6号线间的接触器KM3的常开触点正处在能闭合好和非接触好的状态。当用力重压下去时能接触好，当轻轻压下去时就可能接触不好，这要看当时的用力情况而定。为了更进一步证明7号线与6号线之间的接触器KM3的常开触点闭合不良，有两种方法：一是将接触器KM3上的7号线和6号线用导线连接起来(短路7号线与6号线间的接触器KM3的常开触点)，再扳动手动操作转换开关SA1，看主轴电动机M1的运转状况；二是拆除6号线和7号线在接触器KM3上的所有导线，合上电源总开关QS1，用万用表R×1k挡测量6号线和7号线间的接触器KM3的常开触点是否闭合良好。第一种方法简单快速；第二种方法直观明了。经检查，确属6号线和7号线间的接触器KM3的常开触点闭合接触不良。

故障处理：修理或更换6号线与7号线间的接触器KM3的常开触点。

2．机床无电源指示和工作照明

故障现象：合上电源总开关QS1，电源指示灯HL不亮，合上SA2，机床工作照明灯EL亦不亮。

故障分析：从合上电源总开关QS1，电源指示灯HL不亮，合上机床工作照明灯开关SA2，机床工作照明灯EL不亮，可分析出这是变压器TC损坏的原因所致。

故障检查：合上电源总开关QS1，用万用表交流500V挡测量变压器TC的初级线圈两端，有380V的电压。再用万用表交流50V挡分别测量变压器TC的次级绕组输出端，各绕组均无电压输出。判断为变压器TC损坏。拆下变压器TC，用万用表电阻R×1k挡测量其初级线圈直流电阻为无穷大。故为变压器TC的初级绕组烧毁断路。

故障处理：更换变压器TC或重绕变压器TC的绕组。

5.6.3 C616型卧式车床电气控制线路故障维修汇总

1．电路中三台电动机都不能启动

(1) 故障可能出现的范围或故障点：电源总开关QS1有问题；手动操作转换开关SA1—1接触不良；热继电器KR1、KR2、KR3断路；KM3线圈损坏。

(2) 重点检测对象或检测点：转换开关SA1—1；热继电器KR1、KR2、KR3。

2. 主轴电动机 M1 不能启动

(1) 故障可能出现的范围或故障点：熔断器 FU1 断路；热继电器 KR1 的主通路有断点；主轴电动机 M1 有问题；V52 号线至 1 号线中的中间继电器 KA 的常开触点闭合不良；KA 线圈损坏；7 号线至 6 号线间的接触器 KM3 的常开触点闭合不良。

(2) 重点检测对象或检测点：熔断器 FU1；V52 号线至 1 号线间的中间继电器 KA 的常开触点；7 号线至 6 号线间的接触器 KM3 的常开触点。

3. 主轴电动机 M1 不能正转启动运转

(1) 故障可能出现的范围或故障点：主电路中 KM1 的主触点接触不良；手动操作转换开关 SA1—2(1 号线与 3 号线间)接触不良；接触器 KM2 的常闭触点(3 号线与 5 号线间)接触不良；KM1 线圈损坏。

(2) 重点检测对象或检测点：SA1—2(1 号线与 3 号线间)；接触器 KM2 的常闭触点；接触器 KM1 的主触点。

4. 主轴电动机 M1 不能反向启动运转

(1) 故障可能出现的范围或故障点：主电路中 KM2 的主触点接触不良；手动操作转换开关 SA1—3(1 号线与 11 号线间)接触不良；接触器 KM1 的常闭触点(11 号线与 13 号线间)接触不良；KM2 线圈损坏。

(2) 重点检测对象或检测点：SA1—3(1 号线与 11 号线间)；接触器 KM1 的常闭触点；接触器 KM2 的主触点。

5. 润滑泵电动机 M2 不能启动运行

(1) 故障可能出现的范围或故障点：熔断器 FU2 断路；接触器 KM3 的主触点闭合不良；熔断器 FU2 的主通路有断点；润滑泵电动机 M2 有故障；手动操作转换开关 SA1—1 闭合不良；热继电器 KR1、KR2、KR3 有断点。

(2) 重点检测对象或检测点：接触器 KM3 的主触点；熔断器 FU2；手动操作转换开关 SA1—1；热继电器 KR1、KR2、KR3。

6. 冷却泵电动机 M3 不能启动

(1) 故障可能出现的范围或故障点：QS2 闭合不良；热继电器 KR3 的主通路有断点；冷却泵电动机 M3 有问题。

(2) 重点检测对象或检测点：冷却泵电动机 M3；QS2；热继电器 KR3 的主通路。

7. 机床无电源指示或无工作照明灯

(1) 故障可能出现的范围或故障点：变压器 TC 损坏；熔断器 FU3 断路；机床电源指示灯 HL 损坏；机床工作照明灯 EL 损坏；照明灯开关 SA2 闭合不良。

(2) 重点检测对象或检测点：变压器 TC；熔断器 FU3；机床工作照明灯 EL；机床电源指示灯 HL。

5.6.4　C616 型卧式车床电气控制线路 PLC 控制改造

1. 输入/输出点分配表

C616 型卧式车床 PLC 控制输入/输出点分配表见表 5-10。其中按钮 SB1 为润滑泵电动机 M3 的启动按钮；SB2 为主轴电动机 M1 的正转启动按钮；SB3 为主轴电动机 M1 的反转启动按钮；按钮 SB4 为总停止按钮。

表 5-10　C616 型卧式车床 PLC 控制输入/输出点分配表

输 入 信 号			输 出 信 号		
名　称	代　号	输入点编号	名　称	代号	输出点编号
电动机 M3 启动按钮	SB1	X0	电动机 M1 正转接触器	KM1	Y0
电动机 M1 正转启动按钮	SB2	X1	电动机 M1 反转接触器	KM2	Y1
电动机 M1 反转启动按钮	SB3	X2	电动机 M2 接触器	KM3	Y2
总停止按钮	SB4	X3			
热继电器	KR1、KR2、KR3	X4			

2. PLC 控制接线图

C616 型卧式车床 PLC 控制接线图如图 5-17 所示。

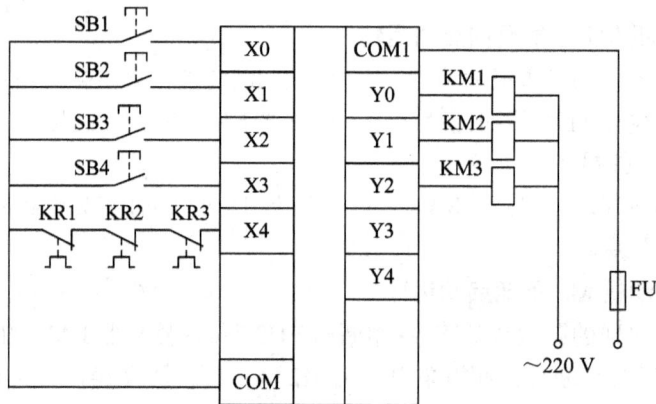

图 5-17　C616 型卧式车床 PLC 控制接线图

3. PLC 控制梯形图及指令语句表

C616 型卧式车床 PLC 控制梯形图及指令语句表如图 5-18 所示。

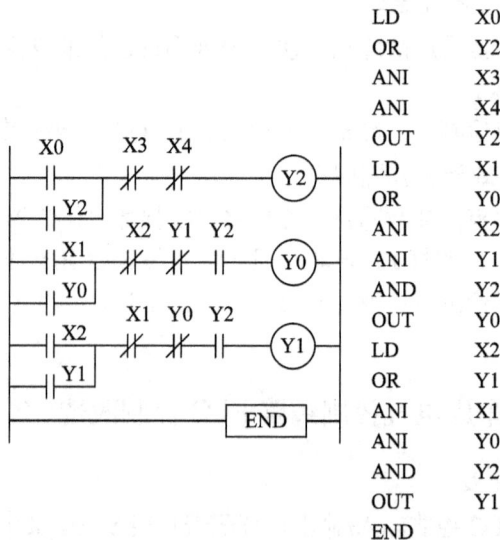

```
LD    X0
OR    Y2
ANI   X3
ANI   X4
OUT   Y2
LD    X1
OR    Y0
ANI   X2
ANI   Y1
AND   Y2
OUT   Y0
LD    X2
OR    Y1
ANI   X1
ANI   Y0
AND   Y2
OUT   Y1
END
```

图 5-18　C616 型卧式车床 PLC 控制梯形图及指令语句表

5.7　C650 型卧式车床

C650 型卧式车床采用了主轴电动机功率达 30 kW 的电动机拖动,床身最大工件回转半径为 1020 mm,最大工件长度达 3000 mm,故它属于中型车床。

5.7.1　C650 型卧式车床电气控制线路分析

C650 型卧式车床电气控制线路原理图如图 5-19 所示。

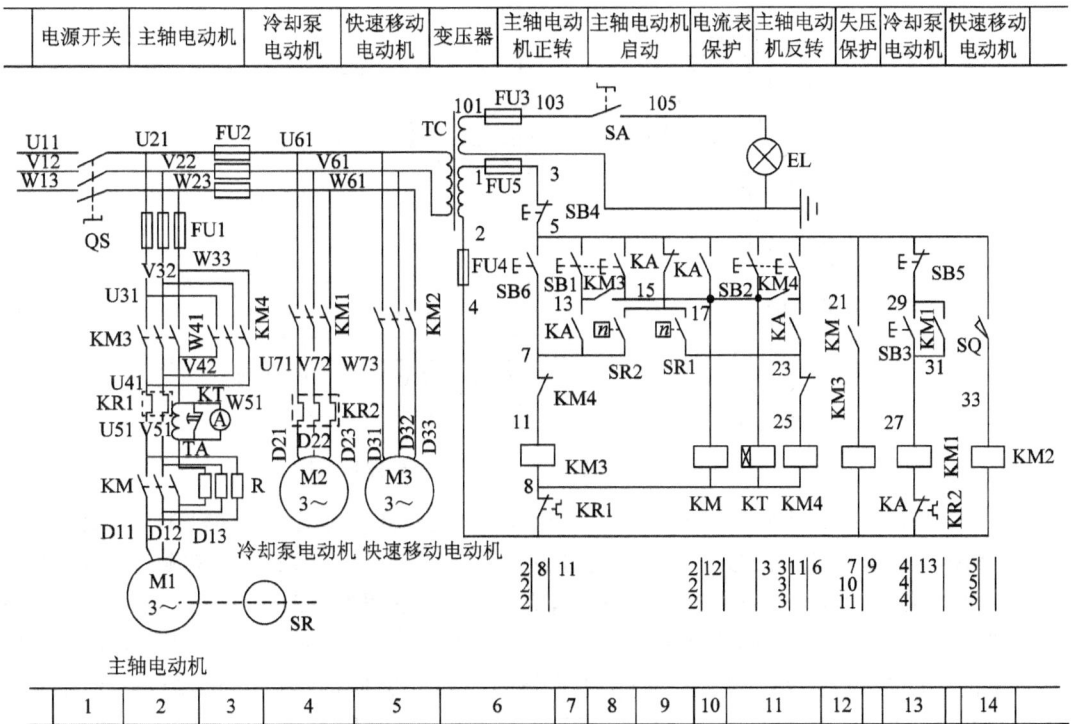

图 5-19　C650 型卧式车床电气控制线路原理图

1．主电路分析

主电路中共有三台电动机,即主轴电动机 M1、冷却泵电动机 M2 和快速移动电动机 M3,主轴电动机 M1 的控制较为复杂。其中接触器 KM3、KM4 分别控制主轴电动机 M1 的正、反转,主轴电动机既可点动运行,又可降压启动及正、反转运行。图中熔断器 FU1 为主轴电动机 M1 的短路保护,热继电器 KR1 为过载保护,R 为限流电阻,为在主轴电动机 M1 点动及反接制动控制时防止连续的启动及制动电流对主轴电动机 M1 的冲击而引起过热。电流互感器 TA 和电流表 A 用以监视主轴电动机 M1 绕组的电流,时间继电器 KT 的延时断开常闭触点在这里起到保护电流表 A 的作用,以防主轴电动机启动时的冲击电流对电流表 A 的损害。速度继电器 SR 的转轴和主轴电动机 M1 的轴连接在一轴上,当主轴电动机 M1 的正转速度达到 120 r/min 时,速度继电器 SR 的正转常开触点 SR1 闭合,当主轴电动机 M1 的反转速度达到 120 r/min 以上时，速度继电器 SR 的反转常开触点 SR2 闭合，为主轴电动机 M1 的双向反接制动做准备。熔断器 FU2 为冷却泵电动机 M2 及快速移动电动机 M3 的短路保护，热继电器 KR2 为冷却泵电动机的过载保护，接触器 KM1 控制冷却泵电动机 M2 电源的通断，接触器 KM2 控制快速移动电动机 M3 电源的通断。由于快速移动电动机 M3 为短时点动控制运行，故未设过载保护。

2．控制电路分析

1) 主轴电动机 M1 的正、反转控制

为了清楚起见，我们将主轴电动机 M1 的正、反转控制线路原理图单独画出，如图 5-20 所示。

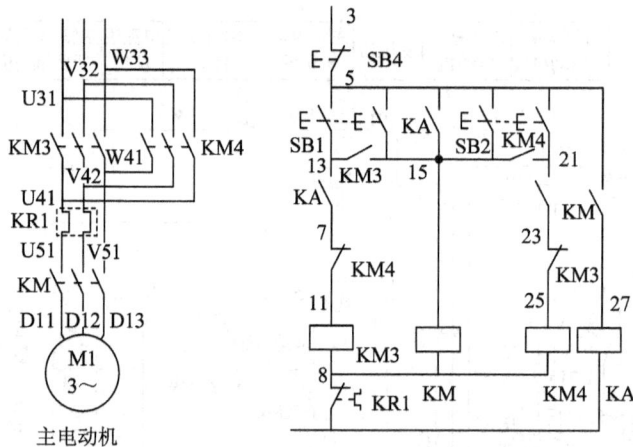

图 5-20　C650 型车床正、反转控制线路原理图

图 5-20 中 SB1 为主轴电动机 M1 的正转启动按钮，SB2 为主轴电动机 M1 的反转启动按钮，SB4 为停止按钮。当按下主轴电动机 M1 的正转启动按钮 SB1 时，接触器 KM 得电，其得电通路为：1 号线→FU5→3 号线→SB4 常闭触点→5 号线→SB1 常开触点→15 号线→KM 线圈→8 号线→KR1→4 号线→FU4→2 号线。KM 闭合，KM 主触点将限流电阻 R 短接，它的辅助常开触点(5 号线与 27 号线间)将中间继电器 KA 的线圈回路接通，使中间继电器 KA 得电闭合。中间继电器 KA 的常开触点接通 5 号线和 15 号线以及 13 号和 7 号线，使得接触器 KM3 得电及松开 SB1 时仍能保持 KM、KM3 和 KA 得电闭合，此时主轴电动机 M1 在全压下正向启动运转。当按下主轴电动机 M1 的反转启动按钮 SB2 时，仍然是接触器 KM 首先得电，其得电通路为：1 号线→FU5→3 号线→SB4 常闭触点→5 号线→SB2 常开触点→15 号线→KM 线圈→8 号线→KR1→4 号线→FU4→2 号线。KM 闭合后，辅助常开触点接通 5 号线和 27 号线，使中间继电器 KA 闭合，中间继电器 KA 的常开触点接通 5 号线和 15 号线以及 21 号线和 23 号线，使得接触器 KM4 得电闭合。其得电通路为：1 号线→FU5→3 号线→SB4 常闭触点→5 号线→SB2 常开触点→21 号线→KA 常开触点→23 号线→KM4 常闭触点→25 号线→KM4 线圈→8 号线→KR1→4 号线→FU4→2 号线。接触器 KM4 闭合，主触点接通使主轴电动机反转启动运行。同时，接触器 KM4 的常开触点接通 15 号线和 21 号线并自锁，使得当松开主轴电动机反转启动按钮 SB2 时仍然能得电闭合。图 5-20 中，在接触器 KM3 和接触器 KM4 各自的线圈回路中，互相串接了对方的常闭触点，

在接触器 KM3 闭合后，接触器 KM4 不能闭合；反之，在接触器 KM4 闭合的情况下，KM3 也不能闭合。这是一个典型的正、反转接触器联锁电路。

2) 主轴电动机 M1 的点动控制

图 5-21 画出了主轴电动机的点动控制线路原理图。主轴电动机 M1 的点动由按钮 SB6 控制。当按下主轴电动机的点动控制按钮 SB6 时，接触器 KM3 得电闭合，主触点将电源通过限流电阻 R 接入主轴电动机 M1 的绕组中，主轴电动机 M1 串电阻降压启动，电动机在较低速下启动运行。由于串接了限流电阻 R，启动电流小，故对主轴电动机 M1 频繁点动时起到了保护作用。

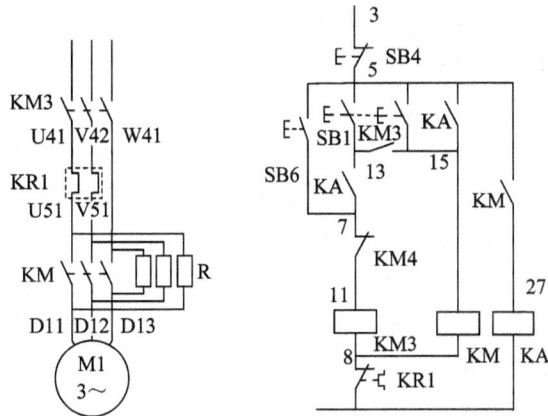

图 5-21 C650 型车床点动控制线路原理图

3) 主轴电动机 M1 的双向反接制动控制

主轴电动机 M1 的双向反接制动控制线路原理图如图 5-22 所示。

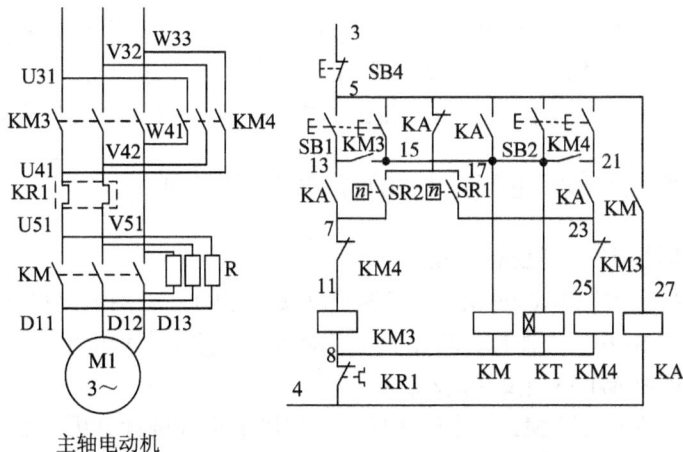

图 5-22 C650 型车床双向反接制动控制线路原理图

当按下主轴电动机 M1 的正转启动按钮 SB1 时，接触器 KM、KM3 以及中间继电器 KA 闭合，主轴电动机 M1 正转启动运行，当主轴电动机 M1 的正转速度达到 120 r/min 以上时，速度继电器 SR 的正转常开触点 SR1(图中 17 号线到 23 号线间)闭合，由于接触器 KM3、中间继电器 KA 是闭合的，中间继电器的 5 号线到 23 号线间的常闭触点断开及接触器 KM3 的 23 号线到 25 号线的常闭触点断开，故接触器 KM4 线圈不能得电。当需要主轴电动机停止时，按下停止按钮 SB4，接触器 KM3、KM 及中间继电器 KA 失电断开，其各常闭触点复位，中间继电器 KA 的常闭触点将 KM4 线圈回路中的 5 号线到 17 号线接通，接触器 KM3 的常闭触点将 KM4 线圈回路中的 23 号线到 25 号线接通，而主轴电动机 M1 此时虽然断电，但由于惯性作用，其正转速度仍然很高(大于 120 r/min)，速度继电器 SR 的正转常开触点 SR1 仍然闭合，故在按下停止按钮 SB4 后的瞬间，接触器 KM3、KM 及中间继电器 KA 断电，接触器 KM4 则通过以下回路得电闭合：1 号线→FU5→3 号线→SB4→5 号线→KA 常闭触点→17 号线→SR1→23 号线→KM3 常闭触点→25 号线→KM4 线圈→8 号线→KR1→4 号线→FU4→2 号线。接触器 KM4 的主触点将主轴电动机 M1 的电源经限流电阻 R 限流后反向引入主轴电动机 M1 的绕组中，主轴电动机 M1 反转启动，正转速度迅速下降。当主轴电动机的正转速度下降至 100 r/min 时，速度继电器 SR 的正转常开触点 SR1 断开，接触器 KM4 失电断开，主轴电动机 M1 停转。这样起到了主轴电动机 M1 正转反接制动的作用。主轴电动机 M1 反转制动的原理与正转反接制动的原理相同，只是图中将正转启动按钮 SB1 换成反转启动按钮 SB2，主轴电动机 M1 反转启动运行时，当转速达到 120 r/min 以上时，速度继电器 SR 的反转常开触点 SR2(17 号线到 7 号线间)闭合，为主轴电动机 M1 停止时接通 KM3 线圈回路做好了准备。当按下停止按钮 SB4 时，主轴电动机 M1 正转启动运行对反转进行制动。

4) 冷却泵电动机 M2 的控制

当按下冷却泵电动机 M2 的启动按钮 SB3 时，接触器 KM1 得电闭合并自锁，冷却泵电动机 M2 启动运行，带动冷却泵供给机床冷却液。按下冷却泵电动机 M2 的停止按钮 SB5，冷却泵电动机 M2 停止。

5) 快速移动电动机 M3 的控制

快速移动电动机 M3 为点动控制。当转动刀架手柄并压下行程开关 SQ 后，接触器 KM2 得电闭合，快速移动电动机 M3 启动运转拖动工作台按要求进给方向快速移动，将刀架手柄复位后，行程开关 SQ 断开，接触器 KM2 失电，快速移动电动机 M3 停转。

5.7.2　C650 型卧式车床电气控制线路故障检修实例

1. 主轴电动机 M1 不能反转启动

故障现象：按下主轴电动机 M1 的正转启动按钮 SB1，主轴电动机 M1 能正转启动运行；按下点动按钮 SB6，主轴电动机 M1 能点动运行；按下主轴电动机 M1 的反转启动按钮 SB2，主轴电动机 M1 不能反转启动。

故障分析：主轴电动机 M1 不能反转启动应按以下步骤进行分析。按下主轴电动机 M1 的反转启动按钮 SB2，观察接触器 KM 是否得电闭合。如果接触器 KM 没有闭合，应重点检查主轴电动机 M1 的反转启动按钮 SB2 与接触器 KM 线圈通路的故障。如果接触器 KM 闭合，则观察接触器 KM4 是否闭合。如果接触器 KM4 闭合，主轴电动机 M1 不能反转启动，则应是反转接触器 KM4 的主触点有问题。如果接触器 KM4 没有闭合，应重点检查接触器 KM4 的线圈回路通路。

故障检查：合上电源总开关 QS，按下主轴电动机 M1 的反转启动按钮 SB2，观察到接

触器 KM 已闭合，中间继电器 KA 也闭合，但接触器 KM4 没有闭合，判断为接触器 KM4
线圈回路有问题。用"短路法"将 5 号线和 25 号线用导线短接，接触器 KM4 闭合，按下
主轴电动机 M1 的反转启动按钮 SB2，主轴电动机 M1 能反转启动，再将导线从 5 号线短
接到 23 号线，重复上述过程，主轴电动机 M1 不能反转启动，判断为 23 号线和 25 号线间
的接触器 KM3 的常闭触点接触不良。断开电源总开关 QS，用万用表 R×1 k 挡测量 23 号
线和 25 号线间的接触器 KM3 的常闭触点，电阻为无穷大，故为此触点接触不良。

故障处理：修理或更换接触器 KM3 的触点。

2. 合上电源总开关 QS，主轴电动机 M1 自动正转启动

故障现象：合上电源总开关 QS 后，主轴电动机 M1 自动正转启动运行。

故障分析：这种情况应从以下两个方面去考虑。一是控制电路 KM3 的线圈回路短路，
引起接触器 KM3 得电闭合，主轴电动机 M1 正转启动；二是主电路中接触器 KM3 的主触
点短路，使得主轴电动机 M1 直接得电运行。

故障检查：断开电源总开关 QS，将熔断器 FU5 或 FU4 旋开，取出熔芯，用万用表
R×1 k 挡测量主轴电动机 M1 的点动按钮 SB6(5 号线和 7 号线间)常开触点两端，电阻为无
穷大，证明控制电路中接触器 KM3 的线圈回路无短路故障。检查主电路中接触器 KM3 的
主触点，发现接触器 KM3 主触点熔焊，动触点和静触点粘在一起，形成闭合状态，故造成
主电路短路。

故障处理：修理或更换接触器 KM3。

在以上测量主轴电动机 M1 的点动按钮 SB6(5 号线和 7 号线间)两端电阻时，如果不断
开熔断器 FU4 和 FU5，那么当万用表测量主轴电动机 M1 的点动按钮 SB6 两端时，将会产
生一个测量通路，使得万用表指针向右偏转，造成误测量。其通路为：5 号线→SB4 常闭
触点→3 号线→FU5→1 号线→TC 线圈→2 号线→FU4→4 号线→KR1→8 号线→KM3 线圈
→11 号线→KM4 常闭触点→7 号线。这时测量结果为 KM4 线圈的直流电阻和变压器 TC
次级绕组 1、2 号线间的线圈直流电阻，其结论会给人一种主轴电动机的点动按钮 SB6 短
路或速度继电器的反转闭合触点 SR2 短路的假象。这是每一位初学者常犯的错误，应引起
注意。

5.7.3　C650 型卧式车床电气控制线路故障维修汇总

1. 主轴电动机 M1、冷却泵电动机 M2 及快速进给电动机 M3 不能启动

(1) 故障可能出现的范围或故障点：电源总开关 QS；熔断器 FU2 断路；变压器 TC 损
坏；熔断器 FU4；熔断器 FU5 断路；停止按钮 SB4 接触不良。

(2) 重点检测对象或检测点：熔断器 FU2、FU4、FU5；停止按钮 SB4。

2. 主轴电动机 M1 不能启动

(1) 故障可能出现的范围或故障点：KM3 主触点接触不良；5 号线到 13 号线及 5 号线
到 15 号线间的 SB1 常开触点接触不良；13 号线到 15 号线间的 KM3 常开触点接触不良；
13 号线到 7 号线间的 KA 触点闭合不良；7 号线到 11 号线间的 KM4 常闭触点接触不良；
KM3 线圈损坏。

(2) 重点检测对象或检测点：KM3 主触点；SB1 常开触点；7 号线到 11 号线间的 KM4 常闭触点。

3. 主轴电动机 M1 不能正转启动

(1) 故障可能出现的范围或故障点：KM3 主触点接触不良；5 号线到 13 号线及 5 号线到 15 号线间的 SB1 常开触点接触不良；13 号线到 15 号线间的 KM3 常开触点接触不良；13 号线到 7 号线间的 KA 触点闭合不良；7 号线到 11 号线间的 KM4 常闭触点接触不良；KM3 线圈损坏。

(2) 重点检测对象或检测点：KM3 主触点；SB1 常开触点；7 号线到 11 号线间的 KM4 常闭触点。

4. 主轴电动机 M1 不能反转启动

(1) 故障可能出现的范围或故障点：KM4 主触点接触不良；5 号线到 15 号线及 5 号线到 21 号线间的 SB2 常开触点接触不良；15 号线到 21 号线间的 KM4 常开触点接触不良；21 号线到 23 号线间的 KA 触点闭合不良；23 号线到 25 号线间的 KM3 常闭触点接触不良；KM4 线圈损坏。

(2) 重点检测对象或检测点：KM4 主触点；SB2 常开触点；23 号线到 25 号线间的 KM3 常闭触点。

5. 主轴电动机 M1 不能点动

(1) 故障可能出现的范围或故障点：SB6 接触不良；限流电阻 R 有问题。

(2) 重点检测对象或检测点：SB6；电阻 R。

6. 主轴电动机 M1 不能制动

(1) 故障可能出现的范围或故障点：5 号线到 15 号线间的中间继电器 KA 的常闭触点接触不良；速度继电器 SR 的正、反转闭合触点接触不良。

(2) 重点检测对象或检测点：速度继电器 SR。

7. 冷却泵电动机 M2 不能启动

(1) 故障可能出现的范围或故障点：接触器 KM1 的主触点接触不良；热继电器 KR2 的主通路有断点；冷却泵电动机 M2 有问题；5 号线到 29 号线间的 SB5 常闭触点接触不良；29 号线到 31 号线间的 SB3 接触不良；接触器 KM1 的线圈损坏；KM1 线圈回路中的 KR2 辅助常闭触点断路。

(2) 重点检测对象或检测点：接触器 KM1 的主触点；冷却泵电动机 M2；KM1 线圈回路中的 SB5；热继电器 KR2。

8. 快速移动电动机 M3 不能启动

(1) 故障可能出现的范围或故障点：接触器 KM2 的主触点接触不良；快速移动电动机 M3 有问题；5 号线到 33 号线间的行程开关 SQ 接触不良；接触器 KM2 的线圈损坏。

(2) 重点检测对象或检测点：快速移动电动机 M3；行程开关 SQ。

9. 其他辅助电路故障

(1) 故障可能出现的范围或故障点：无工作照明；FU3 断路；EL 断路；电流表 A 无指示；电流表损坏；电流互感器 TA 损坏。

(2) 重点检测对象或检测点：FU3；EL；电流表 A；电流互感器 TA 等。

5.7.4 C650 型卧式车床电气控制线路 PLC 控制改造

1. PLC 控制输入/输出点分配表

根据 C650 型卧式车床的控制要求，列出 PLC 控制输入/输出点分配表见表 5-11。

表 5-11 C650 型卧式车床 PLC 控制输入/输出点分配表

输 入 信 号			输 出 信 号		
名 称	代号	输入点编号	名 称	代号	输出点编号
电动机 M1 正转启动按钮	SB1	X0	电动机 M1 切除电阻 R 运行接触器	KM	Y0
电动机 M1 反转启动按钮	SB2	X1	电动机 M2 运行接触器	KM1	Y1
电动机 M2 启动按钮	SB3	X2	电动机 M3 运行接触器	KM2	Y2
电动机总停止按钮	SB4	X3	电动机 M1 正转接触器	KM3	Y3
电动机 M2 停止按钮	SB5	X4	电动机 M1 反转接触器	KM4	Y4
电动机 M1 点动按钮	SB6	X5	电流表 A 短接中间继电器	K	Y5
电动机 M3 点动位置开关	ST	X6			
电动机 M1 过载保护热继电器	KR1	X7			
电动机 M2 过载保护热继电器	KR2	X10			
正转制动速度继电器常开触点	KS1	X11			
反转制动速度继电器常开触点	KS2	X12			

2. PLC 控制接线图

C650 型卧式车床 PLC 控制接线图如图 5-23 所示。

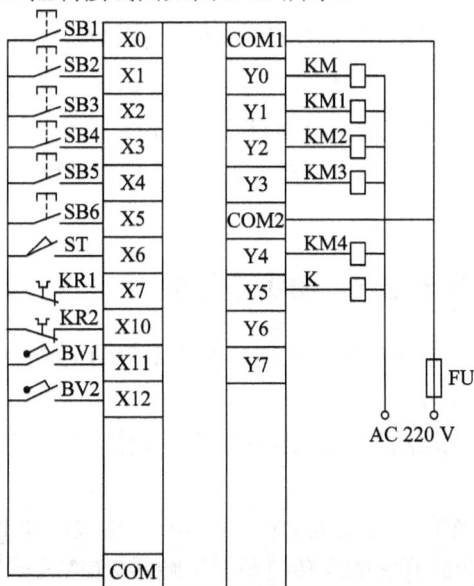

图 5-23 C650 型卧式车床 PLC 控制接线图

3. PLC 控制梯形图及指令语句表

根据主轴电动机 M1 的各控制程序流程图及冷却泵电动机 M2、快速移动电动机 M3 的控制要求，设计出 C650 型卧式车床 PLC 控制梯形图及指令语句表如图 5-24 所示。

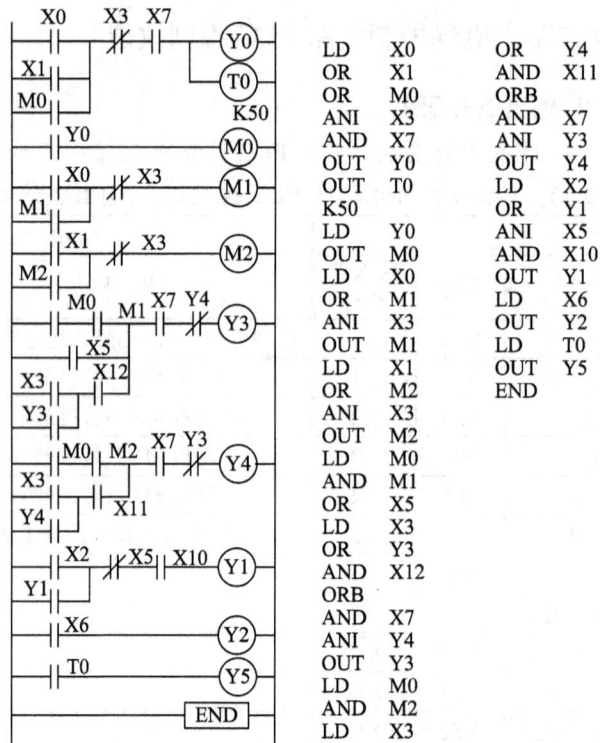

图 5-24　C650 型卧式车库 PLC 控制梯形图及指令语句表

5.8　C5225 型立式车床

C5225 型立式车床主要用于加工径向尺寸大、轴向尺寸相对较小的大型及重型工件。C5225 型立式车床由于采用了主轴垂直布置，故在加工大型和重型工件时，很容易保证零件的加工精度。

5.8.1　C5225 型立式车床电气控制线路分析

C5225 型立式车床电气控制线路原理图如图 5-25 所示(其中 96～99 区未画出)。

1．主电路分析

C5225 型立式车床的主电路如图 5-25(1)所示。从图中可以看出，主电路中共有七台电动机。

主轴电动机 M1 为工作台主拖动电动机。工作时，由接触器 KM1 接通和断开它的正转电源，接触器 KM2 接通和断开它的反转电源。接触器 KMY 是作为主轴电动机 M1 启动时将其绕组接成 Y 形接法的接触器，接触器 KM△则是主轴电动机 M1 在全压运行时将其绕组接成△形接法的接触器，速度继电器 SR 和接触器 KM3 及桥式整流能耗制动电路(见图 5-25(5)的 100～104 区)组成了主轴电动机 M1 的能耗制动电路，自动空气开关 QF1 为主轴电动机 M1 的短路保护及过载保护。

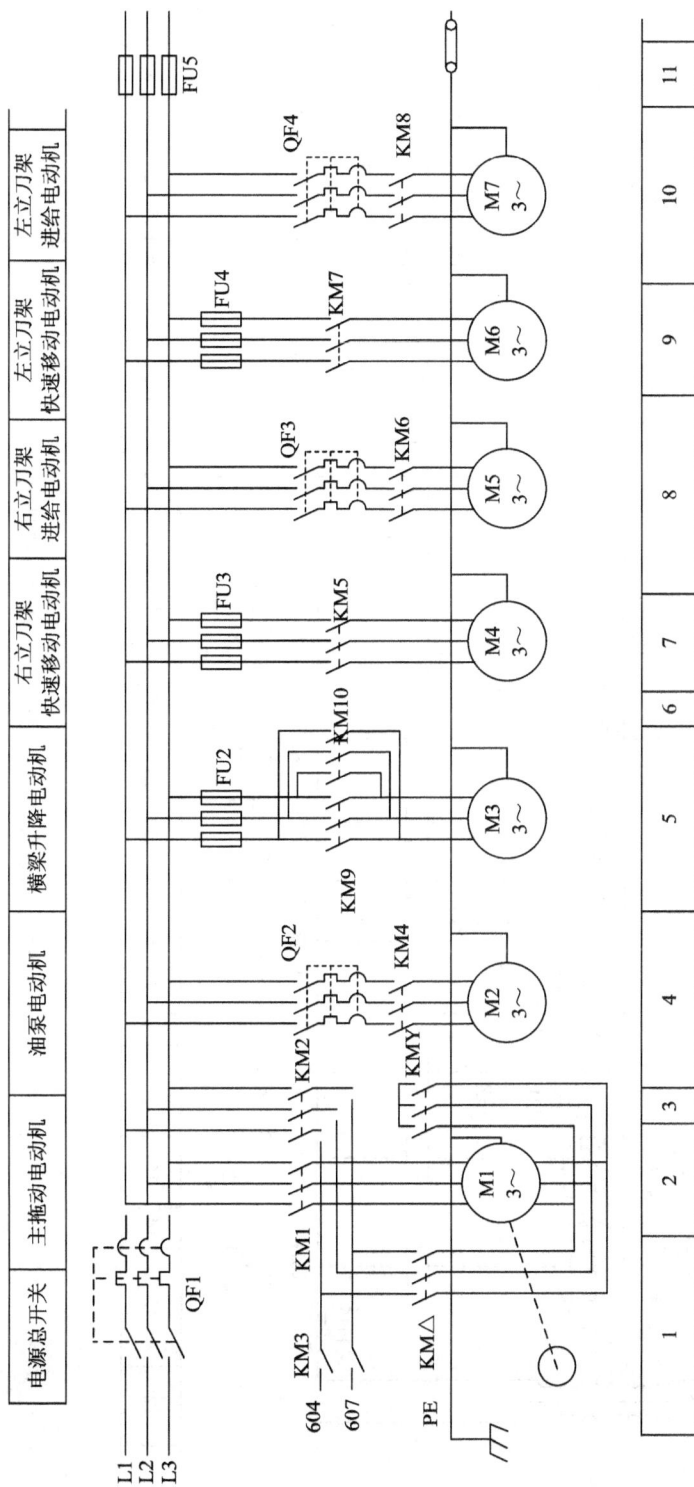

图 5-25　C5225 型立式车床电气控制线路原理图(1)

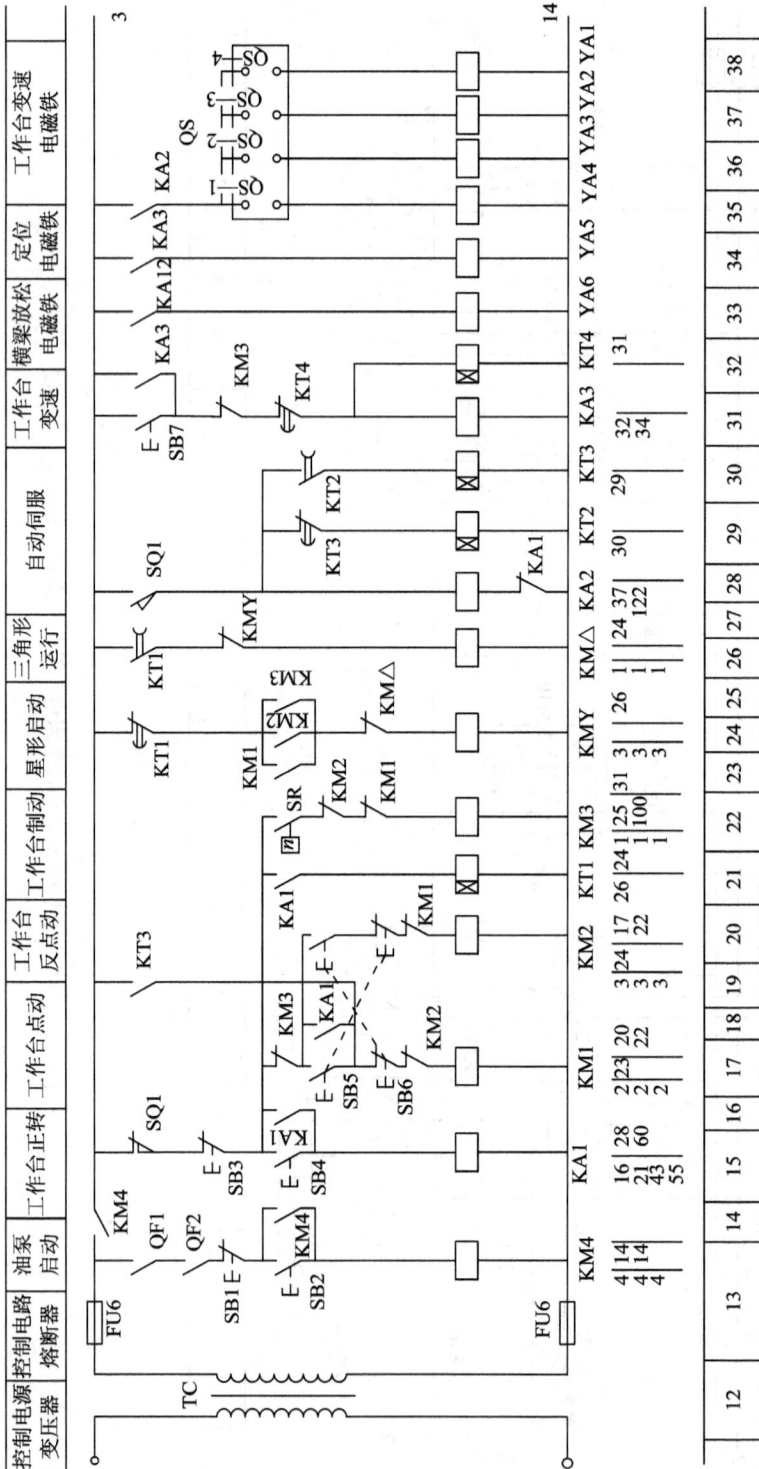

图 5-25 C5225 型立式车床电气控制线路原理图(2)

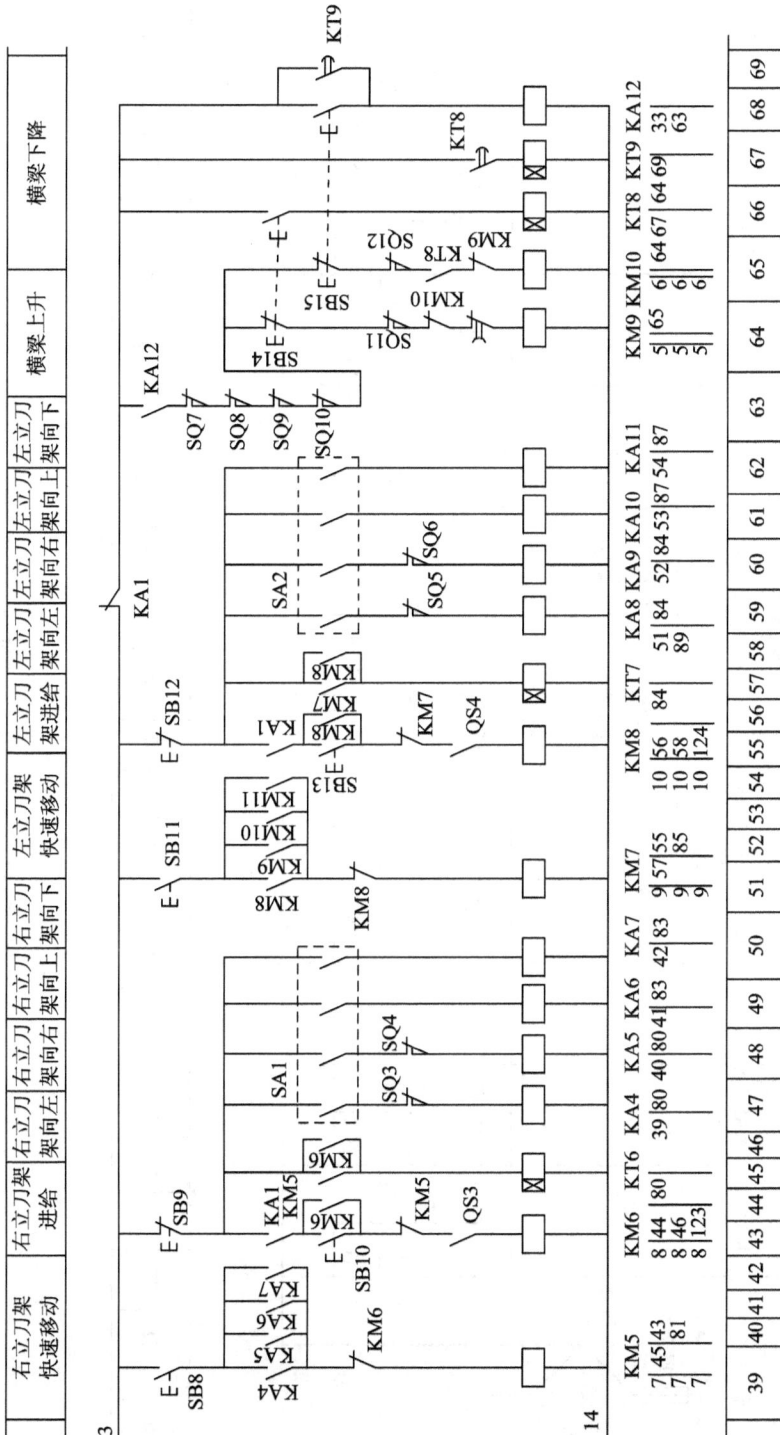

图 5-25　C5225 型立式车床电气控制线路原理图(3)

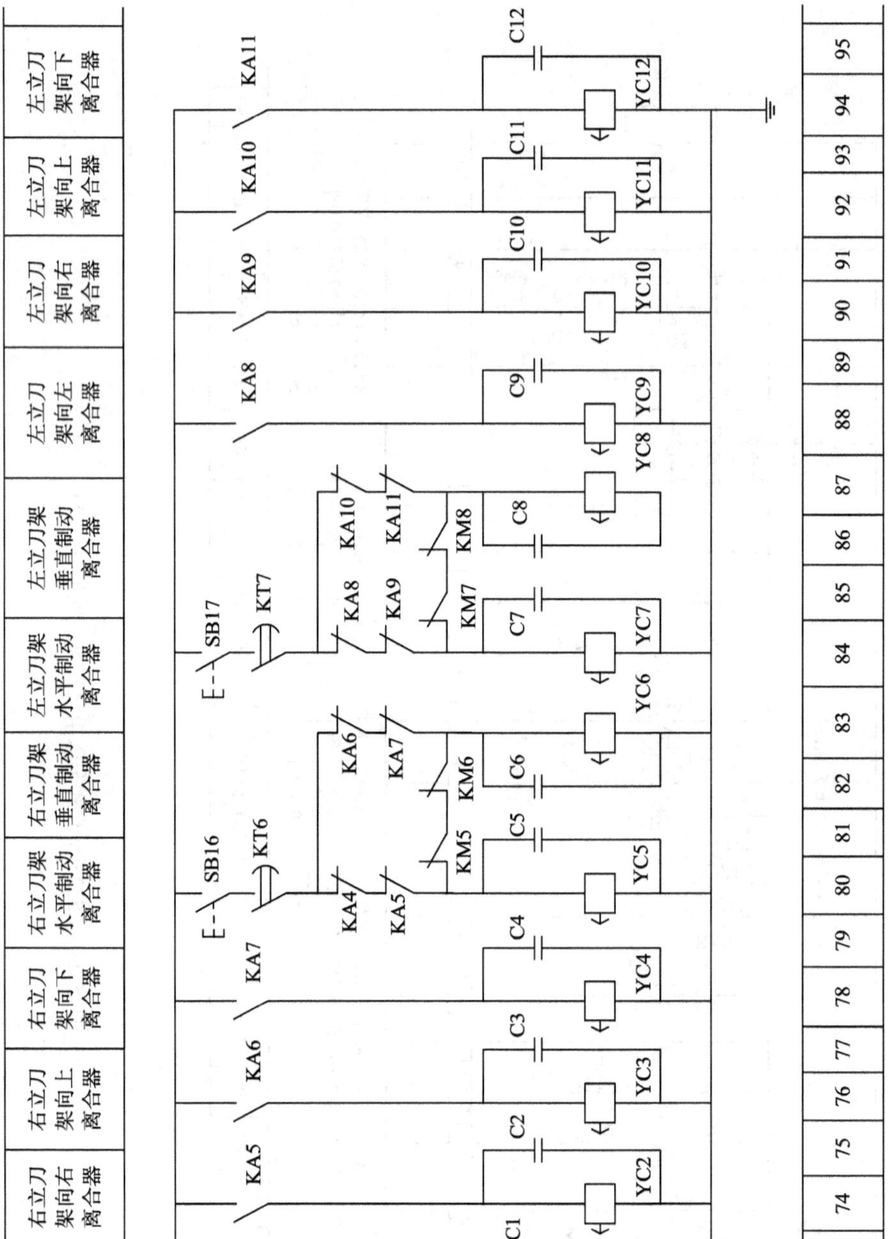

图 5-25　C5225 型立式车床电气控制线路原理图(4)

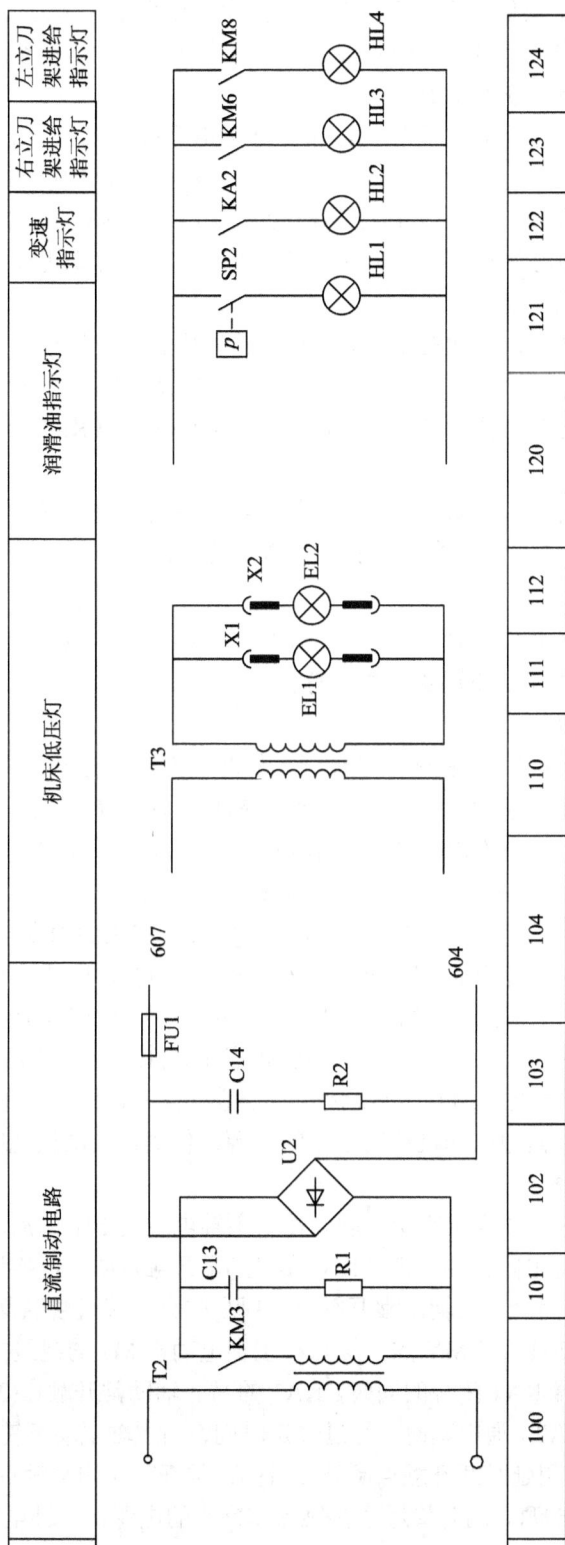

图 5-25　C5225 型立式车床电气控制线路原理图(5)

M2 为油泵电动机，它主要供给机床工作台润滑油及液压系统的压力油。油泵电动机 M2 由自动空气开关 QF2 和接触器 KM4 控制接通和断开它的电源，自动空气开关 QF2 还担任着油泵电动机 M2 的过载保护和短路保护。

M3 为横梁升降电动机，它可正、反转动，带动横梁沿立柱导轨上、下移动。接触器 KM9 控制 M3 的正转，通过机械传动使横梁沿立柱上升；接触器 KM10 控制 M3 的反转，通过机械传动使横梁沿立柱下降。熔断器 FU2 为横梁升降电动机 M3 的短路保护。

M4 为右立刀架快速移动电动机，它带动右立刀架快速移动，由接触器 KM5 控制其电源的通断，FU3 为它的短路保护。

M5 为右立刀架进给电动机，带动右立刀架工作进给，由自动空气开关 QF3 和接触器 KM6 控制其电源的通断，自动空气开关 QF3 担负着 M5 的短路保护和过载保护。

M6 为左立刀架快速移动电动机，它带动左立刀架快速移动，由 KM7 控制其电源的通断，FU4 为它的短路保护。

M7 为左立刀架进给电动机，带动左立刀架工作进给，由自动空气开关 QF4 和接触器 KM8 控制其电源的通断，自动空气开关 QF4 担负着 M7 的短路保护和过载保护。

2．控制电路分析

C5225 型立式车床的控制电路如图 5-25(2)～(5)所示。图中从第 12 区开始至 124 区分别为各个控制元件所在的区位号。下面逐一进行分析。

1）油泵电动机 M2 的控制

由于 C5225 型立式车床属于大型机床，且加工工件时工作台上有很大的重量，如果缺少润滑油，将会使机床发生重大事故。故在主轴电动机 M1 启动之前要先将油泵电动机 M2 启动，待机床润滑状况良好后，主轴电动机和其他电动机才能启动。在电气联锁上，也只有在油泵电动机 M2 启动后，主轴电动机和其他电动机才能启动运转。

合上电源总开关 QF1，再合上自动空气开关 QF2，QF1、QF2 接通接触器 KM4 线圈回路中各自的辅助触点。按下油泵电动机 M2 的启动按钮 SB2(13 区)，接触器 KM4 得电闭合并自锁，其主触点接通油泵电动机 M2 的电源(4 区)。油泵电动机 M2 启动运转，供给机床工作台润滑油及液压系统的压力油，压力继电器 SP2 触点压合(121 区)，润滑油指示灯 HL1 亮，表明机床润滑良好。在接触器 KM4 主触点闭合及自锁的同时，另一对辅助常开触点接通了(14 区)主轴电动机 M1 和其他电动机控制电路的电源，使其他电动机能够启动运转。

2）主轴电动机 M1 的控制

(1) 主轴电动机 M1 的 Y—△降压启动控制。按下主轴电动机 M1 的启动按钮 SB4(15 区)，中间继电器 KA1 线圈得电闭合并自锁。KA1(18 区)常开触点闭合，接通接触器 KM1 线圈的电源，KM1 线圈得电闭合，其辅助常开触点(23 区)闭合，接通接触器 KMY 线圈的电源，KMY 闭合，接触器 KM1 和 KMY 的主触点将主轴电动机 M1 的绕组接成 Y 形，M1 星形降压启动。在中间继电器 KA1 闭合的同时，KA1 的另一辅助常开触点(21 区)闭合，将时间继电器 KT1 线圈接通，KT1 通电延时，经过一定时间，当主轴电动机转速升至一定速度时，时间继电器 KT1 的常闭延时断开触点断开(24 区)，常开延时闭合触点闭合(26 区)，断开了接触器 KMY 线圈的电源。同时接通了接触器 KM△的电源，主轴电动机 M1 从 Y 形启动转换到了△形全压运行。

(2) 主轴电动机 M1 的正、反转点动控制。在正常加工过程中，主轴电动机只需要正向运转。主轴电动机 M1 的正、反转点动主要用于调整工件位置。当工作台需要正转点动时，按下正转点动按钮 SB5(17 区)，接触器 KM1 线圈得电闭合并接通接触器 KMY 线圈的电源(24 区)，接触器 KM1 和 KMY 将主轴电动机 M1 的绕组接成 Y 形，主轴电动机带动工作台正向旋转。松开 SB5，工作台正转停止。同理，按下反转点动按钮 SB6(20 区)，接触器 KM2线圈得电闭合并接通接触器 KMY 线圈的电源，主轴电动机 M1 带动工作台反向旋转，松开 SB6，工作台反转停止。

(3) 主轴电动机 M1 的制动控制。当主轴电动机 M1 启动运转且其转速达到 120 r/min时，速度继电器 SR 的常开触点闭合(22 区)，为主轴电动机 M1 的停车制动做好了准备。需要停车时，按下停止按钮 SB3(15 区)，中间继电器 KA1 线圈(15 区)、接触器 KM1 线圈(17 区)、时间继电器 KT1 线圈(21 区)、接触器 KM△线圈(26 区)先后失电断开，接触器KM1 切断了主轴电动机 M1 的电源，也接通了 KM3 线圈回路的电源，KM3 得电闭合，主触点接通了桥式整流能耗制动电路(100 区~104 区)，使主轴电动机 M1 进行能耗制动，工作台速度迅速下降。当主轴电动机 M1 的转速下降至 100 r/min 以下时，速度继电器 SR 的常开触点断开，接触器 KM3 线圈断电，断开桥式整流能耗制动电路，主轴电动机 M1 制动完毕。

(4) 工作台的变速控制。工作台的变速控制是通过改变变速开关 QS 的位置，电磁铁YA1→YA4(35 区→38 区)和液压传动机构推动齿轮来完成的。工作台变速开关 QS 的 QS—1、QS—2、QS—3、QS—4 分别控制电磁铁 YA1、YA2、YA3、YA4 线圈电压的通断。扳动转换开关 QS 的位置，可得出电磁铁 YA1、YA2、YA3、YA4 不同组合的通断，从而得到工作台各种不同的转速。在表 5-12 中列出了 QS 在不同状态下，YA1~YA4 线圈不同的接通情况及不同工作台转速的情况。

表 5-12　C5225 型立式车床 QS 通断表

电磁铁	QS 转换开关触点	花盘各级转速电磁铁及 QS 通断情况															
		2	2.5	3.4	4	6	6.3	8	10	12.5	16	20	25	31.5	40	50	63
YA1	QS1	−	+	+	−	+	−	+	−	+	−	+	−	+	−	+	−
YA2	QS2	+	+	+	−	+	−	+	−	+	+	+	−	+	+	−	+
YA3	QS3	+	+	+	+	−	−	−	−	+	+	+	+	−	−	−	−
YA4	QS4	+	+	+	+	+	+	+	+	−	−	−	−	−	−	−	−
说明	"+" 表示接通状态，"−" 表示断开状态																

当工作台需要变速时，将 QS 扳至所需的转速位置，然后按下 SB7(31 区)，中间继电器 KA3 闭合并自锁，时间继电器 KT4 闭合。同时中间继电器 KA3 的常开触点(34 区)闭合，接通定位电磁铁 YA5 线圈的电源，定位电磁铁 YA5 动作接通锁杆油路，压力油进入锁杆油缸，将锁杆抬起，并接通变速油路。而锁杆抬起又压合位置开关 QS1，QS1 的常开触点闭合(28 区)，中间继电器 KA2(28 区)和时间继电器 KT2(29 区)得电闭合。中间继电器 KA2的常开触点(122 区)闭合，变速指示灯 HL2 亮以及 KA2 的常开触点(35 区)闭合，通过 QS接通了相应的电磁铁，压力油进入了相应的油缸，使拉杆和拨叉推动变速工作台得到相应的转速。而时间继电器 KT2 闭合后，经过一定时间，它的延时闭合常开触点(30 区)闭合，

时间继电器 KT3 得电闭合，它的瞬时常开触点(19 区)闭合，使得接触器 KM1 和 KMY 先后得电闭合，接通主轴电动机 M1 的电源，M1 短时启动运转，促使变速齿轮啮合。在时间继电器 KT3 得电闭合并经过一定时间后，它的延时断开常闭触点(29 区)断开，使得时间继电器 KT2 线圈失电断开，KT2 的延时闭合常开触点反过来又切断时间继电器 KT3 线圈回路的电源，KT3 线圈失电断开，使得接触器 KM1、KMY 线圈失电释放，主轴电动机 M1 停转。KT3 失电后，其 29 区延时断开常闭触点闭合，又接通了 KT2 线圈回路的电源，KT2 又得电闭合，又开始使主轴电动机 M1 短时启动运转的动作。当齿轮啮合后，机械锁杆复位，松开位置开关 SQ1 并使其复位，中间继电器 KA2、时间继电器 KT2 和 KT3 及电磁铁 YA1～YA4 断电，完成了工作台的变速。

3) 横梁升降控制

横梁的升降控制是由电动机 M3 拖动来完成的，在升降前，必须先放松横梁的夹紧装置，放松横梁的夹紧装置是由液压系统来完成的。

(1) 横梁上升。按下横梁上升控制按钮 SB15(65 区)，中间继电器 KA12 线圈(68 区)得电闭合，它的常开触点(63 区、33 区)闭合。其 33 区的常开触点闭合，接通横梁放松电磁铁 YA6 线圈的通路，YA6 得电动作，接通液压系统油路，使横梁夹紧机构放松，位置开关(63 区)SQ7、SQ8、SQ9、SQ10 复位闭合，接通接触器 KM9 线圈回路的电源，KM9 闭合，其主触点(5 区)闭合，横梁升降电动机 M3 正向启动运转，带动横梁上升。当横梁上升到需要的高度时，松开 SB15，中间继电器 KA12 失电断开，接触器 KM9 失电断开，横梁升降电动机 M3 停转，横梁停止上升。同时 33 区的中间继电器 KA12 的常开触点断开，电磁铁 YA6 断电释放复位，接通夹紧液压系统油路，使夹紧装置将横梁夹紧在立柱上。

(2) 横梁下降。按下横梁下降按钮 SB14(64 区)，时间继电器 KT8(66 区)线圈得电，其 67 区瞬时闭合延时断开常开触点闭合，时间继电器 KT9 得电闭合，其 69 区瞬时闭合延时断开触点闭合，使中间继电器 KA12 得电闭合，其常开触点 33 区和 69 区 KA12 闭合。KA12(33 区)常开触点闭合，接通 YA6 电磁铁线圈的电源，YA6 得电动作，液压系统将横梁放松，使位置开关 SQ7、SQ8、SQ9、SQ10(63 区)复位闭合，接通接触器 KM10 线圈回路的电源，KM10 闭合，其主触点(6 区)闭合，横梁升降电动机反转，带动横梁下降。当横梁下降到一定高度时，松开 SB14，时间继电器 KT8 失电，KT8 常开触点(67 区)延时断开，时间继电器 KT9 断电释放。由于 KT9 的常开触点(69 区)的延时作用，使中间继电器 KA12 仍获电。这样，接触器 KM9 便获电吸合，横梁电动机 M3 正转。这时由于横梁下降后尚未夹紧，所以横梁将作短时回升，主要是为了消除蜗轮与蜗杆的啮合间隙。当 KT9 的常开触点延时断开后，KA12 线圈断电释放，横梁夹紧。

4) 刀架控制

(1) 右立刀架的快速移动控制。将十字开关 SA1(47 区～50 区)扳至向左位置，中间继电器 KA4 得电闭合，其常开触点(72 区)闭合，接通右立刀架向左离合器 YC1 电磁铁线圈的电源，YC1 闭合，右立刀架向左离合器齿轮啮合为右立刀架向左快速移动做好准备。按下右立刀架快速移动电动机 M5 的启动按钮 SB8，接触器 KM5 得电闭合，右立刀架快速移动电动机 M5 启动运转，带动右立刀架快速向左移动。松开 SB8，右立刀架快速移动电动机停转，右立刀架停止移动。

同理，将十字开关 SA1 扳至向右、向上、向下分别可使右立刀架各移动方向电磁离合器 YC2～YC4(74 区～79 区)动作，使右立刀架向右、向上、向下快速移动。

对于左立刀架的快速移动控制，它的各移动方向是通过十字开关 SA2(59 区～62 区)扳至不同方位来控制离合器 YC9～YC12(89 区～95 区)的通断及由左立刀架快速移动电动机 M6 的启动按钮 SB11(51 区)控制 M6 来实现的。请读者自行分析。

(2) 右立刀架进给控制。启动工作台主轴电动机 M1 后，中间继电器 KA1 闭合，KA1(43 区)常开触点闭合，合上 QS3(43 区)，按下右立刀架进给电动机的启动按钮 SB10，接触器 KM6 得电闭合。KM6 主触点接通右立刀架进给电动机 M5 的电源，M5 启动运转，带动右立刀架工作进给。按下右立刀架进给电动机 M5 的停止按钮，接触器 KM6 失电，其主触点断开 M5 的电源，M5 停转，工进停止。同理，可获得左立刀架进给控制过程，请读者自行分析。

(3) 左、右立刀架快速移动和进给制动控制。在上述左、右立刀架快速移动控制和进给控制过程中，当接通接触器 KM5 或 KM6 及接触器 KM7 或 KM8 时，时间继电器 KT6(45 区)或 KT7(57 区)将闭合，其瞬时闭合延时断开触点 KT6(80 区)、KT7(84 区)闭合，在松开左、右立刀架快速移动按钮及按下左、右立刀架进给停止按钮时，时间继电器 KT6、KT7 断电延时，在一定时间内，其 80 区和 84 区的瞬时闭合延时断开触点仍然闭合。当停止左、右立刀架快速移动和进给运动时，由于惯性的作用，左、右立刀架快速移动和进给运动不能立即停止，此时，只需分别按下左、右立刀架垂直和水平制动离合器按钮 SB16 或 SB17，将分别接通对应的制动离合器 YC5～YC8(80 区～87 区)线圈的电源，使制动离合器动作，对左、右立刀架的快速移动和进给进行制动。

5) 各运动联锁控制

(1) 工作台运转与工作台变速系统及横梁的升降通过中间继电器 KA1 和位置开关 SQ1 进行联锁，当主轴电动机带动工作台运转时，KA1 的常闭触点(28 区)断开，工作台变速系统断电，中间继电器 KA1 的另一常闭触点(59 区)断开，切断横梁升降电路。工作台在变速时由锁杆压动行程开关 SQ1(15 区)断开，工作台也不能启动。

(2) 位置开关 SQ3、SQ4 为右立刀架左、右运动的限位保护，SQ5、SQ6 为左立刀架左、右运动的限位保护，SQ11、SQ12 为横梁上、下限位保护。

5.8.2　C5225 型立式车床电气控制线路故障检修实例

1. 主轴电动机 M1 不能启动

故障现象：合上电源总开关 QF1 及自动空气开关 QF2，按下油泵电动机 M2 的启动按钮 SB2，油泵电动机 M2 能启动运转。按下主轴电动机 M1 的启动按钮 SB4，主轴电动机 M1 不能启动运行。

故障分析：按下油泵电动机 M2 的启动按钮 SB4，油泵电动机 M2 能启动运行，证明电源电压正常，而按下主轴电动机 M1 的启动按钮 SB4，主轴电动机 M1 不能启动，则应检查 KA1、KM1、KMY(24 区)是否闭合，从而确定是主电路还是控制电路故障。

故障检查：合上电源开关 QF1 及自动空气开关 QF2，启动油泵电动机 M2。按下主轴电动机启动按钮 SB4，不见 KA1、KM1 及 KMY 闭合，断定为控制电路的故障，并且为中间继电器线圈回路的故障。用"短路法"将导线从熔断器 FU6 下端短接至 KA1 线圈的 SB4 端，主轴电动机 M1 能启动运转，再将导线从熔断器下端短接至按钮 SB4 的常开和 SB3 的常闭接线端，按下 SB4，主轴电动机 M1 也能启动运转，断定故障点为从熔断器 FU6 的下端开始的接触器 KM4 的常开触点、位置开关 SQ1 的常闭触点和停止按钮 SB3。断开机床电源，用万用表 R×1 k 挡分别检查停止按钮 SB3 和位置开关 SQ1 是否闭合良好。当测量到位置开关 SQ1 时，电阻为无穷大，故障为位置开关 SQ1 损坏。

故障处理：换上同型号的位置开关 SQ1，合上电源开关，启动油泵电动机 M2，按主轴电动机 M1 的启动按钮 SB4，主轴电动机 M1 能启动运行，故障排除。

2. 横梁升降电动机 M3 不能启动

故障现象：合上电源开关 QF1 及自动空气开关 QF2，启动油泵电动机 M2，按下横梁上升启动按钮 SB14 和下降启动按钮 SB15，横梁升降电动机 M3 均不能启动。

故障分析：横梁升降电动机 M3 不能启动的故障分析判断要观察按下横梁上升启动按钮 SB14 时，时间继电器 KT8 和中间继电器 KA12 是否得电闭合。如果时间继电器 KT8 和中间继电器 KA12 没有闭合，应重点检查 59 区中有中间继电器 KA1 的常闭触点是否闭合良好。若时间继电器 KT8 和中间继电器 KA12 闭合，则应观察接触器 KM9 或 KM10 是否闭合。如接触器 KM9 或 KM10 闭合，横梁升降电动机不启动运转，则应检查主电路中 FU2 是否断路或接触器 KM9、KM10 的主触点是否闭合良好，横梁升降电动机是否有问题。如果接触器 KM9、KM10 没有问题，则应重点检查 63 区中的中间继电器 KA12 的常开触点及位置开关 SQ7、SQ8、SQ9、SQ10 是否闭合良好。

故障检查：合上总电源开关 QF1 及自动空气开关 QF2，启动油泵电动机 M2，分别按下横梁上升启动按钮 SB14 和横梁下降启动按钮 SB15，时间继电器 KT8、中间继电器 KA12 均闭合，接触器 KM9 及 KM10 均未见闭合。用"短路法"从 63 区中的中间继电器 KA1 的常开触点短接到 64 区接触器 KM10 的常闭触点上，接触器 KM9 闭合，横梁升降电动机 M3 能正转启动，带动横梁上升。再将导线从 63 区中的中间继电器 KA1 的常闭触点短接到 65 区中的接触器 KM9 的常闭触点上，接触器 KM10 闭合，横梁升降电动机 M3 能反转启动并带动横梁下降。初步判断故障范围在 63 区行程开关 SQ7~SQ10 中。断开机床电源，拆开位置开关 SQ7~SQ10，用万用表 R×1 k 挡测量 SQ7 上端至 SQ10 下端的电阻值，万用表无指示。逐步检查 SQ7~SQ10，发现 SQ9 触点不通，故为 SQ9 损坏所致。

故障处理：更换位置开关 SQ9，复原后，横梁升降电动机 M3 能启动运转，故障排除。

5.8.3　C5225 型立式车床电气控制线路故障维修汇总

1. 油泵电动机 M2 不能启动

(1) 故障可能出现的范围或故障点：电源总开关 QF1 损坏；QF2 损坏；接触器 KM4 的主触点闭合不良；油泵电动机 M2 有故障；13 区中的电源总开关 QF1、自动空气开关 QF2 的辅助常开触点闭合不良；停止按钮 SB1 接触不良；启动按钮 SB2 压合接触不良；接触器 KM4 线圈损坏；熔断器 FU6 断路。

(2) 重点检测对象或检测点：油泵电动机 M2；接触器 KM4 的主触点；熔断器 FU6；停止按钮 SB1。

2．主轴电动机 M1 不能启动

(1) 故障可能出现的范围或故障点：接触器 KM1 的主触点接触不良；接触器 KMY 的主触点接触不良；主轴电动机 M1 有故障；15 区中的位置开关 SQ1 接触不良；停止按钮 SB3 接触不良；启动接钮 SB4 压合接触不良；中间继电器 KA1 线圈损坏；17 区中的接触器 KM3 的常闭触点接触不良；反转点动按钮 SB6 的常闭触点接触不良；KM1 线圈损坏；18 区中的中间继电器 KA1 闭合不良；24 区中的时间继电器 KT1 的延时断开常闭触点接触不良；接触器 KM△ 的常闭触点闭合不良；KMY 线圈损坏。

(2) 重点检测对象或检测点：接触器 KM1 的主触点；主轴电动机 M1；15 区中的位置开关 SQ1；停止按钮 SB3；17 区中的接触器 KM3 的常闭触点；反转点动按钮 SB6 的常闭触点；KM1 线圈；24 区中的时间继电器 KT1 的延时断开常闭触点；接触器 KM△ 的常闭触点。

3．主轴电动机 M1 能 Y 形启动，但不能△形运行

(1) 故障可能出现的范围或故障点：接触器 KM△ 的主触点接触不良；26 区中的时间继电器 KT1 的延时闭合常开触点闭合不良；26 区中的接触器 KMY 的常闭触点接触不良；KM△ 线圈损坏。

(2) 重点检测对象或检测点：接触器 KM△ 的主触点；26 区中的接触器 KMY 的常闭触点；26 区中的时间继电器 KT1 的延时闭合常开触点。

4．横梁升降电动机 M3 不能启动，或能启动但横梁不能升降

(1) 故障可能出现的范围或故障点：5 区中的 FU2 断路；59 区中的中间继电器 KA1 的常闭触点接触不良；66 区中的时间继电器 KT8 的线圈损坏；68 区中的中间继电器 KA12 的线圈损坏；63 区中的中间继电器 KA12 的常开触点闭合不良；位置开关 SQ7～SQ10 接触不良；33 区中的中间继电器 KA12 的常开触点接触不良；电磁铁 YA6 线圈损坏。

(2) 重点检测对象或检测点：5 区中的熔断器 FU2；59 区中的中间继电器 KA1 的常闭触点；63 区中的中间继电器 KA12 的常开触点；位置开关 SQ7～SQ10；33 区中的中间继电器 KA12 的常开触点；电磁铁 YA6 的线圈。

5．右立刀架快速电动机 M4 不能启动

(1) 故障可能出现的范围或故障点：7 区中的熔断器 FU3 断路；接触器 KM5 的主触点闭合不良；右立刀架快速移动电动机 M4 损坏；39 区中的接触器 KM6 的常闭触点接触不良；接触器 KM5 线圈损坏；启动按钮 SB2 接触不良；十字架开关 SA1 接触不良。

(2) 重点检测对象或检测点：熔断器 FU3；接触器 KM5 的主触点；右立刀架快速移动电动机 M4；39 区中的接触器 KM6 的常闭触点；十字架开关 SA1。

6．右立刀架不能向相应方向快速移动

(1) 故障可能出现的范围或故障点：十字架开关 SA1 接触不良；47 区、48 区中的位置开关 SQ3、SQ4 接触不良；47 区至 50 区中相应的中间继电器线圈损坏；39 区至 42 区中相应的中间继电器的常开触点闭合不良；72 区至 79 区中相应的中间继电器的常开触点闭合不良；相应的电磁铁离合器线圈损坏。

(2) 重点检测对象或检测点：十字架开关 SA1；47 区、48 区中的位置开关 SQ3、SQ4；39 区至 42 区中相应的中间继电器的常开触点；72 区至 79 区中相应的中间继电器的常开触

点；相应的电磁铁离合器线圈。

7. 右立刀架进给电动机 M5 不能启动

(1) 故障可能出现的范围或故障点：8 区中的自动开关 QF3 闭合不良；接触器 KM6 的主触点闭合不良；电动机 M5 有故障；43 区中的停止按钮 SB9 的常闭触点接触不良；43 区中的中间继电器 KA1 的常开触点闭合不好；启动按钮 SB10 接触不良；接触器 KM5 的常闭触点闭合不良；接触器 KM6 的线圈损坏。

(2) 重点检测对象或检测点：8 区中的接触器 KM6 的主触点；电动机 M5；43 区中的停止按钮 SB9 的常闭触点；中间继电器 KA1 的常开触点；接触器 KM5 的常闭触点。

8. 右立刀架无制动

(1) 故障可能出现的范围或故障点：80 区至 83 区中的时间继电器 KT6 的瞬时闭合延时断开触点接触不良；中间继电器 KA4～KA7 的常闭触点接触不良；电磁铁 YC5、YC6 的线圈损坏。

(2) 重点检测对象或检测点：中间继电器 KA4～KA7 的常闭触点；电磁铁 YC5、YC6 的线圈。

9. 左立刀架不能向相应方向快速移动

(1) 故障可能出现的范围或故障点：十字架开关 SA2 接触不良；59 区、60 区中的位置开关 SQ5、SQ6 接触不良；59 区至 62 区中相应的中间继电器线圈损坏；51 区至 54 区中相应的中间继电器的常开触点闭合不良；88 区至 95 区中相应的中间继电器的常开触点闭合不良；相应的电磁铁离合器线圈损坏。

(2) 重点检测对象或检测点：十字架开关 SA2；59 区、60 区中的位置开关 SQ5、SQ6；59 区至 62 区中相应的中间继电器的常开触点；88 区至 95 区中相应的中间继电器的常开触点；相应的电磁铁离合器线圈。

10. 左立刀架进给电动机 M7 不能启动

(1) 故障可能出现的范围或故障点：10 区中的自动开关 QF4 闭合不良；接触器 KM8 的主触点闭合不良；电动机 M7 有故障；55 区中的停止按钮 SB12 的常闭触点接触不良；中间继电器 KA1 的常开触点闭合不良；启动按钮 SB13 接触不良；接触器 KM7 的常闭触点闭合不良；接触器 KM8 线圈损坏。

(2) 重点检测对象或检测点：10 区中的接触器 KM8 的主触点；电动机 M7；55 区中的停止按钮 SB12 的常闭触点；中间继电器 KA1 的常开触点；接触器 KM7 的常闭触点。

11. 左立刀架无制动

(1) 故障可能出现的范围或故障点：84 区至 87 区中的时间继电器 KT7 的瞬时闭合延时断开触点接触不良；中间继电器 KA8～KA11 的常闭触点接触不良；电磁铁 YC7、YC8 线圈损坏。

(2) 重点检测对象或检测点：中间继电器 KA8～KA11 的常闭触点；电磁铁 YC7、YC8 线圈。

12. 工作台不能变速

(1) 故障可能出现的范围或故障点：35 区至 38 区中的中间继电器 KA2 的常开触点闭合不良；变速开关 QS 有故障；变速电磁铁 YA1～YA4 线圈损坏；31 区至 32 区中的变速

启动按钮 SB7 接触不良；接触器 KM3 的常闭触点接触不良；时间继电器 KT4 的延时断开触点接触不良；中间继电器 KA3 线圈损坏；34 区中的中间继电器 KA3 的常开触点闭合不良；电磁铁 YA5 线圈损坏；27 区中的位置开关 SQ1 闭合不良；中间继电器 KA1 的常闭触点接触不良；KA2 线圈损坏；19 区中的时间继电器 KT3 的瞬时触点闭合不良。

(2) 重点检测对象或检测点：35 区至 38 区中的变速开关 QS；变速电磁铁 YA1～YA4 线圈；31 区至 32 区中的接触器 KM3 的常闭触点；时间继电器 KT4 的延时断开触点；34 区中的电磁铁 YA5 线圈。

13. 工作台不能制动

(1) 故障可能出现的范围或故障点：22 区中的速度继电器 SR 的触点闭合不良；接触器 KM1、KM2 的常闭触点接触不良；KM3 线圈损坏；100 区至 104 区中的变压器 T2 损坏；接触器 KM3 的常开触点接触不良；整流二极管 U2 烧毁；FU1 断路；1 区中的接触器 KM3 的常闭触点接触不良。

(2) 重点检测对象或检测点：22 区中的速度继电器 SR 的触点；接触器 KM1、KM2 的常闭触点；100 区至 104 区中的变压器 T2；整流二极管 U2；熔断器 FU1。

5.8.4　C5225 型立式车床电气控制线路 PLC 控制改造

1. C5225 型立式车床 PLC 控制输入/输出点分配表

C5225 型立式车床 PLC 控制输入/输出点分配见表 5-13。

表 5-13　C5225 型立式车床 PLC 控制输入/输出点分配表

输　入　信　号			输　出　信　号		
名　　称	代　号	输入点编号	名　　称	代号	输出点编号
总停止按钮	SB1	X0	润滑指示灯	HL1	Y0
总启动开关、按钮	SB2、QF1、QF2	X1	变速指示灯	HL2	Y1
电动机 M1 停止按钮	SB3	X2	主拖动电动机 M1 正转接触器	KM1	Y2
电动机 M1 启动按钮	SB4	X3	主拖动电动机 M1 反转接触器	KM2	Y3
电动机 M1 正转点动按钮	SB5	X4	主拖动电动机 M1 制动接触器	KM3	Y4
电动机 M1 反转点动按钮	SB6	X5	主拖动电动机星形启动接触器	KMY	Y5
工作台变速按钮	SB7	X6	主拖动电动机△形启动接触器	KM△	Y6
右立刀架快速移动按钮	SB8	X7	油泵电动机 M2 接触器	KM4	Y7
右立架进给停止按钮	SB9	X10	右立刀架快速移动电动机接触器	KM5	Y10
右立刀架进给启动按钮	SB10、SA3	X11	右立刀架进给电动机接触器	KM6	Y11
左立刀架快速移动按钮	SB11	X12	左立刀架快速移动电动机接触器	KM7	Y12
左立刀架进给停止按钮	SB12	X13	左立刀架进给电动机接触器	KM8	Y13
左立刀架进给启动按钮	SB13、SA4	X14	横梁上升接触器	KM9	Y14
横梁下降按钮	SB14	X15	横梁下降接触器	KM10	Y15
横梁上升按钮	SB15	X16	工作台变速电磁铁	YA1	Y16

续表

输　入　信　号			输　出　信　号		
名　　称	代　号	输入点编号	名　　称	代号	输出点编号
右立刀架制动按钮	SB16	X17	工作台变速电磁铁	YA2	Y17
左立刀架制动按钮	SB17	X20	工作台变速电磁铁	YA3	Y20
工作台变速选择开关	SA—1	X21	工作台变速电磁铁	YA4	Y21
	SA—2	X22	定位电磁铁	YA5	Y22
	SA—3	X23	横梁放松电磁铁	YA6	Y23
	SA—4	X24	右立刀架向左离合器电磁铁	YC1	Y24
右立刀架向左	SA1—1	X25	右立刀架向右离合器电磁铁	YC2	Y25
右立刀架向右	SA1—2	X26	右立刀架向上离合器电磁铁	YC3	Y26
右立刀架向上	SA1—3	X27	右立刀架向下离合器电磁铁	YC4	Y27
右立刀架向下	SA1—4	X30	右立刀架水平制动离合器电磁铁	YC5	Y30
左立刀架向左	SA2—1	X31	右立刀架垂直制动离合器电磁铁	YC6	Y31
左立刀架向右	SA2—2	X32	左立刀架水平制动离合器电磁铁	YC7	Y32
左立刀架向上	SA2—3	X33	左立刀架垂直制动离合器电磁铁	YC8	Y33
左立刀架向下	SA2—4	X34	左立刀架向左离合器电磁铁	YC9	Y34
速度继电器	KS	X35	左立刀架向右离合器电磁铁	YC10	Y35
压力继电器	KP	X36	左立刀架向上离合器电磁铁	YC11	Y36
自动伺服行程开关	SQ1	X37	左立刀架向下离合器电磁铁	YC12	Y37
右立刀架向左限位开关	SQ3	X40			
右立刀架向右限位开关	SQ4	X41			
左立刀架向左限位开关	SQ5	X42			
左立刀架向右限位开关	SQ6	X43			
横梁上升下降行程开关	SQ7、SQ8、SQ9、SQ10	X44			
横梁上升限位行程开关	SQ11	X45			
横梁下降限位行程开关	SQ12	X46			

2. PLC 控制接线图

C5225 型立式车床 PLC 控制接线图如图 5-26 所示。

3. PLC 控制梯形图

根据 C5225 型立式车床的控制要求，设计出 C5225 型立式车床 PLC 控制梯形图如图 5-27 所示。

4. PLC 控制语句表

C5225 型立式车床 PLC 控制语句表如图 5-28 所示。

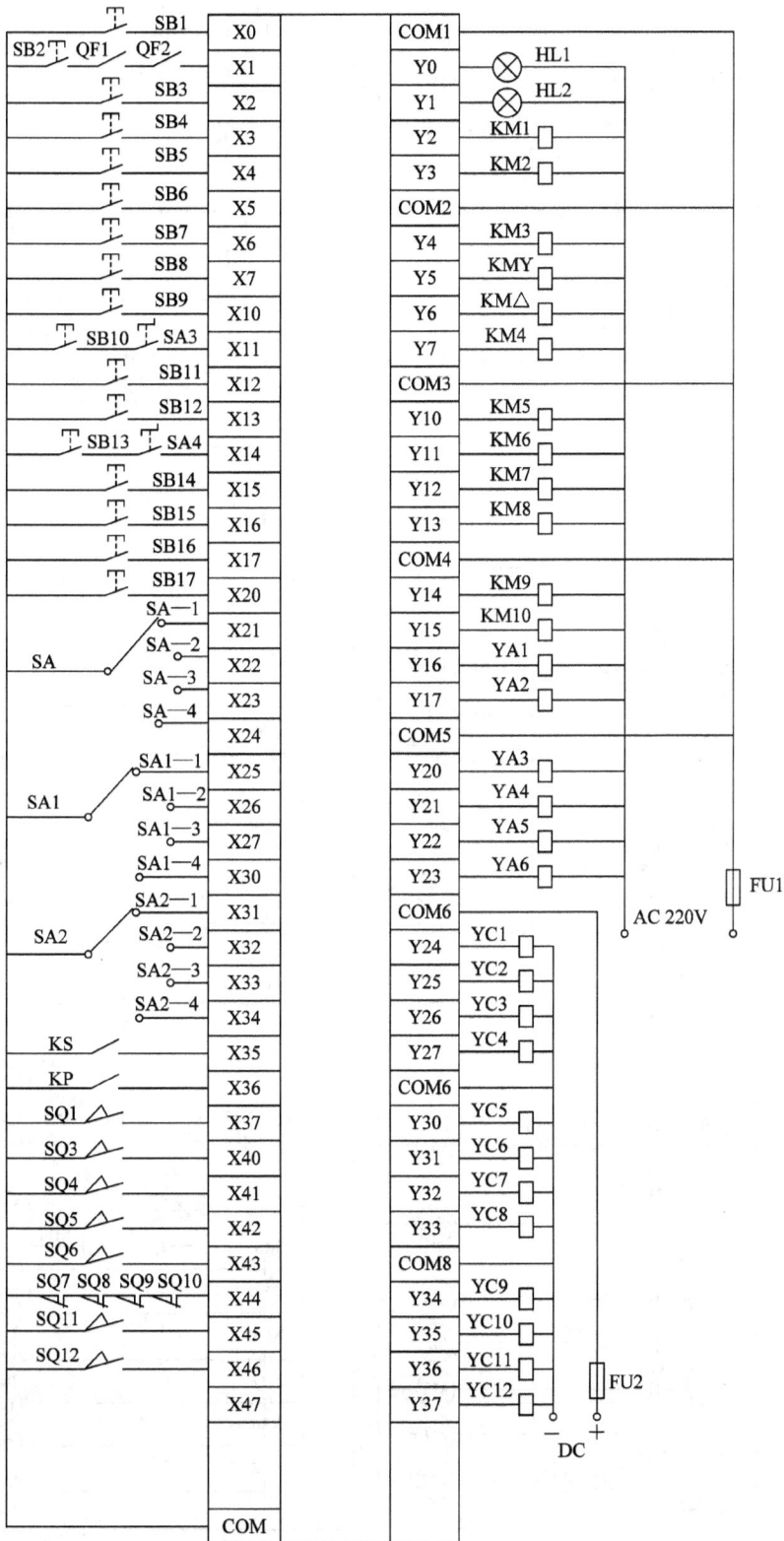

图 5-26　C5225 型立式车床 PLC 控制接线图

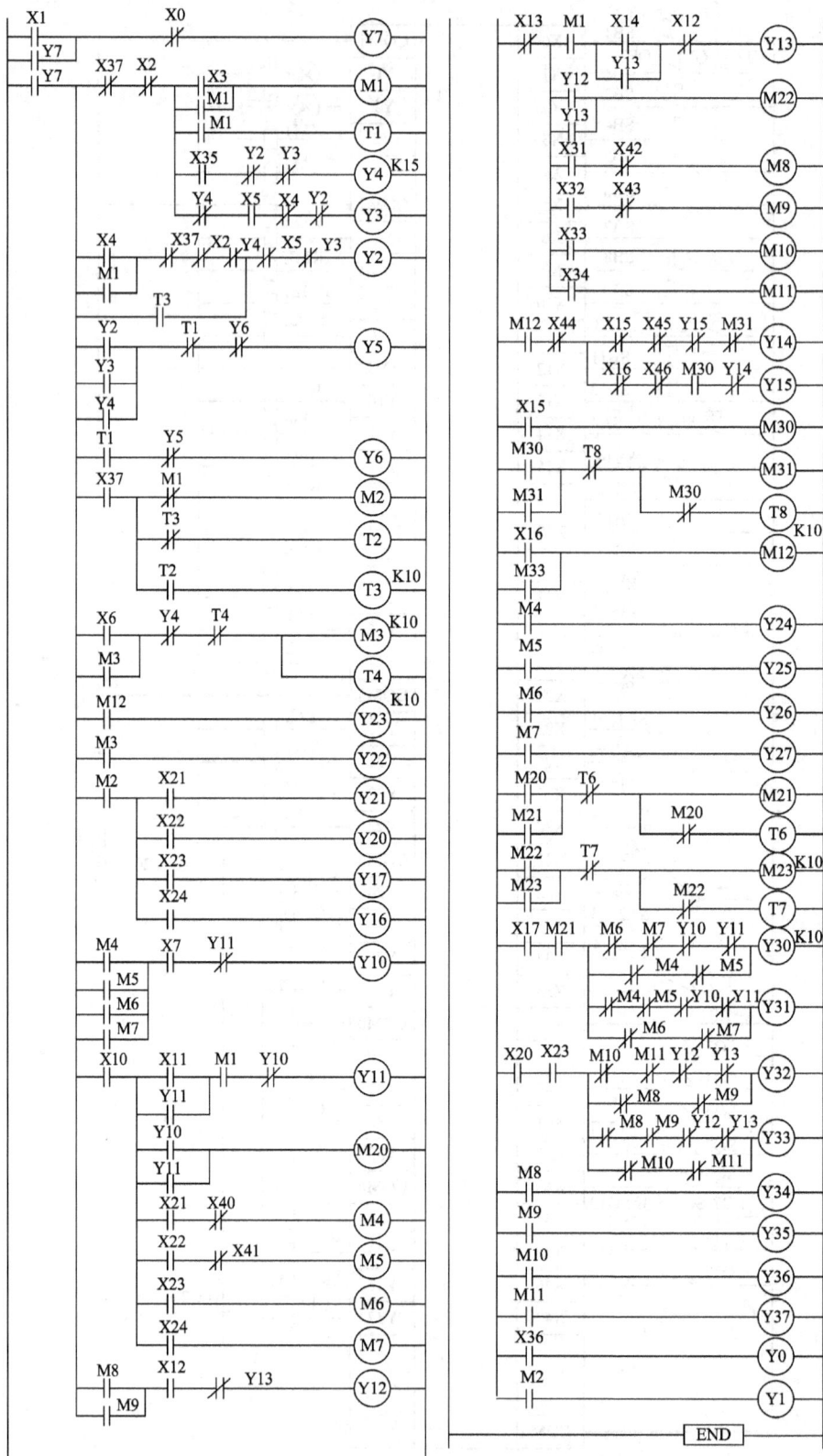

图 5-27　C5225 型立式车床 PLC 控制梯形图

LD	I0.1	TON	T39, +10	A	I2.1	LPP		AN	Q1.1		
0	Q0.7	LRD		AN	I4.0	AN	I1.6	LDN	M0.4		
AN	I0.0	A	T39	=	M0.4	AN	I4.6	AN	M0.5		
=	Q0.7	TON	T40, +10	LRD		A	M3.6	OLD			
LD	Q0.7	LRD		A	I2.2	AN	Q1.4	ALD			
LPS		LD	I0.6	AN	I4.1	=	Q1.5	=	Q3.0		
AN	I3.7	0	M0.3	=	M0.5	LRD		LPP			
AN	I0.2	AN	Q0.4	LRD		A	I1.5	LDN	M0.4		
LPS		AN	T41	A	I2.3	=	M3.6	AN	M0.5		
LD	I0.3	ALD		=	M0.6	LRD		AN	Q1.0		
0	M0.1	=	M0.3	LPP		LD	M3.6	AN	Q1.1		
ALD		TON	T41, +10	A	I2.4	0	M3.7	LDN	M0.6		
=	M0.1	LRD		=	M0.7	AN	T45	AN	M0.7		
LPP		LPS		LRD		ALD		OLD			
LPS		A	M1.4	LD	M1.0	=	M3.7	ALD			
A	M0.1	=	Q2.3	0	M1.1	AN	M3.6	=	Q3.1		
TON		LPP		ALD		TON	T45, +10	LRD			
LRD		A	M0.3	A	I1.2	LRD		A	I2.0		
A	I3.5	=	Q2.2	AN	Q1.3	LD	I1.6	A	I2.3		
AN	Q0.2	LRD		=	Q1.2	0	M4.1	LPS			
AN	Q0.3	A	M0.2	LRD		ALD		LDN	M1.2		
=	Q0.4	LPS		AN	I1.3	=	M1.4	AN	M1.3		
LPP		A	I2.1	LPS		LPP		AN	Q1.2		
AN	Q0.4	=	Q2.1	A	M0.1	LPS		AN	Q1.3		
A	I0.5	LRD		LD	I1.4	A	M0.4	LDN	M1.0		
AN	I0.4	A	I2.2	0	Q1.3	=	Q2.4	AN	M1.1		
AN	Q0.2	=	Q2.0	ALD		LRD		OLD			
=	Q0.3	LRD		AN	I1.2	A	M0.5	ALD			
LRD		A	I2.3	=	Q1.3	=	Q2.5	=	Q3.2		
LD	I0.4	=	Q1.7	LRD		LRD		LPP			
O	M0.1	LPP		LD	Q1.2	A	M0.6	LDN	M1.0		
AN	I3.7	A	I2.4	0	Q1.3	=	Q2.6	AN	M1.1		
AN	I0.2	=	Q1.6	ALD		LPP		AN	M1.4		
AN	Q0.4	LPP		=	M2.6	A	M0.7	AN	M1.5		
0	T40	LD	M0.4	LPP		=	Q2.7	LDN	M1.2		
ALD		0	M0.5	LPS		LD	Q0.7	AN	M1.3		
AN	I0.5	0	M0.6	A	I3.1	LPS		OLD			
AN	Q0.3	0	M0.7	AN	I4.2	LD	M2.4	ALD			
=	Q0.2	ALD		=	M1.0	0	M2.5	=	Q3.3		
LPP		A	I0.7	LRD		AN	T43	LPP			
LPS		AN	Q1.1	A	I3.2	ALD		LPS			
LD	Q0.2	=	Q1.0	AN	I4.3	=	M2.5	A	M1.0		
0	Q0.3	LD	Q0.7	=	M1.1	AN	M2.4	=	Q3.4		
0	Q0.4	LPS		LRD		TON		LRD			
ALD		AN	I1.0	A	I3.3	LRD		A	M1.1		
AN	T38	LPS		=	M1.2	LD	M2.6	=	Q3.5		
AN	Q0.6	LD	I1.1	LPP		0	M2.7	LRD			
=	Q0.5	0	Q1.1	A	I3.4	AN	T44	A	M1.2		
LRD		ALD		=	M1.3	ALD		=	Q3.6		
A	T38	A	M0.1	LPP		=	M2.7	LRD			
AN	Q0.5	AN	Q1.0	LPS		AN	M2.6	A	M1.3		
=	Q0.6	=	Q1.1	A	M1.4	TON		=	Q3.7		
LRD		LRD		AN	I4.4	LRD		LRD			
A	I3.7	LD	Q1.0	LPS		A	I1.7	A	I3.6		
LPS		0	Q1.1	AN	I1.5	A	M2.5	=	Q0.0		
AN	M0.1	ALD		AN	I4.5	LPS		LPP			
=	M0.2	=	M2.4	AN	Q1.5	LDN	M0.6	A	M0.2		
LPP		LPP		AN	M3.7	AN	M0.7	=	Q0.1		
AN	T40	LPS		=	Q1.4	AN	Q1.0				

图 5-28　C5225 型立式车床 PLC 控制语句表

第6章

❀❀

常用磨床电气控制线路分析及故障检修

　　磨床在机械制造业中被广泛应用，是高精度和高质量机械零件加工过程中不可缺少的高精密机床。它是用砂轮的圆边或砂轮的端面对机械零件进行磨削加工的。根据加工工件的不同，磨床可分为外圆磨床、内圆磨床、平面磨床、无心磨床、专用磨床等。本章以常见的磨床为例，分析磨床电气控制线路的工作原理，并给出电气故障检修实例及电气故障维修汇总。

6.1　M7120 型平面磨床

　　M7120 型平面磨床主要由床身、行程挡块、砂轮修正器、横向进给手轮、垂直进给手轮、拖板、磨头及驱动工作台手轮等组成。

6.1.1　M7120 型平面磨床电气控制线路分析

　　M7120 型平面磨床电气控制线路原理图如图 6-1 所示。该电路由两大部分组成，即主电路和控制电路。控制电路又由电磁吸盘充磁与去磁电路、各电动机控制电路和信号灯电路等组成。

1. 主电路分析

　　主电路中共有四台电动机。其中，M1 为液压泵电动机，用它实现工作台的往复运动；M2 为砂轮电动机，带动砂轮转动来完成磨削加工工件；M3 为冷却泵电动机，供给加工过程中工件的冷却液；M4 为砂轮升降电动机，带动砂轮上下移动，调整砂轮和工件之间的位置。

　　电路中 QS1 作为电源的总开关，熔断器 FU1 为电路的总短路保护。接触器 KM1 控制液压泵电动机 M1 电源的通断，热继电器 KR1 为它的过载保护。接触器 KM2 控制砂轮电动机 M2 和冷却泵电动机 M3 电源的通断；热继电器 KR2、KR3 分别为电动 M2、M3 的过载保护。冷却泵电动机 M3 用插头与电路相连接。M3 只有在砂轮电动机 M2 启动后它才能启动。由于砂轮升降电动机 M4 带动砂轮上升与下降，所以由接触器 KM3、KM4 控制砂轮升降电动机 M4 的正、反转，以实现砂轮的升降。由于电动机 M4 的工作是短期的，故未设过载保护。

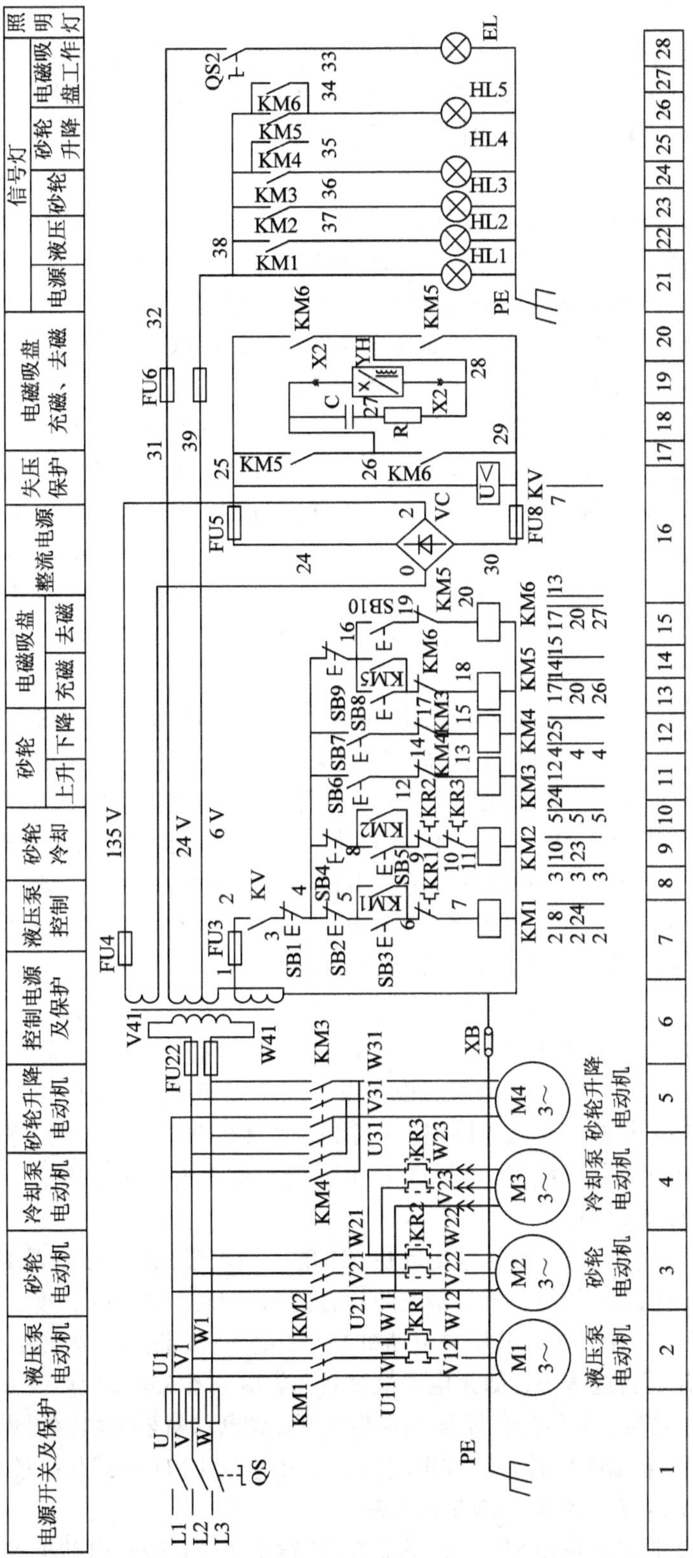

图 6-1　M7120型平面磨床电气控制线路原理图

2．控制电路分析

控制变压器 TC 输出 135 V 交流电压经整流器 VC 整流输出 110 V 直流电源为电磁吸盘 YH 的电源，24 V 交流电压作为机床照明电源，6 V 交流电压作为信号灯电源，127 V 交流电压作为控制电路的交流电源。各部分的控制原理如下：

1）电磁吸盘充磁、去磁控制

合上电源总开关 QS1，控制变压器 TC 得电，电源指示灯 HL1 亮，表示电源接通。135 V 交流电压经整流器 VC 整流后输出 110 V 左右的直流电压供给电磁吸盘的充磁、去磁电路，这个电压同时也加在电压继电器 KV 线圈的两端，使电压继电器 KV 得电接通控制电路中的 2 号线和 3 号线，为控制电路的启动做好准备。如果从整流器 VC 两端输出的电压不足，电磁吸盘就会吸力不足，此时电压继电器 KV 不能吸合，各电动机也就无法启动运转。因为平面磨床在工作时是依靠电磁吸盘将工件牢靠地吸附在工作台上面，只有具备可靠的直流电压后，工件才会被牢固吸合，其他电动机才能启动；否则，如果工件没有被电磁吸盘牢固吸合，那么机床在对工件的磨削过程中工件会被砂轮的离心力摔出而发生事故。当整流器两端输出的电压正常时，KV 线圈得电闭合。按下电磁吸盘充磁按钮 SB8，接触器 KM5 得电吸合并自锁，电磁吸盘工作指示灯 HL5 亮，110 V 直流电压经过 FU5→25 号线→KM5 常开触点→26 号线→X2→YH→X2→28 号线→KM5 常开触点→29 号线→FU8 这条回路向电磁吸盘 YH 充磁，使工件牢牢吸合。

工件加工完毕，按下电磁吸盘充磁停止按钮 SB9，接触器 KM5 失电，电磁吸盘充磁工作指示灯 HL5 灭，充磁停止。但由于电磁吸盘 YH 的剩磁作用，工件仍不能取下，必须向电磁吸盘 YH 反向充磁，去磁后工件才能取下。按下电磁吸盘去磁按钮 SB10，接触器 KM6 得电吸合，电磁吸盘工作指示灯 HL5 亮，110 V 直流电压经过 FU5→25 号线→KM6 常开触点→28 号线→X2→YH→26 号线→X2→KM6 常开触点→29 号线→FU8 这条回路向电磁吸盘反向充磁。当剩磁退完后，松开电磁吸盘去磁按钮 SB10，接触器 KM6 失电断开，电磁吸盘工作指示灯 HL5 灭，去磁完毕。此时即可取下工件。

电路中电阻 R 和电容器 C 起保护作用。因电磁吸盘是一个大电感，在充磁吸附工件时储存有很大的能量，当电路断开停止对电磁吸盘 YH 充磁的一瞬间，电磁吸盘 YH 的两端会产生出很高的自感电动势，这个电动势可将电磁吸盘 YH 线圈及其他元件损坏。当接上电阻 R 和电容器 C 后，它们组成一个放电回路，并利用电容器 C 两端电压不能突变的特点，使电磁吸盘 YH 两端电压变化趋于缓慢，利用电阻 R 消耗电磁吸盘上的能量。

2）液压泵电动机 M1 的控制

当电压继电器 KV 吸合后，按下液压泵电动机 M1 的启动按钮 SB2，接触器 KM1 得电吸合并自锁，液压泵电动机 M1 得电运转，液压泵运行指示灯 HL2 亮；按下液压泵电动机的停止按钮 SB2，接触器 KM1 失电，液压泵电动机 M1 断电停转，液压泵运转指示灯 HL2 灭。液压泵电动机 M1 在运转过程中，如果电动机过载，热继电器 KR1 动作，KR1 在接触器 KM1 线圈回路中 6 号线与 7 号线间的常闭触点将断开，切断接触器 KM1 线圈回路的电源，KM1 失电释放，电动机 M1 停转，这样可起到液压泵电动机 M1 过载保护的作用。

3）砂轮电动机 M2 及冷却泵电动机 M3 的控制

按下砂轮电动机 M2 的启动按钮 SB5，接触器 KM2 得电吸合，砂轮电动机 M2 得电运转，砂轮运转指示灯 HL3 亮。由于冷却泵电动机 M3 通过接插件 X1 和 M2 联动控制，故

M2 启动运转后，M3 才能启动运转。当不需要冷却泵时，可将插头拔下，冷却泵电动机 M3 停转。按下停止按钮 SB4 时，接触器 KM2 失电释放，砂轮电动机 M2 及冷却泵电动机 M3 同时断电停转，砂轮运转指示灯 HL3 灭。

电路中 KR2、KR3 分别为砂轮电动机 M2、冷却泵电动机 M3 的过载保护，当 M2 或 M3 中任意一台电动机过载时，KR2 或 KR3 均会动作，接在 KM2 线圈回路中的常闭触点会断开，接触器 KM2 失电，砂轮电动机 M2 及冷却泵电动机 M3 停转。

4) 砂轮升降电动机 M4 的控制

由于砂轮升降电动机的工作是短时的，所以采用正、反转点动控制。按下正转点动按钮 SB6，接触器 KM3 得电，砂轮升降电动机 M4 通电正转，砂轮升降指示灯 HL4 亮，砂轮机上升。

当上升到要求高度时，松开 SM6，接触器 KM3 失电，砂轮升降电动机 M4 断电停转，砂轮停止上升，砂轮升降指示灯 HL4 灭。当按下反转点动按钮 SB7 时，接触器 KM4 得电，砂轮升降电动机 M4 通电反转。砂轮升降指示灯 HL4 亮，砂轮机下降，下降到要求高度时，松开 SB7，接触器 KM4 失电，砂轮升降电动机 M4 断电停转，砂轮指示灯 HL4 灭，砂轮机停止下降。

为了防止同时按下 SB6、SB7 或其他原因使 KM3、KM4 同时得电而造成电源短路，KM3、KM4 控制回路中采用了接触器联锁。

电路图中，EL 为工作照明灯，QS2 为工作照明灯 EL 的开关。

M7120 型平面磨床电气元件明细表见表 6-1。

表 6-1　M7120 型平面磨床电气元件明细表

代号	名　称	型号与规格	数量	用　途
M1	液压泵电动机	JO2—21—4　1.1 kW	1	带动液压泵
M2	砂轮电动机	JO2—31—2　3 kW	1	带动砂轮机
M3	冷却泵电动机	JB—25 A　120 W	1	带动冷却泵
M4	砂轮升降电动机	JO3—301—4　0.75 kW	1	带动砂轮升降
KM1	交流接触器	CJ0—10　线圈电压 110 V	1	控制 M1
KM2	交流接触器	CJ0	1	控制 M2、M3
KM3	交流接触器	CJ0	1	控制砂轮上升
KM4	交流接触器	CJ0	1	控制砂轮下降
KM5	交流接触器	CJ0	1	控制电磁吸盘充磁
KM6	交流接触器	CJ0	1	控制电磁吸盘去磁
KR1	热继电器	JR10—10　整定电流 2.17 A	1	M1 过载保护
KR2	热继电器	JR10—10　整定电流 6.16 A	1	M2 过载保护
KR3	热继电器	JR10—10　整定电流 0.47 A	1	M3 过载保护
SB1	按钮	LA2 型	1	总停止按钮
SB2	按钮	LA2 型	1	液压泵停止按钮
SB3	按钮	LA2 型	1	液压泵启动按钮
SB4	按钮	LA2 型	1	砂轮停止按钮
SB5	按钮	LA2 型	1	砂轮启动按钮
SB6	按钮	LA2 型	1	砂轮上升按钮

代号	名　称	型号与规格	数量	用　途
SB7	按钮	LA2 型	1	砂轮下降按钮
SB8	按钮	LA2 型	1	电磁吸盘充磁按钮
SB9	按钮	LA2 型	1	电磁吸盘停止充磁按钮
SB10	按钮	LA2 型	1	电磁吸盘去磁按钮
VC	桥式整流器	2CZ11C　4 只	1	整流
KV	电压继电器	直流 110 V	1	欠压保护
R	电阻	500 Ω	1	放电保护
C	电容	110 V　5 μF	1	抑制高压保护
YH	电磁吸盘	HDXP　110 V　1.45 A	1	工件吸合
FU1	熔断器	RL1—60/25	1	电源总短路保护
FU2	熔断器	RL1—15/2	1	控制变压器短路保护
FU3	熔断器	RL1—15/2	1	控制电路短路保护
FU4	熔断器	RL1—15/2	1	电磁吸盘系统短路保护
FU5	熔断器	RL1—15/2	1	电磁吸盘短路保护
FU6	熔断器	RL1—15/2	1	照明电源指示电路保护
QS1	开关	HZ10—25/3	1	电源总开关
QS2	开关		1	照明开关

6.1.2　M7120 型平面磨床电气控制线路故障检修实例

1. 砂轮电动机 M2 和油泵电动机 M3 有时能启动，有时不能启动

故障现象：停机一段时间，按下启动按钮 SB5，砂轮电动机 M2 和油泵电动机 M3 能启动运行，但运行几分钟后，突然停止。再按 SB5，M2、M3 不能启动运行，且按 SB5 时，KM2 无得电闭合声。但停机一段时间后，按下启动按钮 SB5，M2、M3 又能启动运行。

故障分析：根据上述故障特点，在故障发生后按启动按钮 SB5，接触器 KM2 无得电闭合声，证明接触器 KM2 没有得电，也就是说在 KM2 的控制回路中，4 号线到 0 号线中间有断点。但停机后一段时间后，按下启动按钮 SB5，M2、M3 又能启动运行，则可以怀疑是 9 号线到 11 号线间的热继电器 KR2 和 KR3 的常闭触点有问题，亦即电动机 M2 或 M3 过载所致。

故障检查：出现故障后，用"短路法"短接 9 号线和 11 号线，按下启动按钮 SB5，电动机 M2 和 M3 能启动运行。继续缩小范围，短接 9 号线和 10 号线，按下启动按钮 SB5，接触器 KM2 没有闭合，电动机 M2 和 M3 也不能启动，证明 KR2 没有断点。短接 10 号线和 11 号线，按下启动按钮 SB5，接触器 KM2 得电闭合，电动机 M2 和 M3 启动运行，证明 KR3 有断点。KR3 出现断点的缘故是冷却泵电动机 M3 过载。

继续检查冷却泵电动机 M3 过载的原因。拔下冷却泵电动机 M3 与电路相连的插头 X1，用摇表测量冷却泵电动机 M1 绕组对地绝缘电阻为 5 MΩ 左右，属于正常范围。用万用表 R×10 挡测量三相绕组直流电阻，基本平衡，怀疑泵内有杂物污垢。拆开油泵体，确有杂物污垢，且冷却液中亦有大量污垢杂质。

故障处理：清除油泵体中的杂物，安装复原，故障排除。建议更换冷却液。

2．电磁吸盘吸力不足

所谓电磁吸盘吸力不足，就是用电工纯铁或 10 号钢做成试块，跨放在吸盘的两极之间，用弹簧秤在垂直方向试拉，拉力应达到 6 kg/cm^2。如果小于这个数字则电磁吸盘吸力不足。

造成电磁吸盘吸力不足的原因有电源电压低、整流器 VC 有故障或电磁吸盘线圈有短路故障等。

对于电源电压低的检查方法可用万用表的直流电压挡测量整流器 VC 两端的输出电压，应不低于 110 V 空载为 130 V～140 V，否则应检查电源电压或变压器 TC。此外，接触器 KM5 的触点和接插器 X2 接触不良也会造成吸力不足。

若用万用表直流电压挡测量整流器 VC 两端的电压约为 55 V，则可断定为整流器 VC 的某一臂二极管断路。这时，只要检查 VC 的四只二极管，找出断路的二极管进行调换即可。若整流器 VC 的某一臂被击穿短路，此时与它和邻近的另一桥臂的整流二极管也会因过流而损坏，整个变压器 TC 的次级造成短路，若不及时切断电源，就会烧毁变压器。

当确认电磁吸盘线圈有短路故障时，应重绕线圈。在重绕线圈时应记住每个线圈的匝数、绕向及放置方式，并用相同型号的导线绕制。修理完毕后，应进行吸力测试，即吸力应达到 6 kg/cm^2，且剩磁吸力应小于 0.6 kg/cm^2，线圈对地绝缘电阻应大于 5 MΩ。

6.1.3　M7120 型平面磨床电气控制线路故障维修汇总

1．电动机 M1～M4 全部不能启动

(1) 故障可能出现的范围或故障点：无电源电压；电源总开关 QS1 接触不良；熔断器 FU1 断路；熔断器 FU2 断路；熔断器 FU4 断路；整流器 VC 某一臂断路；熔断器 FU8 断路；电压继电器 KV 线圈断路；熔断器 FU3 断路；2 号线至 3 号线间的 KV 触点接触不良；总停止按钮 SB1 接触不良；4 号线和 0 号线有断点。

(2) 重点检测对象或检测点：熔断器 FU1、FU2、FU4、FU8；2 号线至 3 号线间的 KV 触点；整流器 VC。

2．液压泵电动机 M1 不能启动或只有点动

(1) 故障可能出现的范围或故障点：停止按钮 SB2 接触不良；启动按钮 SB3 接触不良；热继电器 KR1 有断点；KM1 线圈断路；4 号线至停止按钮 SB2 间的导线断路；0 号线至接触器 KM1 线圈间的导线断路；KM1 主触点接触不良；热继电器 KR1 主电路断路；液压泵电动机 M1 有问题；接触器 KM1 自锁触点有问题。

(2) 重点检测对象或检测点：停止按钮 SB2；接触器 KM1 的主触点；液压泵电动机 M1；接触器 KM1 的自锁触点。

3．砂轮电动机 M2 及冷却泵电动机 M3 不能启动

(1) 故障可能出现的范围或故障点：停止按钮 SB4 接触不良；启动按钮 SB5 接触不良；热继电器 KR2、KR3 的常闭触点断路；接触器 KM2 线圈断路；4 号线至停止按钮 SB4 间的导线断路；0 号线至接触器 KM2 线圈间的导线断路；KM2 主触点接触不良。

(2) 重点检测对象或检测点：接触器 KM2 的主触点；停止按钮 SB4 触点；热继电器 KR2、KR3。

4. M2、M3 只能点动

(1) 故障可能出现的范围或故障点：8 号线至 9 号线间的接触器 KM2 的自锁触点接触不良。

(2) 重点检测对象或检测点：接触器 KM2 的自锁触点。

5. 砂轮不能上升

(1) 故障可能出现的范围或故障点：砂轮上升按钮 SB6 接触不良；12 号线至 13 号线间的 KM4 常闭触点接触不良；接触器 KM3 线圈断路；4 号线至 SB6 间的导线断路；0 号线至接触器 KM3 线圈间的导线断路；KM3 主触点接触不良。

(2) 重点检测对象或检测点：砂轮上升按钮 SB6；12 号线至 13 号线间的 KM4 常闭触点。

6. 砂轮不能下降

(1) 故障可能出现的范围或故障点：砂轮下降按钮 SB7 接触不良；14 号线至 15 号线间的 KM3 常闭触点接触不良；接触器 KM4 线圈断路；4 号线至 SB7 间的导线断路；0 号线至接触器 KM4 线圈间的导线断路；KM4 主触点接触不良。

(2) 重点检测对象或检测点：砂轮下降按钮 SB7；14 号线至 15 号线间的 KM3 常闭触点。

7. 电磁吸盘无吸力

(1) 故障可能出现的范围或故障点：无电源电压；变压器 TC 损坏；熔断器 FU4 断路；整流器 VC 损坏；熔断器 FU5 断路；FU8 断路；25 号线至 26 号线及 28 号线至 29 号线间的 KM5 常开触点闭合不良；接插器 X2 接触不良；电磁吸盘 YH 线圈断路。

(2) 重点检测对象或检测点：变压器 TC；熔断器 FU4、FU5、FU8；电磁吸盘 YH。

8. 电磁吸盘吸力不足

(1) 故障可能出现的范围或故障点：电源电压低；整流器 VC 某一臂二极管断路；电磁吸盘 YH 线圈有短路故障。

(2) 重点检测对象或检测点：整流器 VC；电磁吸盘 YH 线圈，

9. 电磁吸盘线圈容易造成对地击穿

(1) 故障可能出现的范围或故障点：电阻 R 损坏；电容器 C 损坏。

(2) 重点检测对象或检测点：电阻 R；电容器 C。

10. 整流二极管容易击穿损坏

(1) 故障可能出现的范围或故障点：电阻 R 损坏；电容器 C 损坏。

(2) 重点检测对象或检测点：电阻 R；电容器 C。

6.1.4 M7120 型平面磨床电气控制线路 PLC 控制改造

1. PLC 输入/输出点分配表

根据 M7120 型平面磨床的控制特点，列出其 PLC 输入/输出点分配表见表 6-2。

从表 6-2 中可以看到，各输入点和输出点不但保持了原有的控制信息，而且将冷却泵电动机 M3 从原来用接插件 XP 控制改为了用按钮 SB11 和 SB12 控制其启动和停止。这样在对 M7120 型平面磨床进行 PLC 控制改造的同时，也改进了冷却泵电动机 M3 的控制。

表 6-2　M7120 型平面磨床 PLC 输入/输出点分配表

输 入 信 号			输 出 信 号		
名　称	代号	输入点编号	名　称	代号	输出点编号
电压继电器	KV	X0	液压泵电动机 M1 接触器	KM1	Y0
总停止按钮	SB1	X1	砂轮电动机 M2 接触器	KM2	Y1
液压泵电动机 M1 停止按钮	SB2	X2	砂轮上升接触器	KM3	Y2
液压泵电动机 M1 启动按钮	SB3	X3	砂轮下降接触器	KM4	Y3
砂轮电动机 M2 停止按钮	SB4	X4	电磁吸盘充磁接触器	KM5	Y4
砂轮电动机 M2 启动按钮	SB5	X5	电磁吸盘去磁接触器	KM6	Y5
砂轮升降电动机 M4 上升按钮	SB6	X6	冷却泵电动机接触器	KM7	Y6
砂轮升降电动机 M4 下降按钮	SB7	X7			
电磁吸盘 YH 充磁按钮	SB8	X10			
电磁吸盘 YH 充磁停止按钮	SB9	X11			
电磁吸盘 YH 去磁按钮	SB10	X12			
冷却泵电动机 M3 启动按钮	SB11	X13			
冷却泵电动机 M3 停止按钮	SB12	X14			
液压泵电动机 M1 热继电器	KR1	X15			
砂轮电动机 M2 热继电器	KR2	X16			
冷却泵电动机 M3 热继电器	KR3	X17			

2. PLC 控制接线图

M7120 型平面磨床 PLC 控制接线图如图 6-2 所示。

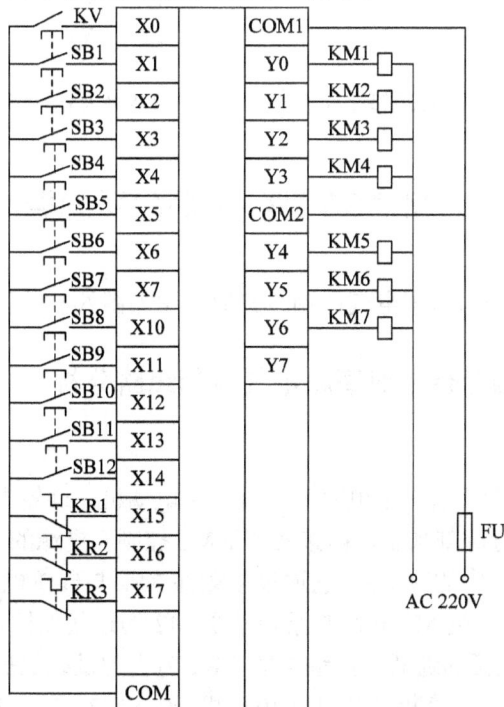

图 6-2　M7120 型平面磨床 PLC 控制接线图

3. PLC 控制梯形图及指令语句表

M7120 型平面磨床 PLC 控制梯形图及指令语句表如图 6-3 所示。

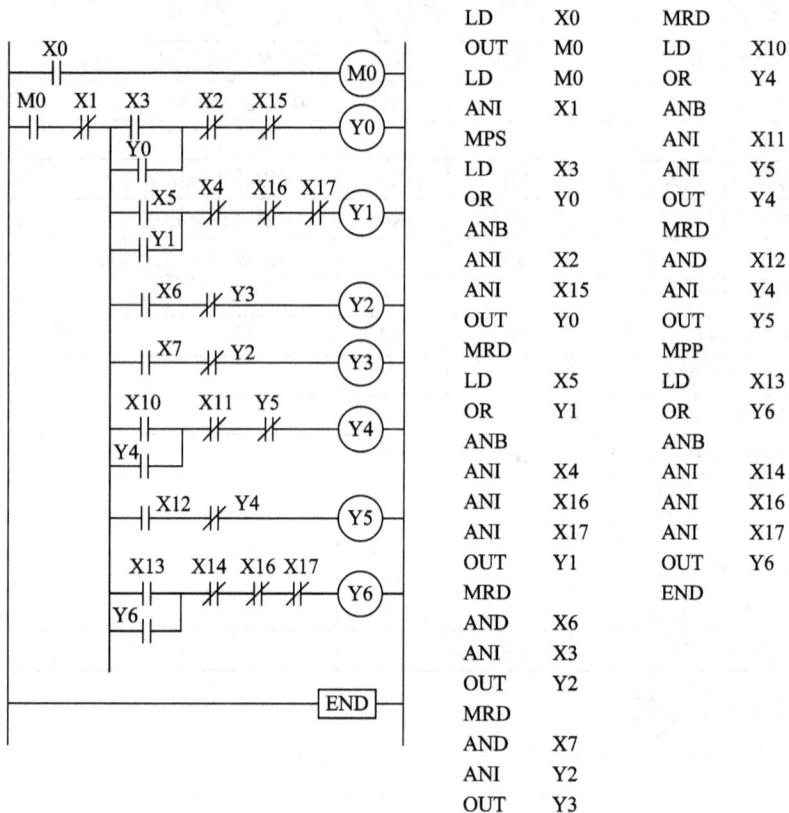

LD	X0		MRD	
OUT	M0		LD	X10
LD	M0		OR	Y4
ANI	X1		ANB	
MPS			ANI	X11
LD	X3		ANI	Y5
OR	Y0		OUT	Y4
ANB			MRD	
ANI	X2		AND	X12
ANI	X15		ANI	Y4
OUT	Y0		OUT	Y5
MRD			MPP	
LD	X5		LD	X13
OR	Y1		OR	Y6
ANB			ANB	
ANI	X4		ANI	X14
ANI	X16		ANI	X16
ANI	X17		ANI	X17
OUT	Y1		OUT	Y6
MRD			END	
AND	X6			
ANI	X3			
OUT	Y2			
MRD				
AND	X7			
ANI	Y2			
OUT	Y3			

图 6-3　M7120 型平面磨床 PLC 控制梯形图及指令语句表

6.2　M7130 型卧轴矩台平面磨床

M7130 型卧轴矩台平面磨床电气控制线路原理图如图 6-4 所示。

6.2.1　M7130 型卧轴矩台平面磨床电气控制线路分析

1. 主电路分析

M7130 型卧轴矩台平面磨床主电路中共有三台电动机。砂轮电动机 M1 为机床的主动力，带动砂轮对工件进行磨削加工，由接触器 KM1 控制其电源的通断。冷却泵电动机 M2 带动冷却泵供给加工过程中的冷却液，它通过接插件 XP1 与砂轮电动机 M1 的电源相连接。热继电器 KR1 为砂轮电动机 M1 和冷却泵电动机 M2 的过载保护。M3 为液压泵电动机，由接触器 KM2 控制其电源的通断，热继电器 KR2 为它的过载保护。电路中，机床三相电源由电源总开关 QS1 引入，熔断器 FU1 为电动机 M1、M2、M3 的总短路保护。

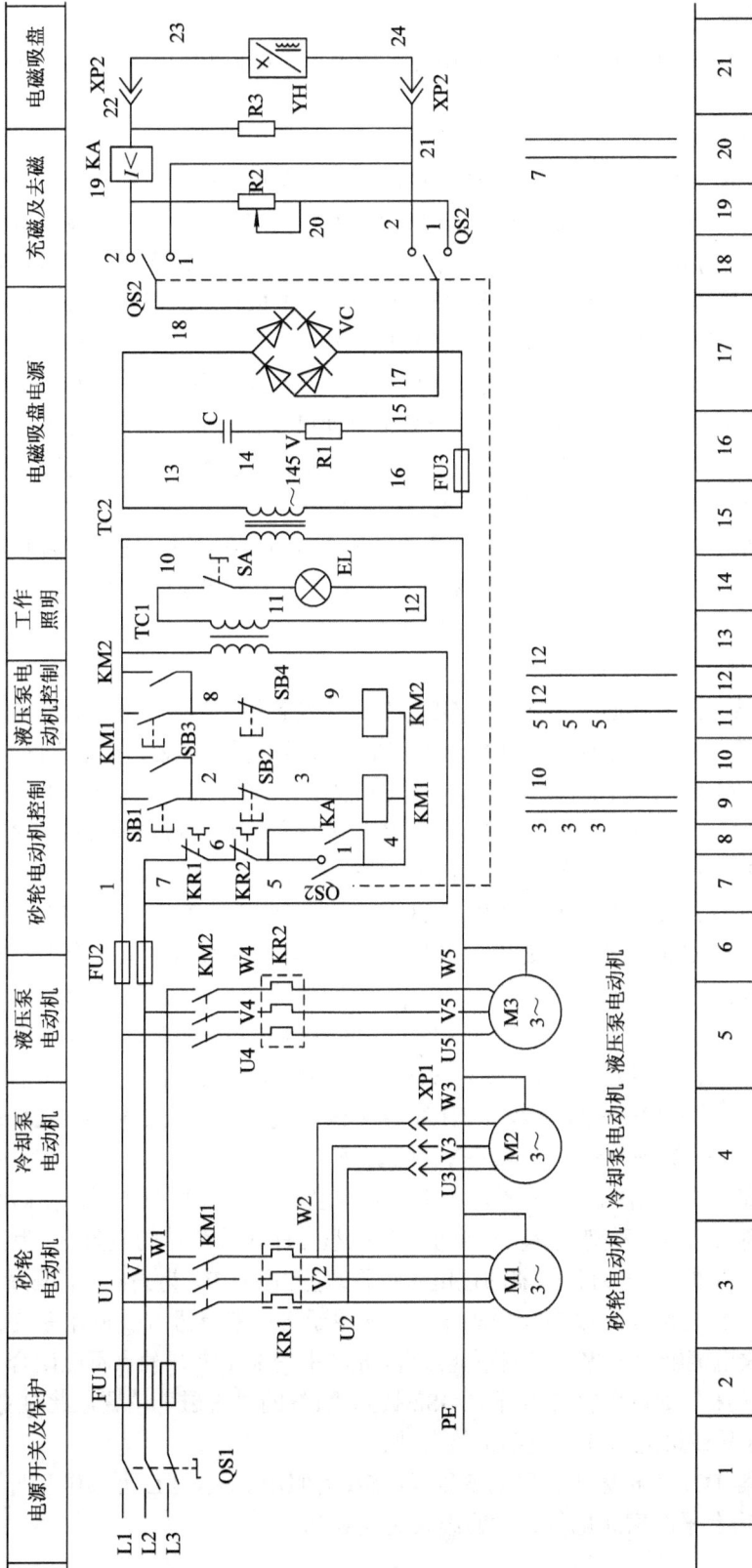

图 6-4　M7130型卧轴矩台平面磨床电气控制线路原理图

2. 控制电路分析

M7130 型卧轴矩台平面磨床的控制电路由各电动机启、停控制和电磁吸盘的充磁、去磁控制两大部分组成。

1) 各电动机控制电路

(1) 砂轮电动机 M1 的控制：砂轮电动机 M1，必须在电磁吸盘 YH 处于正常工作状态的情况下它才能启动运转。当电磁吸盘处于正常工作状态时，20 区中的欠电流继电器线圈 KA 得电闭合，8 区中的 KA 常开触点闭合，为各电动机启动做好了准备。按下砂轮电动机的启动按钮 SB1，接触器 KM1 线圈得电闭合，砂轮电动机 M1 启动运转。按下停止按钮 SB2，接触器 KM1 线圈失电释放，砂轮电动机 M1 停转。

(2) 冷却泵电动机 M2 的控制：冷却泵电动机 M2 只有在砂轮电动机 M1 启动后，它才能启动。在加工过程中如需要冷却液，只需将冷却泵电动机 M2 的插头插入接插件 XP1 中，冷却泵电动机 M2 即可运转，带动冷却泵供给冷却液。当不需要冷却液时，将冷却泵电动机的插头从接插件 XP1 中拔出，冷却泵电动机即可停转。

(3) 液压泵电动机 M3 的控制：按下液压泵电动机 M3 的启动按钮 SB3，接触器 KM2 的线圈得电闭合，液压泵电动机 M3 通电运行。按下液压泵电动机 M3 的停止按钮，接触器 KM2 的线圈失电释放，液压泵电动机 M3 断电停转。

2) 电磁吸盘充磁、去磁控制

电磁吸盘的充磁、去磁是通过转换开关 QS2 转换至"充磁"或"去磁"的位置来进行控制的。合上电源开关 QS1，220 V 交流电压加在电磁吸盘电源变压器 TC2(15 区)的初级绕组上，经降压后，在次级绕组上输出 145 V 的交流电压，经整流器 VC 整流输出约 130 V 左右的直流电源。当加工工件过程中对电磁吸盘 YH 进行充磁时，将转换开关 QS2 扳向图中"2"的"充磁"位置，电磁吸盘 YH 充磁，其充磁通路为：VC 的正极→18 号线→QS2—2→19 号线→KA 线圈→22 号线→XP2→23 号线→YH 线圈→24 号线→XP2→21 号线→QS2—2→17 号线→VC 的负极。此时电磁吸盘 YH 将工件牢牢吸合在工作台上，并且通过欠电流继电器 KA 线圈的电流正常，8 区中的欠电流继电器 KA 的常开触点闭合，各电动机启动运转对工件进行加工磨削。当工件加工完毕，工作台需要退磁时，将转换开关 QS2 转换至图中"1"的"去磁"位置，电磁吸盘 YH 进行去磁。去磁通路为：VC 的正极→18 号线→QS2—1→21 号线→XP2→24 号线→YH 线圈→23 号线→XP2→22 号线→KA 线圈→19 号线→R2→20 号线→QS2—1→17 号线→VC 的负极。

当工件加工完毕，在切断机床电源时，由于电磁吸盘 YH 大电感的作用，在切断电源的瞬间，会产生较高的感应电动势，所以并接在电磁吸盘 YH 线圈两端的电阻 R3 为其放电吸收通路，电容器 C 和电阻 R1 为整流器的过电压吸收装置，电阻 R2 为去磁时的限流电阻。若由于某种原因，电磁吸盘 YH 线圈发生故障，如线圈断路、整流器 VC 损坏等造成充磁回路中电流不足，欠电流继电器 KA 线圈不能吸合，8 区中的 KA 常开触点不能闭合。如果此时需要强行启动机床，则可以将转换开关 QS2 扳到"1"的"去磁"位置，此时 QS2 将 7 区中的 4 号线和 5 号线接通，使各电动机能启动。

电路中，变压器 TC1 为机床工作照明变压器，SA 为照明开关，EL 为工作照明灯。

M7130 型卧轴矩台平面磨床电气元件明细表见表 6-3。

表 6-3　M7130 型卧轴矩台平面磨床电气元件明细表

代号	名　称	型号与规格	数量	用　途
QS1	开关	HZ10—25/3	1	电源总开关
QS2	开关	HZ10—10P/3	1	充、去磁转换开关
FU1	熔断器	RL1—60/10	3	电源总短路保护
FU2	熔断器	RL1—15/5	2	控制电路总短路保护
FU3	熔断器	小型玻璃管式　1 A	1	电磁吸盘短路保护
FU4	熔断器	RL1—15/2	1	工作照明短路保护
KM1	交流接触器	CJ0—10	1	控制砂轮电动机
KM2	交流接触器	CJ0—10	1	控制液压泵电动机
KR1	热继电器	JR10—10　整定电流 9.5 A	1	砂轮电动机过载保护
KR2	热继电器	JR10—10　整定电流 6.1 A	1	液压泵电动机过载保护
M1	砂轮电动机	4.5 kW、4 极装入式电动机	1	驱动砂轮
M2	冷却泵电动机	JCB—22　125 W	1	驱动冷却泵
M3	液压泵电动机	JO42—4　2.8 kW	1	驱动液压泵
TC1	工作照明变压器	BK—50　380 V/36 V	1	提供工作照明电源
TC2	电磁吸盘电源变压器	BK—400　220 V/145 V	1	提供电磁吸盘电源
KA	欠电流继电器	JT3—11L　1.5 A	1	欠电流保护
SB1	按钮	LA2	1	砂轮启动
SB2	按钮	LA2	1	砂轮停止
SB3	按钮	LA2	1	液压泵启动
SB4	按钮	LA2	1	液压泵停止
XP1	接插件		1	连接冷却泵
XP2	接插件		1	连接电磁吸盘
YH	电磁吸盘	110 V　1.45 A	1	吸合工件
VC	桥式整流器	GZH　1/200	4	整流
R1	电阻	GF 型　50 W/500 Ω	1	放电保护
R2	电阻	6 W/125 Ω	1	限流
R3	电阻	GF 型　　50 W/100 Ω	1	放电保护
C	电容	5 μF/600 V	1	放电保护
EL	照明灯	40 W/36 V	1	工作照明
SA	照明开关		1	工作照明开关

6.2.2　M7310 型卧轴矩台平面磨床电气控制线路故障检修实例

1. 三台电动机均不能启动

故障现象：合上电源总开关 QS1，按下砂轮电动机 M1 的启动按钮 SB1，砂轮电动机不能启动；按下液压泵电动机 M3 的启动按钮 SB3，液压泵电动机 M3 也不能启动。

故障分析：根据以上故障现象判断其故障范围应在控制电路接触器 KM1、KM2 线圈回路的公共端中。例如，7 号线到 4 号线有断点、欠电流继电器 KA 没有闭合等都会引起这种故障现象。所以我们检查时应从以下几个方面入手。将转换开关 QS2 扳至"充磁"位置，合上电源总开关 QS1，测量 1 号线和 PE 线是否有 220 V 交流电压。如果没有，应为电源电压有问题，则观察欠电流继电器 KA 是否闭合。如果 KA 没有闭合，则应检查 19 号线和 21 号线两端是否有 130 V 左右的直流电压，然后再检查电磁吸盘 YH 线圈是否短路或断路。如果观察到欠电流继电器 KA 闭合，则重点检查 7 号线和 4 号线是否有断点。

故障检查：将转换开关 QS2 扳至"充磁"位置，合上电源总开关 QS1，用万用表交流 500 V 挡测量 1 号线与 7 号线两端的电压为 380 V，证明电源电压正常。再用万用表交流 500 V 挡测量电磁吸盘电源变压器 TC2 初级端电压为 220 V，均属正常，并观察到欠电流继电器 KA 已闭合，判断故障范围为图中 7 号线到 4 号线有断点。用"短路法"将导线从 7 号线短接到 4 号线，按下砂轮电动机 M1 的启动按钮 SB1，砂轮电动机 M1 能启动运行；按下液压泵电动机 M3 的启动按钮 SB3，液压泵电动机 M3 也能启动运行。继续缩小范围，将导线从 5 号线短接到 4 号线，重复上述过程，砂轮电动机 M1、油泵电动机 M3 仍能启动。故障点为欠电流继电器 KA 的常开触点闭合不良。

故障处理：调整或修理欠电流继电器 KA 的常开触点。

2. 电磁吸盘 YH 无吸力

故障现象：合上电源总开关 QS1，不论将充、去磁转换开关扳至"充磁"或"退磁"位置，电磁吸盘 YH 均无吸力，机床不能正常加工。

故障分析：电磁吸盘 YH 无吸力，根据上面的故障现象来看故障范围应该在变压器 TC2 至电磁吸盘 YH 线圈的控制线路中。其检查的思路为：检查整流器 VC 正极和负极间(17 号线和 18 号线间)是否有 130 V 左右的直流电压。其检查后应该为三种结果：一是在整流器 VC 的正极和负极间没有直流电压输出；二是输出电压较低(大约为 65 V～75 V)；三是输出电压为 130 V 左右。如果是第一种情况，应该检查变压器 TC2 是否损坏，熔断器 FU3 是否断路，整流器 VC 的四个臂是否全部烧毁。如果在整流器 VC 正极和负极间有 130 V 左右的直流电压，则应重点检查电磁吸盘 YH 线圈是否有断路故障，充、退磁转换开关 QS2 是否接触不良或损坏，接插件 XP2 是否接触良好。

故障检查：将充、退磁转换开关 QS2 扳至"充磁"位置。合上电源总开关 QS1。用万用表直流 250 V 挡测量变压器 TC2 次级(13 号线和 16 号线)输出端的直流电压，电表指针微微偏转。将万用表转至交流 250 V 挡测量变压器 TC2 次级(13 号线和 16 号线)输出端的交流电压，为 145 V 左右。经万用表检查后，判断整流器 VC 至少有两桥臂短路或断路。切断机床电源，用万用表 R×1 k 挡分别测量整流器 VC 的四个二极管，发现有二桥臂烧毁断路。

故障处理：更换同型号的整流二极管，故障排除。

6.2.3　M7130 型卧轴矩台平面磨床电气控制线路故障维修汇总

1. 三台电动机均不能启动

(1) 故障出现的范围或故障点：熔断器 FU1、FU2 断路；7 区中的热继电器 KR1、KR2

触点接触不良；4 号线到 5 号线间的 QS2 或 KA 触点闭合不良。

(2) 重点检测对象或检测点：熔断器 FU1、FU2；热继电器 KR1、KR2；KA 常开触点。

2. 砂轮电动机 M1 不能启动

(1) 故障出现的范围或故障点：接触器 KM1 主触点接触不良；热继电器 KR1 主通路有断点；砂轮电动机 M1 本身有问题(此时冷却泵电动机能启动)；9 区中的停止按钮 SB2 接触不良；启动按钮 SB1 压合接触不良；接触器 KM1 线圈损坏。

(2) 重点检测对象或检测点：接触器 KM1 主触点；砂轮电动机 M1；停止按钮 SB2 常闭触点。

3. 冷却泵电动机 M2 不能启动

(1) 故障出现的范围或故障点：接插件 XP1 接触不良；冷却泵电动机 M2 绕组有问题。

(2) 重点检测对象或检测点：接插件 XP1；冷却泵电动机 M2 绕组。

4. 液压泵电动机 M3 不能启动

(1) 故障出现的范围或故障点：接触器 KM2 主触点闭合不良；热继电器 KR2 的主通路有断点；液压泵电动机 M3 绕组烧毁；11 区中的停止按钮 SB4 的常闭触点接触不良；启动按钮 SB3 闭合接触不良；接触器 KM2 线圈损坏。

(2) 重点检测对象或检测点：接触器 KM2 的主触点；液压泵电动机 M3；停止按钮 SB4 的常闭触点。

5. 电磁吸盘无吸力

(1) 故障出现的范围或故障点：变压器 TC2 损坏；熔断器 FU3 断路；整流器 VC 损坏；充、去磁转换开关 QS2 接触不良；接插件 XP2 接触不良；电磁吸盘 YH 线圈断路。

(2) 重点检测对象或检测点：变压器 TC2；整流器 VC；接插件 XP2；电磁吸盘 YH 线圈。

6. 电磁吸盘吸力不足

(1) 故障出现的范围或故障点：电源电压低；整流器 VC 损坏；变压器 TC2 损坏；电磁吸盘 YH 线圈短路。

(2) 重点检测对象或检测点：变压器 TC2；整流器 VC；电磁吸盘 YH 线圈。

7. 电磁吸盘容易造成对地击穿

(1) 故障出现的范围或故障点：电阻 R3 断路。

(2) 重点检测对象或检测点：电阻 R3。

8. 整流二极管容易击穿损坏

(1) 故障出现的范围或故障点：电阻 R1 损坏；电容器 C 损坏。

(2) 重点检测对象或检测点：电阻 R1；电容器 C。

6.2.4　M7130 型卧轴矩台平面磨床电气控制线路 PLC 控制改造

1. PLC 控制输入/输出点分配表

根据控制要求，列出 M7130 型平面磨床 PLC 控制输入/输出点分配表，见表 6-4。

表6-4　M7130型平面磨床PLC控制输入/输出点分配表

输入信号			输出信号		
名　称	代号	输入点编号	名　称	代号	输出点编号
电流继电器	KA	X0	砂轮电动机M1控制接触器	KM1	Y0
砂轮电动机M1启动按钮	SB1	X1	液压泵电动机M3控制接触器	KM2	Y1
砂轮电动机M1停止按钮	SB2	X2	冷却泵电动机M2控制接触器	KM3	Y2
液压泵电动机M3启动按钮	SB3	X3			
液压泵电动机M3停止按钮	SB4	X4			
冷却泵电动机M2启动按钮	SB5	X5			
冷却泵电动机M2停止按钮	SB6	X6			
热继电器	KR1、KR2	X7			
充、去磁转换开关	QS2	X10			
总停止按钮	SB7	X11			

从表6-3中可以看出，冷却泵电动机M2改用了按钮SB5和SB6进行控制。另外还增加了一个总停止按钮SB7。

2．PLC控制接线图

M7130型平面磨床PLC控制接线图如6-5所示。

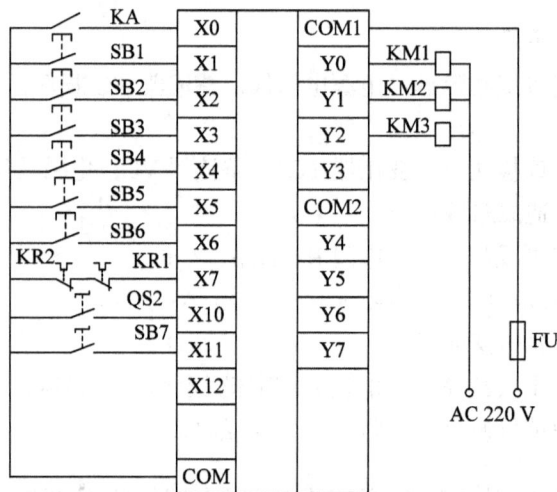

图6-5　M7130型平面磨床PLC控制接线图

3．PLC控制梯形图及指令语句表

M7130型平面磨床PLC控制梯形图及指令语句表如图6-6所示。

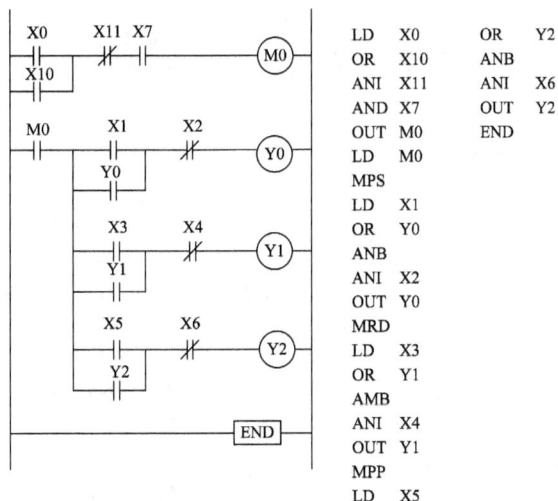

```
X0    X11  X7              LD    X0      OR    Y2
X10          ┤├─(M0)      OR    X10     ANB
                          ANI   X11     ANI   X6
                          AND   X7      OUT   Y2
M0    X1   X2             OUT   M0      END
Y0           ┤├─(Y0)      LD    M0
                          MPS
X3    X4                  LD    X1
Y1           ┤├─(Y1)      OR    Y0
                          ANB
X5    X6                  ANI   X2
Y2           ┤├─(Y2)      OUT   Y0
                          MRD
                 (END)    LD    X3
                          OR    Y1
                          AMB
                          ANI   X4
                          OUT   Y1
                          MPP
                          LD    X5
```

图 6-6　M7130 型平面磨床 PLC 控制梯形图及指令语句表

6.3　M7475B 型立轴圆台平面磨床

M7475B 型立轴圆台平面磨床是由上海机床厂制造的，它使用立式砂轮头的形式及砂轮的端面对工件进行削磨加工。该机床工作台的拖动采用了双速电动机。

6.3.1　M7475B 型立轴圆台平面磨床电气控制线路分析

M7475B 型立轴圆台平面磨床电气控制线路原理图如图 6-7 所示。

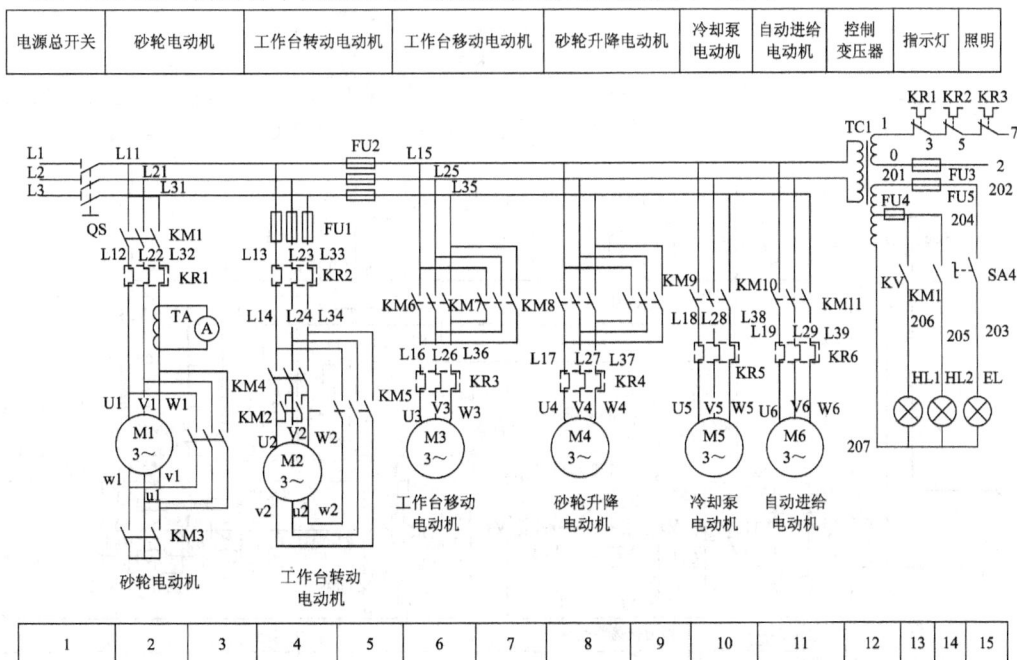

图 6-7　M7475B 型立轴圆台平面磨床电气控制线路原理图(1)

总停止	零压保护	砂轮电动机控制	工作台转动		工作台移动		砂轮电动机控制		冷却泵控制	自动进给	零励磁保护
			高速	低速	退出	进入	上升	下降			

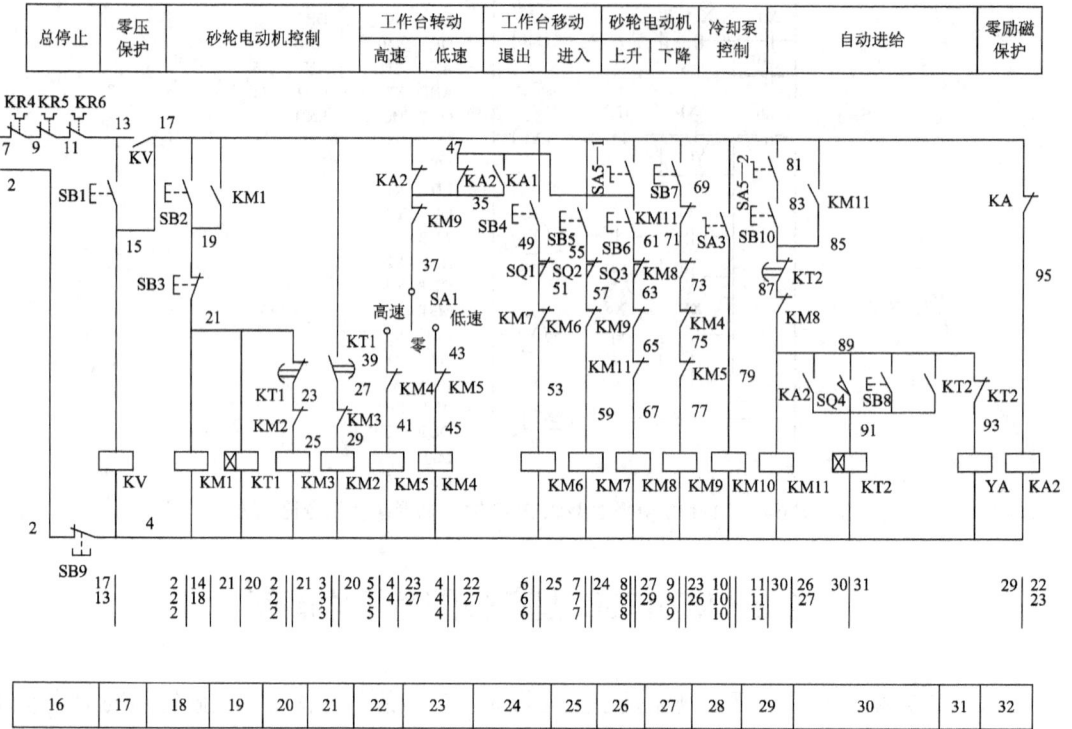

图 6-7　M7475B 型立轴圆台平面磨床电气控制线路原理图(2)

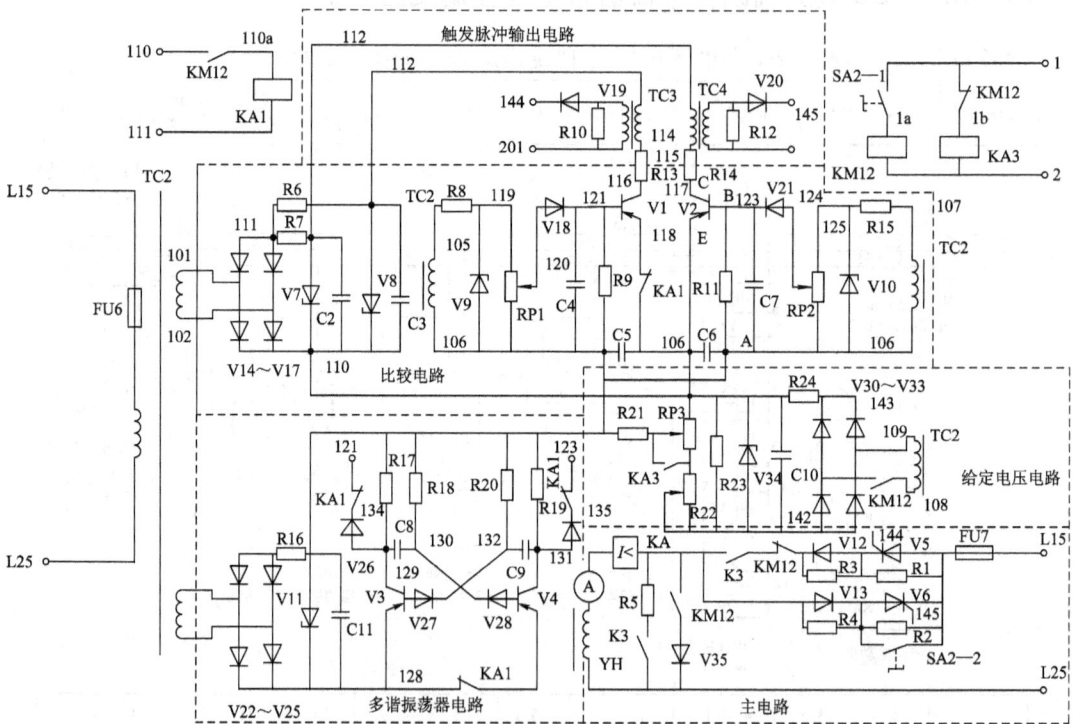

触发脉冲输出电路

比较电路

多谐振荡器电路

给定电压电路

主电路

图 6-7　M7475B 型立轴圆台平面磨床电气控制线路原理图(3)

1. 主电路分析

该机床主电路中共有六台电动机。

砂轮电动机 M1 带动砂轮电动机旋转，对加工工件进行磨削。由接触器 KM1 和 KM3 组成了它的 Y 形启动控制电路，接触器 KM1 和 KM2 组成了它的△形全压运行控制电路。热继电器 KR1 为它的过载保护，TA 为电流互感器，A 为电流表。由电流互感器 TA 和电流表 A 组成砂轮电动机 M1 绕组中电流的测量机构，以便随时监测其绕组中的电流。砂轮电动机 M1 的短路保护为在配电柜中的熔断器或在上一级车间配电系统中设置。

工作台转动电动机 M2 是一台双速电动机，由它带动工作台快速和慢速旋转，由接触器 KM4 控制它的低速运转，接触器 KM5 控制它的高速运转。熔断器 FU1 为它的短路保护，热继电器 KR2 为它的过载保护。

工作台移动电动机 M3 带动工作台左右移动，接触器 KM6 控制它正转电源的通断，接触器 KM7 控制它反转电源的通断，热继电器 KR3 为它的过载保护。

砂轮升降电动机 M4 带动砂轮上、下移动。由接触器 KM8 控制它正转电源的通断，接触器 KM9 控制它反转电源的通断，热继电器 KR5 为它的过载保护。

冷却泵电动机 M5 带动冷却泵供给机床加工过程中的冷却液。由接触器 KM10 控制它电源的通断，热继电器 KR5 为它的过载保护。

自动进给电动机 M6 由接触器 KM11 控制它电源的通断，热继电器 KR6 为它的过载保护。

三相电源由电源总开关 QS1 引入。电动机 M3、M4、M5、M6 的总短路保护由熔断器 FU2 担任。

2. 控制电路分析

控制电路分为两大部分。第一部分是各电动机的启动、停止控制，第二部分是电磁吸盘的充磁、去磁控制。

1) 各电动机的启动、停止控制

各电动机的控制电路原理图见图 6-7(1)。合上电源总开关 QS1，按下机床总启动按钮 SB1，17 区中的欠压继电器 KV 线圈得电闭合，其 17 区中的常开触点闭合，接通了各电动机控制电路的电源。13 区中的电源指示灯 HL1 亮，表明电源电压正常。如果电源电压不正常，或低于一定电压值及突然停电时，欠压继电器 KV 将欠压释放，17 区中的常开触点将复位断开切断各电动机控制电路的电源，而使各电动机断电停止运行，从而起到保护各电动机在电源电压不正常的情况下运行发生的故障。

(1) 砂轮电动机 M1 的控制。当 17 区中的欠电压继电器 KV 的常开触点闭合后，按下砂轮电动机 M1 的启动按钮 SB2，接触器 KM1、KM3 及时间继电器 KT1 得电闭合。其中接触器 KM1、KM3 的主触点将砂轮电动机 M1 绕组接成 Y 形启动。同时 14 区中的指示灯 HL2 亮，表示砂轮电动机 M1 启动运行。经过一定时间后，时间继电器 KT1 的延时断开触点(20 区)断开，延时闭合触点(21 区)闭合，使得接触器 KM3 断电释放，KM2 得电闭合，接触器 KM1 和 KM2 的主触点将砂轮电动机 M1 的绕组接成了△形全压运行。当砂轮电动机 M1 需要停止时，按下停止按钮 SB3，接触器 KM1、时间继电器 KT1 失电释放，继而接触器 KM2 断电释放，砂轮电动机 M1 停止运转。

(2) 工作台转动电动机 M2 的控制。工作台转动电动机 M2 有高速和低速两种运转状态，

由转换开关 SA1 控制。当需要工作台高速运转时，只需将转换开关扳至"高速"挡位置，接触器 KM5 得电闭合，它的主触点将工作台转动电动机 M2 的绕组接成 YY 形，M2 带动工作台高速旋转。

当需要工作台低速运转时，将转换开关 SA1 扳至"低速"挡位置，接触器 KM4 得电闭合，其主触点将工作台转动电动机 M2 的绕组接成△形，M2 带动工作台低速运转。

当将转换开关扳至"0"挡位置时，工作台转动电动机 M2 停转。

(3) 工作台移动电动机 M3 的控制。工作台移动电动机 M3 的控制是一个正、反转点动控制。当按下按钮 SB5 时，接触器 KM7 得电闭合，工作台移动电动机反转，带动工作台向右移动，此时工作台进入；按下按钮 SB4 时，接触器 KM6 得电闭合，工作台移动电动机 M6 正转，带动工作台向左转动，工作台退出。因为工作台移动电动机 M6 为正、反转点动控制，故在接触器 KM6、KM7 的线圈回路中互相串接了对方的常闭触点组成了接触器联锁的正反转电路。位置开关 SQ1 和 SQ2 分别为工作台进入和退出的限位保护。

(4) 砂轮升降电动机 M4 的控制。砂轮升降电动机 M4 的控制分为手动控制和自动控制，由转换开关 SA5 扳至"手动"位置时，SA5—1 闭合，SA5—2 断开；扳至"自动控制"位置时，SA5—1 断开，SA5—2 闭合。

① 手动控制：将转换开关 SA5 扳至"手动"位置，分别按下上、下移动按钮 SB6 和 SB7，接触器 KM8 和 KM9 分别得电使砂轮电动机分别正、反转，带动砂轮上升或下降。

② 自动控制：将转换开关 SA5 扳至"自动"位置，然后按下自动进给启动按钮 SB10，接触器 KM11、电磁铁 YA 得电。接触器 KM11 得电闭合，接通了自动进给电动机 M6 的电源，M6 启动运行，电磁铁 YA 得电，它使得工作台自动进给齿轮与电动机 M6 带动的齿轮啮合，通过变速机构，带动工作台自动向下工作进给对工件进行磨削。当磨削加工完毕时，压下位置开关 SQ4，时间继电器 KT2 得电闭合并自锁，其瞬时常闭触点(31 区)断开，切断了电磁铁 YA 线圈的电源，YA 断电释放，工作台自动进给齿轮与变速机构齿轮分开，工作台停止进给，此时自动进给电动机 M6 空转。经过一定时间后，29 区中的时间继电器 KT2 的延时断开触点断开，接触器 KM1、KT2 失电释放，自动进给电动机 M6 停转。

(5) 冷却泵电动机 M5 的控制。冷却泵电动机 M5 的控制是由扳动开关 SA3 来控制的。将 SA3 开关扳向"接通"位置，接触器 KM10 得电闭合，冷却泵电动机 M5 启动运转，带动冷却泵供给加工工件冷却液。将 SA3 开关扳向"断开"位置，接触器 KM10 失电释放，冷却泵电动机 M5 停止运转。

(6) 各运动的相互联锁装置。工作台转动电动机 M2 转动时，砂轮升降电动机 M4 不能带动砂轮下降。因为在砂轮机下降的回路中串接了工作台高、低速运转接触器 KM4、KM5 的常闭触点，故只要工作台一转动，砂轮升降电动机 M4 不能带动砂轮下降。同理，砂轮在下降时，工作台也不能转动。工作台快速和慢速移动通过接触器 KM4、KM5 各自的常闭触点在对方的线圈回路中联锁。砂轮升降电动机 M4 通过接触器 KM8、KM9 各自的常闭触点在对方的线圈回路中联锁。

(7) 零励磁保护。在磨削加工工件过程中，当电磁吸盘 YH 线圈突然断路或无电流流过及由于其他原因导致流过电磁吸盘 YH 线圈中的电流较小时，串接在电磁吸盘线圈回路中的欠电流继电器 KA 不能闭合，KA 在 32 区中的常闭触点闭合，中间继电器 KA2 得电闭合，其常闭触点(32 区)切断工作台转动电动机 M2 的控制电路，使得工作台不能转动。同时，

29 区的常开触点接通时间继电器 KT2 线圈的电源,时间继电器 KT2 的瞬时常闭触点(31 区)断开,使电磁铁 YA 线圈断电,自动进给不能进行。经过一定时间后,其 29 区的延时断开触点断开,切断了接触器 KM11 和时间继电器 KT2 线圈的电源,KM11 及 KT2 失电释放,自动进给电动机 M6 停转,起到了零励磁的保护作用。

2) 电磁吸盘的充磁、去磁控制

电磁吸盘充、退磁电路的原理图见图 6-7(3)。它是由晶闸管等电子元件组成的充、去磁控制线路。它主要由五个部分组成,即主电路、多谐振荡器电路、给定电压电路、比较电路和触发脉冲输出电路。各部分电路及元器件的组成见图中的虚线框。

(1) 电磁吸盘的充磁控制。电磁吸盘的充磁控制分为可调和不可调两种控制方式。它是通过充磁转换开关 SA2 来实现的。扳动 SA2 至不同位置,即可获得可调和不可调的充磁控制。

① 可调充磁控制:将充磁转换开关 SA2 扳向充磁"可调"位置,SA2—1 闭合,SA2—2 断开,接触器 KM12 得电闭合,其中间继电器 KA1 线圈回路的常开触点(110 号线至 110a 号线)闭合,中间继电器 KA1 得电闭合,其常闭触点断开多谐振荡器电路中的 134 号线和 121 号线及 135 号线和 123 号线以及比较电路中的 106 号线和 118 号线。此时,晶体管 V1 不能工作,V3、V4 输出断开,故只有 V2 正常工作。而晶体管 V2 的基极电压的大小取决于图中 E 点和 B 点电压的高低。在晶体管 V2 的发射极、基极回路中,有两个输入电压:一个是从电位器 RP3 取出的给定电压 U_{EA},也就是电容器 C6 两端的电压;另一个是来自同步变压器 TC2 的约 22 V 交流电压经二极管 V10 削波从电位器 RP2 取出经二极管 V21 整流的电压 U_{BA}。在交流电压的正半周,来自同步变压器 TC2 的交流电压经 V10 削波从电位器 RP2 取出又经二极管 V21 整流后,对电容器 C7 进行充电,使 U_{C7} 逐渐上升。在交流电压的负半周,变压器 TC2 副边线圈及二极管 V10 和 R15 构成回路,二极管 V21 截止,电容器 C7 对电阻 R11 放电,U_{C7} 逐渐下降,由此在电阻 R11 两端产生按指数规律变化的锯齿波电压 U_{BA},$U_{BA}>0$。由于 V2 为 PNP 锗管,当 V2 两端的电压 $U_{EB}>0.2$ V 时,晶体管 V2 便可导通工作,也就是说,只要 $U_{EB}=U_{EA}-U_{BA}>0.2$ V,晶体管 V2 即可导通工作。当晶体管 V2 导通工作时,晶体管 V2 中有一个变化的电流流过,并通过变压器 TC4 产生一个触发脉冲,这个脉冲经 V20 送到主电路中晶闸管 V6 的控制极和阴极之间,使得晶闸管 V6 触发,电磁吸盘 YH 线圈通电,将工件吸牢。调节电位器 RP3 的大小,可以调节给定电压 U_{EA} 的大小。当给定电压 U_{EA} 升高时,晶闸管 V2 导通时间提前,触发脉冲前移,晶闸管 V6 导通角增大,电磁吸盘 YH 中的电流增大,工作台吸力增大,反之则减小。

② 不可调充磁:将充磁转换开关 SA2 扳向"固定"充磁位置,SA2—1、SA2—2 闭合,晶闸管 V6 被短接。此时电磁吸盘的充磁回路为:电源 V 相→YH 线圈→电流表 A→欠电流继电器 KA 线圈→V13 整流二极管→SA2—2→熔断器 FU7→U 相,电磁吸盘固定充磁。

(2) 电磁吸盘的去磁控制。将转换开关 QS2 扳向"0"挡位置,SA2—1、SA2—2 断开,接触器 KM12 断电,中间继电器 KA1 断电释放,KA3 通电闭合。中间继电器 KA1 的常闭触点复位闭合,接通晶体管 V1 发射极的电源(116 号线和 118 号线),V1 正常工作。同时,KA1 的常闭触点接通多谐振荡器电路的电源及将多谐振荡器晶体管 V3、V4 集电极的输出分别接至晶体管 V1、V2 的基极,使得从多谐振荡器晶体管 V3、V4 集电极输出的振荡电压轮流加在晶体管 V1 和 V2 的基极上,使晶体管 V1、V2 轮流导通和截止,脉冲变压器

TC3、TC4 轮流输出触发脉冲，分别触发晶闸管 V5 和 V6，使得晶闸管 V5、V6 轮流导通，电磁吸盘 YH 线圈中通过与多谐振荡器频率相同的交变电流。由于接触器 KM12 失电释放，其常开触点断开给定电压电路中的电源，给定电压电路失电，电容器 C10 通过 R23 及电位器 RP3 放电，其电压逐渐降低，给定电压逐渐减小，使得晶体管 V1 和 V2 发射极的电位逐渐降低，晶闸管的导通角也逐渐减小，故加在电磁吸盘 YH 上的交变电流逐渐减小，最后衰减为零，从而达到交流去磁的目的。

M7475B 型立轴圆台平面磨床电气元件明细表见表 6-5。

表 6-5　M7475B 型立轴圆台平面磨床电气元件明细表

代号	名　称	型号与规格	数量	用　途
M1	砂轮电动机	JO3—81—6　25 kW	1	带动砂轮旋转
M2	工作台转动电动机	JDO3—112S—6/4/2.2/3 kW	1	带动工作台转动
M3	工作台移动电动机	JO3—802—6/0.75 kW	1	驱动工作台左右移动
M4	砂轮升降电动机	JO3—801—4　0.75 kW	1	带动砂轮上下移动及进给
M5	冷却泵电动机	DB—100　250 W	1	带动冷却泵供给机床冷却液
M6	自动进给电动机	A1—5624　125 W	1	带动砂轮机自动工作进给
QS1	开关	DZ10—100/330	1	电源总开关
FU1	熔断器	RL1—60/60 A	1	工作台转动电动机短路保护
FU2	熔断器	RL1—15/15 A	1	M1、M2、M3、M4、TC1 总短路保护
FU3	熔断器	玻璃管型　4 A	1	控制电路短路保护
FU4	熔断器	玻璃管型　2 A	1	信号灯短路保护
FU5	熔断器	玻璃管型　2 A	1	机床工作照明短路保护
FU6	熔断器	玻璃管型　2 A	1	电磁吸盘充、去磁控制电路短路保护
FU7	熔断器	RL1—15/10 A	1	电磁吸盘主电路短路保护
KR1	热继电器	JR0—150　整定电流89.8 A	1	砂轮电动机过载保护
KR2	热继电器	JR0—20　整定电流 12.4 A	1	工作台转动电动机过载保护
KR3	热继电器	JR0—20　整定电流 4.2 A	1	工作台移动电动机过载保护
KR4	热继电器	JR0—20　整定电流 3.4 A	1	砂轮升降电动机过载保护
KR5	热继电器	JR0—20　整定电流 1.26 A	1	冷却泵电动机过载保护
KR6	热继电器	JR0—20　整定电流程 8 A	1	自动进给电动机过载保护
KM1	交流接触器	CJ0—75/110 V	1	控制 M1 电源通断
KM2	交流接触器	CJ0—40/110 V	1	控制 M1 三角形运转
KM3	交流接触器	CJ0—40/110 V	1	控制 M1 星形启动
KM4	交流接触器	CJ0—10/110 V	1	控制 M2 低速运转
KM5	交流接触器	CJ0	1	控制 M2 高速运转
KM6	交流接触器	CJ0	1	控制 M3 正转
KM7	交流接触器	CJ0	1	控制 M3 反转
KM8	交流接触器	CJ0	1	控制砂轮上升
KM9	交流接触器	CJ0	1	控制砂轮下降
KM10	交流接触器	CJ0	1	控制冷却泵电动机 M5
KM11	交流接触器	CJ0	1	控制自动进给电动机 M6
KM12	交流接触器	CJ0	1	控制自动充磁
KV	零压保护继电器	JZ7—44/110 V	1	控制电路零压保护
KA1	中间继电器	DZ—144/24 V	1	电磁吸盘去磁
KA2	中间继电器	JZ7—44/110 V	1	电磁吸盘零励磁保护
KA3	中间继电器	JZ7—1A/110 V	1	控制电磁吸盘放电

代号	名　称	型号与规格	数量	用　途
KT1	时间继电器	JS7—1A/110 V	1	控制砂轮电动机 Y—△启动
KT2	时间继电器	JS7—1A/110 V	1	控制断开自动进给
SQ1	限位开关	LX19—121	1	工作台退出限位保护
SQ2	限位开关	LX19—121	1	工作台进给限位保护
SQ3	限位开关	LX19—121	1	砂轮上升限位保护
SQ4	限位开关	JLXW1—11	1	自动进给限位
KA	电流继电器	JL—14	1	电磁吸盘欠电流保护
SA1	转换开关	LA18—22/3	1	工作台高低速运转转换
SA2	转换开关	LA18—22/3	1	电磁吸盘充磁转换开关
SA3	转换开关	LA18—22/2	1	冷却泵控制开关
SA4	转换开关	LA18—22/2	1	机床工作照明开关
SA5	转换开关	LA18—22/2	1	自动进给选择开关
SB1	按钮	LA19—11	1	控制线路中的总启动按钮
SB2	按钮	LA19	1	砂轮升降电动机启动按钮
SB3	按钮	LA19	1	砂轮升降电动机停止按钮
SB4	按钮	LA19	1	工作台退出点动按钮
SB5	按钮	LA19	1	工作台进入点动按钮
SB6	按钮	LA19	1	砂轮上升点动按钮
SB7	按钮	LA19	1	砂轮下降点动按钮
SB8	按钮	LA19	1	自动进给停止按钮
SB9	按钮	LA19	1	机床总停止按钮
SB10	按钮	LA19	1	自动进给启动按钮
TC1	控制变压器	BK—500	1	控制、信号、工作照明电源
TC2	控制变压器	BK—100	1	同步变压器
EL	机床照明灯	40 W/36 V	1	工作照明
HL1	电源信号灯	JC3Y	1	电源信号
HL2	砂轮运行指示	JC3Y	1	砂轮运转信号
YH	电磁吸盘	SJCP—780	1	吸合工件

6.3.2　M7475B 型立轴圆台平面磨床电气控制线路故障检修实例

1. 工作台转动电动机 M2 及自动进给电动机 M6 不能启动

故障现象：合上电源总开关 QS1，接通控制线路电源后，将工作台转动选择开关 SA1 分别扳至"高速"和"低速"位置，工作台转动电动机不能启动运转。将转换开关 SA5 扳至"自动"进给位置，按下自动进给电动机 M6 的启动按钮，自动进给电动机 M6 也不能启动。

故障分析：工作台转动电动机 M2 和自动进给电动机 M6 都不能启动有两种可能性。一种可能性是在工作台转动电动机 M2 的控制回路及自动进给电动机 M6 的回路中都存在断点。但是，这种可能性的概率是很小的。另一种可能性是电磁吸盘吸力不足，通过欠电流继电器 KA 线圈的电流大小，不能使衔铁闭合，故在 32 区中它的常闭触点闭合，使得中间继电器 KA2 线圈得电并闭合，其 23 区常闭触点断开，切断了工作台高、低速控制回路的电源，使工作台转动电动机不能启动。而中间继电器 KA2(29 区)的常开触点闭合，接通时间继电器 KT2 线圈的电源，从而断开自动进给电动机 M6 控制回路的电源。第二种情况

(电磁吸盘吸力不足)其故障不在工作台转动电动机 M2 的控制回路及自动进给电动机 M6 的控制回路中,而应该在电磁吸盘的充磁控制电路中,且将转换开关 SA5 扳至"自动"进给位置,按下自动进给电动机 M6 的启动按钮 SB10 后,自动进给电动机 M6 有瞬时启动后自动停止的现象。

故障检查:合上电源总开关 QS1,按下控制线路中的总启动按钮 SB1,接通控制线路电源。将工作台转动电动机转换开关 SA1 分别扳至"高速"和"低速"位置,工作台转动电动机 M2 不能启动。将转换开关 SA5 扳至"自动"进给位置,按下自动进给启动按钮 SB10,自动进给电动机 M6 能瞬时启动,几秒后又自动停止。从启动自动进给电动机 M6 的现象来看,判断确定为电磁吸盘控制电路的故障。拆开机床电源控制框,观察到中间继电器 KA2 线圈动作吸合。判断为欠电流继电器的 KA 欠电流断开。检查充、去磁转换开关 SA2 在充磁"可调"挡位。将 SA2 扳至"固定"充磁挡,观察到欠电源继电器 KA 动作吸合,中间继电器 KA2 释放。将工作台转动电动机 M2 的高低速转换开关分别扳至"高速"和"低速"挡,电动机 M2 均能启动。将自动进给转换开关 SA5 扳至"自动"挡,按下自动进给电动机 M6 的启动按钮 SB10,电动机 M6 能启动并正常运转。

从以上检查的结果来看,电磁吸盘固定充磁时情况正常,可以判断电磁吸盘主电路正常,故障的范围应该出在给定电压电路、比较电路和脉冲输出电路中,而造成晶闸管 V6 导通角后移,使晶闸管 V6 整流输出电压降低。用万用表直流挡测量电位器 RP3 端 137 号线和 116 号线的电压值,并调整电位器 RP3,表针有起伏变化,判断为电位器 RP3 接触不良。故本故障为电位器 RP3 接触不良,给定电压值低而引起在"可调"充磁时晶闸管 V6 输出电压低而导致的。

故障处理:更换同型号的电位器 RP3,故障排除。

2. 电磁吸盘不能去磁

故障现象:当工件加工完毕后,将充、去磁转换开关 SA2 扳至"0"挡去磁位置,工件不能从工作台上取下。

故障分析:出现这种现象的原因主要有五方面。① 晶体管 V3、V4 损坏,多谐振荡器没有起振;② 121 号线和 134 号线及 123 号线和 135 号线中间继电器的常闭触点接触不良,振荡信号没有输入到晶体管 V1、V2 的基极;③ 116 号线和 118 号线中间继电器的常闭触点接触不良,晶体管 V1 的发射极没有接通,只有晶体管 V2 工作,输入单方向脉冲,使得晶闸管 V6 导通,V5 截止,电磁吸盘 YH 接受单方向脉冲电流;④ 晶体管 V1、V2 损坏,不能输出触发脉冲;⑤ 晶闸管 V5 损坏。

对于中间继电器的常闭触点的接触不良,可以用万用表的电阻挡进行测量。方法是:拆除常闭触点任一端与控制线路的接线,将万用表置于 R×1k 挡,由于拆除了常闭触点一端与控制电路的接线,故切断了万用表电阻挡与控制线路中电源形成回路的可能,故可以在启动机床或控制线路带电的情况下,直接测量中间继电器常闭触点的通断情况。这种方法也适应于接触器、中间继电器的常开触点在闭合时需要判断其闭合是否良好的情况。对于晶体管 V1~V4 是否损坏,则需要测量其各晶体管元件的基极、集电极、发射极的电压值来大概判断。

故障检查:合上电源总开关 QS1,将充、去磁转换开关扳至"0"挡去磁位置,观察到 KA3 闭合。用以上故障分析中所述方法,分别对中间继电器 KA1 在 121 号线到 134 号线及

123 号线到 135 号线和 118 号线到 116 号线的常闭触点进行测量，接触都良好。对电位器 RP3 端中间继电器 KA3 的常开触点进行测量，接触也良好，证明各中间继电器的常开、常闭触点接触良好。再用万用表直流 50 V 挡分别测量两脉冲输出端 145 号线和 200 号线及 144 号线和 201 号线，145 号线和 200 号线端约有 5 V 的直流电压。当测量到 144 号线和 201 号线端时，指针有微小摆动。再测量电阻 R10 两端的交流电压，约为 9 V，怀疑二极管 V19 损坏。切断机床电源，将二极管 V19 拆下测量，发现二极管 V19 断路。

　　故障处理：换上同型号的二极管，故障排除。

6.3.3　M7475B 型立轴圆台平面磨床电气控制线路故障维修汇总

1. 所有电动机均不能启动

（1）故障可能出现的范围或故障点：无电源电压；电源总开关 QS1 损坏；熔断器 FU2 断路；控制变压器 TC1 损坏；热继电器 KR1～KR6 的常闭触点断路或不能复位；17 区中的零压继电器 KV 线圈损坏；17 区中的零压继电器 KV 的常开触点闭合不良。

（2）重点检测对象或检测点：熔断器 FU2；热继电器 KR1～KR6 的常闭触点；17 区中的零压继电器 KV 的常开触点。

2. 砂轮电动机 M1 不能 Y 形启动

（1）故障可能出现的范围或故障点：接触器 KM1 的主触点闭合不良；热继电器 KR1 的主通路有断点；接触器 KM3 的主触点接触不良；砂轮电动机 M1 本身有问题；18 区中的启动按钮 SB2 压合接触不良；停止按钮 SB3 接触不良；接触器 KM1 线圈损坏；时间继电器 KT1 线圈损坏；20 区中的时间继电器 KT1 的延时断开常闭触点接触不良；接触器 KM2 的常闭触点接触不良；接触器 KM3 线圈损坏。

（2）重点检测对象或检测点：接触器 KM1 的主触点；接触器 KM3 的主触点；砂轮电动机 M1；18 区中的停止按钮 SB3；20 区中的时间继电器 KT1 的延时断开常闭触点；接触器 KM2 的常闭触点。

3. 砂轮电动机 M1 不能△形运行

（1）故障可能出现的范围或故障点：接触器 KM2 的主触点闭合接触不良；21 区中的时间继电器 KT1 的延时闭合触点闭合接触不良；接触器 KM3 的常闭触点接触不良；接触器 KM2 线圈损坏。

（2）重点检测对象或检测点：接触器 KM2 的主触点；21 区中的时间继电器 KT1 的延时闭合触点；接触器 KM3 的常闭触点。

4. 工作台转动电动机 M2 不能启动运转或高低速不能运转

（1）故障可能出现的范围或故障点：熔断器 FU1 断路；热继电器 KR2 的主通路有断点；工作台转动电动机 M2 本身有问题；22 区中的中间继电器 KA 的常闭触点接触不良；接触器 KM9 的常闭触点接触不良；22 区中的接触器 KM4 的常闭触点接触不良；23 区中的接触器 KM5 的常闭触点接触不良；接触器 KM4 线圈损坏；接触器 KM5 线圈损坏；电磁吸盘欠电流；欠电流继电器 KA 未闭合。

（2）重点检测对象或检测点：熔断器 FU1；工作台转动电动机 M2；22 区中的中间继电器 KA 的常闭触点；接触器 KM9 的常闭触点；接触器 KM4 的常闭触点；23 区中的接触器

KM5 的常闭触点；电磁吸盘充、去磁电路。

5. 工作台移动电动机 M3 不能正转或反转启动

(1) 故障可能出现的范围或故障点：接触器 KM6 或接触器 KM7 的主触点闭合接触不良；热继电器 KR3 的主通路有断点；工作台移动电动机 M3 绕组有问题；24 区中的正转启动按钮 SB4 压合接触不良；位置开关 SQ1 的常闭触点接触不良；接触器 KM7 的常闭触点接触不良；接触器 KM6 线圈损坏；25 区中的反转启动按钮 SB5 压合接触不良；位置开关 SQ2 的常闭触点接触不良；接触器 KM6 的常闭触点接触不良；KM7 线圈损坏。

(2) 重点检测对象或检测点：接触器 KM6 的主触点；工作台移动机 M3；位置开关 SQ1；接触器 KM7 的常闭触点；接触器 KM7 的主触点；位置开关 SQ2；接触器 KM6 的常闭触点。

6. 砂轮不能上升

(1) 故障可能出现的范围或故障点：接触器 KM8 的主触点闭合接触不良；26 区中的位置开关 SQ3 接触不良；接触器 KM9 的常闭触点接触不良；接触器 KM11 的常闭触点接触不良；接触器 KM9 线圈损坏。

(2) 重点检测对象或检测点：接触器 KM8 的主触点；26 区中的位置开关 SQ3；接触器 KM9 的常闭触点；接触器 KM11 的常闭触点。

7. 砂轮不能下降

(1) 故障可能出现的范围或故障点：接触器 KM9 的主触点闭合接触不良；27 区中的接触器 KM11、KM4、KM5、KM8 的常闭触点接触不良；接触器 KM9 线圈损坏。

(2) 重点检测对象或检测点：接触器 KM9 的主触点；27 区中的接触器 KM11、KM8、KM4、KM5 的常闭触点。

8. 冷却泵电动机 M5 不能启动

(1) 故障可能出现的范围或故障点：接触器 KM10 的主触点闭合不良；热继电器 KR5 的主通路有断点；冷却泵电动机 M5 绕组烧毁；开关 SA3 闭合不良；接触器 KM10 线圈损坏。

(2) 重点检测对象或检测点：接触器 KM10 的主触点；冷却泵电动机 M5；开关 SA3。

9. 自动进给电动机 M6 不能启动或不能进给

(1) 故障可能出现的范围或故障点：接触器 KM11 的主触点闭合接触不良；热继电器 KR6 的主通路有断点；自动进给电动机 M6 本身有问题；29 区中的转换开关 SA5—2 闭合接触不良；自动进给电动机 M6 的启动按钮 SB10 闭合接触不良；29 区中的时间继电器 KT2 的延时断开常闭触点接触不良；接触器 KM8 的常闭触点接触不良；31 区中的时间继电器 KT2 的瞬时常闭触点接触不良；电磁铁 YA 线圈断路；电磁吸盘欠电流；欠电流继电器 KA 未闭合。

(2) 重点检测对象或检测点：接触器 KM11 的主触点；自动进给电动机 M6；29 区中的时间继电器 KT2 的延时断开常闭触点；接触器 KM8 的常闭触点；31 区中的时间继电器 KT2 的瞬时常闭触点；电磁铁 YA 线圈；电磁吸盘充、去磁电路。

10. 电磁吸盘无吸力

(1) 故障可能出现的范围或故障点：熔断器 FU7 断路；晶闸管 V6 损坏；整流二极管 V13 损坏；电磁吸盘 YH 线圈损坏。

(2) 重点检测对象或检测点：熔断器 FU7；晶闸管 V6；整流二极管 V13；电磁吸盘 YH 线圈。

11．充磁在"可调"挡时电磁吸盘无吸力

(1) 故障可能出现的范围或故障点：晶闸管 V6 损坏；给定电压电路有问题；比较电路有问题；触发脉冲输出电路有问题。

(2) 重点检测对象或检测点：晶闸管 V6；给定电压电路中的电位器 RP3；比较电路中的电位器 RP2；晶体管 V1、V2；触发脉冲输出电路中的二极管 V20。

12．电磁吸盘不能去磁

(1) 故障可能出现的范围或故障点：晶体管 V5 损坏；整流二极管 V12 损坏；电磁吸盘回路中的接触器 KM12 的常闭触点接触不良；中间继电器 KA3 的常开触点闭合接触不良；KA1 的常闭触点接触不良；多谐振荡器电路有问题；比较电路有问题；触发脉冲输出电路有问题。

(2) 重点检测对象或检测点：晶闸管 V5；二极管 V12；中间继电器 KA1 的所有常闭触点；KA3 的所有常开触点；接触器 KM12 的所有常闭触点；多谐振荡器电路中的晶体管 V1、V2；比较电路中的晶体管 V1；触发脉冲电路中的二极管 V19 等。

6.3.4　M7475B 型立轴圆台平面磨床电气控制线路 PLC 控制改造

1．PLC 控制输入/输出点分配表

根据 M7475B 型立轴圆台平面磨床的控制要求，列出其 PLC 控制输入/输出点分配表，见表 6-6。

表 6-6　　M7475B 型立轴圆台平面磨床 PLC 控制输入/输出点分配表

输 入 信 号			输 出 信 号		
名　称	代号	输入点编号	名　称	代号	输出点编号
热继电器	KR1～KR6	X0	电源指示灯	HL1	Y0
总启动按钮	SB1	X1	砂轮指示灯	HL2	Y1
砂轮电动机 M1 启动按钮	SB2	X2	电压继电器	KV	Y2
砂轮电动机 M1 停止按钮	SB3	X3	砂轮电动机 M1 接触器	KM1	Y3
电动机 M3 退出点动按钮	SB4	X4	砂轮电动机 M1 接触器	KM2	Y4
电动机 M3 进入点动按钮	SB5	X5	砂轮电动机 M1 接触器	KM3	Y5
电动机 M4(正转)上升点动按钮	SB6	X6	工作台转动电动机低速接触器	KM4	Y6
电动机 M49(反转)下降点动按钮	SB7	X7	工作台转动电动机高速接触器	KM5	Y7
自动进给停止按钮	SB8	X10	工作台移动电动机正转接触器	KM6	Y10
总停止按钮	SB9	X11	工作台移动电动机反转接触器	KM7	Y11
自动进给启动按钮	SB10	X12	砂轮升降电动机上升接触器	KM8	Y12
电动机 M2 高速转换开关	SA1—1	X13	砂轮升降电动机下降接触器	KM9	Y13
电动机 M2 低速转换开关	SA1—2	X14	冷却泵电动机接触器	KM10	Y14
电磁吸盘充磁可调控制	SA2—1	X15	自动进给电动机接触器	KM11	Y15
电磁吸盘充磁不可调控制	SA2—2	X16	电磁吸盘控制接触器	KM12	Y16

输 入 信 号			输 出 信 号		
名　　称	代号	输入点编号	名　　称	代号	输出点编号
冷却泵电动机控制	SA3	X17	自动进给控制电磁铁	YA	Y17
砂轮升降电动机手动控制开关	SA5—1	X20	中间继电器	K1	Y20
自动进给控制	SA5—2	X21	中间继电器	K2	Y21
工作台退出限位行程开关	SQ1	X22	中间继电器	K3	Y22
工作台进入限位行程开关	SQ2	X23			
砂轮升降上限位行程开关	SQ3	X24			
自动进给限位行程开关	SQ4	X25			
电磁吸盘欠电流控制	KA	X26			

2. PLC 控制接线图

M7475B 型立轴圆台平面磨床 PLC 控制接线图如图 6-8 所示。

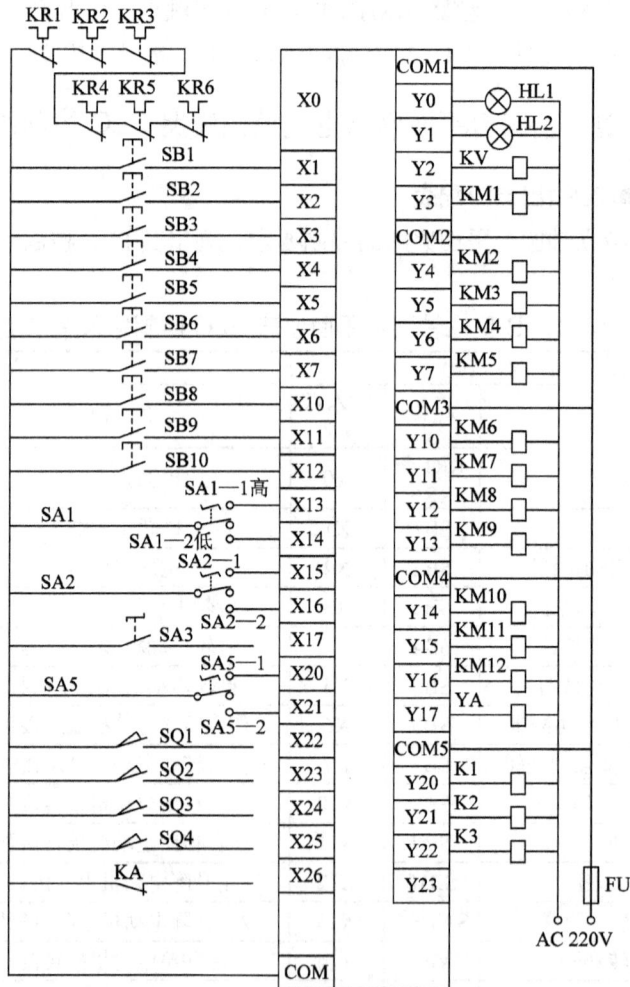

图 6-8　M7475B 型立轴圆台平面磨床 PLC 控制接线图

3. PLC 控制梯形图

根据 M7475B 型立轴圆台平面磨床的控制要求，设计出 PLC 控制梯形图如图 6-9 所示。

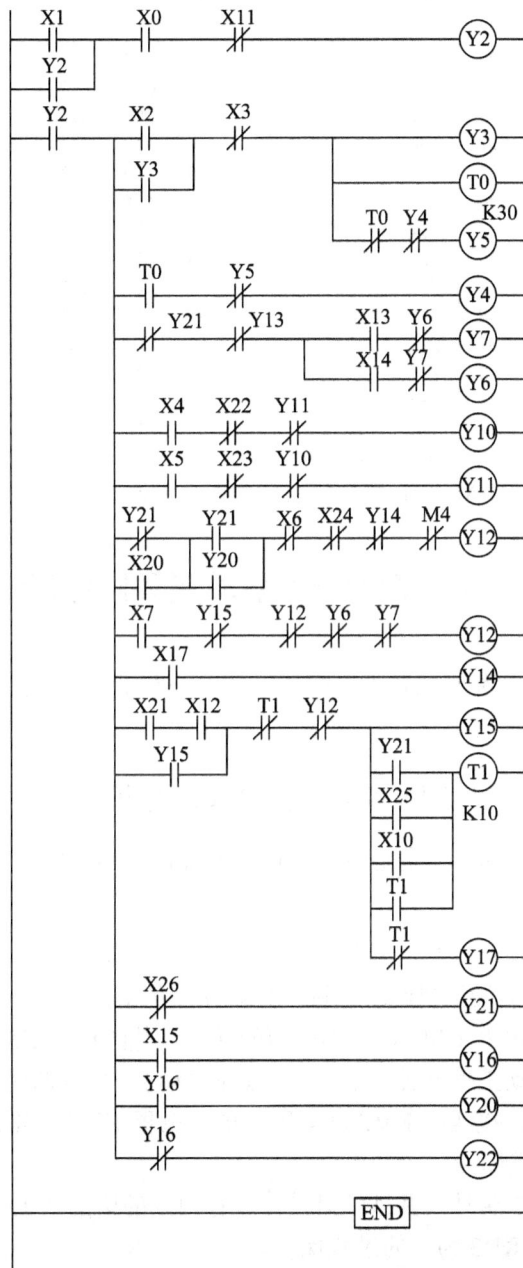

图 6-9　M7475B 型立轴圆台平面磨床 PLC 控制梯形图

4. PLC 控制指令语句表

M7475B 型立轴圆台平面磨床 PLC 控制指令语句表如图 6-10 所示。

0	LD	X1	22	ANI	Y13	44	ANB		66	OUT	Y15
1	OR	Y2	23	MPS		45	LDI	Y21	67	MPS	
2	AND	X0	24	AND	X13	46	OR	Y20	68	LD	Y21
3	AI	X11	25	ANI	Y6	47	ANB		69	OR	X25
4	OUT	Y2	26	OUT	Y7	48	ANI	X6	70	OR	X10
5	LD	Y2	27	MPP		49	ANI	X24	71	OR	T1
6	MPS		28	AND	X14	50	ANI	Y14	72	ANB	
7	LD	X2	29	ANI	Y7	51	ANI	M4	73	OUT	T1 K10
8	OR	Y3	30	OUT	Y6	52	OUT	Y12	74	MPP	
9	ANB		31	MRD		53	LD	X7	75	ANI	T1
10	ANI	X3	32	AND	X4	54	ANI	Y15	76	OUT	Y17
11	OUT	Y3	33	ANI	X22	55	ANI	Y12	77	LDI	X26
12	OUT	T0 K30	34	ANI	Y11	56	AMI	Y6	78	OUT	Y21
13	ANI	T0	35	OUT	Y10	57	ANI	Y7	79	LD	X15
14	ANI	Y4	36	MRD		58	OUT	Y12	80	OUT	Y16
15	OUT	Y5	37	AND	X5	59	LD	X17	81	LD	X16
16	MRD		38	ANI	X23	60	OUT	Y14	82	OUT	Y20
17	AND	T0	39	ANI	Y10	61	LD	X21	83	LDI	X16
18	ANI	Y5	40	OUT	Y11	62	AND	X12	84	OUT	Y22
19	OUT	Y4	41	MPP		63	OR	Y15	85	END	
20	MRD		42	LDI	Y21	64	ANI	T1			
21	ANI	Y21	43	OR	X20	65	ANI	Y12			

图 6-10　M7475B 型立轴圆台平面磨床 PLC 控制指令语句表

6.4　M1432A 型万能外圆磨床

M1432A 型万能外圆磨床主要用于磨削工件的外圆锥面、内圆柱面、内圆锥面和阶台端面，也可以用来磨削平面等。

6.4.1　M1432A 型万能外圆磨床电气控制线路分析

M1432A 型万能外圆磨床电气控制线路原理图如图 6-11 所示。

1. 主电路分析

M1432A 型万能外圆磨床共由五台电动机拖动。

油泵电动机 M1 带动油泵供给机床液压传动系统的液压油，驱动机床液压传动装置带动工作台平稳移动，接触器 KM1 控制其电源的通断，热继电器 KR1 为它的过载保护。

头架电动机 M2 带动工件旋转，它采用了双速电动机，故可调速范围大，由接触器 KM2 控制其低速电源的通断，接触器 KM3 和 4 区中的接触器 KM2 的常闭触点控制其高速电源的通断，KR2 为它的过载保护。

内圆砂轮电动机 M3 带动内圆砂轮对工件进行内圆的磨削加工，由接触器 KM4 控制其电源的通断，热继电器 KR3 为它的过载保护。

外圆砂轮电动机 M4 带动外圆砂轮对工件进行外圆的磨削加工，由接触 KM5 控制其电源的通断，热继电器 KR4 为它的过载保护。

冷却泵电动机 M5 带动冷却泵供给机床在磨削加工过程中的冷却液，它由接触器 KM6 控制其电源的通断，并通过接插件 X 与接触器 KM6 的主触点相连接，热继电器 KR5 为它的过载保护。

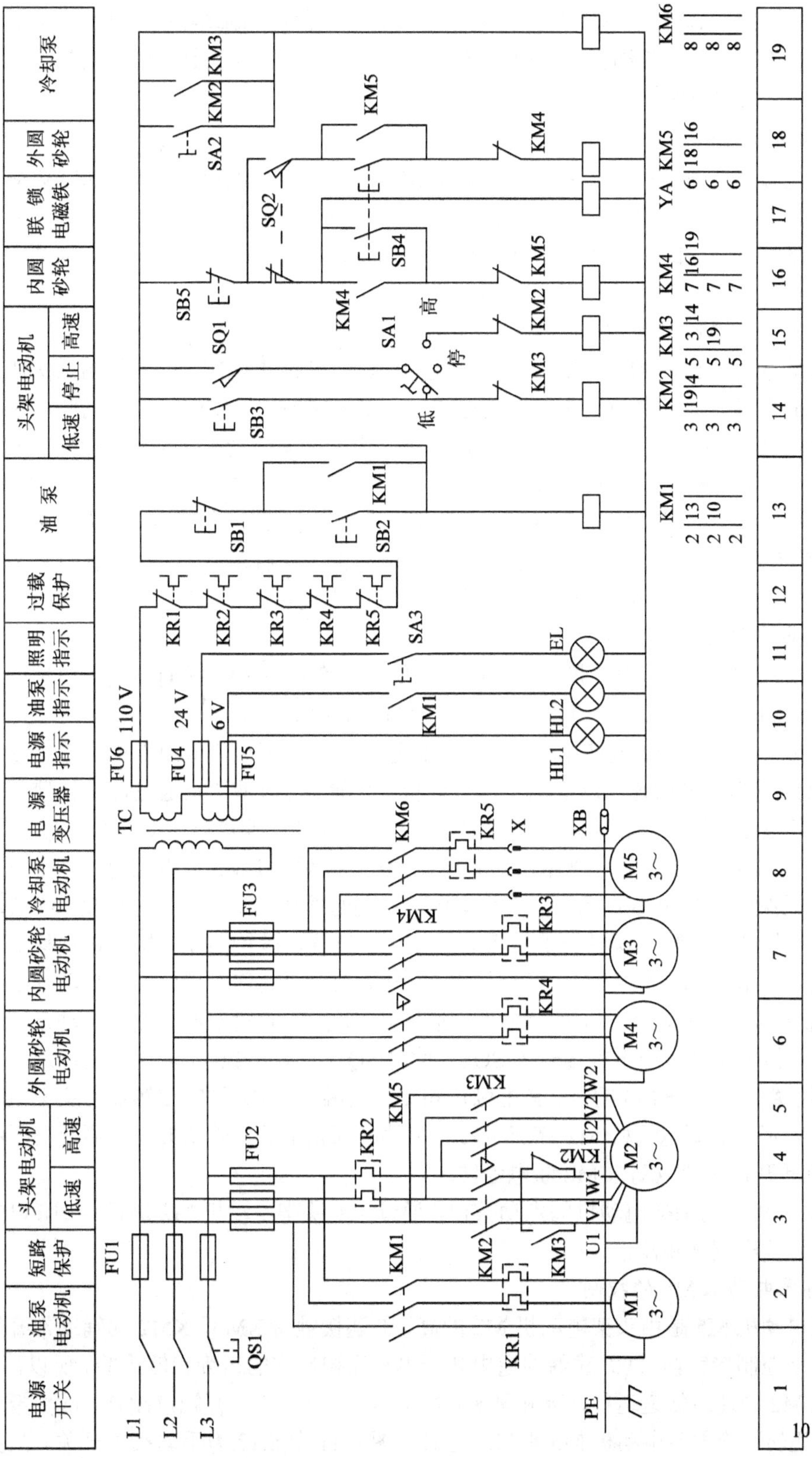

图 6-11　M1432A型万能磨床电气控制线路原理图

三相电源由电源总开关 QS1 引入，熔断器 FU1 为整个控制线路的总短路保护；FU2 为油泵电动机 M1 和头架电动机 M2 的短路保护；熔断器 FU3 为内圆砂轮电动机 M3 和冷却泵电动机 M5 的短路保护。

2．控制电路分析

当合上电源总开关 QS1 时，指示灯(10 区)HL1 亮，表示电源电压正常，380 V 交流电压经过熔断器 FU1 加在变压器 TC 的初级绕组上，经降压后输出 110 V 交流电压作为各电动机控制电路的电源，24 V 交流电压为机床工作照明灯电源，6 V 交流电压为电源指示灯电源。

1) 油泵电动机 M1 的控制

按下油泵电动机 M1 的启动按钮 SB2，接触器 KM1 线圈得电闭合，其主触点接通油泵电动机 M1 的电源，油泵电动机 M1 启动运转，供给机床液压系统液压油。同时，接触器 KM1 的辅助常开触点(10 区)闭合，指示灯 HL2 亮，表示油泵电动机 M1 启动运转正常。按下油泵电动机 M1 的停止按钮 SB1 时，接触器 KM1 线圈失电释放，油泵电动机 M1 停转。

从图 6-11 中可以看出，机床中各电动机的启动只有在油泵电动机 M1 启动，13 区中的 KM1 常开触点闭合后才能启动运行，否则，其他电动机无法启动。在机床运行过程中，若接触器 KM1 失电断开，则油泵电动机 M1 停转，其他电动机也将停转。

2) 头架电动机 M2 的控制

头架电动机 M2 为双速电动机，它是由高、低速转换开关 SA1 扳向不同的位置而进行不同转速的控制，从而得到加工工件中不同精度的磨削加工。

当需要头架电动机 M2 低速运转时，将高低速转换开关扳至"低速"挡位置，启动油泵电动机 M1，将砂轮架快速移动操纵手柄扳向快进位置，此时液压油通过砂轮快速移动操纵手柄控制的液压阀进入砂轮架移动驱动油缸，带动砂轮架快速进给移动。当接近工件时，压合行程开关 SQ1，接通了接触器 KM2 线圈的电源，接触器 KM2 得电闭合，主电路中的常闭触点(3 区)断开，常开触点闭合，将头架电动机绕组接成△形，头架电动机 M2 启动低速运转。将砂轮架快速移动操纵杆手柄扳向"停止"位置，砂轮架停止快速进给移动。当需要头架电动机 M2 高速运转时，将高低速转换开关扳至"高速"挡位置，启动油泵电动机 M1，将砂轮架快速移动操纵手柄扳向"快速"位置，此时砂轮架通过液压传动系统将快速进给移动。接近工件时压下行程开关 SQ1，此时 SQ1 接通头架电动机 M1 的高速运行接触器 KM3 线圈的电源，KM3 闭合，其主触点和 4 区接触器 KM2 的常闭触点将头架电动机绕组接成 YY 形，头架电动机 M2 高速运转。工件磨削完毕后，砂轮架退回原处，行程开关 SQ1 复位断开，头架电动机 M2 断电停转。

图 6-11 中 SB3 为头架电动机的点动按钮，通过它对头架电动机 M2 进行点动，以便对工件进行位置找准调试和校正。

3) 冷却泵电动机 M5 的控制

冷却泵电动机 M5 是由头架电动机 M2 的高、低速接触器 KM3、KM2 的辅助常开触点闭合和断开来控制接触器 KM6 线圈的通电和断电从而控制它的运行和停止的。所以，不论头架电动机 M2 高速或低速运行，接触器 KM2、KM3 总有一个常开触点闭合，故头架电动机 M2 启动运转，冷却泵电动机 M5 也启动运转。图 6-11 中 SA2 为手动接通开关。当头架电动机 M2 停转，在修整砂轮需要冷却泵电动机启动供给冷却液时，只需将 SA2 接通，冷却泵电动机 M5 即可运行，供给冷却液。

4) 内、外圆砂轮电动机 M3、M4 的控制

(1) 内圆砂轮电动机 M3 的控制。当需要对加工工件进行内圆磨削时，将砂轮架上的内圆磨具往下翻，按下内外圆砂轮的启动按钮 SB4，接触器 KM4 线圈得电闭合，主触点接通内圆砂轮电动机 M3 的电源，M3 启动运行，带动内圆砂轮对工件进行内圆磨削。按下停止按钮 SB5，接触器 KM4 线圈断电，内圆砂轮电动机 M4 停转。

(2) 外圆砂轮电动机 M4 的控制。当需要对工件进行外圆磨削加工时，把砂轮架上的内圆磨具往上翻，行程开关 SQ2 被压合，其 16 区中的常闭触点断开，18 区中的常开触点闭合，为外圆砂轮电动机 M4 的启动做好了准备。按下内、外圆砂轮电动机的启动按钮 SB4，接触器 KM5 线圈通电闭合并自锁，其主触点接通外圆砂轮电动机 M4 的电源，M4 启动运转，带动外圆砂轮对工件进行磨削加工。当需要停止时，按下停止按钮 SB5，接触器 KM5 失电，外圆砂轮电动机 M4 停转。

5) 各控制线路的联锁

(1) 内、外圆砂轮电动机 M3 和 M4 由行程开关 SQ2 联锁，即内、外圆砂轮电动机不能同时启动运行。

(2) 内圆砂轮电动机运行与砂轮架的快速移动通过 SQ2 及电磁铁 YA 联锁。在内圆砂轮对工件进行磨削加工时，不允许砂轮架快速移动，否则会造成工件报废及损坏磨头等事故。因此，在内圆砂轮对工件磨削加工时，内圆磨具翻下，行程开关 SQ2 的常闭触点(16 区)复位闭合，接通了 17 区中的电磁铁 YA 的线圈，电磁铁 YA 得电动作，其动铁芯带动机械装置断开砂轮快速进给的液压回路，使得砂轮架快速进退操纵手柄操作无效。

M1432A 型万能外圆磨床的电气元件明细表见表 6-7。

表 6-7　M1432A 型万能外圆磨床电气元件明细表

代号	名　称	型号与规格	数量	用　途
M1	油泵电动机	JO3—801—4/72　0.75 kW	1	带动油泵旋转
M2	头架电动机	JO3—90S—8/4　0.37/0.75 kW	1	带动工件旋转
M3	内圆砂轮电动机	JO3—801—2　1.1 kW	1	带动内圆砂轮旋转
M4	外圆砂轮电动机	JO3—112S—4　4 kW	1	带动外圆砂轮旋转
M5	冷却泵电动机	DB—25 A　120 W	1	带动冷却泵旋转
KM1	交流接触器	CJ0—10/交流 110 V	1	控制电动机 M1
KM2	交流接触器	CJ0—10/交流 110 V	1	电动机 M2 低速控制
KM3	交流接触器	CJ0—10/交流 110 V	1	电动机 M2 高速控制
KM4	交流接触器	CJ0—10/交流 110 V	1	控制电动机 M3
KM5	交流接触器	CJ0—10/交流 110 V	1	控制电动机 M4
KM6	交流接触器	CJ0—10/交流 110 V	1	控制电动机 M5
FU1	熔断器	RL1—60/30	1	电路总短路保护
FU2	熔断器	RL1—15/10	1	电动机 M1、M2 总短路保护
FU3	熔断器	RL1—15/10	1	电动机 M4、M6 总短路保护
FU4	熔断器	RL1—15/2	1	工作照明短路保护
FU5	熔断器	RL1—15/1	1	指示灯短路保护
FU6	熔断器	RL1—15/10	1	控制线路短路保护
KR1	热继电器	JR0—20　整定电流 2 A	1	电动机 M1 过载保护
KR2	热继电器	JR0—20　整定电流 1.6 A	1	电动机 M2 过载保护

代号	名　称	型号与规格	数量	用　途
KR3	热继电器	JR0—20　整定电流 2.5 A	1	电动机 M3 过载保护
KR4	热继电器	JR0—20　整定电流 9 A	1	电动机 M4 过载保护
KR5	热继电器	JR0—20　整定电流 0.47 A	1	电动机 M5 过载保护
QS1	开关	LWS—3/C5172　15 A	1	电源总开关
SA1	转换开关	LA18—22X2	1	头架电动机高、低速转换开关
SA2	转换开关	LA18—22X2	1	冷却泵手动开关
SA3	转换开关	LA18—22X2	1	工作照明开关
SB1	按钮	LA19—11J	1	油泵电动机 M1 停止按钮
SB2	按钮	LA10—11D	1	油泵电动机 M1 启动按钮
SB3	按钮	LA19—11	1	头架电动机 M2 启动按钮
SB4	按钮	LA19—22	1	内、外圆砂轮电动机启动按钮
SB5	按钮	LA19—11	1	内、外圆砂轮电动机停止按钮
SQ1	行程开关	LA12—2	1	砂轮架快速联锁开关
SQ2	行程开关	LX12—2	1	内、外圆砂轮电动机联锁开关
YA	电磁铁	MQW0.7　0.7 kg，110 V	1	内圆砂轮电动机与砂轮架联锁
TC	变压器	BK—150　380/220、24、6 V	1	控制电路、照明、指示电源

6.4.2　M1432A 型万能外圆磨床电气控制线路故障检修实例

1. 所有电动机都不能启动

故障现象：合上电源总开关 QS1，按下油泵电动机 M1 的启动按钮 SB2，油泵电动机 M1 不能启动，其他电动机也不能启动。

故障分析：从以上故障现象来看，油泵电动机 M1 不能启动，且其他电动机也不能启动，证明接触器 KM1(13 区)的常开触点没有闭合，且接触器 KM1 线圈也没有得电，所以其故障范围应该在接触器 KM1 线圈回路的控制线路中。这类故障的检查可以测量控制变压器 TC 的次级端绕组 110 V 交流电压是否正常，用"短路法"短接热继电器 KR1 至 KR5 等。

故障检查：合上电源总开关 QS1，用万用表交流 500 V 挡测量变压器 TC 初级线圈两端的交流电压，为 380 V 左右，电压正常。再用万用表交流 250 V 挡测量变压器 TC 次级 110 V 挡电压，电压亦正常。用"短路法"将热继电器 KR1 至 KR5 短接，按下油泵电动机的启动按钮 SB2，油泵电动机能启动运行，证明故障点在热继电器 KR1 至 KR5 中的常闭触点有断点。断开电源总开关 QS1，用万用表 R×1 k 挡分别测量热继电器 KR1 至 KR5 的常闭触点的通断。当测量到热继电器 KR5 时，万用表指示有断点。拆开并检查热继电器 KR5，KR5 已损坏。换上同型号的热继电器 KR5，合上电源总开关 QS1，按下油泵电动机 M1 的启动按钮 SB2，油泵电动机 M1 能启动运转，且其他电动机也均能启动运转。但机床工作不久，所有电动机又自动停止。将机床电源总开关 QS1 断开，再次检查机床电气故障。因机床所有电动机自动停止，这无疑是接触器 KM1 线圈失电，其常开触点断开所造成的。其故障特点和前面的故障相同，可能是机床中有电动机过载所致。用万用表 R×1 k 挡迅速测量热继电器 KR1 至 KR5 线路，万用表无指示，证明热继电器 KR1 至 KR5 线路有断点。因为热继电器 KR5 已经出现一次故障且损坏，故怀疑断点可能仍出现在热继电器 KR5 上。

用万用表 R×1k 挡迅速测量热继电器 KR5 的辅助常闭触点，万用表无指示，常闭触点断开。手动将常闭触点复位，再用万用表 R×1k 挡测量热继电器 KR1 至 KR5 的线路，万用表指示为通路。再次合上电源总开关 QS1，启动油泵电动机 M1 后，分别启动其他各电动机，均能运转。但过一段时间，又出现热继电器 KR5 辅助常闭触点断开，所有电动机又自动停止的现象。很明显，此故障为冷却泵电动机 M5 过载所造成的。拆开冷却泵电动机 M5 与控制电路的接线，用兆欧表测量冷却泵电动机 M5 绕组对地绝缘电阻为 20 MΩ 左右，属正常范围，用万用表 R×1 挡测量三相直流电阻是否平衡，测量结果是严重不平衡，说明油泵电动机 M5 绕组有短路故障。拆开冷却泵电动机 M5，观察到绕组有短路过热烧毁的痕迹。

故障处理：更换或修理冷却泵电动机 M5。

2. 内圆砂轮电动机 M3 和冷却泵电动机 M5 不能启动

故障现象：合上电源总开关 QS1，启动油泵电动机 M1，不论头架电动机 M2 在低速还是在高速挡，冷却泵电动机 M5 不启动运行，且内圆砂轮电动机 M3 也不能启动。

故障分析：内圆砂轮电动机 M3 和冷却泵电动机 M5 同时不能启动的原因有以下可能。一是内圆砂轮电动机 M3 和冷却泵电动机 M5 公共的主电路中出现故障，例如熔断器 FU3 断路，此时按下各自的启动控制按钮，内圆砂轮电动机 M3 的控制接触器 KM4 及冷却泵电动机 M5 的控制接触器 KM6 都会得电闭合。另一种可能性是内圆砂轮电动机 M3 和冷却泵电动机 M5 的控制回路中同时存在故障，但这种可能性的概率是很小的。所以，查找这种故障时，首先应该考虑检查它们主电路的公共通路。

故障检查：合上电源总开关 QS1，启动油泵电动机 M1，将冷却泵电动机 M5 的手动控制开关 SA1 闭合，观察到冷却泵电动机 M5 的控制接触器 KM6 闭合，证明冷却泵电动机 M5 的控制回路无故障，故障出在主电路中。用万用表交流 500 V 挡分别测量熔断器 FU3 下端的电源电压，万用表无指示，再测量熔断器 FU3 上端的电压，万用表指示均有 380 V 左右，证明熔断器 FU3 断路。断开电源总开关 QS1，切断机床电源，旋出熔断器 FU3，发现有两个熔芯断路。更换相同型号的熔芯，合上电源总开关 QS1，启动油泵电动机 M1，按下内圆砂轮电动机 M3 的启动按钮 SB4，内圆砂轮电动机 M3 能启动运转。当启动头架电动机 M2 时，熔断器 FU3 再次熔断并发出熔断爆炸声，内圆砂轮电动机 M3 又断电停转。关断电源总开关 QS1，切断机床电源，检查熔断器 FU3，又有两相熔断。显然，熔断器 FU3 的熔断是冷却泵电动机 M5 短路所致。将冷却泵电动机 M5 从机床上拆下，拆开观察其绕组已严重烧毁短路。

故障处理：更换或修理冷却泵电动机 M5。

6.4.3 M1432A 型万能外圆磨床电气控制线路故障维修汇总

1. 所有电动机都不能启动

(1) 故障可能出现的范围或故障点：无电源电压；电源总开关 QS1 损坏；熔断器 FU1 断路；变压器 TC 损坏；熔断器 FU6 断路；12 区中的热继电器 KR1、KR2、KR3、KR4、FR5 有断点；13 区中的停止按钮 SB1 接触不良，启动按钮 SB3 压合接触不良；接触器 KM1 线圈损坏。

(2) 重点检测对象或检测点：熔断器 FU1、FU6；热继电器 FR1～FR5 的辅助常闭触点；停止按钮 SB1。

2. 油泵电动机 M1 不能启动

(1) 故障可能出现的范围或故障点：除了以上原因外，还应考虑以下故障范围——熔断器 FU2 断路；接触器 KM1 的主触点接触不良；热继电器 KR1 的主通路有断点；油泵电动机 M1 本身有问题。

(2) 重点检测对象或检测点：熔断器 FU2；接触器 KM1 的主触点；油泵电动机 M1 绕组。

3. 头架电动机 M2 不能启动或只能高速或低速启动

(1) 故障可能出现的范围或故障点：热继电器 KR2 的主通路有断点；接触器 KM2 的主触点闭合接触不良；接触器 KM3 的主触点闭合不良；头架电动机 M2 本身有问题；头架电动机 M2 的高低速转换开关 SA1 损坏；14 区中的接触器 KM3 的常闭触点接触不良；15 区中的接触器 KM2 的常闭触点接触不良；接触器 KM2、KM3 线圈损坏，行程开关 SQ1 闭合不良。

(2) 重点检测对象或检测点：接触器 KM2 或 KM3 的主触点；头架电动机 M2；行程开关 SQ1；高、低速转换开关 SA1；接触器 KM2、KM3 的常闭联锁触点。

4. 外圆砂轮电动机 M4 不能启动

(1) 故障可能出现的范围或故障点：接触器 KM5 的主触点闭合接触不良；热继电器 KR4 的主通路有断点；外圆砂轮电动机 M4 绕组有故障；18 区中的行程开关 SQ2 的常开触点闭合接触不良；接触器 KM4 的常闭触点接触不良；18 区中的启动按钮 SB4 闭合接触不良；接触器 KM5 线圈损坏。

(2) 重点检测对象或检测点：接触器 KM5 的主触点；外圆砂轮电动机 M4；行程开关 SQ2 的常开触点；接触器 KM4 的常闭触点。

5. 内圆砂轮电动机 M3 不能启动

(1) 故障可能出现的范围或故障点：接触器 KM4 的主触点闭合接触不良；热继电器 KR3 的主通路有断点；内圆砂轮电动机 M3 本身有问题；16 区中的行程开关 SQ2 的常闭触点接触不良；启动按钮 SB4 压合接触不良；接触器 KM5 的常闭触点接触不良；接触器 KM4 线圈损坏。

(2) 重点检测对象或检测点：接触器 KM4 的主触点；内圆砂轮电动机 M3；行程开关 SQ2 的常闭触点；接触器 KM5 的常闭触点。

6. 冷却泵电动机 M5 不能启动

(1) 故障可能出现的范围或故障点：接触器 KM6 的主触点闭合不良；热继电器 KR5 的主通路有断点；冷却泵电动机 M5 绕组有问题；接插件 X 接触不良；19 区中的手动开关 SA2 闭合接触不良；接触器 KM2、KM3 的常开触点闭合不良；接触器 KM6 线圈损坏。

(2) 重点检测对象或检测点：接触器 KM6 的主触点；冷却泵电动机 M5 绕组。

6.4.4　M1432A 型万能外圆磨床电气控制线路 PLC 控制改造

1. PLC 控制输入/输出点分配表

根据 M1432A 型万能外圆磨床的控制要求，列出其 PLC 控制输入/输出点分配表，见表 6-8。

表 6-8　M1432A 型万能外圆磨床 PLC 控制输入/输出点分配表

输入信号			输出信号		
名　称	代号	输入点编号	名　称	代号	输出点编号
热继电器、总停止按钮	KR1~KR5、SB1	X0	油泵电动机 M1 接触器	KM1	Y0
油泵电动机 M1 启动按钮	SB2	X1	头架电动机 M2 低速接触器	KM2	Y1
头架电动机 M2 点动按钮	SB3	X2	头架电动机 M2 高速接触器	KM3	Y2
内、外圆电动机启动按钮	SB4	X3	内圆砂轮电动机 M3 接触器	KM4	Y3
内、外圆电动机停止按钮	SB5	X4	外圆砂轮电动机 M4 接触器	KM5	Y4
砂轮架快速联锁开关	SQ1	X5	冷却泵电动机 M5 接触器	KM6	Y5
内、外圆砂轮电动机联锁开关	SQ2	X6	油泵指示灯	HL2	Y6
头架电动机低速转换开关	SA1	X7	电磁铁	YA	Y7
头架电动机高速转换开关	SA1	X10			
冷却泵电动机 M5 手动开关	SA2	X11			

2. PLC 控制接线图

M1432A 型万能外圆磨床 PLC 控制接线图如图 6-12 所示。

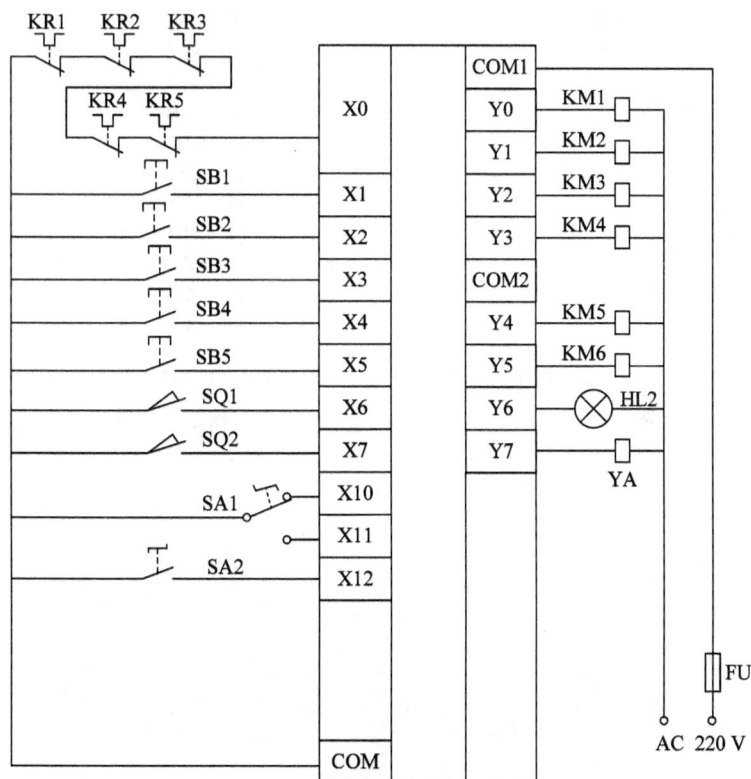

图 6-12　M1432A 型万能外圆磨床 PLC 控制接线图

3．PLC 控制梯形图

根据 M1432A 型万能外圆磨床的控制要求，设计出其 PLC 控制梯形图如图 6-13 所示。

4．PLC 控制指令语句表

M1432A 型万能外圆磨床 PLC 控制指令语句表如图 6-14 所示。

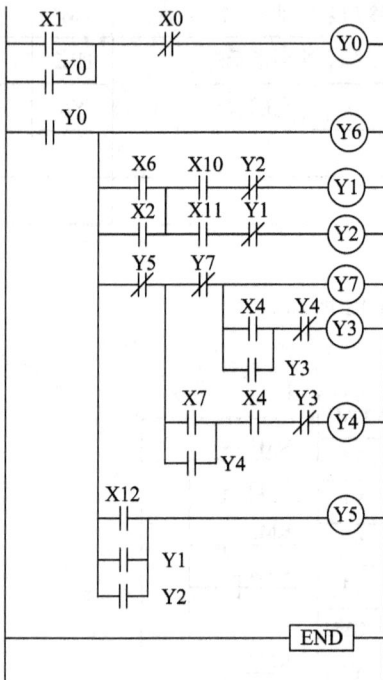

0	LD	X1	30	OR	Y4
1	OR	Y0	31	ANB	
2	ANI	X0	32	AND	X4
3	OUT	Y0	33	ANI	Y3
4	LD	Y0	34	OUT	Y4
5	OUT	Y6	35	MPP	
6	MPS		36	LD	X12
7	LD	X6	37	OR	Y1
8	OR	X2	38	OR	Y2
9	ANB		39	ANB	
10	MPS		40	OUT	Y5
11	AND	X10	41	END	
12	ANI	Y2			
13	OUT	Y1			
14	MPP				
15	AND	X11			
16	ANI	Y1			
17	OUT	Y2			
18	MRD				
19	ANI	X5			
20	MPS				
21	ANI	X7			
22	OUT	Y7			
23	LD	X4			
24	OR	Y3			
25	ANB				
26	ANI	Y4			
27	OUT	Y3			
28	MPP				
29	LD	X7			

图 6-13　M1432A 型万能外圆磨床 PLC 控制梯形图

图 6-14　M1432A 型万能外圆磨床 PLC 控制指令语句表

第 7 章

常用钻床电气控制线路分析及故障检修

　　钻床在工件的加工过程中被广泛地使用，任何机械制造几乎都离不开钻床。钻床不但可以用来钻孔，而且可以用来扩孔、铰孔、锪平面及攻丝等。钻床可分为立式钻床、卧式钻床、深孔钻床、多钻头钻床及专用钻床等。常用的钻床以立式摇臂钻床最为多见。

7.1 Z35 型摇臂钻床

　　Z35 型摇臂钻床主要由底座、内外立柱、摇臂、主轴箱、主轴和工作台等部件组成。其最大钻孔直径为 50 mm。

7.1.1 Z35 型摇臂钻床电气控制线路分析

　　Z35 型摇臂钻床电气控制线路原理图见图 7-1。

1. 主电路分析

　　主电路中共有四台电动机。冷却泵电动机 M1 带动冷却泵供给机床工作时的冷却液，由转换开关 QS2 控制其电源的通断。主轴电动机 M2 驱动主轴带动钻头对工件进行钻孔加工，它由接触器 KM1 控制其电流的通断，KR 为它的过载保护。摇臂升降电动机 M3 带动摇臂升降及驱动摇臂的放松及夹紧，由接触器 KM2 控制其正转电源的通断，接触器 KM3 控制其反转电源的通断。由于摇臂升降电动机 M3 为短时点动工作，故未设过载保护。立柱夹紧放松电动机 M4 驱动立柱的夹紧和放松，由接触器 KM4 控制其正转电源的通断，接触器 KM5 控制其反转电源的通断。由于它也是短时工作的，故也未设过载保护。

　　三相电源由电源总开关 QS1 引入，熔断器 FU1 为整个控制线路的总短路保护，熔断器 FU2 为摇臂升降电动机 M3 和立柱夹紧放松电动机 M4 的短路保护。因摇臂要绕立柱转动，故摇臂电路中除了冷却泵电动机 M2 以外，其他电动机的电源都通过汇流环 W 引入。

2. 控制电路分析

　　合上电源总开关 QS1，控制电路的电源经熔断器 FU1、汇流环 W 及 FU2 加在控制变压器 TC 的初级绕组端，经降压后输出 127 V 交流电压作为控制电源，36 V 交流电压为机床工作照明电源。控制电源的接通由十字形手柄扳动开关 SA1 接通 SA1—1 触点而实现。十字形手柄扳动开关 SA1 有五个挡位，分别为"左"、"右"、"上"、"下"和"中间"位置。

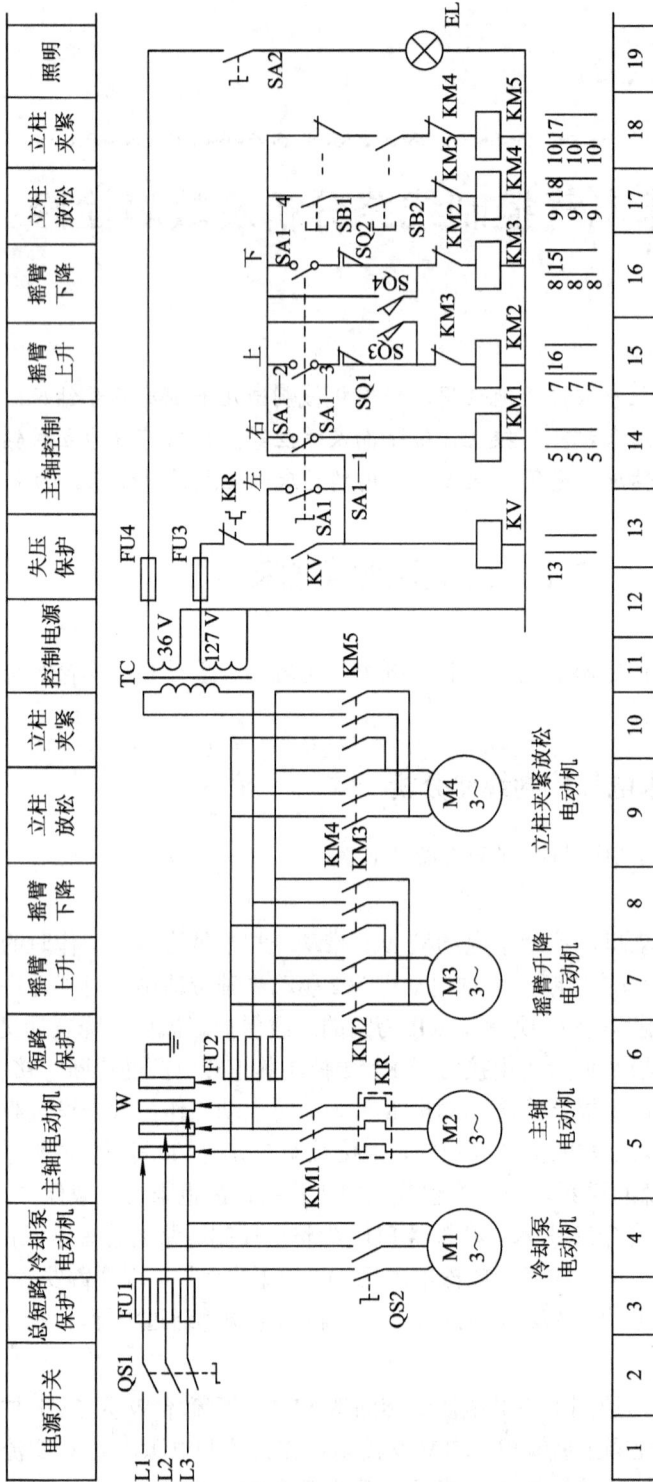

图 7-1　Z35型摇臂钻床电气控制线路原理图

将 SA1 扳至"中间"位置时，所有的触点都处于断开状态，此时 SA1 不能接通任何电源；将 SA1 扳至"左"挡位置时，SA1—1 闭合，其他触点断开；将 SA1 扳至"右"挡位置时，SA1—2 触点闭合，其他触点断开；将 SA1 扳至"上"挡位置时，SA1—3 触点闭合，其他触点断开；将 SA1 扳至"下"端位置时，SA1—4 闭合，其他触点断开。从以上十字形手柄扳动开关 SA1 的闭合规律可以看出，不论 SA1 将扳至何位置，都只有一个触点闭合，其他触点都处于断开状态，故每扳动 SA1 一次，只能接通一种控制状态，其他的控制不能接通，在电气联锁上形成了主轴启动时摇臂不能升降，摇臂升降时主轴不能启动的联锁关系。

1) 主轴电动机 M2 的控制

合上总电源开关 QS1 后，将 SA1 扳至"左"挡位置，SA1—1 接通，其他触点断开，SA1—1 触点接通失压保护继电器 KV 线圈的电源，13 区中 KV 的触点闭合，为各控制电路的启动接通做好了准备。

将 SA1 扳至"右"挡位置，SA1—2 闭合，其他触点断开。接触器 KM1 得电闭合，其主触点接通主轴电动机 M2 的电源，主轴电动机 M2 正向转动。主轴电动机在钻孔时一般不要求反转，但在攻丝退出时需要反转，这时可将主轴箱上的摩擦离合器手柄扳至"反转"位置，主轴电动机即可反转。当需要主轴电动机停止时，只需将 SA1 扳至"中间"挡位置，SA1—2 断开，切断接触器 KM1 线圈回路的电源，KM1 失压断开，主轴电动机 M2 停转。

2) 摇臂上升、下降控制

摇臂的上升、下降由摇臂升降电动机 M3 通过正、反转控制实现，用以调整钻头与工件的位置距离。当需要摇臂上升时，在失压继电器 KV 闭合后，将 SA1 扳至"上"挡位置，SA1—3 触点闭合，其他触点断开。SA1—3 接通了接触器 KM2 线圈回路的电源，KM2 闭合，其主触点接通摇臂升降电动机 M3 的正转电源，16 区中的辅助常闭触点断开接触器 KM3 的线圈回路，实现正、反转接触器联锁，摇臂升降电动机 M3 正转启动。因机械结构方面的关系，在摇臂升降电动机 M3 开始运转时，摇臂暂时不上升，而是使夹紧机构装置松开。与此同时，夹紧机构装置松开的过程中又由机械装置压下行程开关 SQ4，使 SQ4 闭合，为摇臂夹紧做准备。当放松摇臂夹紧装置后，又通过机械的啮合，摇臂开始上升。当上升到需要高度时，将 SA1 扳向"中间"位置，接触器 KM2 线圈失电，摇臂升降电动机 M3 正转停止。同时 16 区中的接触器 KM2 的常闭触点复位闭合，由于行程开关 SQ4 此时为压下闭合状态，故使得接触器 KM3 线圈得电闭合，其主触点接通摇臂升降电动机 M3 的反转电源，M3 反转，带动机械装置对摇臂进行夹紧。当摇臂被夹紧后，SQ4 复位断开，接触器 KM3 失电，摇臂升降电动机 M3 停转。摇臂上升过程结束。

摇臂的下降控制过程与摇臂的上升过程基本一样，只不过是将 SA1 扳至"下"挡位置，接触器 KM2 换成 KM3，KM3 换成 KM2 及行程开关 SQ4 换成 SQ3。其具体过程请读者自行分析。

图 7-1 中行程开关 SQ1 为摇臂上升的限位开关，当摇臂上升到极限位置时，撞击行程开关 SQ1 的，SQ1 常闭触点断开，切断了接触器 KM2 线圈回路的电源，KM2 失电，使得摇臂升降电动机 M3 停转。同理，行程开关 SQ2 为摇臂下降的下极限限位开关，使得摇臂下降到该位置时停止。

3) 立柱的放松与夹紧控制

机床在正常工作时，立柱与外筒处于夹紧状态，在加工过程中，需要调整钻孔的位置。

要使摇臂作横向转动，必须先放松立柱，然后移动摇臂再将立柱夹紧。立柱的放松和夹紧是通过接触器 KM4、KM5 控制液压泵电动机 M4 的正转或反转，带动液压泵，由液压装置实现的。具体控制过程如下：按下立柱放松按钮 SB1，接触器 KM4 得电闭合，液压泵电动机 M4 正转，带动液压泵供给机床正向压力油。正向压力油通过液压阀进入机械放松夹紧驱动油缸，使机械装置动作，对立柱进行放松。松开 SB1，液压泵电动机 M4 正转停止，立柱放松完成。调整摇臂位置后，按下立柱夹紧按钮 SB2，接触器 KM5 得电，液压泵电动机 M4 启动反转，带动液压泵供给机床反向压力油。反向压力油通过液压阀进入油缸，驱动机械装置对立柱进行夹紧。松开 SB2，液压泵电动机 M4 反转停止，立柱放松完成。

　　4) 冷却泵电动机 M1 的控制

　　冷却泵电动机 M1 是由转换开关 QS2 进行控制的。当机床在钻孔过程中需要冷却液进行冷却时，只需将转换开关 QS2 扳至合上位置，冷却泵电动机 M1 即可启动运转。将转换开关 QS2 扳至断开位置时，冷却泵电动机 M1 停转。

　　Z35 型摇臂钻床电气元件明细表见表 7-1。

表 7-1　Z35 型摇臂钻床电气元件明细表

代号	名　称	规格与型号	数量	用　途
M1	冷却泵电动机	JCB—22—2　125 W	1	带动冷却泵旋转
M2	主轴电动机	JO2—42—4　5.5 kW	1	带动主轴旋转
M3	摇臂升降电动机	JO2—22—4　1.5 kW	1	带动摇臂升降
M4	立柱夹紧放松电动机	JO2—21　0.8 kW	1	立柱夹紧与放松
KM1	交流接触器	CJO—20　127 V	1	控制主轴电动机
KM2	交流接触器	CJO—10　127 V	1	控制摇臂上升
KM3	交流接触器	CJO—10　127 V	1	控制摇臂下降
KM4	交流接触器	CJO—10　127 V	1	控制立柱放松
KM5	交流接触器	CJO—10　127 V	1	控制立柱夹紧
FU1	熔断器	RL1—60/25	1	控制电路总短路保护
FU2	熔断器	RL1—15/10	1	M3、M4、TC 短路保护
FU3	熔断器	RL1—15/2	1	控制电路短路保护
FU4	熔断器	RL1—15/2	1	工作照明短路保护
QS1	电源开关	HZ2—25/3	1	电源总开关
QS2	转换开关	HZ2—10/3	1	冷却泵电机 M1 控制开关
SA1	十字形手柄振动开关	—	1	控制 M2、M3
SA2	照明开关	KZ 型灯架	1	照明开关
KV	欠压继电器	JZ7—44　127 V	1	失压保护
KR	热继电器	JR2—1　整定电流 11.1 A	1	主轴电动机 M2 过载保护
SQ1	行程开关	HZ4—22	1	摇臂上限位开关
SQ2	行程开关	HZ4—22	1	摇臂下限位开关
SQ3	行程开关	LX5—11Q/1	1	摇臂下降夹紧控制
SQ4	行程开关	LX5—11Q/1	1	摇臂上升夹紧控制
SB1	按钮	LA2	1	立柱放松按钮
SB2	按钮	LA2	1	立柱夹紧按钮
TC	变压器	BK—150　380 V/127、36 V	1	控制、工作照明电源
EL	照明灯	—	1	工作照明

7.1.2　Z35 型摇臂钻床电气控制线路故障检修实例

1. 摇臂上升时不能在需要的高度上停止

故障现象：合上电源开关 QS1，将十字形手柄扳动开关 SA1 扳至"上"挡位置，摇臂能上升。当上升到要求高度时，将 SA1 扳至"中间"位置，摇臂不能停止。操作人员立即断开电源开关 QS1，机床断电后，摇臂才停止上升。

故障分析：摇臂上升至要求高度时，将 SA1 扳至"中间"位置，摇臂上升不能停止，这说明控制摇臂升降电动机 M3 正转电源的接触器 KM2 的主触点没有断开。其原因有两个方面。一是接触器 KM2 的主触点由于机械卡住，断电后弹簧不能使接触器 KM2 复位，或是 KM2 触点由于通过的电流太大及短路而熔焊使动触点和静触点粘在一起不能断开，故接触器 KM2 的主触点不能断开摇臂升降电动机 M3 的电源，以致当摇臂上升到要求高度时，将 SA1 扳至"中间"位置，摇臂上升不能停止。二是行程开关 SQ3 和 SQ4 的安装位置不正确。在摇臂升降电动机 M3 启动正转时，摇臂升降电动机 M3 首先要带动机械装置将摇臂放松，在放松的过程中要将行程开关 SQ3 压下。由于行程开关 SQ3 和 SQ4 安装位置不当，却反而将行程开关 SQ3 压下，故当将 SA1 扳至"中间"位置时，接触器 KM2 线圈并不失电，所以摇臂一直上升而不能停止。当遇到摇臂上升不能停止时，应及时切断机床电源，否则摇臂将持续上升，上升至上限位行程开关 SQ1 处时，虽然会将行程开关 SQ1 的常闭触点压开，但由于行程开关 SQ3 被机械装置压合，接触器 KM2 线圈不能断电，摇臂还会继续上升。这样会造成重大的设备事故。所以，若摇臂在上升或下降过程中不能停止，应立即切断机床电源，查明故障原因并进行处理，才能重新启动机床。

故障检查：根据以上分析，先检查接触器 KM2 是否有机械卡住或触点熔焊粘住的情况。打开摇臂盒，用螺丝刀按压接触器 KM2 动铁芯，KM2 动铁芯动作灵活，无机械卡住现象，且触点也无熔焊现象。所以故障并非接触器 KM2 不能断开而引起，而为行程开关 SQ3 和 SQ4 安装位置不当。

故障处理：重新调整行程开关 SQ3 和 SQ4 位置，故障排除。

2. 主轴电动机 M2 不能启动

故障现象：合上电源开关 QS1，将十字形手柄扳动开关 SA1 扳至"左"挡，接通失压保护继电器 KV 的电源后，将 SA1 扳至"右"挡，主轴电动机 M2 不能启动运行。

故障分析：主轴电动机 M2 不能启动运行，其原因是多方面的，如熔断器 FU1、FU2 断路(此时其他电动机也不能启动运行)，接触器 KM1 的主触点闭合不良，热继电器 KR 的主通路有断点及主轴电动机 M2 本身有问题，十字形手柄扳动开关 SA1—2 触点闭合不良等均会引起主轴电动机 M2 不能启动。故障的具体点则要经过具体检查才能判断。

故障检查：合上电源开关 QS1，将 SA1 扳至"左"挡，接通失压保护继电器 KV 的电源，KV 闭合接通控制电路中的电源，然后将 SA1 扳至"右"挡，接通接触器 KM1 线圈的电源，观察到接触器 KM1 闭合。而主轴电动机 M2 没有启动，但听到主轴电动机 M2 发出"嗡、嗡"声，这是主轴电动机 M2 断相发出的电磁噪声。切断机床电源，用"断路法"将主轴电动机 M2 从控制线路上拆下来。重新启动机床，接通主轴电动机 M2 的控制电源，用万用表交流 500 V 挡测量热继电器 KR 下端的电源电压，有一相无电压。再继续测量热继电器 KR 上端的电源电压，三相均有 380 V 电压，故障为热继电器 KR 主通路断相。

故障处理：换上同型号的热继电器 KR，故障排除。

7.1.3 Z35 型摇臂钻床电气控制线路故障维修汇总

1. 所有电动机都不能启动

(1) 故障可能出现的范围或故障点：无电源电压；电源总开关 QS1 损坏；熔断器 FU1 断路。

(2) 重点检测对象或检测点：熔断器 FU1。

2. 电动机 M2、M3、M4 不能启动

(1) 故障可能出现的范围或故障点：控制变压器 TC 损坏；熔断器 FU3 断路；失压继电器 KV 的常开触点闭合不良；失压继电器 KV 线圈损坏。

(2) 重点检测对象或检测点：熔断器 FU3；失压继电器 KV 的常开触点。

3. 主轴电动机 M2 不能启动

(1) 故障可能出现的范围或故障点：接触器 KM1 的主触点闭合接触不良；熔断器 FU2 的主通路有断点；主轴电动机 M2 本身有问题；十字形手柄扳动开关 SA1—2 触点接触不良；接触器 KM1 线圈损坏。

(2) 重点检测对象或检测点：接触器 KM1 的主触点；主轴电动机 M2 绕组；十字形手柄扳动开关 SA1—2。

4. 摇臂不能上升

(1) 故障可能出现的范围或故障点：接触器 KM2 的主触点闭合接触不良；摇臂升降电动机 M3 绕组有问题(此时摇臂不能下降)；十字形手柄扳动开关 SA1—3 触点闭合接触不良；15 区中的行程开关 SQ1 接触不良；接触器 KM3 的常闭触点接触不良；接触器 KM2 线圈损坏。

(2) 重点检测对象或检测点：接触器 KM2 的主触点；摇臂升降电动机 M3 绕组；十字形手柄扳动开关 SA1—3；15 区中的行程开关 SQ1；接触器 KM3 的常闭触点。

5. 摇臂不能下降

(1) 故障可能出现的范围或故障点：接触器 KM3 的主触点闭合接触不良；十字形手柄扳动开关 SA1—4 的触点闭合接触不良；16 区中的行程开关 SQ2 接触不良；接触器 KM2 的常闭触点接触不良；接触器 KM3 线圈损坏。

(2) 重点检测对象或检测点：接触器 KM3 的主触点；16 区中的行程开关 SQ2；接触器 KM2 的常闭触点。

6. 摇臂上升或下降时不能停止

(1) 故障可能出现的范围或故障点：接触器 KM2、KM3 的主触点熔焊粘住；行程开关 SQ3、SQ4 的安装位置不当。

(2) 重点检测对象或检测点：接触器 KM2、KM3 的主触点；SQ3、SQ4 的安装位置。

7. 立柱不能放松

(1) 故障可能出现的范围或故障点：接触器 KM4 的主触点闭合接触不良；液压泵电动机 M4 绕组有问题(此时立柱不能夹紧)；立柱放松按钮 SB1 的常开触点闭合接触不良；按

钮 SB2 的常闭触点接触不良；17 区中的接触器 KM5 的常闭触点接触不良；接触器 KM4 线圈损坏。

(2) 重点检测对象或检测点：接触器 KM4 的主触点；液压泵电动机 M4 绕组；按钮 SB2 的常闭触点；17 区中的接触器 KM5 的常闭触点。

8. 立柱不能夹紧

(1) 故障可能出现的范围或故障点：接触器 KM5 的主触点闭合接触器不良；按钮 SB1 的常闭触点接触不良；立柱夹紧按钮 SB2 的常开触点压合接触不良；18 区中的接触器 KM4 的常闭触点接触不良；接触器 KM5 线圈损坏。

(2) 重点检测对象或检测点：接触器 KM5 的主触点；接触器 KM4 的常闭触点；按钮 SB1 的常闭触点。

9. 冷却泵电动机 M1 不能启动

(1) 故障可能出现的范围或故障点：转换开关 SQ2 接触不良；冷却泵电动机 M1 绕组有问题。

(2) 重点检测对象或检测点：冷却泵电动机 M1 绕组。

7.1.4　Z35 型摇臂钻床电气控制线路 PLC 控制改造

1. PLC 控制输入/输出点分配表

根据 Z35 型摇臂钻床的控制要求，列出其 PLC 控制输入/输出点分配表，见表 7-2。

表 7-2　Z35 型摇臂钻床 PLC 控制输入/输出点分配表

输入信号			输出信号		
名　称	代号	输入点编号	名　称	代号	输出点编号
热继电器	KR	X0	电压继电器	KV	Y0
电压继电器	KV	X1	主轴电动机 M1 接触器	KM1	Y1
控制电路电源接通微动开关	SA1—1	X2	摇臂上升接触器	KM2	Y2
主轴电动机 M1 启动微动开关	SA1—2	X3	摇臂下降接触器	KM3	Y3
摇臂上升微动开关	SA1—3	X4	立柱放松接触器	KM4	Y4
摇臂下降微动开关	SA1—4	X5	立柱夹紧接触器	KM5	Y5
立柱放松按钮	SB1	X6			
立柱夹紧按钮	SB2	X7			
摇臂上升上限位行程开关	SQ1	X10			
摇臂下降下限位行程开关	SQ2	X11			
摇臂下降夹紧行程开关	SQ3	X12			
摇臂上升夹紧行程开关	SQ4	X13			

2. PLC 控制接线图

Z35 型摇臂钻床 PLC 控制接线图如图 7-2 所示。

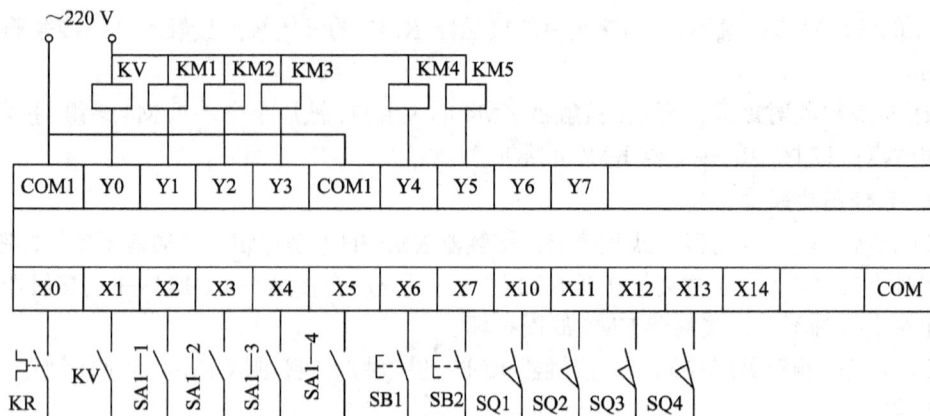

图 7-2　Z35 型摇臂钻床 PLC 控制接线图

3．PLC 控制梯形图及指令语句表

Z35 型摇臂钻床 PLC 控制梯形图及指令语句表如图 7-3 所示。

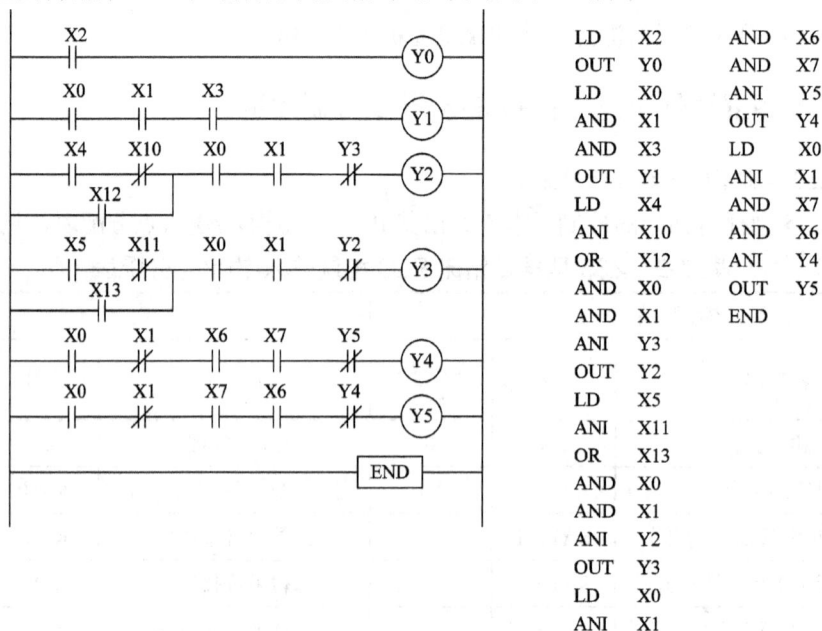

LD	X2	AND	X6
OUT	Y0	AND	X7
LD	X0	ANI	Y5
AND	X1	OUT	Y4
AND	X3	LD	X0
OUT	Y1	ANI	X1
LD	X4	AND	X7
ANI	X10	AND	X6
OR	X12	ANI	Y4
AND	X0	OUT	Y5
AND	X1	END	
ANI	Y3		
OUT	Y2		
LD	X5		
ANI	X11		
OR	X13		
AND	X0		
AND	X1		
ANI	Y2		
OUT	Y3		
LD	X0		
ANI	X1		

图 7-3　Z35 型摇臂钻床 PLC 控制梯形图及指令语句表

7.2　Z3040 型摇臂钻床

Z3040 型摇臂钻床是我国生产较早的一种钻床，电气线路经过改造后，取消了十字形手柄转换开关，并将原来的熔断器短路保护改为自动空气开关短路保护等，在诸多方面较以前的控制线路体现出很多的优越性。

7.2.1　Z3040 型摇臂钻床电气控制线路分析

Z3040 型摇臂钻床电气控制线路原理图如图 7-4 所示。

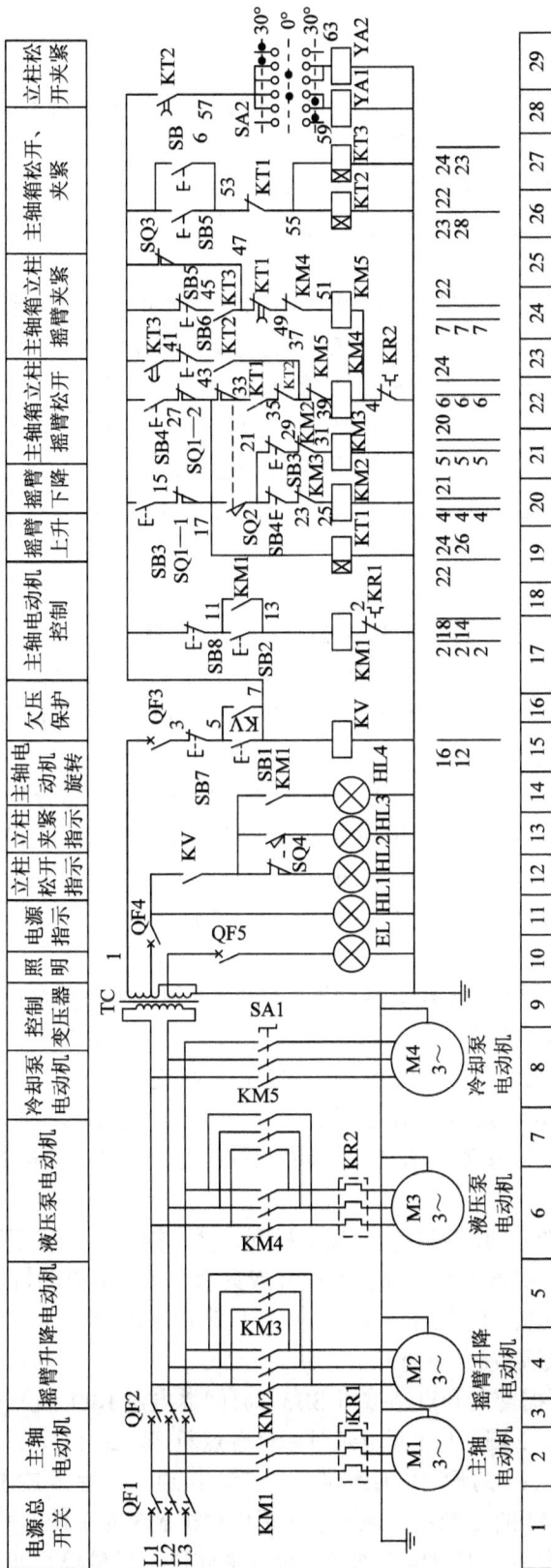

图 7-4　Z3040型摇臂钻床电气控制线路原理图

1. 主电路分析

主电路中共有四台电动机。

主轴电动机 M1 带动主轴做钻孔圆周运动，为机床的主动力。由接触器 KM1 控制其电源的通断，热继电器 KR1 为它的过载保护。

摇臂升降电动机 M2 带动摇臂进行升降，它可以正、反转。由接触器 KM2 接通其正转电源，驱动摇臂上升；接触器 KM3 控制其反转电源，驱动摇臂下降。由于它是点动瞬时工作，故不设过载保护。

液压泵电动机 M3 带动液压泵旋转，由接触器 KM4 控制其正转电源的通断，驱动液压泵正向转动供给机床正向压力油；由接触器 KM5 控制其反转电源的通断，驱动液压泵反向旋转，供给机床反向压力油。热继电器 KR2 为它的过载保护。

冷却泵电动机 M4 驱动冷却泵供给机床冷却液，由转换开关 SA1 控制其电源的通断。

三相电源由自动空气开关 QF1 引入，QF1 既为电源总开关，又为主轴电动机 M1 的短路保护；自动空气开关 QF2 为摇臂升降电动机 M2、液压泵电动机 M3 及冷却泵电动机 M4 的短路保护。

2. 控制线路分析

合上电源总开关 QF1，将自动空气开关 QF2、QF3、QF4 扳至接通状态，电源指示灯 HL1 亮，表示控制电路电源电压正常。380 V 交流电压经开关接至控制变压器 TC 初级绕组两端，经降压后输出 110 V 交流电压作为控制线路的电源，36 V 交流电压为机床工作照明灯电源，6.3 V 交流电压为指示灯电源。

按下机床启动开关 SB1，失压继电器 KV 得电闭合，其 16 区中的常开触点将失压继电器自锁并接通整个控制线路的电源，为各电动机的启动控制做好了准备。同时其 12 区中的常开触点闭合，接通立柱夹紧放松及主轴电动机旋转指示电路，立柱夹紧指示灯 HL3 亮，表示立柱处于夹紧状态(机床正常工作时 SQ4 是被压下去的)。

1) 主轴电动机 M1 的控制

按下主轴电动机 M1 的启动按钮 SB2，接触器 KM1 线圈得电吸合并自锁，其主触点接通主轴电动机 M1 的电源，M1 启动运转。按下主轴电动机 M1 的停止按钮 SB8，接触器 KM1 线圈失电，主轴电动机 M1 停转，14 区中的主轴电动机旋转指示灯 HL1 亮，表示主轴电动机 M1 启动运行。主轴电动机 M1 在运行过程中，如有过载现象，则 17 区中的热继电器 FR1 的常闭触点断开，切断接触器 KM1 线圈回路的电源，主轴电动机 M1 即可停止。

2) 摇臂上升与下降控制

要进行摇臂的上升及下降运动，需要先将摇臂松开，然后摇臂上升或下降，当摇臂上升或下降至要求高度时，再将摇臂夹紧。摇臂的松开或夹紧由液压泵电动机 M3 担任，摇臂的升降运动由摇臂升降电动机 M2 担任。图 7-4 中，机床在正常情况下，25 区中的位置开关 SQ3 的常闭触点是被机械装置压下断开的。

(1) 摇臂上升控制。按下摇臂上升点动按钮 SB3，时间继电器 KT1 线圈得电闭合，其 22 区中的瞬时常开触点闭合，24 区中的断电延时闭合触点断开，26 区中的瞬时常闭触点断开。22 区中的时间继电器 KT1 的瞬时常闭触点闭合后，接通了接触器 KM4 线圈回路的电源，接触器 KM4 闭合，KM4 的主触点接通了液压泵电动机 M3 的正转电源，电动机 M3 带动液压泵供给机床正向压力油。正向压力油经二位六通阀进入摇臂松开油缸，驱动活塞和菱形块，使摇臂松开。当摇臂松开后，活塞杆又通过弹簧及机械装置压开位置开关 SQ2 及松开位置开关 SQ3，使位置开关 SQ3 松开复位，接通了 25 区中的 7 号线至 47 号线，为摇臂夹紧做好了准备。而位置开关 SQ2 的常闭触点(22 区)断开，其常开触点(20 区)闭合。接触器 KM4 线圈失电断开，液压泵电动机 M3 断电停转。同时，接触器 KM2 得电闭合，其主触点接通了摇臂升降电动机的正转电源，M2 正向旋转，带动摇臂上升，当上升到要求高度时，松开摇臂上升点动按钮 SB3，时间继电器 KT1、接触器 KM2 失电断开，摇臂升降电动机 M2 正转停止。由于时间继电器 KT1 是断电延时，当 KT1 断电后，其 22 区中的瞬时常开触点复位断开，26 区中的瞬时常闭触点复位闭合，经过一定时间 24 区中的时间继电器 KT1 的断电延时闭合触点闭合，接通接触器 KM5 线圈回路的电源，KM5 闭合，KM5主触点接通液压泵电动机 M3 的反转电源，M3 反转启动运行，带动液压泵，供给机床反向压力油。反向压力油经二位六通阀进入摇臂夹紧油缸，对摇臂进行夹紧。当摇臂夹紧后，活塞杆又通过弹簧片及机械装置松开位置开关 SQ2 及压开位置开关 SQ3，使位置开关 SQ2复位，为下一次摇臂升降做准备。而位置开关 SQ3 的常闭触点(25 区)断开，切断接触器 KM5 线圈回路的电源，KM5 失电，液压泵电动机反转停止，完成了摇臂上升的整个过程。

(2) 摇臂的下降控制。摇臂下降的过程和摇臂上升的过程基本相同，只要将上升过程中的点动按钮 SB3 换成下降点动按钮 SB4，摇臂升降电动机正转接触器 KM2 换成反转接触器 KM3，其他的都一样。此点留给读者自行分析。

在图 7-4 中，位置开关 SQ1—1 为摇臂上升上限位开关，SQ1—2 为摇臂下降下限位开关。摇臂在夹紧的过程当中，如果位置开关 SQ3 的位置安装不当，夹紧后不能将 SQ3 压开，则油泵电动机会出现过载现象，22 区中的热继电器 KR2 的常闭触点动作，断开接触器 KM5 线圈的电源，使液压泵电动机 M3 断电停止转动。

3) 主柱和主轴箱的松开及夹紧控制

Z3040 型摇臂钻床立柱的夹紧及放松控制与主轴箱的夹紧及放松控制可以单独进行，也可以同时进行。它主要是由转换开关 SA2、主轴箱立柱松开按钮 SB5 和主轴箱立柱夹紧按钮 SB6 进行控制的。转换开关 SA2 有三个位置：当将 SA2 扳至"左"挡位置时，转换开关 SA2 通过时间继电器 KT2 的瞬时闭合延时断开触点接通电磁铁 YA2 与控制电路的电源，此时为主轴箱的放松或夹紧操作；当将 SA2 扳至"右"挡位置时，SA2 通过时间继电器 KT2 的瞬时闭合延时断开触点接通电磁铁 YA1 电路的电源，此时为主轴箱放松或夹紧操作；当将 SA2 扳至"中间"位置时，转换开关 SA2 通过时间继电器 KT2 的瞬时闭合延时断开触点同时接通电磁铁 YA1、YA2 线圈的电源，使得主轴箱和立柱同时放松或夹紧。

(1) 立柱的放松及夹紧控制。将转换开关 SA2 扳至"左"挡位置，SA2 接通了 YA2 电磁铁电源的通路。按下立柱和主轴箱放松按钮 SB5，其常开触点接通时间继电器 KT2、KT3线圈电源，其常闭触点断开 24 区中的接触器 KM5 线圈的通路。由于时间继电器 KT2 为断电延时型，28 区中的 KT2 瞬时闭合延时断开触点闭合，接通了电磁铁 YA2 线圈的电源，YA2 动作，接通立柱放松油压驱动缸的油路。23 区中的瞬时常开触点闭合，为接通接触器 KM4 线圈电源做准备。而时间继电器 KT3 由于是通电延时型的，故它经过一定时间后，23 区中的延时闭合瞬时断开触点闭合，接通了接触器 KM4 线圈回路的电源，KM4 闭合，其主触点接通液压泵电动机 M3 的正转电源，电动机 M3 带动液压泵旋转，供给机床正向压力油。正向压力油进入立柱放松油压驱动缸，推动活塞，驱动立柱放松。同时活塞杆松开位置开关 SQ4，其常闭触点闭合，常开触点断开，指示灯 HL3 灭，HL2 亮，表明立柱已松开。此时松开主轴箱立柱放松按钮 SB5，完成立柱放松。当要立柱夹紧时，按下主轴和立柱夹紧按钮 SB6，SB6 的常开触点接通时间继电器 KT2、KT3 线圈回路的电源，其常闭触点切断接触器 KM4 线圈回路的通路。时间继电器 KT2、KT3 得电闭合，仍然使电磁铁 YA2 线圈得电动作，接通立柱夹紧油压驱动缸的油路。时间继电器 KT3 的瞬时常开触点(24区)闭合，接通了接触器 KM5 线圈回路的电源，KM5 得电闭合，其主触点接通液压泵电动机 M3 的反转电源，M3 反转启动运行，带动液压泵旋转，供给机床反向压力油。反向压力油进入立柱夹紧油压驱动缸，推动活塞，驱动立柱夹紧。当立柱夹紧后，活塞杆压下位置开关 SQ4，其常闭触点断开，指示灯 HL2 灭，常开触点闭合，指示灯 HL3 亮，表示立柱已夹紧。此时松开 SB6，液压泵电动机 M3 反转停止，完成立柱的夹紧控制。

(2) 主轴箱的松开及夹紧控制。主轴箱的松开及夹紧控制与立柱的松开及夹紧控制原理是一样的，不同的是要将转换开关 SA2 扳至"右"挡位置，SA2 接通电磁铁 YA1 线圈的通路，其他操作与立柱的放松及夹紧一样。此点留给读者自行分析。

(3) 主轴箱的松开及夹紧。将转换开关 SA2 扳至"中间"位置时，SA2 同时接通电磁铁 YA1、YA2 线圈的电源，即可实现主轴箱的松开及夹紧和立柱的松开及夹紧的同时控制。其他操作过程与立柱松开及夹紧控制相同，不再赘述。

4) 冷却泵电动机 M4 的控制

冷却泵电动机 M4 是由转换开关 SA1 进行控制的。当加工过程中需要冷却液时，将 SA1 扳至接通位置，冷却泵电动机 M4 启动运行，带动冷却泵供给冷却液。将 SA1 扳至断开位置，冷却泵电动机 M4 停止运行。

Z3040 型摇臂钻床的电气元件明细表见表 7-3。

表 7-3　Z3040 型摇臂钻床电气元件明细表

代号	名　称	规格与型号	数量	用　途
M1	主轴电动机	JO2—31—4　3 kW	1	带动主轴旋转
M2	摇臂升降电动机	JO3—802—4　1.1 kW	1	带动摇臂升降
M3	液压泵电动机	A1—7134　0.55 kW	1	驱动液压泵
M4	冷却泵电动机	DB—25B　120 W	1	驱动冷却泵
KM1	接触器	CJ0—10　10 V	1	控制主轴电动机 M1
KM2	接触器	CJ0—10　10 V	1	控制 M2 正转
KM3	接触器	CJ0—10　10 V	1	控制 M2 反转
KM4	接触器	CJ0—10　10 V	1	控制 M3 正转
KM5	接触器	CJ0—10　10 V	1	控制 M3 反转
KT1	时间继电器	JS7—A　110 V	1	摇臂上升下降时间继电器
KT2	时间继电器	JS7—A　110 V	1	主轴箱、立柱和摇臂放松夹紧
KT3	时间继电器	JS7—A　110 V	1	时间继电器
SQ1—1	行程开关	HZ4—22	1	液压分配转换开关
SQ1—2	行程开关			
SQ2	行程开关	LX5—11	1	摇臂松夹限位
SQ3	行程开关	LX5—11	1	摇臂松夹限位
QF1	自动空气开关	DZ5—20/330　10 A	1	电源总开关和 M1 短路保护
QF2	自动空气开关	DZ5—20/330　6.5 A	1	M2、M3、M4 短路保护

续表

代号	名　称	规格与型号	数量	用　途
QF3	自动空气开关	DZ5—20/230　6.5 A	1	控制线路短路保护
QF4	自动空气开关	DZ5—20/230　2 A	1	信号灯电路短路保护
QF5	自动空气开关	DZ5—20/230　2 A	1	工作照明开关
YA1	电磁铁	MFJ1—3　110 V	1	主轴箱夹紧放松
YA2	电磁铁	MFJ1—3　110 V	1	立柱夹紧放松
KV	继电器	JZ7—44　110 V	1	欠压保护
SA1	转换开关	HZ5—10	1	控制冷却泵电动机 M4
SA2	转换开关	LW6—2/8071	1	主轴箱立柱松夹转换
KR1	热继电器	JR0—20/3　整定电流 6.6 A	1	M1 过载保护
KR2	热继电器	JR0—20/3　整定电流 1.3 A	1	M3 过载保护
TC	控制变压器	BK—150　380/110、24、6 V	1	控制、指示灯、照明电源
SB1	按钮	LAY3—11D	1	控制电路启动按钮
SB2	按钮	LAY3—11	1	主轴电动机 M1 启动按钮
SB3	按钮	LAY3—11	1	摇臂上升按钮
SB4	按钮	LAY3—11	1	摇臂下降按钮
SB5	按钮	LAY3—11	1	主轴箱立柱松夹按钮
SB6	按钮	LAY3—11	1	主轴箱立柱松夹按钮
SB7	按钮	LAY3—112S/1	1	控制电源线路停止按钮
SB8	按钮	LAY3—11D	1	主轴电动机停止按钮

7.2.2　Z3040 型摇臂钻床电气控制线路故障检修实例

1. 电动机 M1 不能启动

故障现象：合上电源总开关 QF1 及自动空气开关 QF2、QF3、QF4，电源指示灯 HL1 亮。按下控制线路电源的启动按钮 SB1，接通控制线路电源，按下主轴电动机 M1 的启动按钮 SB2，主轴电动机 M1 不能启动，其他电动机可以启动运行。

故障分析：从以上故障现象判断，故障的范围在主轴电动机 M1 的控制电路或主电路中，其他电路正常。接通控制电路的电源后，按下主轴电动机 M1 的启动按钮 SB2，观察接触器 KM1 是否得电闭合。如果接触器 KM1 没有得电闭合，则为主轴电动机 M1 的控制电路有故障，重点检查主轴电动机 M1 的停止按钮 SB8 的常闭触点接触是否良好，热继电器 KR1 的常闭触点是否开路等。检查时，用"短路法"比较快捷方便。如果观察到接触器 KM1 闭合，主轴电动机 M1 不能启动运行，则应为主轴电动机 M1 的主电路中有问题。可用"断路法"检查主轴电动机 M1 绕组是否损坏，用电压法检查接触器 KM1 的主触点闭合是否良好等，一步一步查出故障。

故障检查：合上电源开关 QF1 及自动空气开关 QF2、QF3、QF4，再按下控制线路电源启动的按钮 SB1，接通控制电路电源。然后按下主轴电动机 M1 的启动按钮 SB2，观察到接触器 KM1 没有闭合，故障属于控制电路的故障。用"短路法"将 7 号线和 13 号线用导线短接，观察到接触器 KM1 闭合，判断故障点在 7 号线和 13 号线的元件中。由于 7 号线和 13 号线之间的元件少，能造成主轴电动机 M1 不能启动的元件仅为停止按钮 SB8 的常闭触点接触不良或启动按钮 SB2 的常开触点压合接触不良。在这两个故障中，而以停止按钮 SB8 的常闭触点接触不良造成接触器 KM1 不能得电最为常见。故可用"电阻法"直接检查停止按钮 SB8 的常闭触点。切断机床电源，拆开按钮盒，用万用表 R×1 k 挡测量停止按钮 SB8 的常闭触点，万用表无指示。当反复按下 SB8 时万用表偶尔有接通的指示。故此故障为主轴电动机 M1 的停止按钮 SB8 的常闭触点接触不良而引起。

故障处理：修理停止按钮 SB8 或更换同型号的按钮，故障排除。

2. 摇臂不能升降

故障现象：启动机床，接通控制电路电源后，主轴电动机能启动。当需要摇臂上升或下降时，按下摇臂升降电动机的上升启动按钮 SB3 或下降启动按钮 SB4，摇臂不能上升或下降。

故障检查：摇臂上升和下降的过程较复杂，故造成摇臂不能上升或下降的原因较多。除了摇臂升、降电动机 M2 的主电路和控制电路外，液压泵电动机 M3 的控制电路出现问题也会引起摇臂不能上升或下降。在检查过程中，可以根据摇臂的动作过程逐步观察、检查、判断。

检查思路：因是摇臂不能升降，应该是摇臂升降控制的公共电路出了问题，故在检查时应紧扣公共电路。如按下摇臂升降电动机 M2 的启动按钮 SB3 或摇臂下降启动按钮 SB4，观察时间继电器 KT1 是否得电闭合，如果没有闭合，则为时间继电器 KT1 线圈损坏或有断路点；如果时间继电器 KT1 闭合了，则应观察接触器 KM4 是否闭合。如果接触器 KM4 没有闭合，则重点检查 22 区中的时间继电器 KT1 的瞬时常开触点、位置开关 SQ2 的常闭触点、时间继电器 KT2 的瞬时常闭触点、接触器 KM5 的常闭辅助触点及热继电器 KR2 的常闭触点。如果接触器 KM4 闭合，则观察液压泵电动机 M3 是否启动运行。如果液压泵电动机 M3 没有启动运行，应是液压泵电动机 M3 主电路的问题，应重点检查热继电器 KR2 的主通路及液压泵电动机 M3 绕组。

因为液压泵电动机 M3 不能启动运行，机床得不到正向压力油，就不能使摇臂松开，而在摇臂松开之前，摇臂升降电动机 M2 就不能启动运转。如果液压泵电动机 M3 启动运转，则观察接触器 KM2 或 KM3(下降时)是否闭合。如果接触器 KM2 或 KM3 没有闭合，应重点检查位置开关 SQ2 是否动作。如果接触器 KM2 或 KM3 闭合了，则重点检查摇臂升降电动机 M2 绕组。

故障检查：合上电源总开关及其他相关的自动空气开关，启动机床控制电源。按下摇臂上升启动按钮 SB3，观察到时间继电器 KT1 和接触器 KM4 闭合，但液压泵电动机 M3 没有启动运转声。同样，按下摇臂下降启动按钮 SB4，观察到时间继电器 KT1 和接触器 KM4 闭合，液压泵电动机 M3 仍然没有启动运转声。从以上操作及观察可知，故障范围应在液压泵电动机 M3 的主电路中。切断机床电源，将液压泵电动机 M3 从控制电路接线端上拆下，然后接通机床电源，按下摇臂升降电动机 M3 的启动按钮 SB3，时间继电器 KT1 和接触器 KM4 均闭合。用万用表交流 500 V 挡测量热继电器 KR2 下端的电压均为 380 V，电源电压正常，证明问题出现在液压泵电动机 M3 上。对液压泵电动机 M3 进行检查，液压泵电动机 M3 已烧毁。

故障处理：修理液压泵电动机 M3 绕组或更换液压泵电动机 M3，故障排除。

7.2.3 Z3040 型摇臂钻床电气控制线路故障维修汇总

1. 所有电动机都不能启动

(1) 故障可能出现的范围或故障点：无电源电压；电源总开关 QF1 损坏；自动空气开

关 QF2 损坏；控制变压器 TC 损坏；自动空气开关 QF3 损坏；15 区中的停止按钮 SB7 的常闭触点接触不良；启动按钮 SB1 的常开触点压合接触不良；欠压继电器 KV 线圈损坏；16 区中的 KV 常开触点不能自锁。

(2) 重点检测对象或检测点：电源总开关 QF1；自动空气开关 QF2；15 区中的停止按钮 SB7 的常闭触点。

2. 主轴电动机 M1 不能启动

(1) 故障可能出现的范围或故障点：接触器 KM1 的主触点闭合接触不良；热继电器 KR1 的主通路有断点；主轴电动机 M1 绕组有问题；主轴电动机 M1 的启动按钮 SB2 的常开触点压合接触不良；停止按钮 SB8 的常闭触点接触不良；接触器 KM1 线圈损坏；热继电器 KR1 的辅助触点接触不良。

(2) 重点检测对象或检测点：主轴电动机 M1 绕组；接触器 KM1 的主触点；停止按钮 SB8 的常闭触点；热继电器 KR1 的辅助触点。

3. 摇臂不能上升

(1) 故障可能出现的范围或故障点：接触器 KM2 的主触点闭合不良；摇臂升降电动机 M2 绕组有问题(此时摇臂不能下降)；20 区中的按钮 SB3 的常开触点压合接触不良；行程开关 SQ1—1 的常闭触点接触不良；行程开关 SQ2 的常开触点压合接触不良(此时摇臂不能下降)；20 区中的按钮 SB4 的常闭触点接触不良；接触器 KM3 的常闭触点接触不良；接触器 KM3 线圈损坏(其他原因与液压泵电动机 M3 不能正转启动相同)。

(2) 重点检测对象或检测点：接触器 KM2 的主触点；摇臂升降电动机 M2 绕组；行程开关 SQ1—1 的常闭触点；按钮 SB4 的常闭触点；20 区中的接触器 KM3 的常闭触点；行程开关 SQ2 的常开触点。

4. 摇臂不能下降

(1) 故障可能出现的范围或故障点：接触器 KM3 的主触点闭合接触不良；摇臂下降启动按钮 SB4 压合接触不良；行程开关 SQ1—2 的常闭触点接触不良；按钮 SB3 的常闭触点接触不良；接触器 KM2 的常闭触点接触不良；接触器 KM3 线圈损坏(其他原因与液压泵电动机 M3 不能正转启动相同)。

(2) 重点检测对象或检测点：接触器 KM3 的主触点；行程开关 SQ1—2 的常闭触点；按钮 SB3 的常闭触点；接触器 KM2 的常闭触点。

5. 液压泵电动机 M3 不能正转启动或摇臂不能放松

(1) 故障可能出现的范围或故障点：热继电器 KR2 的主通路有断点；接触器 KM4 的主触点闭合接触不良；液压泵电动机 M3 绕组有故障；22 区中的位置开关 SQ2 的常闭触点接触不良；时间继电器 KT1 的瞬时常开触点接触不良；时间继电器 KT2 的瞬时常闭触点接触不良；接触器 KM4 线圈损坏；热继电器 KR2 的辅助常闭触点接触不良。

(2) 重点检测对象或检测点：接触器 KM1 的主触点；液压泵电动机 M3 绕组；22 区中的位置开关 SQ2 的常闭触点；时间继电器 KT1 的瞬时常开触点；时间继电器 KT2 的瞬时常闭触点；热继电器 KR2 的辅助常闭触点。

6. 液压泵电动机 M3 不能反转或摇臂不能夹紧

(1) 故障可能出现的范围或故障点：接触器 KM5 的主触点接触不良；25 区中的位置开

关 SQ3 闭合接触不良；24 区中的时间继电器 KT1 的瞬时断开延时闭合常闭触点接触不良；接触器 KM4 的常闭触点接触不良；接触器 KM5 线圈损坏。

(2) 重点检测对象或检测点：接触器 KM5 的主触点；25 区中的位置开关 SQ3 的常闭触点；24 区中的时间继电器 KT1 的瞬时断开延时闭合常闭触点；接触器 KM4 的常闭触点。

7. 主轴箱不能松开或夹紧

(1) 故障可能出现的范围或故障点：转换开关 SA2 接触不良；电磁铁 YA1 线圈损坏；26 区中的时间继电器 KT1 的瞬时常闭触点接触不良；启动按钮 SB5、SB6 压合接触不良；时间继电器 KT2、KT3 线圈损坏。

(2) 重点检测对象或检测点：电磁铁 YA1 线圈；转换开关 SA2。

8. 冷却泵电动机 M4 不能启动

(1) 故障可能出现的范围或故障点：转换开关 SA1 闭合接触不良；冷却泵电动机 M4 绕组有问题。

(2) 重点检测对象或检测点：冷却泵电动机 M4 绕组。

7.2.4　Z3040 型摇臂钻床电气控制线路 PLC 控制改造

1. PLC 控制输入/输出点分配表

根据 Z3040 型摇臂钻床的控制特点及要求,列出其 PLC 控制输入/输出点分配表,见表 7-4。

表 7-4　Z3040 型摇臂钻床 PLC 控制输入/输出点分配表

输 入 信 号			输 出 信 号		
名　称	代号	输入点编号	名　称	代号	输出点编号
控制线路电源总开关	QF3	X0	电压继电器	KV	Y0
总停止按钮	SB7	X1	主轴电动机 M1 接触器	KM1	Y1
总启动按钮	SB1	X2	摇臂上升接触器	KM2	Y2
电压继电器	KV	X3	摇臂下降接触器	KM3	Y3
主轴电动机 M1 热继电器	KR1	X4	主轴箱、立柱、摇臂松开接触器	KM4	Y4
主轴电动机 M1 启动按钮	SB2	X5	主轴箱、立柱、摇臂夹紧接触器	KM5	Y5
主轴电动机 M1 停止按钮	SB8	X6	主轴箱松开、夹紧电磁铁	YA1	Y6
摇臂上升按钮	SB3	X7	立柱松开、夹紧电磁铁	YA2	Y7
摇臂下降按钮	SB4	X10			
摇臂上升上限位行程开关	SQ1—1	X11			
摇臂下降下限位行程开关	SQ1—2	X12			
主轴箱、立柱、摇臂松开行程开关	SQ2	X13			
主轴箱、立柱、摇臂夹紧行程开关	SQ3	X14			
液压泵电动机 M3 热继电器	KR2	X15			
主轴箱、立柱松开按钮	SB5	X16			
主轴箱、立柱夹紧按钮	SB6	X17			
主轴箱松开、夹紧开关	SA—1	X20			
立柱松开、夹紧开关	SA—2	X21			
主轴箱、立柱松开、夹紧开关	SA—3	X22			

2. PLC 控制接线图

Z3040 型摇臂钻床 PLC 控制接线图如图 7-5 所示。

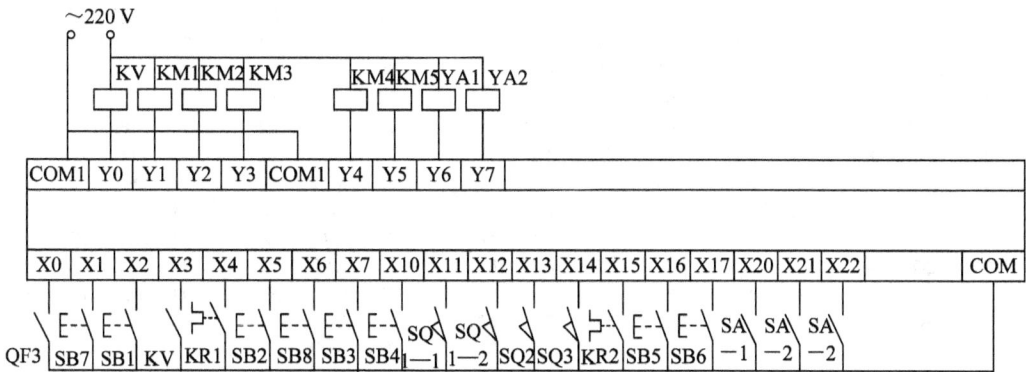

图 7-5 Z3040 型摇臂钻床 PLC 控制接线图

3. PLC 控制梯形图

Z3040 型摇臂钻床 PLC 控制梯形图如图 7-6 所示。

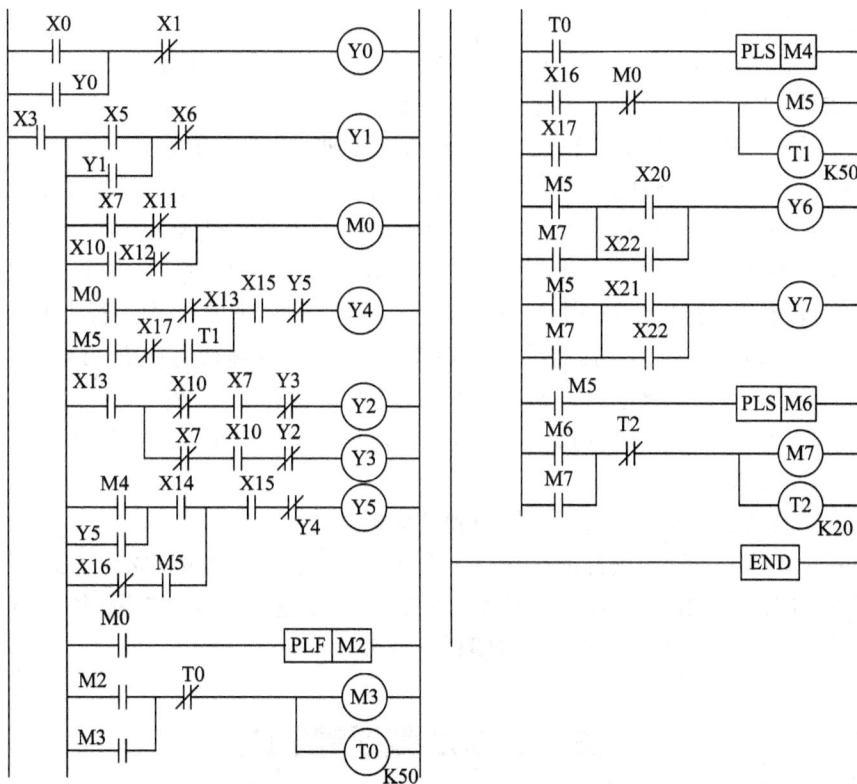

图 7-6 Z3040 型摇臂钻床 PLC 控制梯形图

4. PLC 控制指令语句表

Z3040 型摇臂钻床 PLC 控制指令语句表如图 7-7 所示。

0	LD	X0	21	ANI	X13	42	MRD		63	MRD		84	ANB	
1	OR	Y0	22	LD	M5	43	LD	M4	64	AND	T0	85	LD	X21
2	ANI	X1	23	ANI	X17	44	OR	Y5	65	PLS	M4	86	OR	X22
3	OUT	Y0	24	AND	T1	45	AND	X14	66	MRD		87	ANB	
4	LD	X3	25	ORB		46	LDI	X16	67	LD	X16	88	OUT	Y7
5	MPS		26	ANB		47	AND	M5	68	OR	X17	89	MRD	
6	LD	X5	27	AND	X15	48	ORB		69	ANB		90	AND	M5
7	OR	Y1	28	ANI	Y5	49	ANB		70	ANI	M0	91	PLF	M6
8	ANB		29	OUT	Y4	50	AND	X15	71	OUT	M5	92	MPP	
9	ANI	X6	30	MRD		51	ANI	Y4	72	OUT	T1 K50	93	LD	M6
10	OUT	Y1	31	AND	X13	52	OUT	Y5	73	MRD		94	OR	M7
11	MRD		32	MPS		53	MRD		74	LD	M5	95	ANB	
12	LD	X7	33	ANI	X10	54	AND	M0	75	OR	M7	96	ANI	T2
13	ANI	X11	34	AND	X7	55	PLF	M2	76	ANB		97	OUT	M7
14	LD	X10	35	ANI	Y3	56	MRD		77	LD	X20	98	OUT	T2 K20
15	ANI	X12	36	OUT	Y2	57	LD	M2	78	OR	X22	99	END	
16	ORB		37	MPP		58	OR	M3	79	ANB				
17	ANB		38	ANI	X7	59	ANB		80	OUT	Y6			
18	OUT	M0	39	AND	X10	60	ANI	T0	81	MRD				
19	MRD		40	ANI	Y2	61	OUT	M3	82	LD	M5			
20	LD	M0	41	OUT	Y3	62	OUT	T0 K50	83	OR	M7			

图 7-7　Z3040 型摇臂钻床 PLC 控制指令语句表

5. 程序设计说明

合上 QF3，X0 闭合，Y0 闭合且自锁，X3 闭合，接通控制电路电源。

按下 SB2，X5 闭合，Y1 闭合并自锁，主轴电动机 M1 启动运转。

当需要摇臂上升时，按下 SB3，X7 闭合，M0 接通。由于第 4 逻辑行中 X15 是闭合的，所以 Y4 接通闭合，液压泵电动机 M3 正转，松开摇臂。摇臂松开后，第 4 逻辑行中 X13 的常闭触点断开，第 5 逻辑行中 X13 的常开触点闭合，液压泵电动机 M3 停转，而摇臂升降电动机 M2 正转，带动摇臂上升。当摇臂上升到一定高度时，松开 SB3，X7 复位，M0 断开，第 7 逻辑行中 M2 闭合一个扫描周期宽的时间，使得第 8 个逻辑行中的 M3 闭合并自锁，同时 T0 接通，开始计时。经过 2 s 后 T0 动作，第 9 逻辑行中的 M4 闭合一个扫描周期宽的时间，使第 6 逻辑行中的 M4 闭合，接通 Y5，液压泵电动机 M3 反转，夹紧摇臂。当摇臂夹紧后，ST2、ST3 恢复初始状态，且 X14 断开，Y5 失电，液压泵电动机 M3 停转，完成摇臂上升的控制过程。

摇臂下降的控制过程与摇臂上升的控制过程相同。

当需要对立柱或主轴箱松开或夹紧时，选择 SA 至适当的挡位，按下 SB5 或 SB6，第 10 逻辑行中的 X16 或 X17 闭合，接通 M5 及 T0，第 4 逻辑行或第 7 逻辑行中的 M5、T0 闭合，接通 Y4 或 Y5，使得立柱、主轴箱松开或夹紧。

7.3　Z3050 型摇臂钻床

7.3.1　Z3050 型摇臂钻床电气控制线路分析

Z3050 型摇臂钻床电气控制线路原理图见图 7-8。

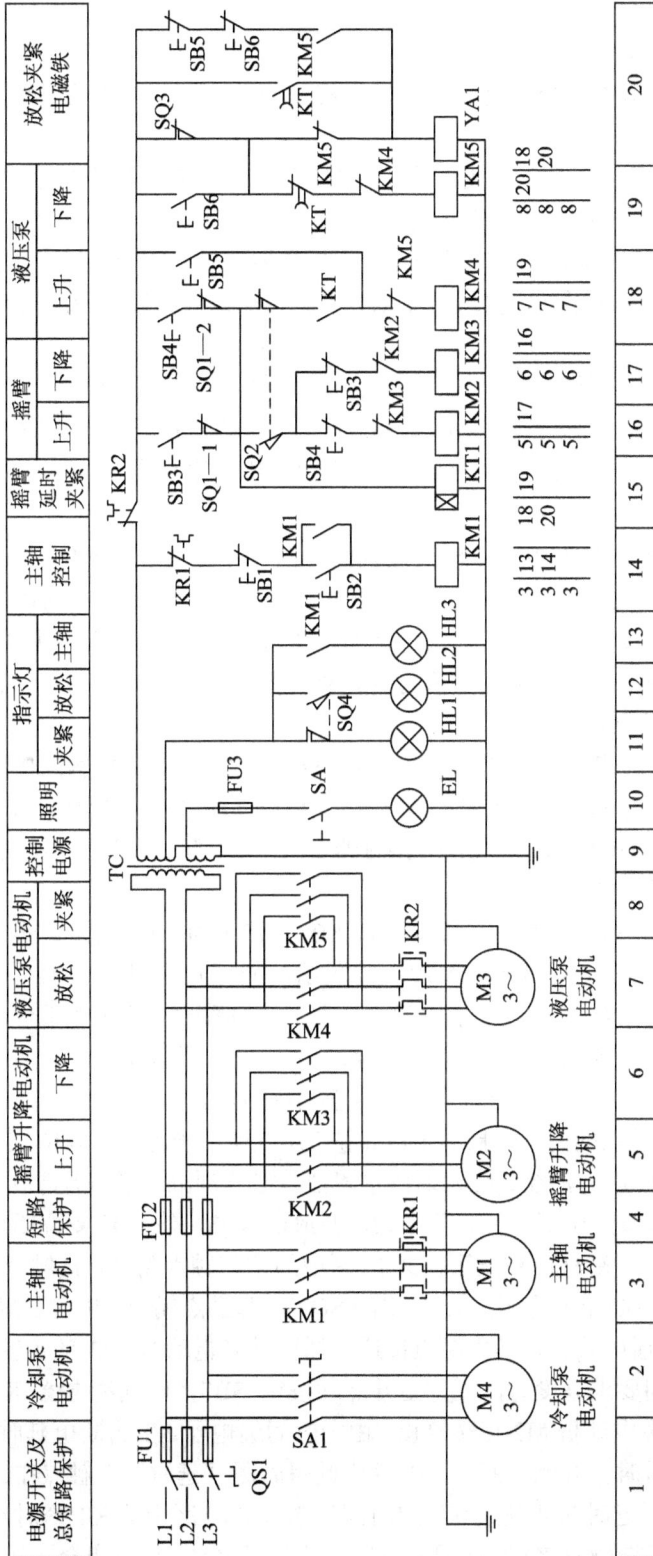

图 7-8　Z3050型摇臂钻床电气控制线路原理图

1．主电路分析

主电路中共有四台电动机。

M1 为主轴电动机，只要求单向运转。由接触器 KM1 控制其电源的通断，热继电器 KR1 为它的过载保护。

M2 为摇臂升降电动机，要求正、反转动。由接触器 KM2 控制其正转电源的通断，接触器 KM3 控制其反转电源的通断。由于它为点动短时工作，故不设过载保护。

M3 为液压泵电动机，要求带动液压泵供给正、反转液压油，故也要求正、反转。由接触器 KM4 控制其正转电源的通断，接触器 KM5 控制其反转电源的通断，热继电器 KR2 为它的过载保护。

M4 为冷却泵电动机，直接由扳动转换开关 QS2 控制其电源的通断。

三相电源由电源总开关 QS1 引入，熔断器 FU1 为控制线路的总短路保护及主轴电动机 M1 的短路保护，熔断器 FU2 为摇臂升降电动机 M2 及液压泵电动机 M3 的短路保护。

2．控制电路分析

合上电源总开关 QS1，380 V 交流电源经熔断器 FU1、FU2 加在控制变压器 TC 的初级绕组两端，经降压后输出 127 V 交流电压作为控制回路中的电源，36 V 交流电压作为机床工作灯 EL 的电源，6 V 交流电压作为工作指示灯的电源。此时立柱和主轴箱夹紧指示灯亮，表示控制线路电源电压正常，立柱和主轴箱处于夹紧状态。

1）主轴电动机 M1 的控制

按下主轴电动机 M1 的启动按钮 SB2，按触器 KM1 得电闭合，其主触点接通主轴电动机 M1 的电源，主轴电动机 M1 启动运转。13 区中的指示灯 HL3 亮，表示主轴电动机启动运转。按下主轴电动机 M1 的停止按钮 SB1，接触器 KM1 失电释放，主轴电动机 M1 停转。

2）摇臂的上升及下降控制

（1）摇臂的上升控制。按下摇臂上升点动按钮 SB3，15 区中的时间继电器 KT 线圈得电闭合，其 18 区中的瞬时常开触点闭合，19 区中的瞬时断开延时闭合触点断开，20 区中的瞬时闭合延时断开触点闭合。18 区中的时间继电器 KT 的瞬时常开触点闭合，接通了接触器 KM4 线圈的电源，KM4 得电闭合，其主触点接通了液压泵电动机 M3 的正转电源，液压磁电动机 M3 正转启动，驱动液压泵供给机床正向压力油。由于 20 区中的时间继电器 KT 的瞬时闭合延时断开触点的闭合，接通了电磁铁 YA 线圈的电源，所以电磁铁 YA 与接触器 KM4 同时闭合。正向压力油经二位六通阀进入摇臂松开油缸，驱动摇臂放松。摇臂放松后，油缸活塞杆通过弹簧片压下行程开关 SQ2，并放松 SQ3，使 SQ3 复位闭合，为摇臂夹紧做好准备。由于行程开关 SQ2 被压下，其 18 区中的常闭触点断开，接触器 KM4 线圈失电释放，液压泵电动机 M3 正转停止。16 区中的 SQ2 常开触点闭合，接通了接触器 KM2 线圈的电源，KM2 线圈通电吸合，其主触点接通了摇臂升降电动机 M2 的正转电源，M2 带动摇臂上升。当上升到要求高度时，松开上升点动按钮 SB3，时间继电器 KT、接触器 KM2 线圈失电，摇臂升降电动机 M2 正转停止。由于时间继电器 KT 为断电延时型，故 KT 线圈失电后，18 区中的瞬时常开触点断开，19 区中的瞬时断开延时闭合触点在约定时间后闭合，20 区中的瞬时闭合延时断开触点在约定时间后断开。19 区中的 KT 瞬时断开延时闭合触点延时闭合后接通了接触器 KM5 线圈的电源，接触器 KM5 得电闭合，其 20 区中的常开触点闭合，仍然保持电磁铁 YA 吸合，而其主触点接通了液压泵电动机 M3 的反转电源，液压泵电动机 M3 驱动液压泵反转，供给机床反向压力油。反向压力油经二位六通阀进入摇臂夹紧油缸，驱动摇臂夹紧。摇臂夹紧后，20 区中的行程开关 SQ3 的常闭触点压开，接触器 KM5 线圈失电释放，切断电磁铁 YA 线圈的电源，行程开关 SQ2 复位，为下一次摇臂升降做好准备。

(2) 摇臂的下降控制，摇臂的下降控制由下降启动按钮 SB4 控制，其控制过程与摇臂的上升过程相同，留给读者自行分析。

图 7-8 中，行程开关 SQ1—1 为摇臂上升的上限位开关，SQ1—2 为摇臂下降的下限位开关。

3) 立柱和主轴箱的松开及夹紧控制

立柱和主轴箱的松开或夹紧控制是同时进行的。在控制过程中，电磁铁 YA 是由按钮 SB5 及 SB6 的常闭触点及接触器 KM5 的常闭触点联锁断开的。

具体控制为：按下立柱和主轴箱的放松按钮 SB5，接触器 KM4 得电闭合，液压泵电动机 M3 正转，带动液压泵供给正向压力油，压力油经二位六通阀进入立柱和主轴箱松开油缸，驱动立柱和主轴松开。立柱和主轴松开后，压下行程开关 SQ4，12 区中的放松指示灯亮，表示主轴箱和立柱已放松。同理，按下立柱和主轴箱的夹紧按钮 SB6，可使立柱和主轴箱夹紧。

Z3050 型摇臂钻床电气元件明细表见表 7-5。

表 7-5 Z3050 型摇臂钻床电气元件明细表

代号	名 称	规格与型号	数量	用 途
M1	主轴电动机	JO2—41—4 4 kW	1	带动主轴旋转
M2	摇臂升降电动机	JO2—22—4 1.5 kW	1	驱动摇臂升降
M3	液压泵电动机	JO2—11—4 0.6 kW	1	驱动液压泵
M4	冷却泵电动机	AOB—25 90 W	1	驱动冷却泵
KM1	交流接触器	CJ0—20 127 V	1	控制 M1
KM2	交流接触器	CJ0—10 127 V	1	控制 M2 正转
KM3	交流接触器	CJ0—10 127 V	1	控制 M2 反转
KM4	交流接触器	CJ0—10 127 V	1	控制 M3 正转
KM5	交流接触器	CJ0—10 127 V	1	控制 M3 反转
KT	时间继电器	JJSK2—4 127 V	1	摇臂延时夹紧
KR1	热继电器	JR0—40/3 6.4～10 A 整定电流在 8.37 A	1	M1 过载保护
KR2	热继电器	JR0—40/3 1～1.6 A 整定电流在 1.57 A	1	M2 过载保护
QS1	转换开关	HZ2—25/3	1	电源总开关
1S2	转换开关	HZ2—25/3	1	油泵开关
SQ1—1	行程开关	HZ4—22	1	摇臂升降上、下限位行程开关
SQ1—2	行程开关			
SQ2	行程开关	LX5—111	1	摇臂升降行程开关
SQ3	行程开关	LX5—11	1	摇臂夹紧行程开关

代号	名　称	规格与型号	数量	用　途
SQ4	行程开关	LX3—11K	1	主轴箱立柱夹指示行程开关
TC	控制变压器	BK—150　380 V/127、36、6 V	1	控制电路、照明、指示电源
SB1	按钮	LA19—11	1	主轴电动机停止按钮
SB2	按钮	LA19—11D　指示灯电压为 6 V	1	主轴电动机启动按钮
SB3	按钮	LA19—11	1	摇臂上升启动按钮
SB4	按钮	LA19—11	1	摇臂下降启动按钮
SB5	按钮	LA19—11D　指示灯电压为 6 V	1	主轴箱立柱放松按钮
SB6	按钮	LA19—11D　指示灯电压为 6 V	1	主轴箱立柱夹紧按钮
FU1	熔断器	RL1—60/30 A	3	电路总短路及 M1 短路保护
FU2	熔断器	RL1—15/10 A	3	M2、M3 短路保护
FU3	熔断器	RL1—15/2 A	1	工作照明灯短路保护
YA	电磁铁	MFJ—3　127 V	1	摇臂放松夹紧电磁铁
SA	工作照明开关	JC2	1	机床照明

7.3.2　Z3050 型摇臂钻床电气控制线路故障检修实例

1. 摇臂不能上升

故障现象：启动机床，按下摇臂上升启动按钮 SB3，摇臂不能上升。机床其他功能正常。

故障分析：因本故障中机床其他功能正常，故本故障摇臂不能上升，从主电路的范围来考虑主要是接触器 KM2 的主触点接触不良，摇臂升降电动机 M2 没有得到正常正转(带动摇臂上升)，电源而不能启动。从控制回路的角度来分析，则以下元件出现故障会引起摇臂不能上升。如 17 区中的行程开关 SQ2 的常开触点压合接触不良，按钮 SB4 的常闭触点接触不良，接触器 KM3 的常闭触点接触不良或 KM2 线圈损坏等都会引起摇臂升降电动机 M2 不能得电正转，摇臂不能上升。

检查思路：启动机床，按下摇臂升降启动按钮 SB3，观察接触器 KM2 是否闭合。如果接触器 KM2 闭合，证明故障出在主电路中，重点检查接触器 KM2 的主触点。如果接触器 KM2 没有闭合，则为接触器 KM2 线圈控制回路中的问题。可用"短路法"和"电阻法"重点检查接触器 KM2 线圈控制回路中的元件。如行程开关 SQ2 的常闭触点压合是否接触良好，按钮 SB4、接触器 KM3 的常闭触点是否接触良好。

故障检查：合上电源开关 QS1，按下摇臂上升启动按钮 SB3，观察到接触器 KM2 未闭合，证明接触器 KM2 线圈回路中有断点。用"短路法"将热继电器 KR2 的辅助常闭触点的下端短接至 16 区中的接触器 KM3 的常闭触点的下端，接触器 KM2 得电闭合，摇臂能上升。再将导线分别从热继电器 KR2 的辅助常闭触点的下端依次往下移动用"短路法"进行短接。当短接到行程开关 SQ2 的下端时，接触器 KM2 不能得电闭合，证明行程开关 SQ2 的常开触点压合时闭合接触不良。这是由于行程开关 SQ2 的位置安装不当或常开触点压合接触不良所引起的。

故障处理：调整行程开关 SQ2 的安装位置或更换行程开关 SQ2，故障排除。

2．摇臂不能夹紧

故障现象：按下摇臂上升、下降启动按钮 SB3 或 SB4，摇臂不能夹紧。从电气控制角度来讲，意味着液压泵电动机 M3 不能反转。从主电路来分析，造成液压泵电动机 M3 不能反转的原因为接触器 KM5 的主触点闭合接触不良。从控制电路的角度来看，接触器 KM5 的线圈控制回路有断点。造成接触器 KM5 线圈不能得电闭合的原因有行程开关 SQ3 的常闭触点复位时闭合不良，19 区中的时间继电器 KT 的瞬时断开延时闭合触点接触不良，接触器 KM4 的常闭触点接触不良，接触器 KM5 线圈损坏等。

检查思路：合上电源开关 QS1，按下摇臂上升(或下降)启动按钮 SB3(或 SB4)，摇臂上升(或下降)。然后松开 SB3(或松开 SB4)，观察接触器 KM5 线圈是否得电闭合。如果接触器 KM5 得电闭合，则重点检查主电路中接触器 KM5 的主触点。如果接触器 KM5 没有得电闭合，则为 KM5 线圈回路中的问题。用"短路法"结合"电阻法"重点检查行程开关 SQ3 的常闭触点闭合是否良好，19 区中的时间继电器 KT 的瞬时断开延时闭合触点是否接触良好，接触器 KM4 的常闭触点是否接触良好等。

故障检查：合上电源总开关，按下摇臂上升启动按钮 SB3，观察到摇臂上升。松开 SB3，观察到接触器 KM5 未闭合，判断为接触器 KM5 线圈控制电路有问题。用"短路法"结合"电阻法"检查出为接触器 KM4 的常闭触点接触不良引起接触器 KM5 线圈回路不能得电，液压泵电动机 M3 不能反转，从而引起摇臂不能夹紧。

故障处理：更换或修理接触器 KM4 的常闭触点，故障排除。

7.3.3　Z3050 型摇臂钻床电气控制线路故障维修汇总

1．所有电动机都不能启动

(1) 故障可能出现的范围或故障点：无电源电压；电源总开关 QS1 损坏；熔断器 FU1 断路；熔断器 FU2 断路；变压器 TC 损坏。

(2) 重点检测对象或检测点：熔断器 FU1；熔断器 FU2。

2．主轴电动机 M1 不能启动

(1) 故障可能出现的范围或故障点：接触器 KM1 的主触点闭合接触不良；热继电器 KR1 主通路有断点；主轴电动机 M1 本身有问题；14 区中的热继电器 KR1 的常闭触点接触不良；主轴电动机 M1 的停止按钮 SB1 的常闭触点接触不良；启动按钮 SB2 的常开触点压合接触不良；接触器 KM1 线圈损坏。

(2) 重点检测对象或检测点：接触器 KM1 的主触点；主轴电动机 M1 绕组；14 区中的热继电器 KR1 的常闭触点；主轴电动机 M1 的停止按钮 SB1 的常闭触点。

3．摇臂不能放松或液压泵电动机 M3 不能正转

(1) 故障可能出现的范围或故障点：接触器 KM4 的主触点闭合接触不良；热继电器 KR2 主通路有断点(此时摇臂不能夹紧)；液压泵电动机 M3 绕组有问题(此时摇臂不能夹紧)；18 区中的行程开关 SQ2 的常闭触点接触不良；时间继电器 KT 的瞬时常开触点接触不良。

(2) 重点检测对象或检测点：接触器 KM4 的主触点；液压泵电动机 M3 绕组；18 区中的行程开关 SQ2 的常闭触点；时间继电器 KT 的瞬时常开触点。

4. 摇臂不能夹紧或液压泵电动机 M3 不能反转

(1) 故障可能出现的范围或故障点：接触器 KM5 的主触点闭合接触不良；行程开关 SQ3 常闭触点接触不良；19 区中的时间继电器 KT 的瞬时断开延时闭合触点闭合接触不良；接触器 KM4 的常闭触点接触不良；接触器 KM5 线圈损坏。

(2) 重点检测对象或检测点：接触器 KM5；行程开关 SQ3 的常闭触点；19 区中的时间继电器 KT 的瞬时断开延时闭合触点；接触器 KM4 的常闭触点。

5. 液压泵电动机 M3 运转正常，但摇臂夹不紧

(1) 故障可能出现的范围或故障点：20 区中的接触器 KM5 的常闭触点接触不良；电磁铁 YA 线圈损坏；按钮 SB5、SB6 的常闭触点接触不良；接触器 KM5 的常开触点闭合接触不良；行程开关 SQ3 的位置调整不当。

(2) 重点检测对象或检测点：20 区中的接触器 KM5 的常闭触点；电磁铁 YA 线圈；按钮 SB5、SB6 的常闭触点；行程开关 SQ3。

6. 摇臂不能上升

(1) 故障可能出现的范围或故障点：接触器 KM2 的主触点接触不良；摇臂升降电动机 M2 本身有问题(此时摇臂不能下降)；摇臂上升启动按钮 SB3 压合接触不良；行程开关 SQ1—1 接触不良；时间继电器 KT 线圈损坏(此时摇臂不能下降)；行程开关 SQ2 的常开触点压合接触不良(此时摇臂不能下降)；按钮 SB4 的常闭触点接触不良；接触器 KM3 的常闭触点接触不良；接触器 KM2 线圈损坏(其他原因与摇臂不能放松或液压泵电动机不能正转故障相同)。

(2) 重点检测对象或检测点：接触器 KM2 的主触点；摇臂升降电动机 M2 绕组；行程开关 SQ1—1；行程开关 SQ2 的常开触点；按钮 SB4 的常闭触点；接触器 KM3 的常闭触点。

7. 摇臂不能下降

(1) 故障可能出现的范围或故障点：接触器 KM3 的主触点闭合接触不良；摇臂下降启动按钮 SB4 的常闭触点压合接触不良；行程开关 SQ1—2 的常闭触点接触不良；接触器 SB3 的常闭触点接触不良；接触器 KM2 的常闭触点接触不良(其他原因与摇臂不能放松或液压泵电动机不能正转故障相同)。

(2) 重点检测对象或检测点：接触器 KM3 的主触点；行程开关 SQ1—2 的常闭触点；按钮 SB3 的常闭触点；接触器 KM2 的常闭触点。

8. 立柱主轴箱不能放松或夹紧

(1) 故障可能出现的范围或故障点：立柱、主轴箱放松点动按钮 SB5 的常开触点压合接触不良；立柱、主轴箱夹紧点动按钮 SB6 压合接触不良。

(2) 重点检测对象或检测点：放松启动按钮 SB5；夹紧点动按钮 SB6。

7.3.4　Z3050 型摇臂钻床电气控制线路 PLC 控制改造

1. PLC 控制输入/输出点分配表

根据 Z3050 型摇臂钻床的控制特点，列出其 PLC 控制输入/输出点分配表，见表 7-6。

表 7-6 Z3050 型摇臂钻床 PLC 控制输入/输出点分配表

输 入 信 号			输 出 信 号		
名 称	代号	输入点编号	名 称	代号	输出点编号
主轴电动机 M1 热继电器	KR1	X0	主轴电动机 M1 接触器	KM1	Y0
主轴电动机 M1 启动按钮	SB1	X1	摇臂上升接触器	KM2	Y1
主轴电动机 M1 停止按钮	SB2	X2	摇臂下降接触器	KM3	Y2
其他控制电路热继电器	KR2	X3	液压泵电动机 M3 正转接触器	KM4	Y3
摇臂上升按钮	SB3	X4	液压泵电动机 M3 反转接触器	KM5	Y4
摇臂下降按钮	SB4	X5	放松夹紧电磁铁	YA	Y5
摇臂上升上限位行程开关	SQ1—1	X6			
摇臂下降下限位行程开关	SQ1—2	X7			
摇臂松开行程开关	SQ2	X10			
摇臂夹紧行程开关	SQ3	X11			
立柱、主轴箱放松按钮	SB5	X12			
立柱、主轴箱夹紧按钮	SB6	X13			

2. PLC 控制接线图

Z3050 型摇臂钻床 PLC 控制接线图如图 7-9 所示。

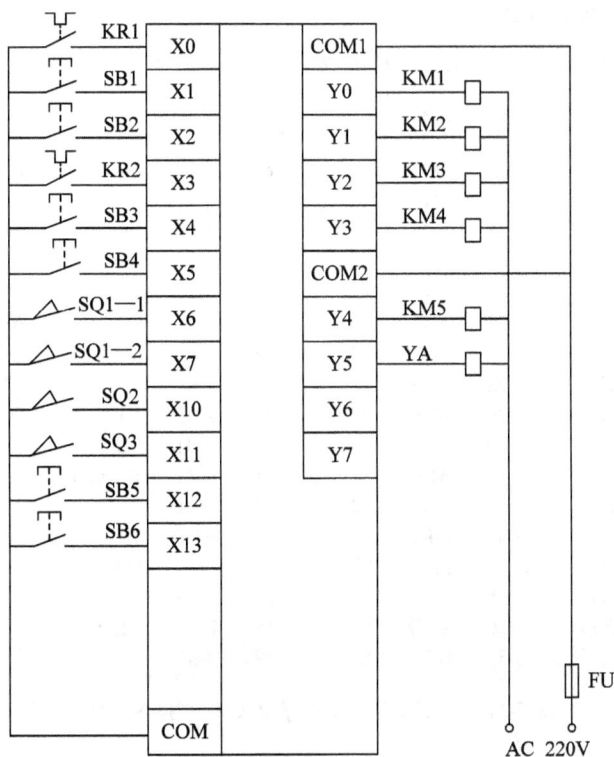

图 7-9 Z3050 型摇臂钻床 PLC 控制接线图

3．PLC 控制梯形图

Z3050 型摇臂钻床 PLC 控制梯形图如图 7-10 所示。

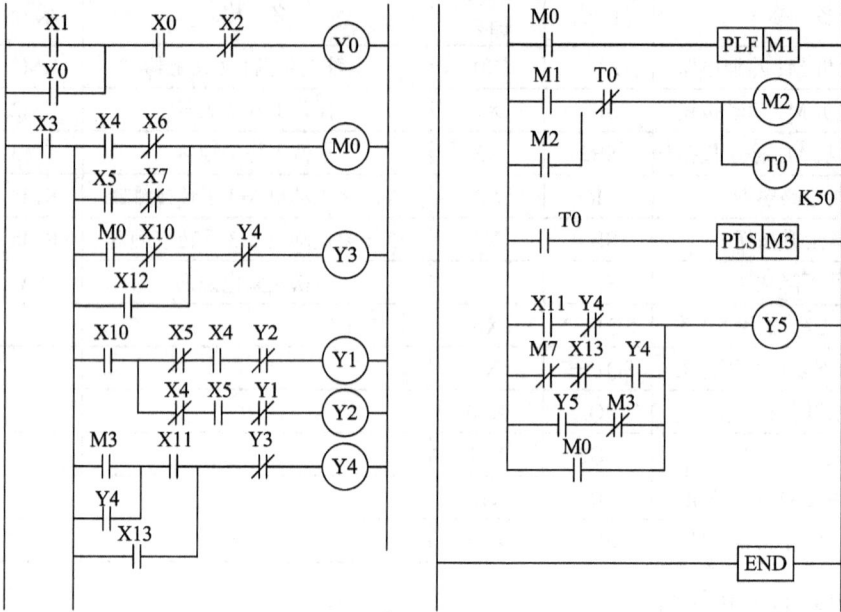

图 7-10　Z3050 型摇臂钻床 PLC 控制梯形图

4．PLC 控制指令语句表

Z3050 型摇臂钻床 PLC 控制指令语句表如图 7-11 所示。

0	LD	X1	19	ANI	Y4	38	ANB		60	LDI	M7
1	OR	Y0	20	OUT	Y3	39	ANI	Y3	61	ANI	X13
2	AND	X0	21	MRD		40	OUT	Y4	62	AND	Y4
3	ANI	X2	22	AND	X10	41	MRD		63	ORB	
4	OUT	Y0	23	MPS		42	AND	M0	64	LD	Y5
5	LD	X3	24	ANI	X5	43	PLF	M1	65	ANI	M3
6	MPS		25	AND	X4	45	MRD		66	ORB	
7	LD	X4	26	ANI	Y2	46	LD	M1	67	OR	M0
8	ANI	X6	27	OUT	Y1	47	OR	M2	68	ANB	
9	LD	X5	28	MPP		48	ANB		69	OUT	Y5
10	ANI	X7	29	ANI	X4	49	ANI	T0	70	END	
11	ORB		30	AND	X5	50	OUT	M2			
12	ANB		31	ANI	Y1	51	OUT	T0 K50			
13	OUT	M0	32	OUT	Y2	54	MRD				
14	MRD		33	MRD		55	AND	T0			
15	LD	M0	34	LD	M3	56	PLS	M3			
16	ANI	X10	35	OR	Y4	57	MPP				
17	OR	X12	36	AND	X11	58	LD	X11			
18	ANB		37	OR	X13	59	ANI	Y4			

图 7-11　Z3050 型摇臂钻床 PLC 控制指令语句表

第 8 章

常用铣床电气控制线路分析及故障检修

铣床是一种加工特殊机械零件(如机械齿轮、蜗轮蜗杆等)的机床。按结构特点、结构形式和加工性能的不同，铣床可分为卧式铣床、立式铣床、龙门铣床和仿形铣床等。本章主要介绍常见的 X62W 型万能铣床和 X52K 型立式升降铣床电气控制线路的工作原理，并给出电气故障检修实例及电气故障维修汇总。

8.1　X62W 型万能铣床

X62W 型万能铣床电气控制线路原理图见图 8-1。

8.1.1　X62W 型万能铣床电气控制线路分析

1. 主电路分析

主电路中共有三台电动机。

主轴电动机 M1 拖动主轴带动铣刀对工件进行铣削加工。由接触器 KM1 控制其电源的通断，热继电器 KR1 为过载保护，转换开关 SA3 为其正、反转电源的切换开关。当需要主轴作正、反转切换运动时，只需扳动转换开关 SA3 即可。

进给电动机 M2 拖动升降台及工作台"向上"、"向下"、"向左"、"向右"、"向前"、"向后"六个方向的快速和工作进给，由接触器 KM3 控制其正转电源的通断，接触器 KM4 控制其反转电源的通断，热继电器 KR3 为它的过载保护。

冷却泵电动机 M3 驱动冷却泵供给机床冷却液，由转换开关 SQ2 控制其电源的通断，热继电器 KR2 为它的过载保护。从图 8-1 中可以看出，冷却泵电动机只有在接触器 KM1 闭合后，才能扳动转换开关 QS2 启动运行。

三相交流电压由电源总开关 QS1 引入，熔断器 FU1 为控制电路的总短路保护。

2. 控制电路分析

当合上电源总开关 QS1 时，380 V 交流电压分别接在控制变压器 TC1、TC2、TC3 的初级绕组两端。经降压后，TC1 次级输出 110 V 交流电压作为控制线路电源；TC2 次级输出 24 V 交流电压作为机床工作照明灯电源；TC3 次级输出 36 V 交流电压经 VC 整流后作为电磁制动离合器 YC1、YC2、YC3 的制动电源。熔断器 FU3、FU4、FU5 分别为电磁制动离合器、控制线路、机床工作照明的短路保护。

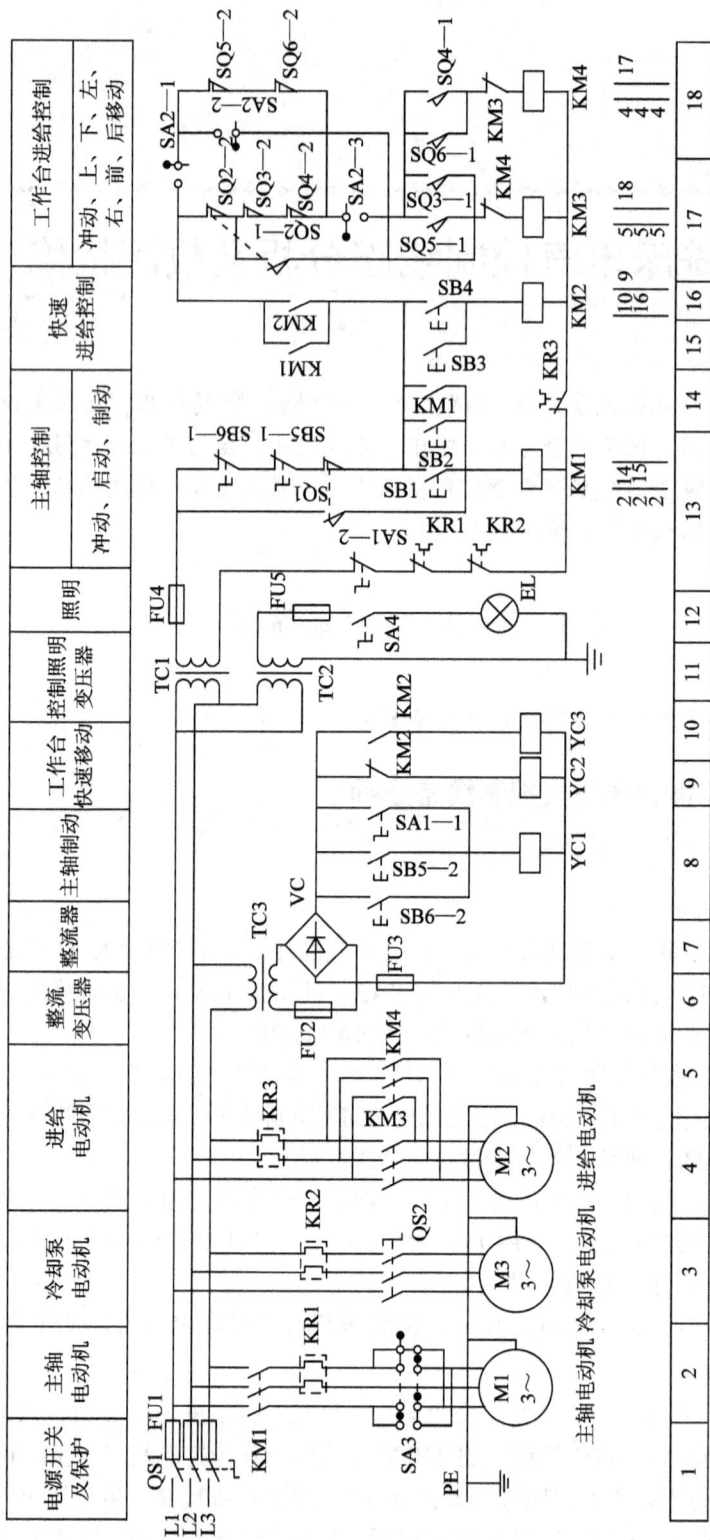

图 8-1　X62W 型万能铣床电气控制线路原理图

1) 主轴电动机 M1 的控制

(1) 主轴电动机 M1 的启动及制动控制。按下主轴电动机 M1 的启动按钮 SB1 或 SB2，接触器 KM1 得电闭合并自锁，接触器 KM1 的主触点接通主轴电动机 M1 绕组的电源，M1 启动运转。启动前，扳动主轴电动机 M1 的正、反转转换开关 SA1，即可获得主轴电动机 M1 的正、反转向。停止时，按下停止按钮 SB5—1 或 SB6—1，接触器 KM1 线圈失电，8 区中的停止按钮 SB5—2 或 SB6—2 的常开触点闭合，接通了电磁离合器 YC1 线圈的电源，YC1 得电动作，对主轴进行制动，使主轴迅速停转。

电路图中，SB1 或 SB2 为机床主轴电动机 M1 的两地启动按钮，SB5 或 SB6 为机床主轴电动机 M1 的两地停止按钮，分别装在机床不同的操作地点，以便操作。

(2) 主轴变速冲动控制。主轴变速的冲动，主要是为了解决主轴在变速时新转速齿轮组的顺利啮合。主轴变速时，先将变速手柄拉开，然后调整主轴变速盘至所需要的转速，再将变速手柄推回原处。当手柄推回原处时，手柄通过机械装置瞬时压下行程开关 SQ1 后又松开，使其常闭触点瞬时断开，常开触点瞬时闭合。接触器 KM1 瞬时得电，主轴电动机 M1 瞬时启动，这样有利于新转速齿轮组的啮合。

(3) 主轴换刀制动。为了保证安全，在换刀时主轴不能转动，故该机床上设置了换刀制动控制。将转换开关 SA1 扳至"换刀"位置，13 区中的 SA1—2 触点切断了控制电路的电源回路，8 区中的 SA1—1 常开触点闭合，接通了主轴制动电磁离合器 YC1 的电源，YC1 动作，将主轴制动。换刀完毕，将转换开关 SA1 扳回原处，机床恢复正常工作。

2) 进给电动机 M2 的控制

进给电动机 M2 驱动工作台上、下、左、右、前、后六个方向的运动，分别是由工作台纵向操作手柄及工作台横向和垂直操作手柄来进行操作的。转换开关 SA2 是转换控制机床六个方向进给及圆工作台的。当不需要圆工作台时，将转换开关 SA2 扳至"断开"位置，SA2—1 闭合，SA2—2 断开，SA2—3 闭合，机床六个方向正常进给，圆工作台不能工作；当需要圆工作台时，将转换开关扳至"接通"位置，SA2—1 断开，SA2—2 闭合，SA2—3 断开，圆工作台工作，机床六个方向不能进给。

(1) 工作台纵向控制(即工作台向左、向右控制)。工作台纵向控制由工作台纵向操作手柄进行操作。工作台纵向操作手柄有三个位置，即"向左"、"向右"和"中间"。当将操作手柄扳向"向左"或"向右"位置时，操作手柄在电气上压合行程开关 SQ5 或 SQ6，在机械上将进给电动机 M2 的动力接通至左、右进给传动丝杆上，使工作台向左或向右移动。工作台左右移动的限位控制是通过安装在工作台两端的挡铁块来实现的。当工作台移动到左、右极限位置时，挡铁块撞击工作台纵向操作手柄，使其转换到"中间"位置，工作台就会停止运动，从而实现左、右进给的终端保护。

① 工作台向左进给：将圆工作台转换开关扳至"断开"位置，工作台纵向操作手柄扳至"向左"位置，行程开关 SQ5 被压下，此时接触器 KM3 通过以下途径得电：FU4→SB6—1→SB5—1→SQ1 常闭触点→15 区 KM1 常开触点→SQ2—2→SQ3—2→SQ4—2→SA2—3→SQ5—1→KM4 常闭触点→KM3 线圈→KR3→KR2→KR1→SA1—2。接触器 KM3 的主触点接通进给电动机 M2 的正转电源，M3 正转，带动工作台向左进给。将"工作台操作手柄"扳至"中间"位置，行程开关 SQ5 松开，接触器 KM3 断电，M2 停转，工作台停止向左进给。

② 工作台向右进给：将工作台纵向操作手柄扳向向右位置，行程开关 SQ6 被压下，SQ6—1 常开触点闭合，接触器 KM4 得电闭合，其主触点接通进给电动机 M2 的反转电源，M2 反向旋转，带动工作台向右进给。将工作台纵向操作手柄扳至"中间"位置，行程开关 SQ6 松开，接触器 KM4 断电，M2 停转，工作台停止向右进给。

(2) 工作台横向和垂直控制(即"向上"、"向下"、"向前"、"向后"控制)。工作台横向和垂直控制是由工作台横向和垂直手柄进行操作控制的。工作台横向和垂直手柄有五个位置，分别为"向上"、"向下"、"向前"、"向后"及"中间"位置。当将工作台横向和垂直手柄扳至"向上"和"向下"位置时，在机械上由齿轮啮合了垂直进给离合器；当将工作台横向和垂直操作手柄扳至"向前"或"向后"位置时，在机械上啮合了横向进给离合器；当将工作台横向和垂直操作手柄扳至"中间"位置时，为空挡位置，四个方向的进给均停止。

从电气方面来讲，当将工作台横向和垂直手柄扳至"向前"或"向下"位置时，行程开关 SQ3 被压下，接触器 KM3 通电吸合，进给电动机 M2 正转；当将工作台横向和垂直手柄扳至"向后"或"向上"位置时，行程开关 SQ4 被压下，接触器 KM4 通电吸合，进给电动机 M2 反转。

① 工作台向上运动控制：当将工作台横向和垂直操作手柄扳至"向上"位置的，行程开关 SQ4 被压下，SQ4—1 常开触点闭合，接触器 KM4 通过以下途径得电：FU4→SB6—1→SB5—1→SQ1 常闭触点→15 区 KM1 常开触点→SA2—1→SQ5—2→SQ6—2→SA2—3→SQ4—1→接触器 KM3 常闭触点→KM4 线圈→KR3→KR2→KR1→SA1—2，接触器 KM4 得电闭合，工作台进给电动机 M2 反转，带动工作台向上运动。当将工作台横向和垂直操作手柄扳至"中间"位置时，工作台向上运动停止。

② 工作台向下运动控制：当将工作台横向和垂直操作手柄扳至"向下"位置时，行程开关 SQ3 被压下，其常开触点 SQ3—1 闭合，接触器 KM3 通过以下途径得电：FU4→SB6—1→SB5—1→SQ1 常闭触点→15 区 KM1 常开触点→SA2—1→SQ5—2→SQ6—2→SA2—3→SQ3—1→接触器 KM4 常闭触点→KM3 线圈→KR3→KR2→KR1→SA1—2，接触器 KM3 得电闭合，工作台进给电动机 M2 正转，带动工作台向下运动。当将工作台横向和垂直操作手柄扳至"中间"位置时，工作台停止向下运动。

③ 工作台向前运动控制：当将工作台横向垂直操作手柄扳至"向前"位置时，行程开关 SQ3 被压下，其电气控制过程同"工作台向下运动控制"，只不过在机械上由齿轮啮合了横向进给离合器。

④ 工作台向后运动控制：当将工作台横向和垂直操作手柄扳至"向后"位置时，行程开关 SQ4 被压下，其电气控制过程同"工作台向上运动控制"，只不过在机械上由齿轮啮合了横向进给离合器。

(3) 工作台六个方向进给的联锁控制。工作台"向左"、"向右"、"向上"、"向下"、"向前"、"向后"六个方向的进给是由工作台纵向操作手柄和工作台横向和垂直操作手柄来进行控制的，而各进给方向又是互相联锁的。前面已经说明，当将工作台纵向操作手柄扳至向左或向右位置时，它要压下行程开关 SQ5 或 SQ6；而将工作台横向和垂直操作手柄扳至"向上"、"向下"、"向前"、"向后"位置时，它要压下行程开关 SQ3 或 SQ4。从图 8-1 中可以看出，当将工作台纵向操作手柄及工作台横向和垂直操作手柄全都扳至工作位置时，行程开关 SQ5(或 SQ6)及行程开关 SQ3(或 SQ4)被压下，故切断了接触器 KM3 和接触器 KM4

的线圈回路,结果进给电动机 M2 不能得电运行,在电气上起到了联锁的作用。

(4) 进给变速冲动控制。进给变速冲动由行程开关 SQ2 控制。同主轴变速冲动一样,进给变速冲动也是为了使进给变速齿轮快速地啮合而设置的。在进给变速时,只需将进给变速盘往外拉,然后转动变速盘,选择好所需要的速度后,将变速盘推进去。此时行程开关 SQ2 被瞬时压下,其 13 区中的常闭触点 SQ2—2 瞬时断开,常开触点 SQ2—1 瞬时闭合。SQ2—1 瞬时接通了接触器 KM3 线圈的电源。接触器 KM3 瞬时闭合一下又断开,进给电动机瞬时正转冲动一下,使进给变速齿轮能很好地啮合。

3) 工作台快速移动控制

当需要工作台快速移动时,只需按下两地工作台快速移动启动按钮 SB3 或 SB4,接触器 KM2 得电,9 区中的 KM2 常闭触点断开,电磁离合器 YC2 线圈失电,10 区中的 KM2 常开触点闭合,电磁离合器 YC3 线圈得电动作,进给电动机 M2 的快速进给齿轮啮合,M2 拖动工作台快速移动。当移动到需要位置时,松开启动按钮 SB3 或 SB4,接触器 KM2 线圈失电,工作台进给恢复原状。

4) 圆工作台控制

将圆工作台转换开关 SA2 扳至"接通"位置,此时 SA2—1 断开,SQ2—2 闭合,SQ2—3 断开,接触器 KM3 通过以下途径得电:FU4→SB6—1→SB5—1→SQ1 常闭触点→16 区 KM1 常开触点→SQ2—2→SQ3—2→SQ4—2→SQ6—2→SQ5—2→SA2—2→KM4 常闭触点→KM3 线圈→KR3→KR2→KR1→SA1—2,接触器 KM3 得电,进给电动机 M2 正转,带动圆工作台工作。

当圆工作台工作时,工作台六个方向进给都不能进行。因为不论扳动六个进给方向中的任意一个,都会压下行程开关 SQ3、SQ4、SQ5、SQ6 中的任意一个。而其中任意一个行程开关被压开,接触器 KM3 线圈都会失电,进给电动机 M2 就会停转,从而起到了六个方向与圆工作台的联锁控制作用。

X62 型万能铣床电气元件明细表见表 8-1。

表 8-1　X62 型万能铣床电气元件明细表

代号	名　称	规格与型号	数量	用　途
M1	主轴电动机	JO2—51—4　7.5 kW	1	带动主轴旋转
M2	进给电动机	JO2—22—4　1.5 kW	1	工作台六个方向进给
M3	冷却泵电动机	JCB—22　125 W	1	带动冷却泵旋转
QS1	转换开关	HZ1—60/3J　500 V	1	电源总开关
QS2	转换开关	HZ1—10/3J　500 V	1	控制冷却泵电动机 M3
SA1	转换开关	HZ1—10/3J　500 V	1	换刀制动开关
SA2	转换开关	HZ1—10/3J　500 V	1	圆工作台开关
SA3	转换开关	HZ3—133　60 A/500 V	1	主轴电动机换相开关
KR1	热继电器	JR0—60/3　整定电流 16 A	1	主轴电动机 M1 过载保护
KR2	热继电器	JR0—20/3　整定电流 0.5 A	1	冷却泵电机 M2 过载保护
KR3	热继电器	JR0—20/3　整定电流 1.5 A	1	进给电动机 M3 过载保护
FU1	熔断器	RL1—60/60	3	主轴电动机 M1 短路保护
FU2	熔断器	RL1—15/5	1	整流电源短路保护

代号	名　称	规格与型号	数量	用　途
FU3	熔断器	RL1—15/5	1	电磁铁电路短路保护
FU4	熔断器	RL1—15/5	1	控制电路短路保护
FU5	熔断器	RL1—15/1	1	工作照明短路保护
TC1	变压器	BK—150　380 V/110 V	1	控制电路电源
TC2	变压器	BK—50　380 V/24 V	1	照明电路电源
TC3	变压器	BK—100　380 V/36 V	1	整流变压器
VC	整流器	2CZ	4	整流器
KM1	接触器	CJ0—20　线圈电压 110 V	1	控制主轴电动机 M1
KM2	接触器	CJ0—10　线圈电压 110 V	1	快速进给控制
KM3	接触器	CJ0—10　线圈电压 110 V	1	进给电动机 M2 正转控制
KM4	接触器	CJ0—10　线圈电压 110 V	1	进给电动机 M2 反转控制
SB1	按钮	LA2	1	主轴电动机 M1 启动按钮
SB2	按钮	LA2	1	
SB3	按钮	LA2	1	快速进给启动按钮
SB4	按钮	LA2	1	
SB5	按钮	LA2	1	主轴电动机停止、制动按钮
SB6	按钮	LA2	1	
YC1	电磁铁	MQ1—5141　380 V　15 kg	1	主轴制动
YC2	电磁铁	MQ1—5141　380 V　15 kg	1	正常进给
YC3	电磁铁	MQ1—5141　380 V　15 kg	1	快速进给
SQ1	行程开关	LX3—11K	1	主轴冲动
SQ2	行程开关	LX3—11K	1	进给冲动
SQ3	行程开关	LX3—11K	1	向前、向下进给
SQ4	行程开关	LX3—11K	1	向后、向上进给
SQ5	行程开关	LX3—11K	1	向左进给
SQ6	行程开关	LX3—11K	1	向右进给

8.1.2　X62 型万能铣床电气控制线路故障检修实例

1. 工作台不能左、右进给。

故障现象：启动主轴电动机 M1，将工作台纵向操作手柄分别扳至"向左"或"向右"位置，工作台不能左右移动。其他进给功能正常。

故障分析：由于其他进给功能正常，故进给电动机 M2 的主电路中没有故障。故障的范围应在工作台纵向进给通路的元件中。如 17 区中的行程开关 SQ2—2 的常闭触点接触不良，SQ3—2、SQ4—2 的常闭触点接触不良，圆工作台转换开关 SA2—3 的触点闭合接触不良，行程开关 SQ5—1、SQ6—1 压合闭合不良等。其中又以行程开关 SQ2—2 的常闭触点接触不良而引起工作台不能左右移动的可能性最大。因为行程开关 SQ2 为进给变速冲动开关，在变速时经常受到冲动，较其他行程开关易损坏。

故障检查：合上电源总开关，启动主轴电动机 M1，将工作台纵向操作手柄分别扳至"向左"及"向右"位置。用"短路法"将导线从 17 区中的行程开关 SQ2—2 上端短接到圆工作台转换开关 SA2—3 下端，工作台能向左及向右移动，证明行程开关 SQ5—1 和 SQ6—1

的触点无压合接触不良的现象，故障范围在行程开关 SQ2—2、SQ3—2、SQ4—2 及圆工作台转换开关 SA2—3 的元件中。而 SQ2—2 又常因进给变速而受到冲动，易受损坏，故直接用万用表检查行程开关 SQ2—2 的常闭触点。经检查，行程开关 SQ2—2 的常闭触点接触不良。故工作台左、右不能移动的故障为行程开关 SQ2—2 的常闭触点接触不良所引起。

故障处理：更换上同型号的行程开关 SQ2，故障排除。

2. 主轴不能制动及工作台不能快速进给

故障现象：不论将工作台纵向操作手柄及工作台横向和垂直操作手柄扳向任一进给位置，按下工作台快速进给启动按钮 SB3 或 SB4，工作台均不能快速进给。当按下主轴停止按钮 SB5—1 或 SB6—1 时，主轴也不能制动。

故障分析：主轴不能制动的主要原因是 8 区中的电磁铁 YC1 线圈未得电动作，对主轴进行制动。而工作台不能快速移动则有可能是接触器 KM2 线圈未得电闭合及电磁铁线圈 YC2、YC3 未得电动作，使得进给电动机 M2 的快速进给齿轮不能啮合。但本故障为主轴不制动及工作台不能快速移动两种故障现象同时出现，因此，故障的范围应该在造成主轴不能制动及工作台不能快速移动的公共电路中，如熔断器 FU2、FU3 断路，变压器 TC3 损坏，整流器 VC 损坏等。

故障检查：切断机床电源，先检查熔断器 FU2、FU3 熔芯是否断路。经检查，熔断器 FU2、FU3 熔芯完好。合上电源总开关 QS1，用万用表交流 50 V 挡测量变压器 TC3 次级绕组端电压为 36 V，电压正常。用万用表直流 50 V 挡测量整流器 VC 输出端的直流电压为 16 V 左右，不正常。正常时应为直流 34 V 左右，故判断整流器 VC 有一桥臂断路或短路。经进一步检查整流器 VC 确有一桥臂断路。

故障处理：更换上同型号的整流器，故障排除。

8.1.3 X62 型万能铣床电气控制线路故障维修汇总

1. 所有电动机都不能启动

(1) 故障可能出现的范围或故障点：无电源电压；电源总开关 QS1 损坏；熔断器 FU1 断路；熔断器 FU4 断路；13 区中的主轴电动机 M1 停止按钮 SB5—1、SB6—1 的常闭触点接触不良；行程开关 SQ1 的常闭触点接触不良；上刀制动开关 SA1—2 的常闭触点接触不良；热继电器 KR1、KR2 的辅助常闭触点接触不良；控制变压器 TC1 损坏。

(2) 重点检测对象或检测点：熔断器 FU1、FU4；行程开关 SQ1 的常闭触点；热继电器 KR1、KR2 的辅助常闭触点；上刀制动开关 SA1—2 的常闭触点。

2. 主轴电动机 M1 不能启动

(1) 故障可能出现的范围或故障点：接触器 KM1 的主触点闭合接触不良(此时冷却泵电动机 M3 不能启动)；热继电器 KR1 的主通路有断点；主轴电动机 M1 的正、反转转换开关 SA3 有故障；主轴电动机 M1 绕组有问题。其他原因与所有电动机都不能启动故障相同。

(2) 重点检测对象或检测点：接触器 KM1 的主触点；正、反转转换开关 SA3；主轴电动机 M1 绕组。

3. 冷却泵电动机 M3 不能启动

(1) 故障可能出现的范围或故障点：热继电器 KR2 的主通路有断点；转换开关 QS2 有

故障；冷却泵电动机 M3 绕组有故障。

(2) 重点检测对象或检测点：冷却泵电动机 M3 绕组。

4. 主轴不制动

(1) 故障可能出现的范围或故障点：主轴电动机 M1 停止按钮的常开触点 SB5—2、SB6—2 压合接触不良；电磁铁 YC1 线圈损坏。

(2) 重点检测对象或检测点：电磁铁 YC1 线圈。

5. 进给电动机 M2 不能启动

(1) 故障可能出现的范围或故障点：热继电器 KR3 的主通路有断点；接触器 KM3 的主触点闭合接触不良；接触器 KM4 的主触点闭合接触不良；进给电动机 M2 绕组损坏；14 区中的热继电器 KR3 的常闭触点接触不良；15 区中的接触器 KM1 的常开触点闭合接触不良；圆工作台转换开关 SA2—3 的触点接触不良。

(2) 重点检测对象或检测点：接触器 KM3 的主触点；接触器 KM4 的主触点；进给电动机 M2 绕组；15 区中的接触器 KM1 的常开触点；圆工作台转换开关 SA2—3 的触点。

6. 工作台不能左右进给

(1) 故障可能出现的范围或故障点：行程开关 SQ2—2、SQ3—2、SQ4—2 的常闭触点接触不良；行程开关 SQ5—1 的常开触点闭合接触不良；行程开关 SQ6—1 的常开触点闭合接触不良。

(2) 重点检测对象或检测点：行程开关 SQ2—2、SQ3—2、SQ4—2 的常闭触点。

7. 工作台不能前、后、上、下进给

(1) 故障可能出现的范围或故障点：行程开关 SQ5—2、SQ6—2 的常闭触点接触不良；圆工作台转换开关 SA2—1 的触点接触不良；行程开关 SQ3—1、SQ4—1 的常开触点压合接触不良。

(2) 重点检测对象或检测点：行程开关 SQ5—2、SQ6—2 的常闭触点；圆工作台转换开关 SA2—1 的触点；行程开关 SQ3—1、SQ4—1 的常开触点。

8. 工作台不能快速移动

(1) 故障可能出现的范围或故障点：快速进给启动按钮 SB3 或 SB4 的常开触点压合接触不良；接触器 KM2 线圈损坏；10 区中的接触器 KM2 的常开触点闭合接触不良；电磁铁 YC3 线圈损坏。

(2) 重点检测对象或检测点：接触器 KM2 线圈；10 区中的接触器 KM2 的常开触点；电磁铁 YC3 线圈。

9. 主轴不能制动且工作台不能快速移动

(1) 故障可能出现的范围或故障点：变压器 TC3 损坏；熔断器 FU2 断路；整流器 VC 损坏或有一桥臂断路；熔断器 FU3 断路。

(2) 重点检测对象或检测点：变压器 TC3；熔断器 FU2；熔断器 FU3；整流器 VC。

10. 其他常见故障

(1) 主轴变速不能冲动。其故障原因可能是行程开关 SQ1 的常开触点压合接触不良。

(2) 进给变速无冲动。其故障原因可能是行程开关 SQ2—1 的常开触点压合接触不良。

(3) 工作台不能向相应的方向移动进给。其故障原因可能是相应方向的行程开关压合

接触不良或机械啮合有问题。

(4) 工作台无圆工作。其故障原因可能是圆工作台转换开关 SQ2—2 的触点接触闭合不良。

8.1.4　X62W 型万能铣床电气控制线路 PLC 控制改造

1．PLC 控制输入/输出点分配表

根据 X62W 型万能铣床的控制特点，列出其 PLC 控制输入/输出点分配表见表 8-2。

表 8-2　X62W 型万能铣床 PLC 控制输入/输出点分配表

输入信号			输出信号		
名　称	代号	输入点编号	名　称	代号	输出点编号
主轴电动机 M1 启动按钮	SB1、SB2	X0	主轴电动机 M1 接触器	KM1	Y0
主轴电动机 M1 制动停止按钮	SB5、SB6	X1	快速进给接触器	KM2	Y1
快速进给按钮	SB3、SB4	X2	向左、向前、向下接触器	KM3	Y2
主轴冲动行程开关	SQ1	X3	向右、向后、向上接触器	KM4	Y3
进给冲动行程开关	SQ2	X4	主轴制动电磁铁	YC1	Y4
"向前"、"向下"行程开关	SQ3	X5	工作台快速移动电磁铁	YC2	Y5
"向后"、"向上"行程开关	SQ4	X6	工作台快速移动电磁铁	YC3	Y6
"向左"行程开关	SQ5	X7			
"向右"行程开关	SQ6	X10			
换刀制动开关	SA1	X11			
圆工作台转换开关	SA2	X12			
主轴、冷却泵电动机热继电器	KR1、KR2	X13			
进给电动机热继电器	KR3				

2．PLC 控制接线图

X62W 型万能铣床 PLC 控制接线图如图 8-2 所示。

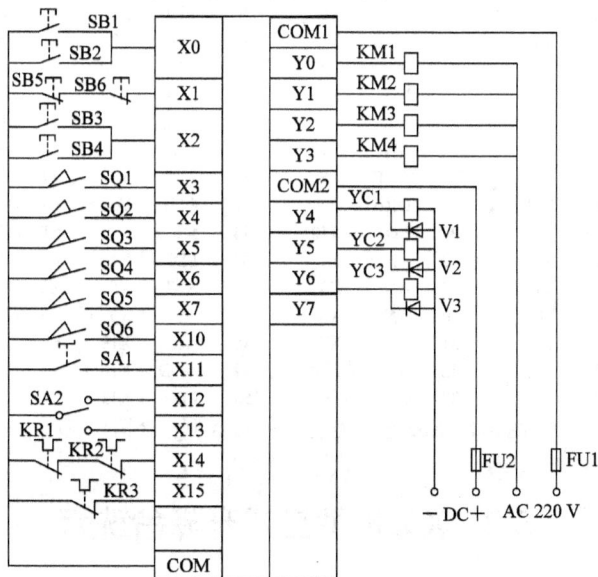

图 8-2　X62W 型万能铣床 PLC 控制接线图

3．PLC 控制梯形图

X62W 型万能铣床 PLC 控制梯形图如图 8-3 所示。

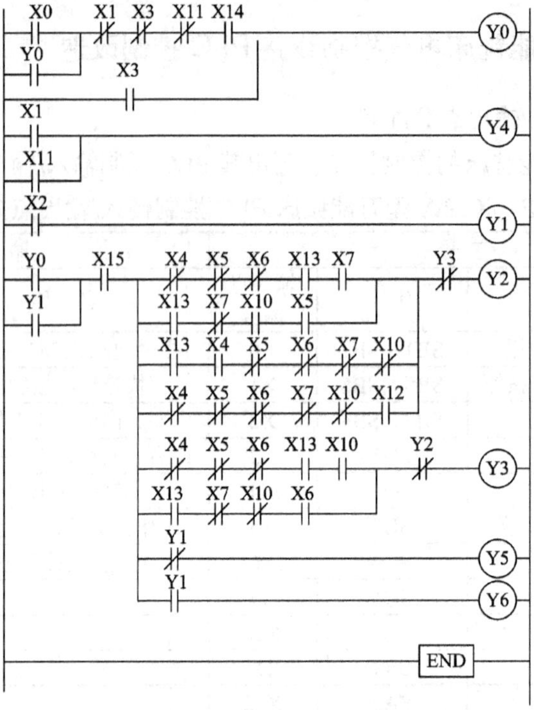

图 8-3　X62W 型万能铣床 PLC 控制梯形图

4．PLC 控制指令语句表

X62W 型万能铣床 PLC 控制指令语句表如图 8-4 所示。

0	LD	X0	17	LDI	X4	34	LDI	X4	51	ANI	X7
1	OR	Y0	18	ANI	X5	35	ANI	X5	52	ANI	X10
2	ANI	X1	19	ANI	X6	36	ANI	X6	53	AND	X5
3	ANI	X3	20	AND	X13	37	ANI	X7	54	ORB	
4	ANI	X11	21	AND	X7	38	ANI	X10	55	ANB	
5	AND	X14	22	LD	X13	39	AND	X12	56	ANI	Y2
6	OR	X3	23	ANI	X7	40	ORB		57	OUT	Y3
7	OUT	Y0	24	AND	X10	41	ANB		58	MRD	
8	LD	X1	25	AND	X5	42	ANI	Y3	59	ANI	Y1
9	OR	X11	26	ORB		43	OUT	Y2	60	OUT	Y5
10	OUT	Y4	27	LD	X13	44	MRD		61	MPP	
11	LD	X2	28	AND	X4	45	LDI	X4	62	AND	Y1
12	OUT	Y1	29	ANI	X5	46	ANI	X5	63	OUT	Y6
13	LD	Y0	30	ANI	X6	47	ANI	X6	64	END	
14	OR	Y1	31	ANI	X7	48	AND	X13			
15	AND	X15	32	ANI	X10	49	AND	X10			
16	MPS		33	ORB		50	LD	X13			

图 8-4　X62 型万能铣床 PLC 控制指令语句表

8.2　X52K 型立式升降台铣床

X52K 型立式升降台铣床电气控制线路原理图如图 8-5 所示。

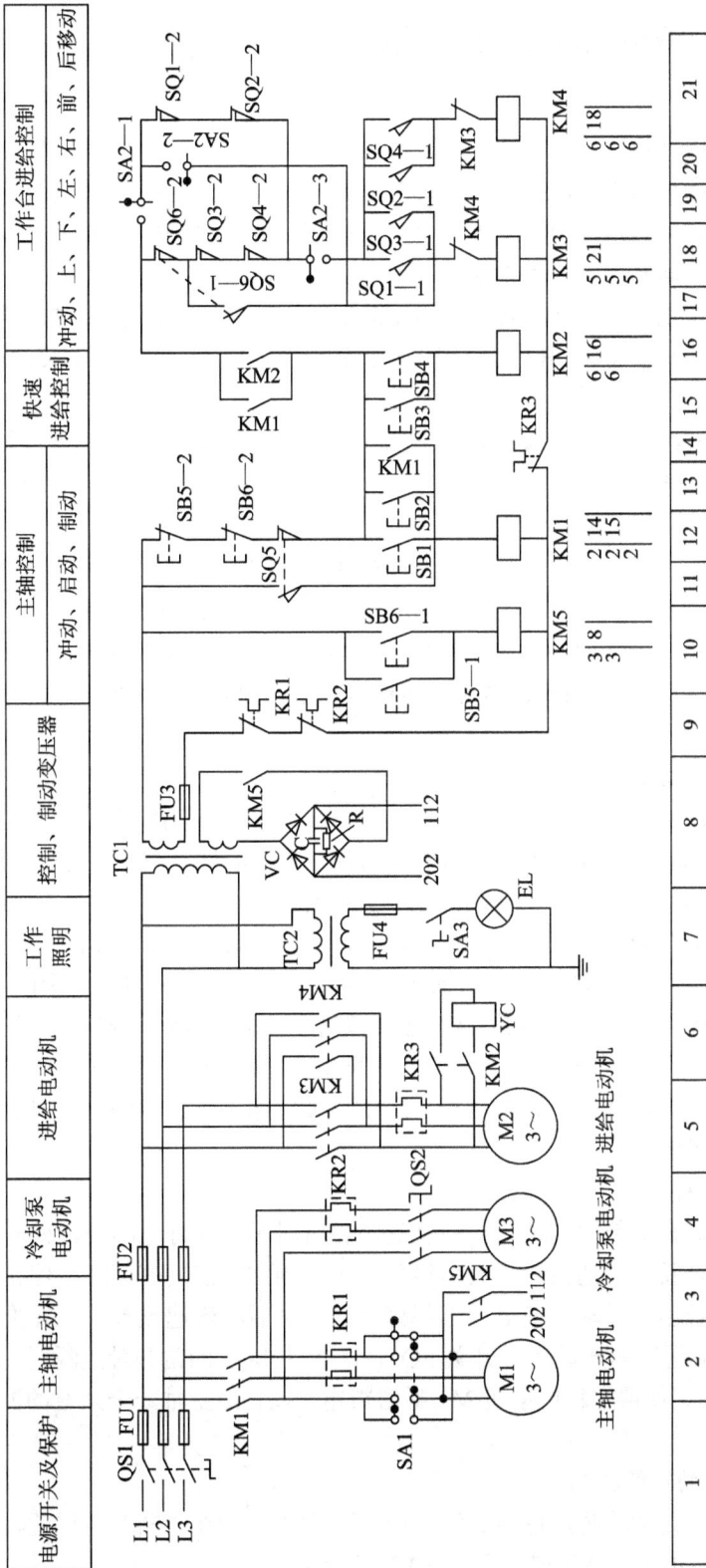

图 8-5　X52K 型立式升降台铣床电气控制线路原理图

8.2.1　X52K 型立式升降台铣床电气控制线路分析

1. 主电路分析

主电路中共有三台电动机。

主轴电动机 M1 由接触器 KM1 控制其电源的通断，热继电器 KR1 为过载保护。由于主轴不要求经常正、反转，故用转换开关 SA1 作为正、反转换向开关。接触器 KM5 在停车时接通制动直流电源。熔断器 FU1 为短路保护。

进给电动机 M2 要求正、反转，由接触器 KM3 控制其正转电源的通断，接触器 KM4 控制其反转电源的通断，热继电器 KR3 为过载保护，熔断器 FU2 为短路保护。接触器 KM2 控制快速进给电磁离合器 YC 线圈电源的通断。

冷却泵电动机 M3 由转换开关 QS2 控制其电源的通断，热继电器 KR2 为过载保护。从图 8-5 中可以看出，冷却泵电动机 M3 只有在主轴电动机 M1 启动后，才能启动运行。

2. 控制电路分析

380 V 电源经电源总开关 QS1 引入，经熔断器 FU1、FU2 后分别接在变压器 TC1、TC2 初级绕组的两端。经降压后，TC1 输出 127 V 交流电压作为控制线路的电源；55 V 交流电压供给整流器 VC，经桥式整流后作为主轴电动机 M1 在停车时能耗制动的电源；TC2 次级输出 36 V 交流电压作为机床工作照明灯电源。熔断器 FU3、FU4 分别为机床工作照明及控制线路的短路保护。

1) 主轴电动机 M1 的控制

将主轴电动机正、反转转换开关 SA1 扳至"正转"(或"反转")位置，按下机床两地启动控制按钮 SB1 或 SB2，接触器 KM1 线圈得电闭合，主轴电动机 M1 正向启动运转(或反向启动运转)。同时，14 区中的接触器 KM1 的常开触点自锁和 15 区中的常开触点闭合，为工作台的各种进给做好了准备。按下主轴电动机 M1 的两地停止按钮 SB5(或 SB6)，SB5—2(或 SB6—2)的常开触点切断了接触器 KM1 线圈的电源，接触器 KM1 断电，主轴电动机 M1 停转。同时 SB5—1(或 SB6—1)的常开触点接通了接触器 KM5 线圈回路的电源，接触器 KM5 闭合，其 8 区中的常开触点接通了整流器 VC 的交流电源，其 3 区中的主触点将整流器 VC 输出的直流电源接入主轴电动机 M1 的两相绕组中，使主轴电动机进行能耗制动，达到迅速停车的目的。

2) 主轴变速冲动控制

主轴在变速时，在选择好新的转速后，新转速齿轮有时不能很好地啮合，此时需要主轴作瞬时的冲动，来啮合新的转速齿轮。具体操作如下：当主轴需要变速时，停止主轴电动机后，将主轴转速盘拉出，转动变速盘，选择好转速，然后将转速盘推入。在推入的过程中，由机械及弹簧等装置瞬时压动行程开关 SQ5，11 区中 SQ5 的常开触点瞬时闭合，接触器 KM1 瞬时得电吸合，使得主轴电动机 M1 瞬时得电启动，给主轴一个短时的冲动，以便变速齿轮很好地啮合。

3) 工作台六个方向的进给控制

在工作台六个方向进给运动时，将圆工作台转换开关 SA2 扳至"断开"位置，各触点的通断情况为：SA2—1 闭合，SA2—2 断开，SA2—3 闭合。

将左右操作杆扳至"向左"位置，操作杆压下行程开关 SQ1，SQ1—1 常开触点压合，接触器 KM3 得电闭合，进给电动机 M2 启动正转，通过机械装置带动工作台向左运动。

将左右操作杆扳至"向右"位置，操作杆压下行程开关 SQ2，SQ2—1 常开触点压合，接触器 KM4 得电闭合，进给电动机 M2 启动反转，通过机械装置带动工作台向右运动。

将上下前后操作杆扳至"向前"或"向下"位置时，操作杆在电气上压下行程开关 SQ3，SQ3—1 的常开触点压合。接触器 KM3 线圈得电闭合，进给电动机 M2 正转。在机械上，当将操作杆扳至"向前"位置时，接通了横向进给离合器，进给电动机 M2 带动工作台向前运动；当将操作杆扳至"向下"位置时，接通了垂直进给离合器，进给电动机 M2 带动工作台向下运动。

将上下前后操作杆扳至"向后"或"向上"位置，操作杆在电气上压下行程开关 SQ4，SQ4—1 的常开触点闭合，接触器 KM4 闭合，进给电动机 M2 启动反转。在机械上，当将操作杆扳至"向后"位置时，接通了横向进给离合器，进给电动机 M2 带动工作台向后运动；当将操作杆扳至"向上"位置时，接通了垂直进给离合器，进给电动机 M2 带动工作台向上运动。

4）工作台变速冲动控制

工作台变速冲动的原理同主轴变速冲动的原理一样，只不过冲动行程开关 SQ6—1 的常开触点瞬时闭合，接触器 KM3 瞬时闭合，进给电动机 M2 瞬时转动一下，使工作台进给变速齿轮很好地啮合。

5）工作台快速移动控制

将工作台扳向需要快速进给的位置，按下工作台两地快速移动启动按钮 SB3 或 SB4，接触器 KM2 得电，其 6 区中的主触点接通了电磁离合器 YC 线圈的电源，电磁离合器 YC 动作，在机械上啮合了工作台快速进给齿轮，使得工作台向所需的进给方向快速移动。松开 SB3 或 SB4，快速进给停止。

6）圆工作台控制

将圆工作台转换开关 SA2 扳至"圆工作"位置，此时 SA2—1 断开，SA2—2 闭合，SA2—3 断开，进给电动机 M2 拖动圆工作台做圆周运动，六个方向不能进给。

由于本机床进给控制与 X62W 万能铣床有类似之处，故相同之处不再赘述，具体请参阅 8.1 节中的有关内容。

X52K 型立式升降台铣床电气元件明细表见表 8-3。

表 8-3　X52K 型立式升降台铣床电气元件明细表

代号	名　称	规格与型号	数量	用　途
M1	主轴电动机	JO2—52—4　7.5 kW	1	主轴驱动
M2	进给电动机	JO2—22—4　1.5 kW	1	驱动工作台
M3	冷却泵电动机	JCB—22　125 W	1	驱动冷却泵
KM1	交流接触器	CJ0—20　线圈电压 127 V	1	控制电动机 M1
KM2	交流接触器	CJ0—10　线圈电压 127 V	1	控制工作台快速移动
KM3	交流接触器	CJ0—10　线圈电压 127 V	1	控制 M2 正转电源
KM4	交流接触器	CJ0—10　线圈电压 127 V	1	控制 M2 反转电源

代号	名　称	规格与型号	数量	用　途
KM5	交流接触器	CJ0—20　线圈电压 127 V	1	控制主轴制动
TC1	变压器	BK—1000　380 V/127、55 V	1	控制、制动电源
TC2	变压器	BK—50　380 V/36 V	1	工作照明电源
KR1	热继电器	JR0—40　整定电流 16 A	3	M1 过载保护
KR2	热继电器	JR0—10　整定电流 3.5 A	3	M3 过载保护
KR3	热继电器	JR—10　整定电流 0.42 A	1	M2 过载保护
FU1	熔断器	RL1—60/35	1	M1 及电路总短路保护
FU2	熔断器	RL1—15/10	1	M2 短路保护
FU3	熔断器	RL1—15/6	1	控制线路短路保护
FU4	熔断器	RL1—15/4	1	机床工作照明短路保护
VC	整流器	ZXA　100B　54/39—4	1	整流
YC	电磁铁	MQ1—5141　15 kg，380 V	1	工作台快速移动
QS1	开关	HZ1—60/E26　三极	1	电源总开关
QS2	开关	HZ1—10/E16　三极	1	控制 M3 启动、停止
SQ1	行程开关	LX1—11K	1	工作台向左
SQ2	行程开关	LX1—11K	1	工作台向右
SQ3	行程开关	LX3—131	1	工作台向前或向下
SQ4	行程开关	LX1—131	1	工作台向后或向上
SQ5	行程开关	LX3—11K	1	主轴变速冲动
SQ6	行程开关	LX3—11K	1	进给变速冲动
SA1	转换开关	HZ3—133　500 V	1	主轴正、反转控制
SA2	转换开关	HZ1—10/E16　三极	1	圆工作台开关
SA3	转换开关	LS2—2	1	机床工作照明灯开关
SB1	按钮	LA2	1	主轴电动机 M1 启动按钮
SB2	按钮	LA2	1	主轴电动机 M1 启动按钮
SB3	按钮	LA2	1	快速进给启动按钮
SB4	按钮	LA2	1	快速进给启动按钮
SB5	按钮	LA2	1	主轴电动机停止及制动按钮
SB6	按钮	LA2	1	主轴电动机停止及制动按钮

8.2.2　X52K 型立式升降台铣床电气控制线路故障检修实例

1. 主轴电动机 M1 不能启动

故障现象：合上电源总开关 QS1，按下主轴电动机 M1 的启动按钮 SB1 或 SB2，主轴电动机 M1 不能启动运行。

故障分析：造成主轴电动机 M1 不能启动的原因，从主电路来分析主要有接触器 KM1

的主触点闭合接触不良，主轴电动机 M1 正、反转转换开关损坏及主轴电动机 M1 本身绕组有问题；从控制电路来分析主要有熔断器 FU3 断路，9 区中的热继电器 KR1、KR2 的常闭触点接触不良及 12 区中的主轴停止按钮 SB5—2、SB6—2 的常闭触点接触不良，行程开关 SQ5 的常闭触点闭合不良等原因。要判断是主电路还是控制电路的故障，必须在检查过程中边检查，边分析，边判断。检查程序为：合上电源总开关 QS1，按下主轴电动机 M1 的启动按钮 SB1 或 SB2，观察接触器 KM1 是否得电闭合，如接触器 KM1 闭合，则是主轴电动机 M1 主电路中的故障，应用"电压法"重点检查接触器 KM1、转换开关 SA1 及主轴电动机 M1 绕组。如果接触器 KM1 没有闭合，则为控制电路有问题，应用"短路法"及"电阻法"重点检查熔断器 FU3 是否断路，热继电器 KR1、KR2 的常闭触点是否接触不良，停止按钮的常闭触点是否接触不良，行程开关 SQ5 是否接触不良等。

故障检查：合上机床电源总开关 QS1，按下主轴电动机 M1 的启动按钮 SB1 或 SB2，观察到接触器 KM1 闭合，主轴电动机 M1 未启动运行。很明显，这是主轴电动机 M1 的主电路有问题。断开机床电源，将主轴电动机 M1 从控制电路板上拆下来，然后再次合上电源总开关 QS1，按下主轴电动机 M1 的启动按钮 SB1 或 SB2，接触器 KM1 得电闭合。用万用表交流 500 V 挡分别测量转换开关 SA1 下端主轴电动机 M1 的接线端，电压均为 380 V，电源电压正常，故为主轴电动机 M1 本身有问题。用万用表电阻 R×10 挡测量其绕组直流电阻，有一相断路，判断为主轴电动机 M1 绕组烧毁。进一步检查主轴电动机 M1 确定为主轴电动机 M1 绕组损坏。

故障处理：更换主轴电动机 M1 绕组。

2．主轴电动机 M1 不能制动

故障现象：当主轴需要停车时，按下停止按钮 SB5 或 SB6，主轴电动机 M1 不能制动。

故障分析：主轴电动机 M1 不能制动的原因主要有 3 区中的接触器 KM5 的常开触点闭合接触不良，8 区中的接触器 KM5 的常开触点闭合接触不良，整流器 VC 损坏及 10 区中的接触器 KM5 线圈损坏。检查的步骤为：按下主轴停止按钮 SB5 或 SB6，观察接触器 KM5 是否得电闭合。如果没有闭合，则重点检查接触器 KM5 线圈是否损坏，线圈两端是否脱线等。如果接触器 KM5 闭合，则重点检查 3 区及 8 区中的接触器 KM5 的常开触点闭合接触是否良好，整流器 VC 是否损坏等。

故障检查：主轴电动机 M1 停止后，按下停止按钮 SB5 或 SB6，观察到接触器 KM5 闭合。用万用表直流 250 V 挡测量到 3 区中的 202 号线及 212 号线无直流电压输出。再用万用表交流 250 V 挡测量整流器 VC 的交流电压输入端，无交流电压输入。用万用表交流 250 V 挡测量整流器 VC 的交流电压输出端，有 55 V 交流电压。显然，故障点为 8 区中的接触器 KM5 的常开触点闭合接触不良。切断机床电源，检查 8 区中的接触器 KM5 的常开触点，发现触点有烧灼痕迹。

故障处理：修理或更换 8 区中的接触器 KM5 的常开触点，故障排除。

8.2.3　X52K 型立式升降台铣床电气控制线路故障维修汇总

1．所有的电动机都不能启动

(1) 故障可能出现的范围或故障点：无电源电压；电源总开关 QS1 损坏；熔断器 FU1

断路；熔断器 FU2 断路；变压器 TC 损坏；熔断器 FU3 断路；9 区中的热继电器 KR1、KR2 的常闭触点接触不良；12 区中的停止按钮 SB5—2、SB6—2 的常闭触点接触不良；行程开关 SQ5 的常闭触点接触不良。

(2) 重点检测对象或检测点：熔断器 FU1、FU2、FU3；热继电器 KR1、KR2；12 区中的停止按钮 SB5—2、SB6—2 的常闭触点；行程开关 SQ5 的常闭触点。

2. 主轴电动机 M1 不能启动

(1) 故障可能出现的范围或故障点：接触器 KM1 的主触点闭合接触不良(此时冷却泵电动机 M3 不能启动)；热继电器 KR1 的主通路有断点；正、反转转换开关 SA1 损坏；主轴电动机 M1 本身有故障；接触器 KM1 线圈损坏。其他原因与所有电动机都不能启动故障相同。

(2) 重点检测对象或检测点：接触器 KM1 的主触点；主轴电动机 M1 绕组。(其他同上。)

3. 冷却泵电动机 M3 不能启动

(1) 故障可能出现的范围或故障点：热继电器 KR2 的主通路有断点；转换开关 QS2 损坏；冷却泵电动机 M3 绕组有故障。

(2) 重点检测对象或检测点：冷却泵电动机 M3 绕组。

4. 主轴不能制动

(1) 故障可能出现的范围或故障点：3 区中的接触器 KM5 的常开触点闭合接触不良；8 区中的接触器 KM5 的常开触点闭合接触不良；整流器 VC 损坏；接触器 KM5 线圈损坏；停止按钮 SB5、SB6 的常开触点压合接触不良。

(2) 重点检测对象或检测点：3 区中的接触器 KM5 的常开触点；8 区中的接触器 KM5 的常开触点；整流器 VC。

5. 进给电动机 M2 不能启动

(1) 故障可能出现的范围或故障点：热继电器 KR3 的主通路有断点；接触器 KM3、KM4 的主触点闭合接触不良；进给电动机 M3 绕组损坏；13 区中的热继电器 KR3 的常闭触点接触不良；15 区中的接触器 KM1 的常开触点接触不良；圆工作台转换开关 SA2—3 的触点接触不良。

(2) 重点检测对象或检测点：接触器 KM3 的主触点；接触器 KM4 的主触点；进给电动机 M2 绕组；15 区中的接触器 KM1 的常开触点；圆工作台转换开关 SA2—3 触点。

6. 工作台不能左、右进给

(1) 故障可能出现的范围或故障点：行程开关 SQ6—2、SQ3—2、SQ4—2 的常闭触点接触不良；行程开关 SQ1—1 的触点压合接触不良；行程开关 SQ2—1 压合接触不良。

(2) 重点检测对象或检测点：行程开关 SQ6—2、SQ3—2、SQ4—2 的常闭触点。

7. 工作台不能前后、上下进给

(1) 故障可能出现的范围或故障点：行程开关 SQ1—2、SQ2—2 的常闭触点接触不良；圆工作台转换开关 SA2—1 的触点接触不良；行程开关 SQ3—1、SQ4—1 压合接触不良。

(2) 重点检测对象或检测点：行程开关 SQ1—2、SQ2—2 的常闭触点；圆工作台转换开关 SA2—1。

8．工作台不能快速移动

(1) 故障可能出现的范围或故障点：快速进给启动按钮 SB3 或 SB4 的常开触点压合接触不良；接触器 KM2 线圈损坏；16 区中的接触器 KM2 的常开触点闭合接触不良；6 区中的接触器 KM2 的常开触点接触不良；电磁铁 YC 线圈损坏。

(2) 重点检测对象或检测点：接触器 KM2 线圈；16 区中的接触器 KM2 的常开触点；6 区中的接触器 KM2 的常开触点；电磁铁 YC 线圈。

9．其他常见故障

(1) 主轴变速不能冲动。其故障原因可能是行程开关 SQ5 的常开触点压合接触不良。

(2) 进给变速无冲动。其故障原因可能是行程开关 SQ6—1 的常开触点压合接触不良。

(3) 工作台不能向相应的方向移动。其故障原因可能是相应方向的行程开关压合接触不良或机械啮合有问题。

(4) 工作台无圆工作。其故障原因可能是转换开关 SA2—2 的触点闭合接触不良。

8.2.4　X52K 型立式升降台铣床电气控制线路 PLC 控制改造

1．PLC 输入/输出点分配表

X52K 型立式升降台铣床 PLC 输入/输出点分配表见表 8-4。

表 8-4　X52K 型立式升降台铣床 PLC 输入/输出点分配表

输　入　信　号			输　出　信　号		
名　　称	代　号	输入点编号	名　　称	代　号	输出点编号
主轴电动机 M1 启动按钮	SB1、SB2	X0	主轴、冷却泵电动机接触器	KM1	Y0
主轴电动机 M1 制动停止按钮	SB5、SB6	X1	快速进给接触器	KM2	Y1
快速进给按钮	SB3、SB4	X2	"向左"、"前下"接触器	KM3	Y2
"向左"行程开关	SQ1	X3	"向右"、"后上"接触器	KM4	Y3
"向右"行程开关	SQ2	X4	主轴制动接触器	KM5	Y4
"向前"、"向下"行程开关	SQ3	X5			
"向后"、"向上"行程开关	SQ4	X6			
主轴变速冲动行程开关	SQ5	X7			
进给变速冲动行程开关	SQ6	X10			
前后、上下、左右六个方向进给	SA1	X11			
圆工作台行程开关	SA2	X12			
主轴、冷却泵电动机热继电器	KR1、KR2	X13			
进给电动机热继电器	KR3	X14			

2．PLC 控制接线图

X52K 型立式升降台铣床 PLC 控制接线图如图 8-6 所示。

3．PLC 控制梯形图

X52K 型立式升降台铣床 PLC 控制梯形图如图 8-7 所示。

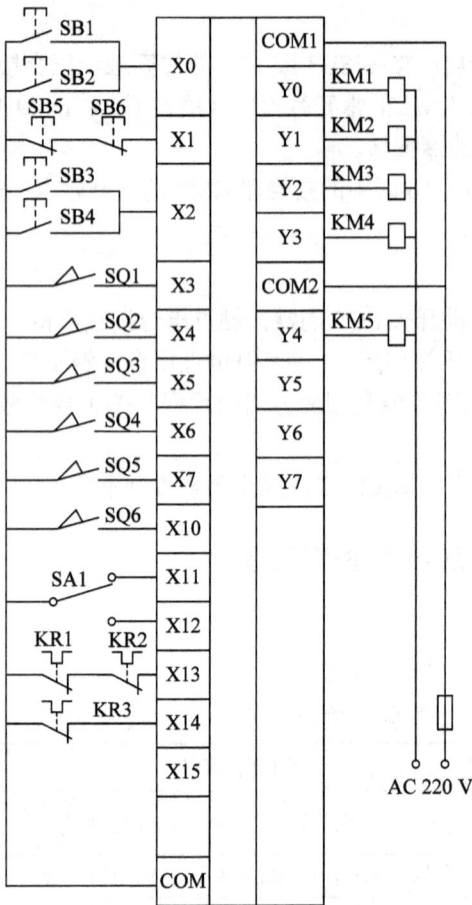

图 8-6　X52K 型万能铣床 PLC 控制接线图

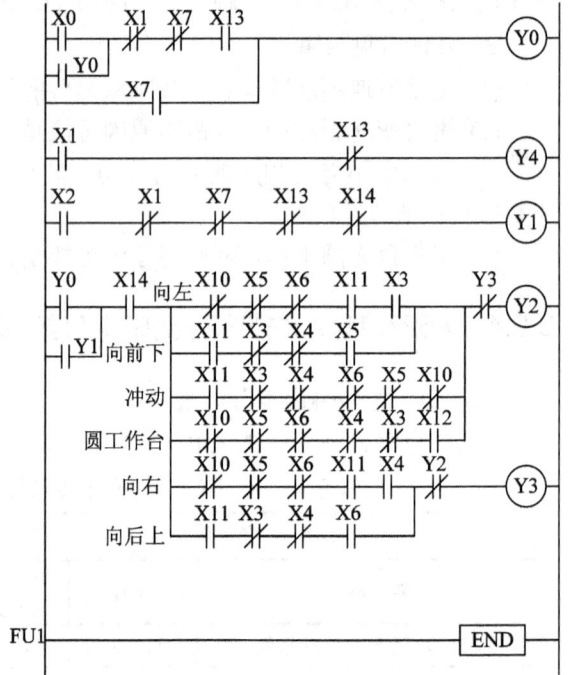

图 8-7　X52K 型万能铣床 PLC 控制梯形图

4．PLC 控制指令语句表

X52K 型立式升降台铣床 PLC 控制指令语句表如图 8-8 所示。

0	LD X0	13	ANI X13	26	ANI X3	39	ANI X6	52	AND X4
1	OR Y0	14	ANI X14	27	ANI X4	40	ANI X4	53	LD X11
2	ANI X1	15	OUT Y1	28	AND X5	41	ANI X3	54	ANI X3
3	ANI X7	16	LD Y0	29	ORB	42	AND X12	55	ANI X4
4	AND X13	17	OR Y1	30	LD X11	43	ORB	56	AND X6
5	OR X7	18	AND X14	31	ANI X3	44	ANB	57	ORB
6	OUT Y0	19	MPS	32	ANI X4	45	ANI Y3	58	ANB
7	LD X1	20	LDI X10	33	ANI X6	46	OUT Y2	59	ANI Y2
8	ANI X13	21	ANI X5	34	ANI X5	47	MPP	60	OUT Y3
9	OUT Y4	22	ANI X6	35	ANI X10	48	LDI X10	61	END
10	LD X2	23	AND X11	36	ORB	49	ANI X5		
11	ANI X1	24	AND X3	37	LDI X10	50	ANI X6		
12	ANI X7	25	LD X11	38	ANI X5	51	AND X11		

图 8-8　X52K 型立式升降台铣床 PLC 控制指令语句表

第 9 章

❧❧❧❧❧❧❧❧❧❧❧❧❧❧❧❧❧❧❧❧❧❧❧❧❧❧❧❧❧❧❧❧❧❧❧

常用镗床电气控制线路分析及故障检修

镗床在机械加工中主要用于镗孔和钻孔，它是一种精密的孔加工及孔与孔之间距离要求精密加工的机床。镗床不但能镗孔和钻孔，而且可以扩孔和铰孔。镗床主要有卧式镗床、坐标镗床、立式镗床和专用镗床。本章主要介绍 T68 型卧式镗床电气控制线路的工作原理，并给出电气故障检修实例及电气故障维修汇总。

9.1　T68 型卧式镗床电气控制线路分析

T68 型卧式镗床电气控制线路原理图见图 9-1。

1．主电路分析

T68 型卧式镗床共由两台电动机拖动。

主轴电动机 M1 为△—YY 形接法的双速电动机，它带动机床主轴的运动，由接触器 KM1 控制其正转电源的通断，接触器 KM2 控制其反转电源的通断，接触器 KM4 控制其低速电源的通断，接触器 KM5 控制其高速电源的通断。热继电器 KR 为它的过载保护，电阻 R 为其反接制动及点动控制的限流电阻，接触器 KM3 为电阻 R 的短接接触器。

快速进给电动机 M2 带动工作台快速进给，由接触器 KM6 控制其正转电源的通断，接触器 KM7 控制其反转电源的通断。由于快速进给电动机 M2 为短期工作，故不设过载保护。

三相电源由电源总开关 QS1 引入，熔断器 FU1 既为电路的总短路保护，又为主轴电动机 M1 的短路保护，熔断器 FU2 为进给电动机的短路保护。

2．控制电路分析

三相交流电源由电源总开关 QS1 经熔断器 FU1、FU2 加在变压器 TC 初级绕组两端，经降压后输出 110 V 交流电压作为控制电路的电源，24 V 交流电压为机床工作照明灯的电源。合上电源总开关 QS1，7 区中的电源信号灯 HL 亮，表示控制电路电源电压正常。

控制电路中，行程开关 SQ1 和 SQ2 联锁保护行程开关，是为了防止在工作台或主轴箱自动快速进给时又将主轴进给手柄扳到自动快速进给的误操作。

1）主轴电动机正、反转控制

(1) 主轴电动机 M1 低速正转控制。将高、低速变速手柄扳到"低速"挡，行程开关 SQ 断开。由于行程开关 SQ3、SQ4 首先是被压合的，故它们的常开触点闭合，常闭触点断开。按下主轴电动机 M1 的正转启动按钮 SB2，中间继电器 KA1 得电闭合并自锁，其 12 区及 18 区中的常开触点闭合，12 区中的 KA1 常开触点闭合接通了接触器 KM3 线圈的电源，

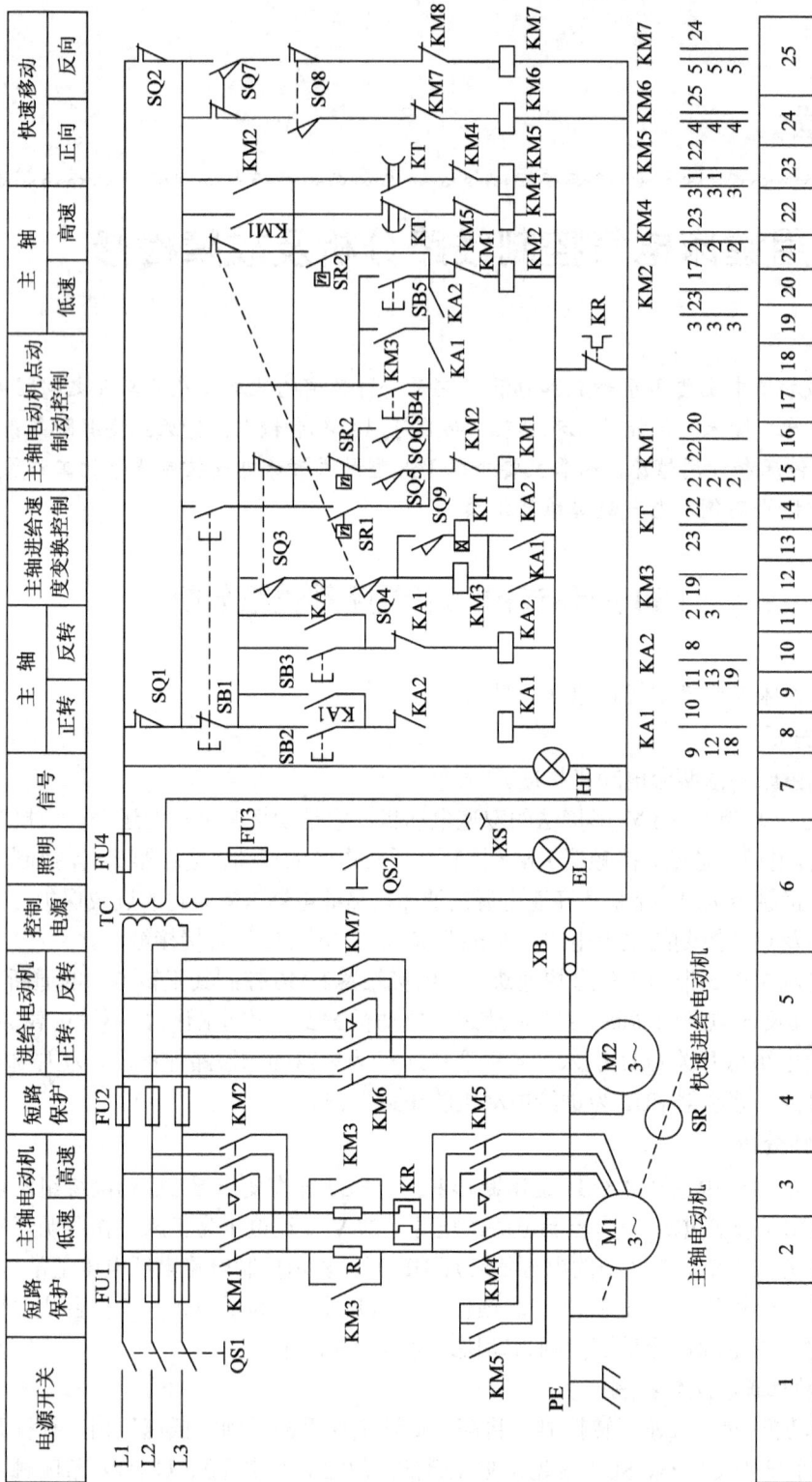

图 9-1　T68型卧式镗床电气控制线路原理图

接触器 KM3 闭合，KM3 主触点短接了主轴电动机 M1 中的制动电阻 R，18 区中的 KA1 常开触点闭合，接通了接触器 KM1 线圈的电源，接触器 KM1 及 KM4 闭合，接触器 KM1、KM4 的主触点将主轴电动机 M1 绕组接成△形，主轴电动机 M1 低速正转启动运行。按下主轴电动机 M1 的停止按钮 SB1，主轴电动机 M1 制动停止。

(2) 主轴电动机 M1 低速反转控制。仍然将高、低速手柄扳到"低速"挡位置，按下反转启动按钮 SB3，中间继电器 KA2 得电闭合并自锁，其 13 区及 19 区中的 KA2 常开触点闭合，分别接通了接触器 KM3、KM2 线圈的电源，接触器 KM3、KM2、KM4 得电闭合。KM3 主触点短接了制动电阻 R，KM2、KM4 主触点接通了主轴电动机 M1△形接法的反转电源。主轴电动机 M1 低速反转启动运行。按下停止按钮 SB1，主轴电动机 M1 制动停止。

(3) 主轴电动机 M1 高速正转控制。将高、低速变速手柄扳到"高速"挡位置，行程开关 SQ 闭合。按下主轴电动机 M1 的正转启动按钮 SB2，中间继电器 KA1 得电闭合，12 区及 18 区中的 KA1 常开触点闭合，使得接触器 KM3、时间继电器 KT 及接触器 KM3、KM4 得电闭合，主轴电动机 M1 绕组被接成△形低速启动。经过一定时间后，时间继电器的中的通电延时常闭触点(22 区)断开，通电延时常开触点(23 区)闭合，断开了接触器 KM4 线圈的电源，KM4 失电释放。同时接通了接触器 KM5 线圈的电源，接触器 KM5 闭合，其主触点将主轴电动机 M1 绕组接成 YY 形高速运转。按下停止按钮 SB1，主轴电动机 M1 制动停止。

(4) 主轴电动机 M1 高速反转控制。主轴电动机 M1 的高速反转控制原理及过程与主轴电动机 M1 高速正转控制相同，只不过是将正转启动按钮 SB2 换成反转启动按钮 SB3，中间继电器 KA1 换成 KA2，接触器 KM1 换成 KM2，其他都是一样的，请读者自行分析。

2) 主轴电动机 M1 制动控制

(1) 正转制动控制。当主轴电动机 M1 高、低速正轴启动运行时，其转速达到 120 r/min 时，21 区中的速度继电器 SR2 的正转闭合常开触点闭合，为主轴电动机 M1 的制动做好了准备。当需要主轴电动机 M1 停止时，按下主轴电动机 M1 的停止按钮 SB1，高、低速正转接触器 KM1 失电，其 20 区中的接触器 KM1 的常开触点复位闭合，接触器 KM2 线圈通过以下途径得电：变压器 TC→FU4→SQ1→SQ4 常闭触点→SR2 常开触点→KM1 常闭触点→接触器 KM2 线圈→KR→变压器 TC。接触器 KM2 得电及 KM4 得电闭合，KM2、KM4 主触点接通了主轴电动机 M1 的低速反转电源，M1 串电阻 R 反接制动，转速迅速下降。当转速下降至 100 r/min 时，21 区中的速度继电器 SR2 的正转闭合常开触点断开，切断了接触器 KM2 线圈回路的电源，接触器 KM2、KM4 断电释放，主轴电动机 M1 完成正转反接制动控制。

(2) 反转制动控制。当主轴电动机 M1 高、低速反转启动运转时，其转速达到 120 r/min 时，14 区中的速度继电器 SR1 的反转闭合常开触点闭合，为停车反接制动做好了准备。其他的过程同正转制动控制，请读者自行分析。

3) 主轴电动机 M1 点动控制

按下主轴电动机 M1 的正转点动按钮 SB4，接触器 KM1 及 KM4 线圈得电闭合，KM1、KM4 主触点接通主轴电动机 M1 的低速正转电源，M1 串电阻低速正转点动。

同样，按下主轴电动机 M1 的反转点动按钮 SB5，接触器 KM2、KM4 得电闭合，KM2、KM4 主触点接通了主轴电动机 M1 的低速反转电源，M1 串电阻 R 反转点动。

4) 主轴变速控制

主轴变速是通过转动变速操作盘，选择合适的转速来进行变速的。主轴变速时可直接拉出主轴变速操作盘的操作手柄进行变速，而不必按下主轴电动机的停止按钮。具体操作过程为：当主轴电动机 M1 在加工过程中需要进行变速时，设电动机 M1 运行于反转状态，速度继电器 SR1 的常开触点闭合。将主轴变速操作盘的操作手柄拉出，此时 SQ3 复位，其15 区中的常开触点复位闭合，12 区中的常开触点断开，接触器 KM3 线圈断电，使得 KM2、KM5 线圈断电。由于 SR1 的闭合及以上元件的失电释放，使得接触器 KM1 线圈通过以下途径得电：变压器 TC→FU4→SQ1→SQ3 常闭触点→SR1 常开触点→KM2 常闭触点→KM1线圈→KR→变压器 TC。接触器 KM1 和 KM4 得电闭合，主轴电动机 M1 串电阻 R 反转反接制动，主轴电动机速度迅速下降。待速度降至 100 r/min 时，14 区中的 SR1 常开触点断开，主轴电动机 M1 停转。此时转动变速操作盘，选择新的速度后，将变速手柄压回原位。在压回原位的过程中，若因齿轮不能啮合，卡住手柄不能压下去时，主轴变速冲动开关 SQ6被压合，接触器 KM1 线圈通过以下途径得电：　变压器 TC→FU4→SQ1→SQ3 常闭触点→SR2 常闭触点→SQ6 常开触点→KM2 常闭触点→KM1 线圈→KR→变压器 TC。接触器 KM1得电闭合，使得 KM4 得电闭合，主轴电动机 M1 低速正转启动。当转速达到 120 r/min 时，以上途径中速度继电器 SR2 的常闭触点断开，主轴电动机 M1 又停转。当转速降至 100 r/min时，速度继电器 SR2 的常闭触点又复位闭合，主轴电动机 M1 又正转启动。如此反复，直到新的变速齿轮啮合好为止。此时主轴变速手柄压回原位，行程开关 SQ6 松开，主轴冲动电路被切断，行程开关 SQ3 被重新压下，接触器 KM3、KM2 和 KM5 线圈得电，主轴电动机 M1 反转启动，以新的转速运行。

5) 进给电动机 M2 的控制

机床工作台的纵向和横向进给、主轴的轴向进给、主轴箱的垂直进给等快速移动都是由电动机 M2 通过机械齿轮的啮合来实现的。将快速手柄扳至快速正向移动位置，行程开关 SQ8 被压下，24 区中的常开触点闭合，接触器 KM6 线圈得电闭合，进给电动机 M2 启动正转，带动各种进给正向快速移动。将快速手柄扳至反向位置时压下行程开关 SQ7，接触器 KM7 线圈得电闭合，进给电动机 M2 反向启动运转，带动各种进给反向快速移动。

6) 进给变速控制

进给变速控制的控制过程与主轴变速控制的控制过程基本相同，只不过拉出的变速手柄是进给变速操作手柄，将主轴变速控制中的行程开关 SQ3 换成 SQ4，而进给变速冲动的行程开关为 SQ5。具体由读者自己分析。

T68 型卧式镗床电气元件明细表见表 9-1。

表 9-1　T68 型卧式镗床电气元件明细表

代号	名　称	规格与型号	数量	用　途
M1	电动机	JO2—51—2/4　7.5 kW	1	带动主轴旋转
M2	电动机	JO2—31—4　2.2 kW	1	驱动快速移动
KM1	交流接触器	CJ0—40　110 V	1	控制 M1 正转
KM2	交流接触器	CJ0—40　110 V	1	控制 M1 反转
KM3	交流接触器	CJ0—40　110 V	1	短接限流电阻
KM4	交流接触器	CJ0—40　110 V	1	控制 M1 低速

代号	名　称	规格与型号	数量	作用及用途
KM5	交流接触器	CJ0—40　110 V	1	控制 M1 高速
KM6	交流接触器	CJ0—10　110 V	1	控制 M2 正转
KM7	交流接触器	CJ0—10　110 V	1	控制 M2 反转
KA1	中间继电器	JZ7—44	1	控制 M1 正转
KA2	中间继电器	JZ7—44	1	控制 M1 反转
KT	时间继电器	JS7—2 A	1	控制 M1 高速
SR1	速度继电器	JY1　380 V/2 A	1	M1 反转制动
SR2	速度继电器	JY1　380 V/2 A	1	M1 正转制动
QS1	电源开关	HZ2—25/3	1	电源总开关
SB1	按钮	LA2	1	M1 停止按钮
SB2	按钮	LA2	1	M1 正转启动按钮
SB3	按钮	LA2	1	M1 反转启动按钮
SB4	按钮	LA2	1	M1 正转点动按钮
SB5	按钮	LA2	1	M1 反转点动按钮
SQ	行程开关	LX5—11	1	M1 高速接通
SQ1	行程开关	LX1—11J	1	联锁保护
SQ2	行程开关	LX3—11K	1	联锁保护
SQ3	行程开关	LX1—11K	1	主轴变速
SQ4	行程开关	LX1—11K	1	进给变速
SQ5	行程开关	LX1—11K	1	进给变速冲动
SQ6	行程开关	LX1—11K	1	主轴变速冲动
SQ7	行程开关	LX1—11K	1	M2 反转限位
SQ8	行程开关	LX1—11K	1	M2 正转限位
TC	变压器	BK—300　380/110 V、24 V	1	控制、照明电源
KR	热继电器	JR0—40 整定电流 16.5 A	1	M1 过载保护
FU1	熔断器	RL1—60/40	1	M1 短路保护
FU2	熔断器	RL1—15/15	1	M2 短路保护
FU3	熔断器	RL1—15/2	1	工作照明短路保护
FU4	熔断器	RL1—15/2	1	控制电路短路保护
R	电阻	ZB1—0.9	1	M1 限流电阻

9.2　T68 型卧式镗床电气控制线路故障检修实例

1. 主轴电动机 M1 不能高速运转

故障现象：将高、低速变速手柄扳至"高速"位置，按下主轴电动机 M1 的正转或反转启动按钮 SB2 或 SB3，主轴电动机 M1 能正、反转启动，但经过几秒后又自动停止。

故障分析：从以上故障现象来分析，主要是主轴电动机 M1 的高速运转绕组没有得到电源而不能运转。造成这种故障的原因从主电路来分析有接触器 KM5 的主触点闭合接触不良或触点灼坏。从控制电路来看，应该为 23 区中的时间继电器 KT 的瞬时断开延时闭合常开触点闭合接触不良，接触器 KM4 的常闭触点接触不良及接触器 KM5 线圈损坏，或为各连接导线脱线等。其检查步骤为：将高、低速变速手柄扳至"高速"挡位置。接通机床电源，按下主轴电动机 M1 的正转或反转启动按钮 SB2 或 SB3，观察接触器 KM5 是否闭合。如果接触器 KM5 闭合，则重点检查接触器 KM5 的主触点是否闭合接触不良及其他主通路有无断点等。若接触器 KM5 未闭合，则用"短路法"重点检查 23 区中的时间继电器 KT 的瞬时断开延时闭合常开触点是否闭合接触不良，接触器 KM4 的常闭触点是否接触不良等。

故障检查：合上电源总开关 QS1，将高、低速变速手柄扳至"高速"挡位置，按下主轴正转启动按钮 SB3，主轴电动机 M1 低速正转启动，但经过几秒后，主轴电动机 M1 又自动停止，观察到接触器 KM5 未闭合。用"短路法"将导线从 23 区中的时间继电器 KT 延时闭合常开触点的上端短接到接触器 KM4 常闭触点的下端，接触器 KM5 闭合，主轴电动机 M1 能高速启动运转。

继续用"短路法"检查出此故障为时间继电器 KT 的瞬时断开延时闭合常开触点闭合接触不良。

故障处理：修理或更换时间继电器 KT。

2. 主轴变速时无冲动

故障现象：主轴在变速时，当选择好转速，将转速盘推入时，主轴不能冲动，变速齿轮不能很好地啮合，主轴无法启动。

故障分析：造成这种故障的原因只有三种可能。一种可能是 15 区中的行程开关 SQ3 的常闭触点复位闭合接触不良；第二种可能是速度继电器 SR2 的常闭触点接触不良，不能接通主轴的冲动电路；第三种可能是 16 区中的行程开关 SQ6 的常开触点压合接触不良。所以在进行故障检查时，应重点检测这三个元件触点闭合是否良好。

故障检查：接通机床电源，用"短路法"将导线从行程开关 SQ1 的下端短接到行程开关 SQ6 的下端，主轴电动机 M1 能低速启动。继续用"短路法"逐一检查出故障为 15 区中的速度继电器 SR2 的常闭触点接触不良所致。

故障处理：调整速度继电器 SR2 压力弹簧及压力，或修理速度继电器 SR2 的常闭触点，使其接触良好。

9.3　T68 型卧式镗床电气控制线路故障维修汇总

1. 所有电动机都不能启动

(1) 故障可能出现的范围或故障点：无电源电压；熔断器 FU1 断路；熔断器 FU2 断路；变压器 TC 损坏；熔断器 FU4 断路。

(2) 重点检测对象或检测点：熔断器 FU1；熔断器 FU2；熔断器 FU4；变压器 TC。

2. 主轴电动机 M1 不能启动

(1) 故障可能出现的范围或故障点：热继电器 KR 的主通路有断点；主轴电动机 M1 绕

组有问题；接触器 KM4 的主触点接触不良；8 区中的行程开关 SQ1 的常闭触点接触不良；停止按钮 SB1 的常闭触点接触不良；12 区中的行程开关 SQ3、SQ4 的常开触点压合接触不良；接触器 KM3 线圈损坏；19 区中的接触器 KM3 的常开触点闭合接触不良；热继电器 KR 的常闭触点接触不良；22 区中的时间继电器 KT 的瞬时闭合延时断开常闭触点接触不良；接触器 KM5 的常闭触点接触不良。

(2) 重点检测对象或检测点：主轴电动机 M1 绕组；8 区中的行程开关 SQ1 的常闭触点；停止按钮 SB1 的常闭触点；12 区中的行程开关 SQ3、SQ4 的常开触点；19 区中的接触器 KM3 的常开触点。

3. 主轴电动机 M1 不能正转启动

(1) 故障可能出现的范围或故障点：接触器 KM1 的主触点闭合接触不良；8 区中的正转启动按钮 SB2 的常开触点压合接触不良；中间继电器 KA2 的常闭触点接触不良；中间继电器 KA1 线圈损坏；12 区中的中间继电器 KA1 的常开触点闭合接触不良；18 区中的中间继电器 KA1 的常开触点闭合接触不良；17 区中的接触器 KM2 的常闭触点接触不良；接触器 KM1 线圈损坏。

(2) 重点检测对象或检测点：接触器 KM1 的主触点；8 区中的中间继电器 KA2 的常闭触点；12 区中的中间继电器 KA1 的常开触点；17 区中的接触器 KM2 的常闭触点；18 区中的中间继电器 KA1 的常开触点。

4. 主轴电动机 M1 不能反转启动

(1) 故障可能出现的范围或故障点：接触器 KM2 的主触点闭合接触不良；10 区中的正转启动按钮 SB3 压合接触不良；中间继电器 KA1 的常闭触点接触不良；中间继电器 KA2 线圈损坏；13 区中的中间继电器 KA2 的常开触点闭合接触不良；19 区中的中间继电器 KA2 的常开触点闭合接触不良；20 区中的接触器 KM1 的常闭触点接触不良；接触器 KM2 线圈损坏。

(2) 重点检测对象或检测点：接触器 KM2 的主触点；10 区中的中间继电器 KA1 的常闭触点；13 区中的中间继电器 KA2 的常开触点；20 区中的接触器 KM1 的常闭触点；19 区中的中间继电器 KA2 的常开触点。

5. 主轴电动机 M1 不能高速运转

(1) 故障可能出现的范围或故障点：接触器 KM5 的主触点闭合接触不良；13 区中的行程开关 SQ 的常开触点压合接触不良；时间继电器 KT 线圈损坏；23 区中的时间继电器 KT 的瞬时断开延时闭合常开触点闭合接触不良；接触器 KM4 的常闭触点接触不良；接触器 KM5 线圈损坏。

(2) 重点检测对象或检测点：接触器 KM5 的主触点；13 区中的行程开关 SQ 的常开触点；23 区中的时间继电器 KT 的瞬时断开延时闭合常开触点；接触器 KM4 的常闭触点。

6. 主轴电动机 M1 不能点动

(1) 故障可能出现的范围或故障点：17 区中的主轴电动机 M1 的正转点动按钮 SB4 的常开触点压合接触不良；20 区中的主轴电动机 M1 的反转点动按钮 SB5 压合接触不良。

(2) 重点检测对象或检测点：正转点动按钮 SB4；反转点动按钮 SB5。

7. 主轴电动机 M1 不能制动

(1) 故障可能出现的范围或故障点：17 区中的速度继电器 SR1 的反转闭合触点闭合接触不良；21 区中的速度继电器 SR2 的正转闭合触点闭合接触不良。

(2) 重点检测对象或检测点：17 区中的速度继电器 SR1 的反转闭合触点；21 区中的速度继电器 SR2 的正转闭合触点。

8. 主轴及进给变速无冲动

(1) 故障可能出现的范围或故障点：15 区中的行程开关 SQ3 的常闭触点接触不良；速度继电器 SR2 的常闭触点接触不良；16 区中的行程开关 SQ6 的常开触点压合接触不良；15 区中的行程开关 SQ5 的常开触点压合接触不良。

(2) 重点检测对象或检测点：15 区中的行程开关 SQ3 的常闭触点；速度继电器 SR2 的常闭触点；16 区中的行程开关 SQ6 的常开触点。

9. 进给电动机 M2 不能正转启动

(1) 故障可能出现的范围或故障点：接触器 KM6 的主触点闭合接触不良；24 区中的行程开关 SQ7 的常闭触点接触不良；行程开关 SQ8 的常开触点压合接触不良；接触器 KM7 的常闭触点接触不良；接触器 KM6 线圈损坏。

(2) 重点检测对象或检测点：接触器 KM6 的主触点；24 区中的行程开关 SQ7 的常闭触点；接触器 KM7 的常闭触点。

10. 进给电动机 M2 不能反转启动

(1) 故障可能出现的范围或故障点：接触器 KM7 的主触点闭合接触不良；25 区中的行程开关 SQ7 的常开触点压合接触不良；行程开关 SQ8 的常闭触点接触不良；接触器 KM6 的常闭触点接触不良；接触器 KM7 线圈损坏。

(2) 重点检测对象或检测点：接触器 KM7 的主触点；25 区中的行程开关 SQ8 的常闭触点；接触器 KM6 的常闭触点。

9.4　T68 型卧式镗床电气控制线路 PLC 控制改造

1. PLC 控制输入/输出点分配表

根据 T68 型卧式镗床的控制特点，列出其 PLC 控制输入/输出点分配表，见表 9-2。

表 9-2　T68 型卧式镗床 PLC 控制输入/输出点分配表

输 入 信 号			输 出 信 号		
名　称	代号	输入点编号	名　称	代号	输出点编号
主轴电动机 M1 热继电器	KR	X0	主轴电动机 M1 正转接触器	KM1	Y0
主轴电动机 M1 制动停止按钮	SB1	X1	主轴电动机 M1 反转接触器	KM2	Y1
主轴电动机 M1 正转启动按钮	SB2	X2	制动电阻 R 短接接触器	KM3	Y2
主轴电动机 M1 反转启动按钮	SB3	X3	主轴电动机 M1 低速运转接触器	KM4	Y3
主轴电动机 M1 正转点动按钮	SB4	X4	主轴电动机 M1 高速运转接触器	KM5	Y4
主轴电动机 M1 反转点动按钮	SB5	X5	快速移动电动机 M2 正转接触器	KM6	Y5

输 入 信 号			输 出 信 号		
名　　称	代号	输入点编号	名　　称	代号	输出点编号
联锁保护行程开关	SQ1	X6	快速移动电动机 M2 反转接触器	KM7	Y6
联锁保护行程开关	SQ2	X7			
主轴变速制动停止行程开关	SQ3	X10			
进给变速制动停止行程开关	SQ4	X11			
进给变速冲动行程开关	SQ5	X12			
主轴变速冲动行程开关	SQ6	X13			
快速移动反转行程开关	SQ7	X14			
快速移动正转行程开关	SQ8	X15			
主轴电动机 M1 高、低速转换行程开关	SQ9	X16			
主轴电动机反转闭合速度继电器常开触点	KS1	X20			
主轴电动机正转闭合速度继电器常开触点	KS2	X21			

2．PLC 控制接线图

T68 型卧式镗床 PLC 控制接线图如图 9-2 所示。

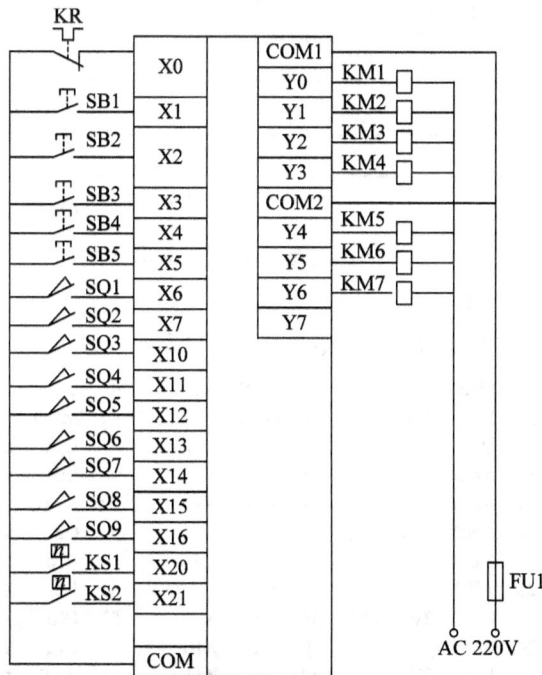

图 9-2　T68 型镗床 PLC 控制接线图

3．PLC 控制梯形图

T68 型卧式镗床 PLC 控制梯形图如图 9-3 所示。

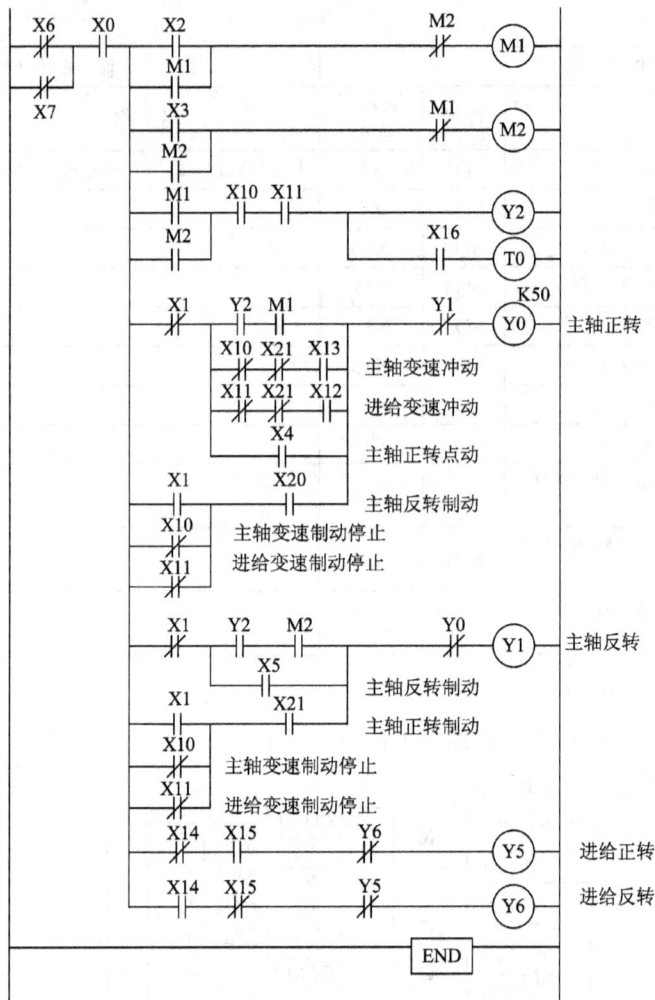

图 9-3　T68 型镗床 PLC 控制梯形图

4. PLC 控制指令语句表

T68 型卧式镗床 PLC 控制指令语句表如图 9-4 所示。

0	LDI X6	15	MRD	30	AND X13	45	OUT Y0	60	MRD
1	ORI X7	16	LD M1	31	ORB	46	MRD	61	ANI X14
2	AND X0	17	OR M2	32	LDI X11	47	LDI X1	62	AND X15
3	MPS	18	ANB	33	ANI X21	48	LD Y2	63	ANI Y6
4	LD X2	19	AND X10	34	AND X12	49	AND M2	64	OUT Y5
5	OR M1	20	AND X11	35	ORB	50	OR X5	65	MPP
6	ANB	21	OUT Y2	36	OR X4	51	ANB	66	AND X14
7	ANI M2	22	AND X16	37	ANB	52	LD X1	67	ANI X15
8	OUT M1	23	OUT T0 K50	38	LD X1	53	ORI X10	68	ANI Y5
9	MRD	24	MRD	39	ORI X10	54	ORI X11	69	OUT Y6
10	LD X3	25	LDI X1	40	ORI X11	55	AND X21	70	END
11	OR M2	26	LD Y2	41	AND X20	56	ORB		
12	ANB	27	AND M1	42	ORB	57	ANB		
13	ANI M1	28	LDI X10	43	ANB	58	ANI Y0		
14	OUT M2	29	ANI X21	44	ANI Y1	59	OUT Y1		

图 9-4　T68 卧式镗床 PLC 控制指令语句表

第 10 章

❧❧❧

其他机床设备电气控制线路分析及故障检修

　　本章主要讨论 B690 型液压牛头刨床电气控制线路、电动葫芦电气控制线路、JZ150 型混凝土搅拌机及 15/3 吨交流桥式起重机电气控制线路的工作原理，并给出电气故障检修实例及电气故障维修汇总。

10.1　B690 型液压牛头刨床

10.1.1　B690 型液压牛头刨床电气控制线路分析

　　B690 型液压牛头刨床电气控制线路原理图见图 10-1。

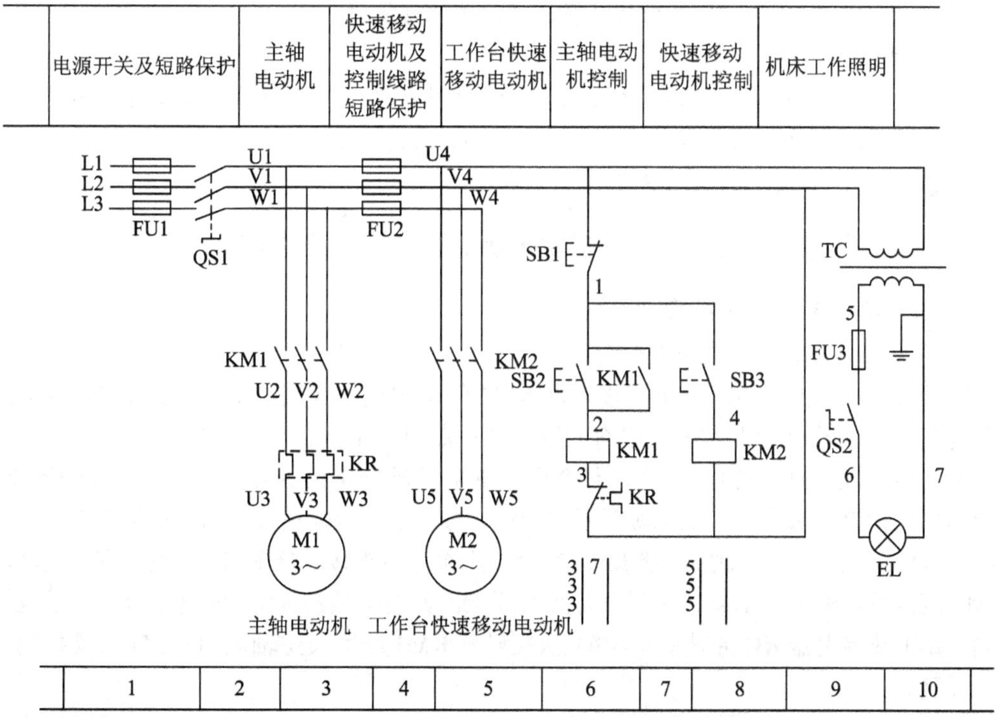

图 10-1　CA690 型液压牛头刨床电气控制线路原理图

1. 主电路分析

主电路中共有两台电动机。

主轴电动机 M1 带动"牛头"刨刀在机械凸轮的驱动下作往复运动，对工件进行刨削加工。接触器 KM1 控制其电源的通断，热继电器 KR 为它的过载保护，熔断器 FU1 为它的短路保护。

工作台快速移动电动机 M2 带动工作台快速移动，由接触器 KM2 控制其电源的通断，熔断器 FU2 为它的短路保护。由于工作台快速移动电动机 M2 为短时点动工作，故未设过载保护。

三相电源由 L1、L2、L3 经电源总开关 QS1 引入。

2. 控制电路分析

由于控制电路元件比较少，控制比较简单，故接触器 KM1、KM2 直接采用 380 V 交流电源供电。

1) 主轴电动机 M1 的控制

按下主轴电动机 M1 的启动按钮 SB2，接触器 KM1 得电闭合并自锁，接触器 KM1 的主触点接通主轴电动机 M1 的电源，主轴电动机 M1 启动运转，带动"牛头"刨刀对工件进行刨削加工。接下停止按钮 SB1，接触器 KM1 失电，主轴电动机 M1 停转。

2) 工作台快速移动电动机 M2 的控制

按下工作台快速移动电动机 M2 的点动按钮 SB3，接触器 KM2 得电闭合，其主触点接通工作台快速移动电动机 M2 的电源，M2 启动运转，带动工作台快速移动。松开点动按钮 SB3，接触器 KM2 失电，工作台快速移动电动机 M2 停转。

3) 工作照明电路

合上电源总开关 QS1，380 V 交流电源经熔断器 FU1、FU2 加在变压器 TC 初级绕组两端，经降压后输出 36 V 交流电压作为机床工作照明灯的电源。FU3 为机床工作照明灯短路保护，QS2 为照明灯开关，EL 为工作照明灯。

10.1.2　B690 型液压牛头刨床电气控制线路故障检修实例

1. 主轴电动机 M1 不能启动

故障现象：主轴电动机 M1 不能启动。

故障分析：从主电路来分析有接触器 KM1 的主触点闭合接触不良，热继电器 KR 的主通路有断点，主轴电动机 M1 绕组有故障；从控制电路来分析有主轴电动机 M1 的启动按钮 SB2 的常开触点压合接触不良，热继电器 KR 的辅助常闭触点接触不良，接触器 KM1 线圈损坏。检查步骤为：合上电源总开关 QS1，按下主轴电动机 M1 的启动按钮 SB2，观察接触器 KM1 是否闭合。如接触器 KM1 闭合，则重点检查接触器 KM1 的主触点、主轴电动机 M1 绕组及热继电器 KR 的主通路是否有断点。如果接触器 KM1 没有闭合，则重点检查控制线路中热继电器 KR 的辅助常闭触点、接触器 KM1 线圈及主轴电动机 M1 启动按钮 SB2 的常开触点。

故障检查：合上电源开关 QS1，按下主轴电动机 M1 的启动按钮 SB2，观察到接触器 KM1 线圈未闭合。断开电源总开关 QS1，用万用表电阻 R×1 k 挡分别检查主轴电动机 M1 启动按钮 SB2 的常开触点、接触器 KM1 线圈及热继电器 KR 的辅助常闭触点是否接触不良。当检测到热继电器 KR 的辅助常闭触点时，万用表指示断路，故障点就出现在这里。

故障处理：更换同型号的热继电器 KR，故障排除。

2．机床无工作照明

故障现象：机床开启后，扳动工作照明灯开关 QS2，工作照明灯不亮。

故障分析：造成工作照明灯不亮的原因有变压器 TC 损坏，熔断器 FU3 断路，工作照明灯开关 QS2 损坏，工作照明灯 EL 损坏。检查步骤为：先检查工作照明灯是否损坏，如果未损坏，则检查熔断器 FU3 是否断路，如未断路，则应用万用表交流 50 V 挡测量变压器次级绕组是否有 36 V 交流电压等，一步一步查出故障。

故障检查：先检查工作照明灯 EL，未见损坏。检查熔断器 FU3，已断路，换上同型号的熔断器 FU3，故障排除。

10.1.3　B690 型液压牛头刨床电气控制线路故障维修汇总

1．电动机 M1、M2 都不能启动

(1) 故障可能出现的范围或故障点：无电源电压；电源总开关 QS1 损坏；熔断器 FU1 或 FU2 断路；停止按钮 SB1 的常闭触点接触不良。

(2) 重点检测对象或检测点：熔断器 FU1、FU2；停止按钮 SB1 的常闭触点。

2．主轴电动机 M1 不能启动

(1) 故障可能出现的范围或故障点：接触器 KM1 的主触点闭合接触不良；热继电器 KR 的主通路有断点；主轴电动机 M1 绕组损坏；6 区中的热继电器 KR 的辅助常闭触点接触不良；接触器 KM1 线圈损坏；主轴电动机 M1 的启动按钮 SB2 压合接触不良。

(2) 重点检测对象或检测点：接触器 KM1 的主触点；主轴电动机 M1 绕组；6 区中的热继电器 KR 的辅助常闭触点。

3．工作台快速移动电动机 M2 不能启动

(1) 故障可能出现的范围或故障点：接触器 KM2 的主触点闭合接触不良；工作台快速移动电动机 M2 绕组损坏；8 区中的点动按钮 SB3 压合接触不良；接触器 KM2 线圈损坏。

(2) 重点检测对象或检测点：接触器 KM2 的主触点；快速移动电动机 M2 绕组；接触器 KM2 线圈。

4．无工作照明

(1) 故障可能出现的范围或故障点：变压器 TC 损坏；熔断器 FU3 断路；工作照明灯开关 QS2 损坏；照明灯 EL 损坏。

(2) 重点检测对象或检测点：工作照明灯 EL；熔断器 FU3；变压器 TC。

5．主轴电动机 M1 只能点动

(1) 故障可能出现的范围或故障点：7 区中的接触器 KM1 的辅助常开触点接触不良。

(2) 重点检测对象或检测点：7 区中的接触器 KM1 的辅助常开触点。

10.1.4　B690 型液压牛头刨床电气控制线路 PLC 控制改造

1．PLC 控制输入/输出点分配表

根据 B690 型液压牛头刨床的控制特点，列出其 PLC 控制输入/输出点分配表，见表 10-1。

表 10-1　B690 型液压牛头刨床 PLC 控制输入/输出点分配表

输　入　信　号			输　出　信　号		
名　　称	代号	输入点编号	名　　称	代号	输出点编号
主轴电动机 M1 热继电器	KR	X0	主轴电动机 M1 接触器	KM1	Y0
总停止按钮	SB1	X1	快速移动电动机 M2 接触器	KM2	Y1
主轴电动机 M1 启动按钮	SB2	X2			
快速移动电动机 M2 点动按钮	SB3	X3			

2. PLC 控制接线图

B690 型液压牛头刨床 PLC 控制接线图如图 10-2 所示。

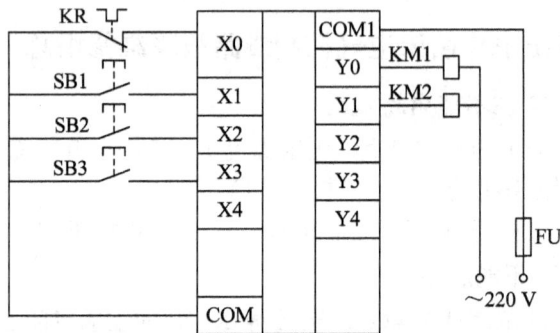

图 10-2　B690 型液压牛头刨床 PLC 控制接线图

3. PLC 控制梯形图及指令语句表

B690 型液压牛头刨床 PLC 控制梯形图及指令语句表如图 10-3 所示。

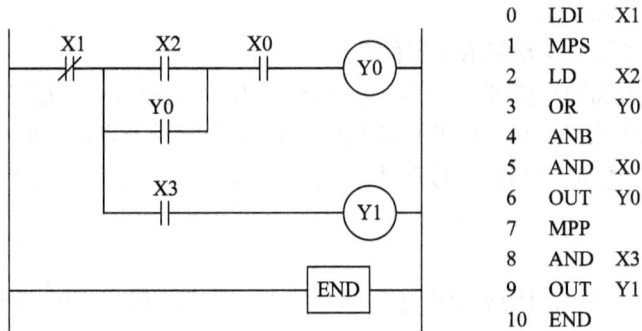

0	LDI	X1
1	MPS	
2	LD	X2
3	OR	Y0
4	ANB	
5	AND	X0
6	OUT	Y0
7	MPP	
8	AND	X3
9	OUT	Y1
10	END	

图 10-3　B690 型液压牛头刨床 PLC 控制梯形图及指令语句表

10.2　电 动 葫 芦

　　电动葫芦是一种重量小、控制简单、使用方便的起重机械，广泛用于建筑起重及提升。

10.2.1　电动葫芦电气控制线路分析

　　电动葫芦电气控制线路原理图见图 10-4。

电源开关及保护	升降电动机	左右移动电动机	上升	下降	向左	向右

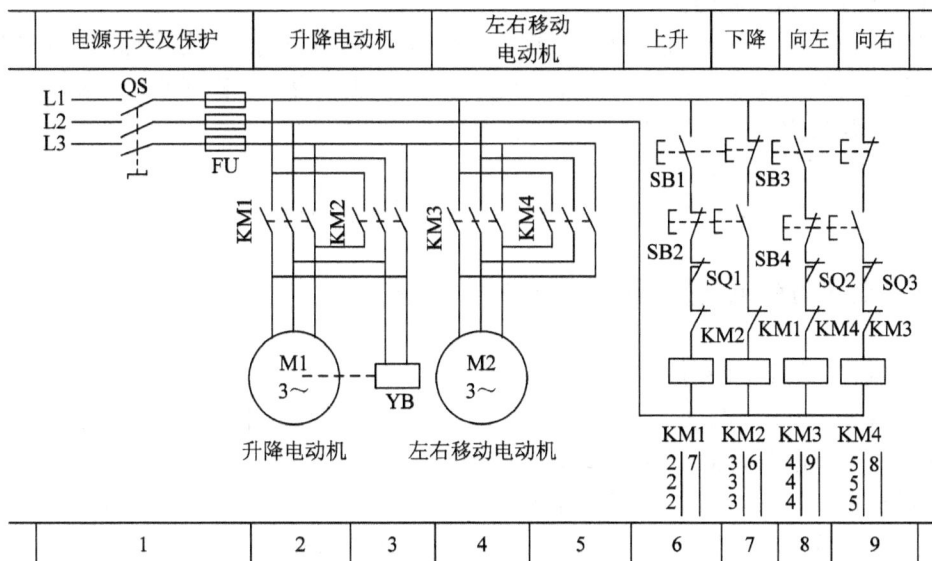

图 10-4　电葫芦电气控制线路原理图

1. 主电路分析

主电路中共有两台电动机。

升降电动机 M1 驱动起重机械装置带动吊索使起重装置上升或下降。由接触器 KM1 控制其正转电源的通断，接触器 KM2 控制其反转电源的通断。电磁铁 YB 为它的电磁抱闸制动装置。

左右移动电动机 M2 驱动电动葫芦沿梁架左、右移动。由接触器 KM3 控制其正转电源的通断，接触器 KM4 控制其反转电源的通断。

三相电源由电源总开关 QS 引入，熔断器 FU 为电路的总短路保护。

2. 控制电路分析

该控制电路由于比较简单，故采用 380 V 交流电直接作为控制电源。

1) 电动葫芦上升控制

按下电动葫芦上升启动按钮 SB1，接触器 KM1 得电闭合，其主触点接通了升降电动机 M1 的正转电源，同时电磁铁 YB 线圈通电动作，松开抱闸瓦，M1 正转，驱动起重装置上升。松开 SB1，接触器 KM1 线圈失电释放，升降电动机 M1 失电停转，电磁铁 YB 线圈失电，抱闸瓦在弹簧的作用下紧抱闸轮，使 M1 迅速停转。电路中行程开关 SQ1 为电动葫芦上升上限位行程开关，当电动葫芦上升到限制高度时，上限位行程开关 SQ1 动作，切断接触器 KM1 线圈的电源，使升降电动机 M1 停转。

2) 电动葫芦下降控制

按下电动葫芦下降启动按钮 SB2，接触器 KM2 得电闭合，其主触点接通了升降电动机 M1 的反转电源，同时电磁铁 YB 线圈通电动作，松开抱闸瓦，M1 反转，驱动起重装置下降。松开 SB2，接触器 KM2 线圈失电，升降电动机 M1 失电停转，电磁铁 YB 线圈失电，抱闸瓦在弹簧的作用下紧抱闸轮，使 M1 迅速停转。

3) 电动葫芦向左移动控制

按下电动葫芦向左移动启动按钮 SB3，接触器 KM3 得电闭合，接通电动葫芦左右移动电动机 M2 的正转电源，M2 启动正转，带动电动葫芦向左移动。松开 SB3，M2 正转停止。电路中行程开关 SQ2 为向左移动限位行程开关。

4) 电动葫芦向右移动控制

电动葫芦向右移动控制与电动葫芦向左移动控制的过程一样，请读者自行分析。

10.2.2　电动葫芦电气控制线路故障检修实例

1. 升降电动机 M1 不能启动

故障现象：合上电源总开关 QS，按下升降电动机 M1 的上升启动按钮 SB1 或下降启动按钮 SB2，升降电动机 M1 不能启动，电动葫芦不能升降。

故障分析：升降电动机 M1 不能上升，从主电路来分析主要是接触器 KM1 的主触点闭合接触不良；从控制电路来分析有上升启动按钮 SB1 的常开触点压合接触不良，按钮 SB2 的常闭触点接触不良，上限位行程开关 SQ1 接触不良，6 区中的接触器 KM2 的常闭触点接触不良，接触器 KM1 损坏。检查时，可按下升降电动机 M1 的启动按钮 SB1，观察接触器 KM1 是否得电闭合。如果接触器 KM1 闭合，则重点检查 KM1 主触点。如果接触器 KM1 未闭合，则可用"短路法"重点检查接触器 KM1 线圈回路各元件的故障。

故障检查：合上电源总开关 QS，按下升降电动机 M1 的上升启动按钮 SB1，观察到接触器 KM1 未闭合，用"短路法"和"电阻法"检测到为 6 区中的接触器 KM2 的常闭触点接触不良，有断点而引起接触器 KM1 不能得电闭合，升降电动机 M1 不能上升。

故障处理：修理 6 区中的接触器 KM2 的常闭触点或更换常闭触点，故障排除。

2. 升降电动机 M1 不能升降

故障现象：合上电源总开关 QS，按下升降电动机 M1 的启动按钮 SB1 或 SB2，升降电动机 M1 不能启动，电动葫芦不能升降。

故障分析：升降电动机 M1 不能升降，从主电路来分析有升降电动机 M1 绕组损坏，抱闸制动电磁铁 YB 线圈损坏及接触器 KM1、KM2 的主触点闭合接触不良；从控制电路来分析有上升和下降控制回路中的各元件常闭触点接触不良等。

故障检查：合上电源总开关 QS，分别按下上升及下降启动按钮 SB1、SB2，观察接触器 KM1、KM2 均得电闭合，故判断为主电路的故障。断开电源，将升降电动机 M1 的接线端从电路上拆除。合上电源总开关 QS，按下 SB1 或 SB2，观察到抱闸制动电磁铁 YB 未动作。断开电源，检查到抱闸制动电磁铁 YB 线圈断路。

故障处理：修理抱闸制动电磁铁 YB 线圈。

10.2.3　电动葫芦电气控制线路故障维修汇总

1. 两台电动机都不能启动

(1) 故障可能出现的范围或故障点：无电源电压；电源总开关 QS 损坏；熔断器 FU 损坏。

(2) 重点检测对象或检测点：熔断器 FU。

2. 升降电动机 M1 不能启动

(1) 故障可能出现的范围或故障点：升降电动机 M1 绕组损坏；抱闸制动电磁铁 YB 线圈损坏。

(2) 重点检测对象或检测点：升降电动机 M1 绕组；电磁铁 YB 线圈。

3. 电动葫芦不能上升

(1) 故障可能出现的范围或故障点：接触器 KM1 的主触点接触不良；上升启动按钮 SB1 的常开触点压合接触不良；按钮 SB2 的常闭触点接触不良；行程开关 SQ1 的常闭触点接触不良；6 区中的接触器 KM2 的常闭触点接触不良；接触器 KM1 线圈损坏。

(2) 重点检测对象或检测点：接触器 KM1 的主触点；按钮 SB2 的常闭触点；行程开关 SQ1 的常闭触点；6 区中的接触器 KM2 的常闭触点。

4. 电动葫芦不能下降

(1) 故障可能出现的范围或故障点：接触器 KM2 的主触点接触不良；下降启动按钮 SB2 的常开触点压合接触不良；按钮 SB1 的常闭触点接触不良；7 区中的接触器 KM1 的常闭触点接触不良；接触器 KM2 线圈损坏。

(2) 重点检测对象或检测点：接触器 KM2 的主触点；按钮 SB1 的常闭触点；7 区中的接触器 KM1 的常闭触点。

5. 电动葫芦不能向左移动

(1) 故障可能出现的范围或故障点：接触器 KM3 的主触点闭合接触不良；8 区中的启动按钮 SB3 的常开触点压合接触不良；按钮 SB4 的常闭触点接触不良；行程开关 SQ2 的常闭触点接触不良；8 区中的接触器 KM4 的常闭触点接触不良；接触器 KM3 线圈损坏。

(2) 重点检测对象或检测点：接触器 KM3 的主触点；按钮 SB4 的常闭触点；行程开关 SQ2 的常闭触点；8 区中的接触器 KM4 的常闭触点。

6. 电动葫芦不能向右移动

(1) 故障可能出现的范围或故障点：接触器 KM4 的主触点闭合接触不良；9 区中的启动按钮 SB4 的常开触点压合接触不良；按钮 SB3 的常闭触点接触不良；行程开关 SQ3 的常闭触点接触不良；9 区中的接触器 KM3 的常闭触点接触不良；接触器 KM4 线圈损坏。

(2) 重点检测对象或检测点：接触器 KM4 的主触点；按钮 SB3 的常闭触点；行程开关 SQ3 的常闭触点；9 区中的接触器 KM3 的常闭触点。

7. 电动机 M2 不能启动

(1) 故障可能出现的范围或故障点：电动机 M2 绕组断路或短路。

(2) 重点检测对象或检测点：电动机 M2 绕组。

10.2.4　电动葫芦电气控制线路 PLC 控制改造

1. PLC 控制输入/输出点分配表

根据电动葫芦的控制特点，列出其 PLC 控制输入/输出点分配表，见表 10-2。

表 10-2　电动葫芦 PLC 控制输入/输出点分配表

输 入 信 号			输 出 信 号		
名　称	代号	输入点编号	名　称	代号	输出点编号
电动葫芦上升点动按钮	SB1	X0	电动葫芦上升接触器	KM1	Y0
电动葫芦下降点动按钮	SB2	X1	电动葫芦下降接触器	KM2	Y1
电动葫芦向左点动按钮	SB3	X2	电动葫芦向左接触器	KM3	Y2
电动葫芦向右点动按钮	SB4	X3	电动葫芦向右接触器	KM4	Y3
电动葫芦上升限位行程开关	SQ1	X4			
电动葫芦向左限位行程开关	SQ2	X5			
电动葫芦向右限位行程开关	SQ3	X6			

2. PLC 控制接线图

电动葫芦 PLC 控制接线图如图 10-5 所示。

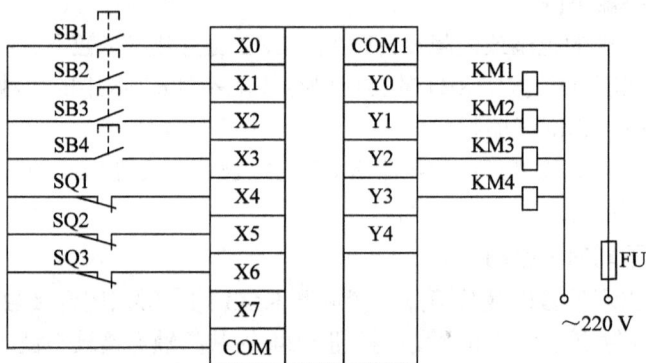

图 10-5　电动葫芦 PLC 控制接线图

3. PLC 控制梯形图及指令语句表

电动葫芦 PLC 控制梯形图及指令语句表如图 10-6 所示。

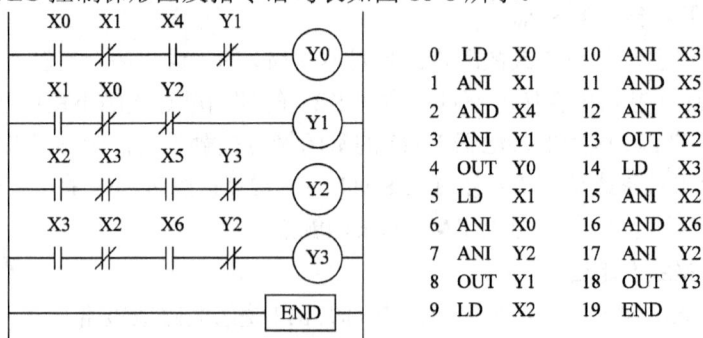

```
0   LD    X0      10  ANI   X3
1   ANI   X1      11  AND   X5
2   AND   X4      12  ANI   X3
3   ANI   Y1      13  OUT   Y2
4   OUT   Y0      14  LD    X3
5   LD    X1      15  ANI   X2
6   ANI   X0      16  AND   X6
7   ANI   Y2      17  ANI   Y2
8   OUT   Y1      18  OUT   Y3
9   LD    X2      19  END
```

图 10-6　电动葫芦 PLC 控制梯形图及指令语句表

10.3　JZ150 型混凝土搅拌机

JZ150 型混凝土搅拌机为建筑工地上常见的机械，它主要用于水泥、河砂及碎石的搅拌。本节主要讨论 JZ150 型混凝土搅拌机的电气控制线路及故障检修等。

10.3.1　JZ150 型混凝土搅拌机电气控制线路分析

JZ150 型混凝土搅拌机电气控制线路原理图见图 10-7。

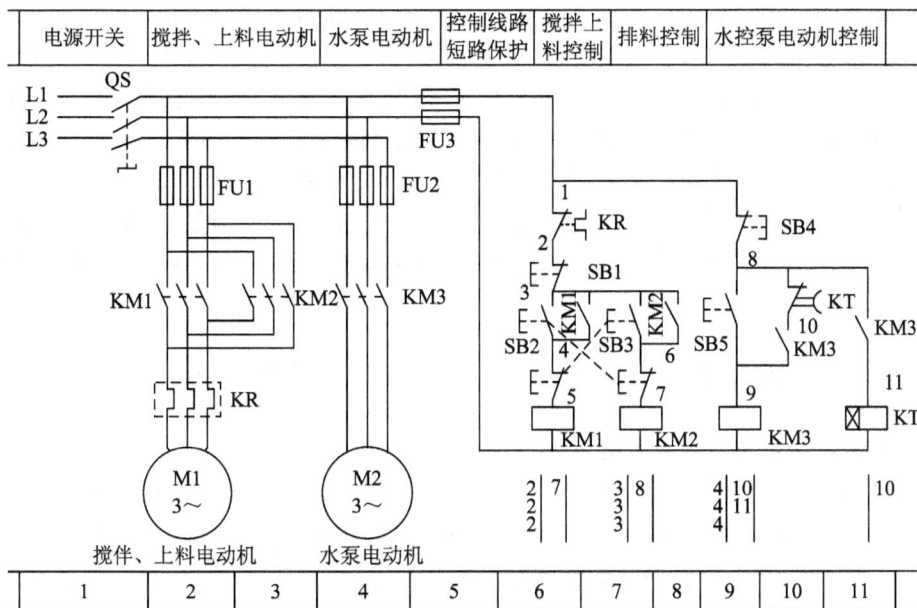

图 10-7　JZ150 型混凝土搅拌机电气控制线路原理图

1．主电路分析

主电路中共有两台电动机。

M1 为搅拌、上料电动机，可正反转。由接触 KM1 控制其正转电源的通断，接触器 KM2 控制其反转电源的通断，熔断器 FU1 为它的短路保护，热继电器 KR 为它的过载保护。

M2 为水泵电动，带动水泵供给搅拌机搅拌时需要的水量。水泵电动机 M2 只要求单向运转，由接触器 KM3 控制其电源的通断，熔断器为它的过载保护。由于水泵电动机 M2 只做定时短期供水，故未设过载保护。

三相电源由电源总开关 QS 引入。

2．控制电路分析

控制电路中，熔断器 FU3 为控制电路的短路保护。

1) 搅拌、上料电动机 M1 的控制

按下搅拌、上料电动机 M1 的正转启动按钮 SB2，接触器 KM1 线圈得电闭合并自锁，KM1 主触点接通搅拌、上料电动机 M1 的正转电源，M1 启动正转，带动搅拌筒搅拌混凝土。按下停止按钮 SB1，接触器 KM1 断电释放，搅拌、上料电动机 M1 正转停止。同理，按下搅拌、上料电动机 M1 的反转启动按钮 SB3，接触器 KM2 得电闭合并自锁，搅拌、上料电动机 M1 启动反转，将搅拌好的混凝土从搅拌筒中排出。按下停止按钮 SB1，搅拌、上料电动机 M1 反转停止。

在搅拌、上料电动机 M1 的控制中，当 M1 正转，需要将混凝土排出时，也可直接按下反转启动按钮 SB3，此时正转接触器 KM1 断电释放，接触器 KM2 闭合，M1 反转。同理，也可将 M1 在反转状态转换至 M1 正转状态。而上料装置的提升及下降控制则是通过机械变速离合器由机械操作手柄控制的。

2) 水泵电动机 M2 的控制

按下水泵电动机 M2 的启动按钮 SB5，接触器 KM3 线圈得电闭合，KM3 主触点接通水泵电动机 M2 的电源，M2 启动运转，带动水泵向搅拌机供水。同时，10 区、11 区中的接触器 KM3 的常开触点闭合，10 区中的 KM3 常开触点闭合，使得松开启动按钮 SB5 时，保持接触器 KM3 线圈仍然通电闭合，11 区中的 KM3 常开触点闭合，接通了时间继电器 KT 线圈的电源，时间继电器 KT 得电闭合，经过预定供水时间后，10 区中的时间继电器 KT 的通电延时断开常闭触点断开，切断了接触器 KM3 线圈的电源，接触器 KM3 断电释放，水泵电动机 M2 停转，供水停止。图 10-7 中 SB4 为水泵电动机 M2 的强行停止按钮，用以人工调节搅拌机的供水水量。

10.3.2　JZ150 型混凝土搅拌机电气控制线路故障检修实例

1. 水泵电动机 M2 不能启动

故障分析：造成水泵电动机 M2 不能启动的原因，从主电路来分析有熔断器 FU2 断路，接触器 KM3 的主触点接触不良，水泵电动机 M2 绕组损坏；从控制电路来分析有 9 区中的水泵电动机 M2 的停止按钮 SB4 的常闭触点接触不良，按钮 SB5 的常开触点压合接触不良，接触器 KM3 线圈损坏及 10 区中的时间继电器 KT 的延时断开常闭触点接触不良，接触器 KM3 的常开触点闭合接触不良等。检查步骤为：按下水泵电动机 M2 的启动按钮 SB5，观察接触器是否闭合。如果 KM3 闭合，则重点检查熔断器 FU2、接触器 KM3 的主触点及水泵电动机 M2 绕组。如果 KM3 未闭合，则重点检查 9 区中的按钮 SB4 的常闭触点，10 区中的时间继电器 KT 的延时断开常闭触点及接触器 KM3 线圈等。

故障检查：合上电源总开关 QS，按下水泵电动机 M2 的启动按钮 SB5，观察到接触器 KM3 闭合，判断为主电路的故障。用"断路法"将水泵电动机 M2 的接线端从控制线路上拆下，用万用表交流 500 V 挡测量 4 区 U2、V2、W2 点电压值，均为 380 V 左右，属正常。故判断为水泵电动机 M2 绕组有故障。检查水泵电动机 M2 绕组，发现有烧毁断路。

故障处理：修理水泵电动机 M2 绕组。

2. 搅拌、上料电动机 M1 不能正转

故障现象：合上电源开关 QS，按下搅拌、上料电动机 M1 的启动按钮 SB2，搅拌、上料电动机不能启动运转，搅拌机不能正常工作。

故障分析：造成搅拌、上料电动机 M1 不能正转的原因，从主电路来分析主要是接触器 KM1 的主触点接触不良；从控制电路来分析有搅拌、上料电动机 M1 的启动按钮 SB2 的常开触点接触不良，接触器 KM1 线圈损坏等。检查时，先按下搅拌、上料电动机 M1 的启动按钮 SB2，观察接触器 KM1 是否闭合。若接触器 KM1 闭合，则重点检查接触器 KM1 的主触点。若接触器 KM1 未闭合，则重点检查 8 区中的按钮 SB3 的常闭触点、接触器 KM2 的常闭触点、接触器 KM1 线圈等。

故障分析：合上电源开关 QS，按下搅拌、上料电动机 M1 的启动按钮 SB2，观察到接触器 KM1 闭合。将搅拌、上料电动机 M1 的接线端从控制线路中拆除，用万用表交流

500 V 挡分别测量各元件的三相电源电压。当测量到接触器 KM1 主触点下端的三相电压时，有一相不正常。再用万用表交流 500 V 挡测量接触器 KM1 主触点上端的三相电压，三相都正常。故该故障为接触器 KM1 的主触点闭合接触不良而引起搅拌、上料电动机 M1 不能正转。

故障处理：修理或更换接触器 KM1 的主触点，故障排除。

10.3.3　JZ150 型混凝土搅拌机电气控制线路故障维修汇总

1. 两台电动机均不能启动

(1) 故障可能出现的范围或故障点：无电源电压；熔断器 FU3 断路；电源总开关 QS 损坏。

(2) 重点检测对象或检测点：熔断器 FU3。

2. 搅拌、上料电动机 M1 不能启动

(1) 故障可能出现的范围或故障点：熔断器 FU1 断路；热继电器 KR 的主通路有断点；搅拌、上料电动机 M1 绕组损坏；8 区中的热继电器 KR 的辅助常闭触点接触不良；停止按钮 SB1 的常闭触点接触不良。

(2) 重点检测对象或检测点：熔断器 FU1；搅拌、上料电动机 M1 绕组；8 区中的热继电器 KR 的辅助常闭触点；停止按钮 SB1 的常闭触点。

3. 搅拌、上料电动机 M1 不能搅拌(正转)运行

(1) 故障可能出现的范围或故障点：接触器 KM1 的主触点闭合接触不良；启动按钮 SB2 的常开触点压合接触不良；按钮 SB3 的常闭触点接触不良；6 区中的接触器 KM2 的常闭触点接触不良；接触器 KM1 线圈损坏。

(2) 重点检测对象或检测点：接触器 KM1 的主触点；按钮 SB3 的常闭触点；6 区中的接触器 KM2 的常闭触点；接触器 KM1 线圈。

4. 搅拌、上料电动机 M1 不能排料(反转)运行

(1) 故障可能出现的范围或故障点：接触器 KM2 的主触点闭合接触不良；启动按钮 SB3 的常开触点压合接触不良；按钮 SB2 的常闭触点接触不良；8 区中的接触器 KM1 的常闭触点接触不良；接触器 KM2 线圈损坏。

(2) 重点检测对象或检测点：接触器 KM2 的主触点；按钮 SB2 的常闭触点；8 区中的接触器 KM1 的常闭触点；接触器 KM2 线圈。

5. 水泵电动机 M2 不能启动

(1) 故障可能出现的范围或故障点：熔断器 FU2 断路；接触器 KM3 的主触点闭合接触不良；水泵电动机 M2 绕组损坏；9 区中的停止按钮 SB4 的常闭触点接触不良；启动按钮 SB5 的常开触点压合接触不良；接触器 KM3 线圈损坏。

(2) 重点检测对象或检测点：熔断器 FU2；水泵电动机 M2 绕组；9 区中的停止按钮 SB4 的常闭触点；接触器 KM3 线圈。

6. 水泵电动机 M2 只能点动

(1) 故障可能出现的范围或故障点：10 区中的时间继电器 KT 的瞬时闭合延时断开常闭触点接触不良；接触器 KM3 的常开触点闭合接触不良。

(2) 重点检测对象或检测点：时间继电器 KT 的瞬时闭合延时断开常闭触点；接触器

KM3 的常开触点。

7. 水泵电动机 M2 启动后不能自动停止

(1) 故障可能出现的范围或故障点：11 区中的接触器 KM3 的常开触点闭合接触不良；时间继电器 KT 线圈损坏。

(2) 重点检测对象或检测点：11 区中的接触器 KM3 的常开触点。

8. 其他常见故障

(1) 搅拌电动机 M1 正转只能点动。其故障原因可能是 6 区中的接触器 KM1 的正转自锁常开触点闭合接触不良。

(2) 搅拌电动机 M1 反转只能点动。其故障原因可能是 8 区中的接触器 KM1 的反转自锁常开触点闭合接触不良。

10.3.4　JZ150 型混凝土搅拌机电气控制线路 PLC 控制改造

1. PLC 控制输入/输出点分配表

根据 JZ150 型混凝土搅拌机的控制特点，列出其 PLC 控制输入/输出点分配表，见表 10-3。

表 10-3　JZ150 型混凝土搅拌机 PLC 控制输入/输出点分配表

输 入 信 号			输 出 信 号		
名　称	代号	输入点编号	名　称	代号	输出点编号
搅拌、上料电动机 M1 热继电器	KR	X0	搅拌、上料电动机 M1 正转接触器	KM1	Y0
搅拌、上料电动机 M1 停止按钮	SB1	X1	搅拌、上料电动机 M1 反转接触器	KM2	Y1
搅拌、上料电动机 M1 正转启动按钮	SB2	X2	水泵电动机 M2 接触器	KM3	Y2
搅拌、上料电动机 M1 反转启动按钮	SB3	X3			
水泵电动机 M2 停止按钮	SB4	X4			
水泵电动机 M2 启动按钮	SB5	X5			

2. PLC 控制接线图

JZ150 型混凝土搅拌机 PLC 控制接线图如图 10-8 所示。

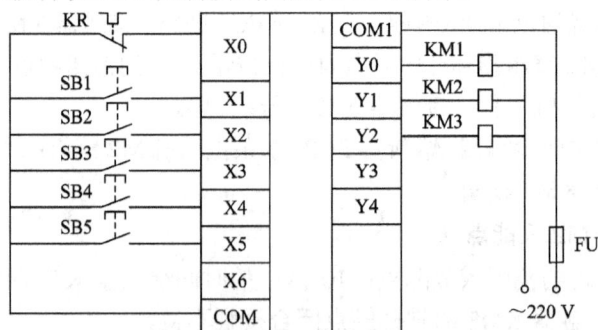

图 10-8　JZ150 型混凝土搅拌机 PLC 控制接线图

3. PLC 控制梯形图及指令语句表

JZ150 型混凝土搅拌机 PLC 控制梯形图及指令语句表如图 10-9 所示。

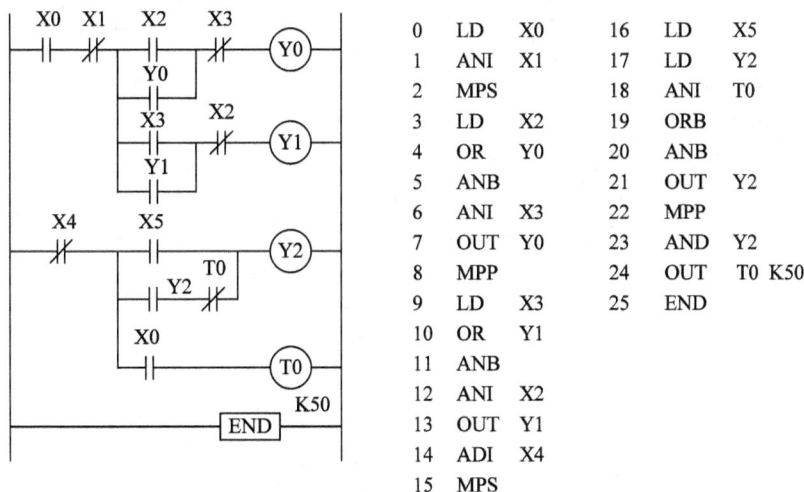

0	LD	X0	16	LD	X5
1	ANI	X1	17	LD	Y2
2	MPS		18	ANI	T0
3	LD	X2	19	ORB	
4	OR	Y0	20	ANB	
5	ANB		21	OUT	Y2
6	ANI	X3	22	MPP	
7	OUT	Y0	23	AND	Y2
8	MPP		24	OUT	T0 K50
9	LD	X3	25	END	
10	OR	Y1			
11	ANB				
12	ANI	X2			
13	OUT	Y1			
14	ADI	X4			
15	MPS				

图 10-9　JZ150 型混凝土搅拌机 PLC 控制梯形图及指令语句表

10.4　15/3 吨交流桥式起重机

起重机是用来装卸和起吊重物的设备。常见的起重机有门式起重机、塔式起重机、旋转式起重机、缆索式起重机和桥式起重机。门式起重机一般用于火车站货场；塔式起重机一般用于建筑工地；旋转式起重机用于码头和港口装卸货物；而桥式起重机则用于生产车间。

本节以 15/3 吨交流桥式起重机为例，分析其电气控制线路特点及工作原理，并给出电气故障检修实例及电气故障维修汇总。

10.4.1　15/3 吨交流桥式起重机电气控制线路分析

15/3 吨交流桥式起重机电气控制线路原理图见图 10-10。

1. 主电路分析

1) 电路中的主要电气设备

本起重机主要由五台三相绕线式异步电动机拖动。

副钩电动机 M1 驱动副钩，除了用于起吊 3 吨以下的货物外，还可用于协助主钩翻转或倾倒工件等。由凸轮控制器 SA1 控制其正、反转电源的接通及速度的快慢，从而控制副钩上升、下降及速度的快慢。电流继电器 KA1 为它的过载保护，电磁铁 YA1 为它的停车制动电磁铁，转子中的串电阻 1R 为它的启动限流及运转调速电阻。

小车电动机 M2 驱动小车在大车的轨道上横向左右移动，以便调整重物在车间横向间的位置。由凸轮控制器 SA2 控制它的正、反转及速度的快慢。电流继电器 KA2 为它的过载保护，电磁铁 YA2 为它的停车制动电磁铁，转子中的串电阻 2R 为它的启动限流及运转调速电阻。

(a) 副钩凸轮控制器SA1触点开合表

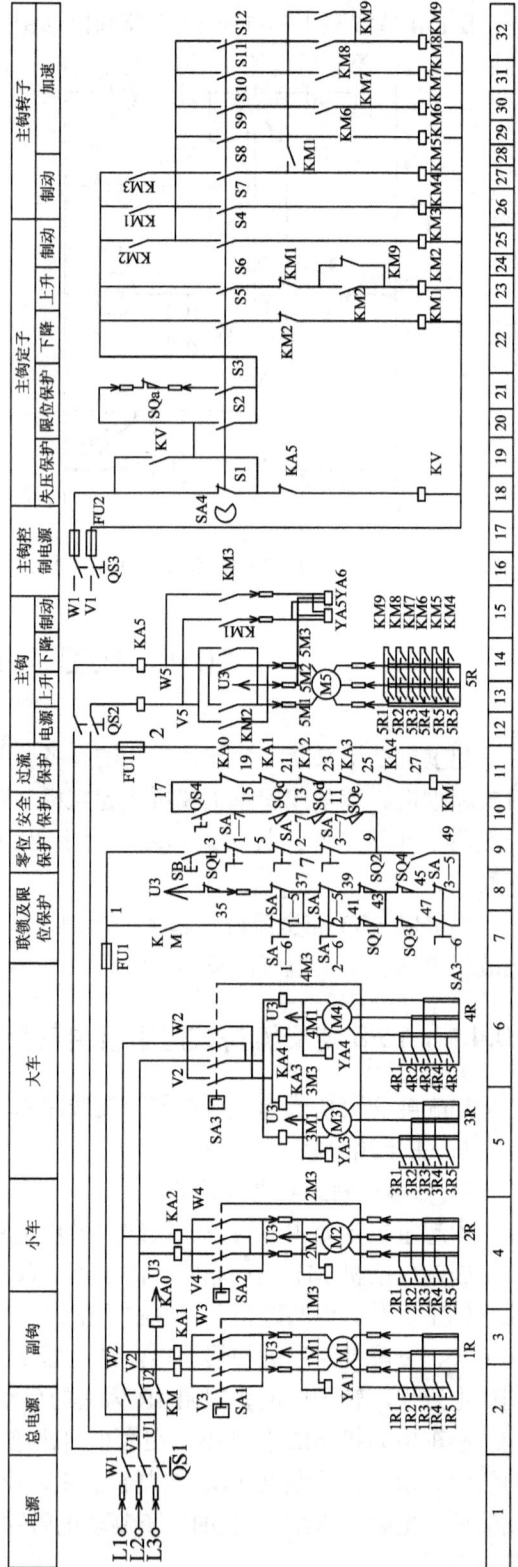

SA1

	向下						向上					
	5	4	3	2	1	0	1	2	3	4	5	
V3-1M3	×	×	×	×								
V3-1M1	×	×	×	×	×							
W3-1M1							×	×	×	×	×	
W3-1M3							×	×	×	×		
1R5											×	
1R4										×	×	
1R3									×	×	×	
1R2								×	×	×	×	
1R1							×	×	×	×	×	
SA1-5	×	×	×	×	×							
SA1-6							×	×	×	×	×	
SA1-7						×						

(b) 小车凸轮控制器SA2触点开合表

SA2

	向左						向右					
	5	4	3	2	1	0	1	2	3	4	5	
V4-2M3	×	×	×	×								
V4-2M1	×	×	×	×	×							
W4-2M1							×	×	×	×	×	
W4-2M3							×	×	×	×		
2R5											×	
2R4										×	×	
2R3									×	×	×	
2R2								×	×	×	×	
2R1							×	×	×	×	×	
SA2-5	×	×	×	×	×							
SA2-6							×	×	×	×	×	
SA2-7						×						

(c) 大车凸轮控制器SA3触点开合表

SA3

	向后						向前					
	5	4	3	2	1	0	1	2	3	4	5	
V2-3M3,4M1	×	×	×	×								
V2-3M1,4M3	×	×	×	×	×							
W2-3M1,4M3							×	×	×	×	×	
W2-3M3,4M1							×	×	×	×		
3R5											×	
3R4										×	×	
3R3									×	×	×	
3R2								×	×	×	×	
3R1							×	×	×	×	×	
4R5											×	
4R4										×	×	
4R3									×	×	×	
4R2								×	×	×	×	
4R1							×	×	×	×	×	
SA3-5	×	×	×	×	×							
SA3-6							×	×	×	×	×	
SA3-7						×						

(d) 主令控制器SA4触点开合表

SA4

	下降					制动		上升					
	5	4	3	2	1	J	0	1	2	3	4	5	6
S1												×	×
S2											×	×	×
S3										×	×	×	×
S4									×	×	×	×	×
S5								×	×	×	×	×	×
S6							×	×	×	×	×	×	×
S7	×	×	×	×	×								
S8	×	×	×	×									
S9	×	×	×										
S10	×	×											
S11	×												
S12	×	×	×	×	×								
KM3	×	×	×	×	×	×							
KM1	×	×	×	×	×							×	×
KM2								×	×	×	×	×	×
KM4												×	×
KM5										×	×	×	×
KM6									×	×	×	×	×
KM7								×	×	×	×	×	×
KM8									×	×	×	×	×
KM9	×	×	×	×	×								×

图 10-10　15/3吨交流桥式起重机电气控制线路原理图

电动机 M3、M4 为大车电动机，分别安装在大车的两端，用以驱动大车沿车间两侧立柱上的轨道纵向移动，以调整重物或工件在车间的纵向位置。由凸轮控制器 SA3 控制它们的正、反转及转速的快慢。电流继电器 KA3、KA4 分别为它们的过载保护，电磁铁 YA3、YA4 分别为它们的停车制动电磁铁，转子中的串电阻 3R、4R 分别为它们的启动限流及运转调速电阻。

主钩电动机 M5 带动主钩上下运动，用于起吊 15 吨及以下的重物。由主令控制器 SA4 及接触器 KM1～KM9 控制它的正、反转及各种上升、下降、速度的快慢和制动等状态。电流继电器 KA5 为它的过载保护，由于主钩所起吊的货物重量较重，故用两个三相电源电磁铁 YA5、YA6 作为它的停车制动电磁铁，转子中的串电阻 5R 为它的启动限流及运转调速电阻。

2) 主电路供电线路分析

本起重机为 380 V 交流电源供电。由于该起重机在工作时，大车与车间之间、小车与大车之间经常存在相对运动，故采用钢制件的三根敷设在车间一侧平行于大车轨道的滑触线和电刷将三相交流电源引入至起重机驾驶室的保护控制屏中。这三根滑触线称为主滑触线。再从起重机保护控制屏引出两相电源至各凸轮控制器的主触点上，另一相直接从保护控制屏引出至各绕线式异步电动机定子绕组的一相接线端上。

由于小车相对大车经常运动，故在大车桥架的一侧设置了 21 根辅助滑触线，这样有利于电源供电。21 根辅助滑触线分别为：用于主钩部分 10 根，其中 6 根用于主钩电动机 M5 定子绕组与接触器 KM1、KM2 主触点的连接及主钩电动机 M5 转子绕组与转子串电阻 5R 的连接(见 13 区、14 区)，2 根用于主钩制动电磁铁 YA5、YA6 与接触器 KM3 主触点的连接(见 15 区)，另外 2 根用于主钩上升限位行程开关 SQa (21 区)与主令控制器 SA4 触点的连接；用于副钩部分 6 根，其中 5 根用于副钩电动机 M1 的定子绕组与凸轮控制器 SA1 触点及转子绕组与转子串电阻 1R 的连接(见 3 区)，1 根用于副钩上限位行程开关 SQb(8 区)与主令控制器 SA1—5 的连接；小车部分 5 根，全部用于小车电动机 M2 定子绕组与凸轮控制器 SA2 及小车电动机 M2 转子绕组与转子串电阻的连接。

三相电源由车间主滑触线经电源总开关 QS1 引入至驾驶室保护控制屏，经主接触器 KM 后引入至各凸轮控制器。QS2 为主钩主电路电源开关，QS3 为主钩控制电路总电源开关。

2．控制电路分析

1) 控制电路中各元件的作用

21 区中的行程开关 SQa 为主钩上限位行程开关；8 区中的 SQb 为副钩上限位行程开关；10 区中的 SQc 为驾驶室舱门盖的安全位置开关；SQd、SQe 为横梁两侧栏杆门的安全位置开关；QS4 为单刀单掷的紧急开关。以上各开关在起重机运行时均为闭合状态，否则主接触器 KM 线圈不能得电运行，或在运行当中任何一个断开接触器 KM 线圈会失电，从而切断所有电动机的电源，使起重机停止运行。

2) 控制电路启动控制

(1) 启动准备。进入驾驶室，关好舱门和横梁栏杆门，合上紧急开关 SQ4，使位置开关 SQc、SQd、SQe 及 QS4 处于闭合状态，将所有凸轮控制器的手柄扳至"零位"挡，9 区中各凸轮控制器 SA1—7、SA2—7、SA3—7 触点闭合，为主接触器 KM 的启动做好了准备。

(2) 控制电路启动。按下控制电路总启动按钮 SB(9 区)，主接触器 KM 线圈通过以下途径得电：电源 U1→FU1→SB→SA1—7→SA2—7→SA3—7→SQe→SQd→SQc→QS4→KA0→KA1→KA2→KA3→KA4→KM 线圈→FU1→电源 W1。接触器 KM 闭合，其 7 区和 9 区中的常开触点闭合。松开总启动按钮 SB 后，主接触器 KM 线圈又通过以下途径得电：电源 U1→FU1→KM 常开触点→SA1—6→SA2—6→SQ1→SQ3→SA3-6→KM 常开触点→SQe→SQd→SQc→QS4→KA0→KA1→KA2→KA3→KA4→KM 线圈→FU1→电源 W1。主接触器 KM 处于稳定运行状态，接通了各凸轮控制器的电源，为起重机和各电动机的启动做好了准备。

3) 副钩控制

副钩为该起重机的辅助吊钩，用于起吊 3 吨以下的货物或协助主钩倾转或翻倒工件。它的额定负载不能超过 3 吨。副钩的上升下降及停转由凸轮控制器 SA1 控制，具体控制如下：

(1) 副钩上升控制。将凸轮控制器 SA1 手柄扳至向上"1"挡，从图 10-4(a)所示的副钩凸轮控制器 SA1 触点开合表中可以看出，2 区、3 区中，V3 和 1M3 点接通，W3 和 1M1 点接通。副钩电动机 M1 定子绕组中通入三相交流电源，转子绕组中串电阻 1R 所有的电阻启动运行。此时，由于转子中串电阻较大，故副钩电动机 M1 转速较慢。同时，7 区中的 SA1—6 触点断开，主接触器通过以下途径保持吸合：电源 U3→SQb→SA1—5→SA2—6→SQ1→SQ3→SA3—5→SQe→SQd→SQc→QS4→KA0→KA1→KA2→KA3→KA4→KM 线圈→FU1→电源 W1。将凸轮控制器 SA1 扳至向上"2"挡，除了在"1"挡位置闭合的触点外，1R5 触点闭合，切除了副钩电动机 M1 转子绕组中 1R5 中的一段电阻，副钩电动机 M1 转速加快。但是，由于转子绕组中的串电阻仍然较大，故转速仍然较慢。将凸轮控制器 SA1 扳至向上"3"挡位置，触点 1R4 闭合，又切除了副钩电动机 M1 转子绕组中的一段电阻，副钩电动机 M1 转速进一步加快。当将凸轮控制器 SA1 扳至向上"5"挡位置时，转子电路中所有的串接电阻均被短接切除。此时，副钩电动机 M1 转速最快。副钩电动机 M1 在带动副钩上升的过程中，如上升至极限位置时，会压下副钩上限位行程开关 SQb，从而切断主接触器 KM 线圈的电源，使得主接触器 KM 断电释放，切断电源，起重机停止运行。

(2) 副钩下降控制。副钩的下降控制过程与副钩的上升控制过程基本相同，只不过是将凸轮控制器的 SA1 扳至下降位置时，副钩电动机 M1 定子绕组 1M1 与 V3 接通，1M3 与 W3 接通，副钩电动机 M1 反转，带动副钩下降。其他过程与正转过程完全一样，不再赘述。

4) 小车控制

小车电动机 M2 由凸轮控制器 SA2 进行控制，其正、反转及速度快慢的控制过程与副钩控制完全相同，请读者自行分析。

5) 大车控制

大车电动机 M3、M4 由凸轮控制器 SA3 控制，因两台电动机的负载转轴安装方向一致，故将凸轮控制器 SA3 扳至"向后"位置的任何一个挡位时，电动机 M3 正转，M4 则反转，而将凸轮控制器 SA3 扳至"向前"位置的任何一个挡位时，电动机 M3 反转，M4 正转。具体控制如下：

(1) 大车向后控制。将凸轮控制器 SA3 扳至向后"1"挡位置，5 区、6 区中的 V2 点通过电流继电器 KA3、KA4 与 3M1、4M3 点接通，W2 点通过 KA3、KA4 与 3M3、4M1

点接通,电动机 M3 转子绕组中串电阻 3R 全部电阻低速正转启动运行。同样电动机 M4 转子绕组中串电阻 4R 全部电阻低速反转启动运行。此时,速度最低,大车以最慢的速度向后移动。将凸轮控制器 SA3 扳至向后"2"挡时,3R5、4R5 触点闭合,3R5 和 4R5 触点分别切除电动机 M3、M4 转子绕组中串电阻 3R 和 4R 的一段电阻,电动机 M3、M4 转速升高。如此分别将凸轮控制器 SA3 扳至向后"3"挡、"4"挡、"5"挡位置时,凸轮控制器触点分别切除电动机 M3、M4 转子绕组中串电阻的各段电阻。当扳至"5"挡位置时,电动机 M3、M4 绕组中的全部电阻被切除,大车以最快速度向后移动。

(2) 大车向前控制。同样将凸轮控制器 SA3 扳至"向前"位置的任何一个挡位,电动机 M3 反转,M4 正转,大车以相应挡位的速度向前运动。其控制过程与大车向后控制相同。

6) 主钩控制

主钩起吊货物最大限量不能超过 15 吨。主钩的控制与副钩、小车、大车控制略有不同,它是扳动主令控制器 SA4 各触点控制各接触器线圈电源的通断,由各接触器控制主钩电动机 M5,制动电磁铁 YA5、YA6 及转子中串电阻的分级切除等动作。另外,考虑到主钩所起吊的货物重量较重,在下降过程中由于重力的作用,使下降速度过快,会发生危险或事故,故在下降挡位中"J"、"1"和"2"挡为下降制动挡,以使货物在下降过程中缓慢下降。而"3"、"4"、"5"挡为强力快速下降挡。具体控制如下:

(1) 主钩下降控制。合上电源开关 QS1(1 区)、QS2(2 区)、QS3(16 区),将主令控制器 SA4 扳至"0"挡,主令控制器 SA4 触点 S1(18 区)闭合,电压继电器 KV 线圈得电闭合,19 区 KV 自锁触点闭合并为后继控制做好了准备。

① 将主令控制器 SA4 扳至下降制动"J"挡,从图 10-4(d)所示的主令控制器 SA4 开合表中可以看出,触点 S3(20 区)、S6(23 区)、S7(26 区)、S8(27 区)闭合。触点 S3 的闭合为各接触器接通做好了准备,触点 S6 接通接触器 KM2(23 区)线圈的电源,接触器 KM2 闭合并自锁,13 区中的主触点接通主钩电动机 M5 的正转(上升)电源,25 区中的常开触点接通接触器 KM4(26 区)、KM5(27 区)线圈的电源,接触器 KM4、KM5 闭合,切除了主钩电动机 M5 转子中的串电阻 5R6 和 5R5(13 区、14 区)。此时,虽然接触器 KM2 的主触点接通了主钩电动机 M5 的正转(上升)电源,但由于接触器 KM3 未得电闭合,主钩电动机 M5 的制动电磁铁 YA5、YA6(15 区)线圈没通电动作,YA5、YA6 仍然抱闸制动着主钩电动机不能旋转。但由于电动机 M5 接通了正转电源,所以主钩电动机 M5 存在一个向上的静力矩。因此,这种操作主要用于主钩起吊较重的物体在空中停留或移动的情况,以防止主钩抱闸制动失灵或打滑,使电动机 M5 产生一个向上的上升力矩,克服重力产生的下降力,一旦抱闸失灵或打滑,也可以保证安全。

② 将手柄扳至下降制动"1"挡,主令控制器 SA4 的触点 S3、S4(25 区)、S6、S7 闭合,触点 S3、S6、S7 闭合的作用与下降制动"J"挡相同,触点 S4 闭合接通了接触器 KM3 线圈的电源,接触器 KM3 闭合,27 区中的触点与接触器 KM1、KM2 的常开触点(26 区、25 区)并联,以保证主钩电动机 M5 在正、反转切换过程中接触器 KM3 不失电,YA5、YA6 不断电,即主钩电动机 M5 处于非制动状态,这样不会产生机械冲击。由于接触器 KM3 闭合,15 区中的主触点接通了制动电磁铁 YA5、YA6 线圈的电源,YA5、YA6 动作,松开抱闸,主钩电动机 M5 产生一个向上的力矩。

③ 将手柄扳至下降制动"2"挡,主令控制器 SA4 的触点 S3、S4、S6 闭合,此时主

钩电动机 M5 转子绕组串接所有电阻产生一个上升力矩，其力矩与下降制动"1"挡相同，请读者自行分析。

以上将主令控制器手柄扳至下降制动"1"挡和"2"挡位置时，均应用于主钩所起吊重物比较重，其下降速度较快的场合，以制动下降速度的过快，保证安全。

④ 将手柄扳到下降强力"3"挡，主令控制器 SA4 的触点 S2(20 区)、S4、S5(22 区)、S7、S8(27 区)闭合。触点 S2 闭合的作用与触点 S3 闭合的作用相同，只不过是 S3 中串接了上升限位行程开关 SQa，S2 则没有串接 SQa。触点 S5 闭合，接通了接触器 KM1 线圈(22 区)的电源，接触器 KM1 闭合，26 区、28 区中的常开触点闭合，14 区中的主触点闭合，接通了主钩电动机 M5 的反转(下降)电源。S4 闭合，松开抱闸制动。S7、S8 闭合，使得接触器 KM4、KM5 闭合，切除了主钩电动机 M5 转子绕组串电阻 5R6、5R5，主钩快速强力下降。

⑤ 将手柄扳至下降强力"4"挡，主令控制器 SA4 的触点 S2、S4、S5、S7、S8、S9 闭合。触点 S9(29 区)闭合，接通了接触器 KM6 线圈的电源，接触器 KM6 闭合，30 区中的常开辅助触点闭合，为接触器 KM7 的闭合做好了准备，其主触点切除了主钩电动机 M5 转子串电阻 5R4，使主钩电动机 M5 反转，下降速度加快。其他触点闭合的控制与下降强力"4"挡相同。

⑥ 将手柄扳至下降强力"5"挡，主令控制器 S2、S4、S5、S7、S8、S9、S10、S11、S12 闭合。其触点 S2、S4、S5、S7、S8、S9 闭合的作用与手柄扳至下降强力"4"挡的作用相同。触点 S10(30 区)、S11(31 区)、S12(32 区)闭合分别接通了接触器 KM7、KM8、KM9 线圈电源。而接触器 KM7、KM8、KM9 的得电顺序依次为接触器 KM7 得电后，其 31 区中的常开触点接触了接触器 KM8 线圈的电源，接触器 KM8 闭合，然后 31 区中的 KM8 常开触点闭合，使得接触器 KM9 闭合并自锁。这样在切除主钩电动机 M5 转子串电阻时也是依次按照接触器闭合的先后次序切除 5R3、5R2、5R1，从而使得主钩电动机 M5 免受冲击电流的影响，转速平稳地提高。此挡若在重物较重时主钩实际下降速度超过电动机同步转速，电动机的电磁转矩转变为制动转矩，电动机 M5 处于发电制动状态，此时能起到一定的制动下降的作用，防止下降速度太快。

在将手柄扳至下降强力"5"挡时，接触器 KM9 闭合并自锁。接触器 KM9 短接了主钩电动机 M5 转子绕组中的所有串电阻。若重物较重，其实际下降速度超过了主钩电动机 M5 的同步转速，此时的发电制动转矩为最大。但是当下降速度太快时，为了避免发生事故，必须将主令控制器 SA4 的手柄扳至下降制动"1"挡或"2"挡，进行反接制动控制，以控制主钩的下降速度。而 28 区中的接触器 KM1 的常开触点串接在接触器 KM9 的线圈回路中，保证在主令控制器 SA4 手柄从下降强力"5"挡扳至下降制动挡的过程中始终保持接触器 KM9 不失电，主钩电动机 M5 转子电阻全部短接，从而有较大的发电制动转矩，防止主钩下降速度增加。当只有将主令控制器 SA4 的手柄扳至下降制动"2"挡或"1"挡时，接触器 KM9 才失电释放，主钩处于反接制动下降状态。在图 10-4(d)所示的主令控制器 SA4 触点开合表中，列出了下降强力"4"、"3"挡触点 S12 行上有"0"的符号，就表明了这个意思。

在 23 区中的接触器 KM2 的线圈回路中，串接了接触器 KM9 的常闭触点，其主要目的也是当将主令控制器 SA4 的手柄从下降强力"5"挡扳至下降制动挡时，只有当接触器

KM9 释放，主钩电动机 M5 转子电路中串有电阻时，接触器 KM2 才能闭合，主钩电动机 M5 才能启动正转进行反接制动，否则将产生很大的冲击电流损坏电动机。

15/3 吨桥式起重机电气元件明细表见表 10-4。

表 10-4　15/3 吨桥式起重机电气元件明细表

代　号	名　称	规格与型号	数量	用　途
M1	电动机	JZR41—8　11 kW	1	驱动副钩升降
M2	电动机	JZR12—6　3.5 kW	1	驱动小车横向运动
M3、M4	电动机	JZR22—6　7.5 kW	2	驱动大车纵向运动
M5	电动机	JZR63—10　60 kW	1	驱动主钩升降
SA1	凸轮控制器	KTJ1—50/1	1	副钩电动机 M1 的控制
SA2	凸轮控制器	KTJ1—50/1	1	小车电动机 M2 的控制
SA3	凸轮控制器	KTJ1—50/5	1	大车电动机 M3、M4 的控制
SA4	主令控制器	LK1—12/90	1	主钩电动机 M5 的控制
YA1	电磁铁	MZD1—300	1	副钩电动机 M1 制动电磁铁
YA2	电磁铁	MZD1—100	1	小车电动机 M2 制动电磁铁
YA3、YA4	电磁铁	MZD1—200	2	大车电动机制动电磁铁
YA5、YA6	电磁铁	MZS1—45H	2	主钩电动机制动电磁铁
1R	电阻器	2K1—41—8/2	1	副钩电动机 M1 转子串电阻
2R	电阻器	2K1—12—6/1	1	小车电动机 M2 转子串电阻
3R、4R	电阻器	4K1—22—0/1	2	大车电动机转子串电阻
5R	电阻器	4P5—63—10/9	1	主钩电动机 M5 转子串电阻
QS1	开关	HD13—400/3	1	电源总开关
QS2	开关	HD11—200/2	1	主钩电动机 M5 主电路开关
QS3	开关	DZ5—50	1	主钩电机控制电路开关
QS4	开关	A—3161	1	驾驶室紧急开关
SB	按钮	LA19—11	1	主接触器启动按钮
KM	接触器	CJ12B—400/3	1	总电源接通接触器
KA0	电流继电器	JL4—150/1	1	总过电流保护
KA1～KA4	电流继电器	JL4—40	4	M1～M4 过流保护
KA5	电流继电器	JL4—150	1	主钩电动机 M5 过流保护
FU1～FU2	熔断器	RL1—15/5	2	主接触器回路短路保护
KM1	接触器	CJ12B—250	1	控制主钩电动机 M5 反转
KM2	接触器	CJ12B—250	1	控制主钩电动机 M5 正转
KM3	接触器	CJ12B—100	1	控制主钩制动电磁铁
KM6～KM9	接触器	CJ12B—100	4	控制 M5 转子串电阻
KM4～KM5	接触器	CJ12B—100	2	控制 M5 转子串电阻
KV	欠电压继电器	JT4—10P	1	主钩电动机欠压保护
SQa	位置开关	JLXK1—311	1	主钩上限位保护开关
SQb	位置开关	JLXK1—311	1	副钩上限位保护开关
SQ1～SQ4	位置开关	JLXK1—311	2	大、小车限位行程开关
SQc	位置开关	JLXK1—311	1	舱口安全行程开关
SQd、SQe	位置开关	JLXK1—311	2	横梁栏杆安全行程开关

10.4.2　15/3 吨交流桥式起重机电气控制线路故障检修实例

1. 主接触器 KM 不能吸合

故障现象：合上电源总开关 QS1，将各凸轮控制器手柄扳至"零位"，关好驾驶室舱门及横梁栏杆门后，合上紧急开关 QS4，按下主接触器 KM 的启动按钮，主接触器 KM 不能闭合，起重机不能工作。

故障分析：主接触器 KM 不能闭合的原因有熔断器 FU1 断路，10 区中的紧急开关 QS4 闭合接触不良，舱门和横梁栏杆门开关 SQc、SQd、SQe 闭合接触不良，或 11 区中的过电流保护继电器 KA0～KA4 的触点接触不良，而以熔断器 FU1 断路及舱门和横梁栏杆门开关 SQc、SQd、SQe 闭合接触不良最为常见。检查时可用"短路法"进行检查，也可直接检查熔断器 FU1 及舱门和横梁栏杆门开关 SQc、SQd 及 SQe。

故障检查：断开电源总开关 QS1，检查熔断器 FU1，未见断路。用万用表电阻 R×1 k 挡分别检查舱门和横梁开关 SQc、SQd 及 SQe。当检查到舱门开关 SQc 时，SQc 接触不良。因此，主接触器 KM 不能闭合的故障由舱门位置开关 SQc 接触不良所致。

故障处理：换上同型号的舱门位置开关 SQc，故障排除。

2. 主钩电动机 M5 不能启动

故障现象：合上电源开关 QS1、QS2、QS3，主接触器 KM 启动后，扳动主令控制器 SA4 至各挡位，主钩电动机 M5 不能启动，主钩不能上升也不能下降。

故障分析：主钩电动机 M5 不能启动可能有以下几方面的原因。从主电路来分析可能有：电源开关 QS2、QS3 损坏或接触不良，15 区通往主钩电动机 M5 的定子绕组或转子绕组的触滑线接触不良，电磁铁 YA5、YA6 线圈断路及主钩电动机 M5 绕组损坏等。从控制电路来分析可能有：熔断器 FU2 断路，主令控制器 SA4 触点 S1 接触不良及电压继电器 KV 线圈损坏。检查时，可将主令控制器 SA4 扳至"0"挡，观察电压继电器 KV 是否闭合。若不闭合，则重点检查 18 区中的主令控制器 SA4 的触点 S1 及电流继电器 KA5 的常闭触点是否接触良好。若电压继电器 KV 闭合，则将主令控制器 SA4 扳至上升"1"挡或下降制动"J"挡，观察电压继电器 KV 是否还闭合，如果 KV 释放，则重点检查 19 区中的电压继电器的常开自锁触点。如果 KV 仍然闭合，则重点检查主电路中的故障。可用"电压法"检查通入主钩电动机 M5 定子绕组中的三相电源是否正常，通入制动电磁铁 YA5、YA6 线圈的电源电压是否正常。如果都正常，则应检查主钩电动机 M5 绕组是否损坏，电磁铁 YA5、YA6 线圈是否损坏。

故障检查：合上电源开关 QS1、QS2、QS3，启动主接触器 KM。将主令控制器 SA4 扳至"0"挡，观察到电压继电器 KV 闭合，然后将主令控制器 SA4 扳至上升"1"挡或下降制动"J"挡，观察到电压继电器 KV 释放。从以上情况可以判断为 19 区中的电压继电器 KV 的常开自锁触点闭合接触不良，以致电压继电器 KV 不能自锁。用"短路法"将导线短接 19 区继电器 KV 的常开自锁触点，主钩电动机 M5 能正、反转启动运行，进一步证实为电压继电器 KV 的常开触点接触不良。

故障处理：修理电压继电器 KV 的常开触点或更换电压继电器 KV，故障排除。

10.4.3　15/3 吨交流桥式起重机电气控制线路故障维修汇总

1．主接触器 KM 不能启动

(1) 故障可能出现的范围或故障点：无电源电压；主滑触线接触不良；电源总开关 QS1 损坏；熔断器 FU1 断路；舱门及横梁栏杆门位置开关 SQc、SQd、SQe 闭合接触不良；紧急开关 QS4 闭合接触不良；11 区中的电流继电器 KA0～KA4 的常闭触点接触不良；主接触器 KM 线圈断路；主接触器 KM 的启动按钮压合接触不良；9 区中的凸轮控制器 SA1－7、SA2－7、SA3－7 的常闭触点接触不良。

(2) 重点检测对象或检测点：主滑触线；熔断器 FU1；舱门及横梁位置开关 SQc、SQd、SQe；11 区中的电流继电器 KA0～KA4 的常闭触点。

2．副钩电动机 M1 不能启动

(1) 故障可能出现的范围或故障点：3 区中的副钩电动机 M1 的定子绕组及转子绕组滑触线接触不良；制动电磁铁 YA1 线圈断路；电动机 M1 绕组损坏；凸轮控制器 SA1 的主触点接触不良。

(2) 重点检测对象或检测点：3 区中的副钩电动机 M1 的定子绕组及转子绕组滑触线；制动电磁铁 YA1 线圈；电动机 M1 绕组。

3．小车电动机 M2 不能启动

(1) 故障可能出现的范围或故障点：4 区中的小车电动机 M2 的定子绕组及转子绕组滑触线接触不良；制动电磁铁 YA2 线圈断路；电动机 M2 绕组损坏；凸轮控制器 SA2 的主触点接触不良。

(2) 重点检测对象或检测点：4 区中的副钩电动机 M2 的定子绕组及转子绕组滑触线；制动电磁铁 YA2 线圈；电动机 M2 绕组。

4．大车不能纵向移动或移动较慢

(1) 故障可能出现的范围或故障点：凸轮控制器 SA3 的主触点接触不良；制动电磁铁 YA3、YA4 线圈损坏；电动机 M3 或 M4 绕组损坏。

(2) 重点检测对象或检测点：制动电磁铁 YA3、YA4 线圈；电动机 M3、M4 绕组。

5．主钩电动机 M5 不能启动

(1) 故障可能出现的范围或故障点：电源开关 QS2、QS3 闭合接触不良；熔断器 FU2 断路；主钩电动机 M5 的定子绕组及转子绕组滑触线接触不良；接触器 KM1、KM2 的主触点闭合接触不良；主钩电动机 M5 绕组损坏；制动电磁铁 YA5、YA6 的滑触线接触不良；YA5、YA6 线圈损坏；18 区中的主令控制器 SA4 的触点 S1、S2、S3 闭合接触不良；电流继电器 KA5 的常闭触点接触不良；电压继电器 KV 线圈损坏；19 区中的电压继电器 KV 的常开触点闭合接触不良。

(2) 重点检测对象或检测点：熔断器 FU2；主钩电动机 M5 的定子绕组及转子绕组滑触线；接触器 KM1、KM2 的主触点；电动机 M5 绕组；制动电磁铁 YA5、YA6 的滑触线；YA5、YA6 线圈；18 区中的主令控制器 SA4 的触点 S1、S2、S3；电流继电器 KA5 的常闭触点；19 区中电压继电器 KV 的常开触点。

10.4.4　15/3 吨交流桥式起重机电气控制线路 PLC 控制改造

1. PLC 控制输入/输出点分配表

根据 15/3 吨交流桥式起重机的控制特点，列出其 PLC 控制输入/输出点分配表，见表 10-5。

表 10-5　15/3 吨交流桥式起重机 PLC 控制输入/输出点分配表

输入信号			输出信号		
名　称	代号	输入点编号	名　称	代号	输出点编号
启动按钮	SB	X0	主接触器	KM	Y0
小车横向限位行程开关	SQ1	X1			
小车横向限位行程开关	SQ2	X2			
大车纵向限位行程开关	SQ3	X3			
大车纵向限位行程开关	SQ4	X4			
副钩上限位行程开关	SQb	X5			
各安全行程开关	SQc、SQd、SQe	X6			
电流继电器	KA0～KA4	X7			
凸轮控制器控制触点	KA1—7、KA2—7、KA3—7	X10			
凸轮控制器控制触点	KA1—6	X11			
凸轮控制器控制触点	KA1—5	X12			
凸轮控制器控制触点	KA2—6	X13			
凸轮控制器控制触点	KA2—5	X14			
凸轮控制器控制触点	KA3—6	X15			
凸轮控制器控制触点	KA3—5	X16			
紧急开关	QS4	X17			

2. PLC 控制接线图

15/3 吨交流桥式起重机 PLC 控制接线图如图 10-11 所示。

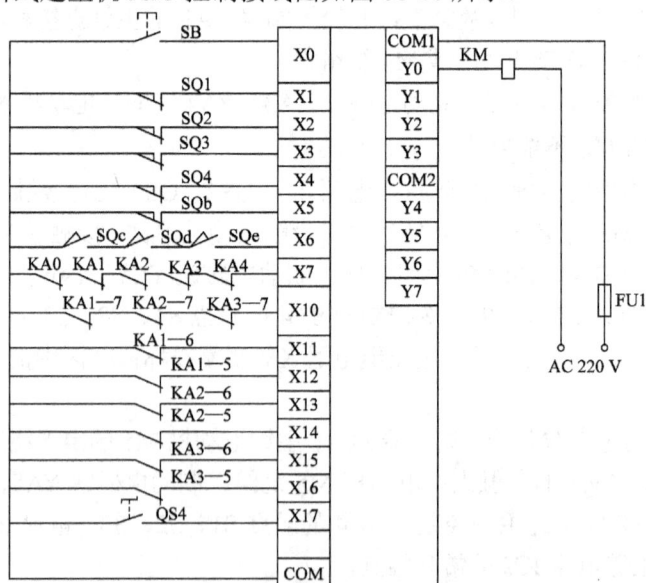

图 10-11　15/3 吨交流桥式起重机 PLC 控制接线图

3. PLC 控制梯形图及指令语句表

15/3 吨交流桥式起重机 PLC 控制梯形图及指令语句表如图 10-12 所示。

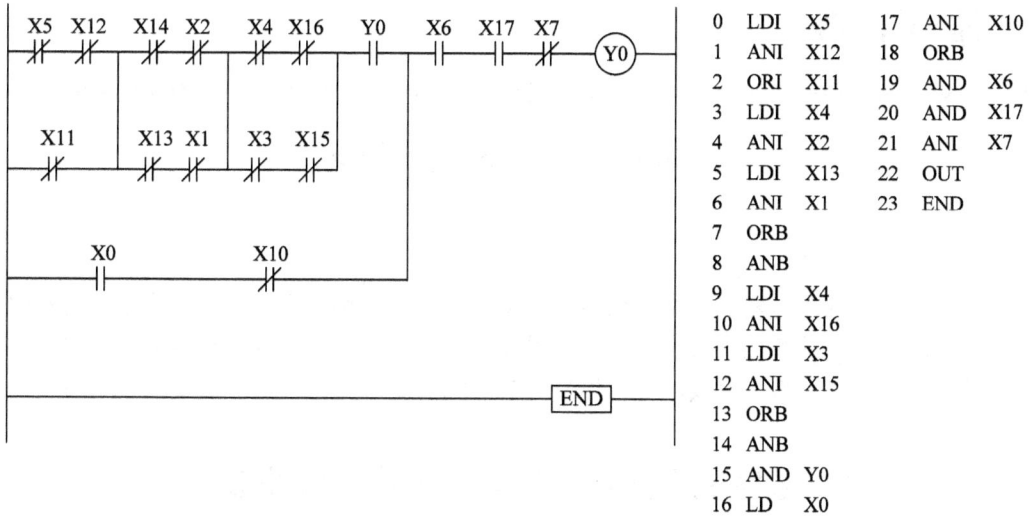

0　LDI　X5	17　ANI　X10
1　ANI　X12	18　ORB
2　ORI　X11	19　AND　X6
3　LDI　X4	20　AND　X17
4　ANI　X2	21　ANI　X7
5　LDI　X13	22　OUT
6　ANI　X1	23　END
7　ORB	
8　ANB	
9　LDI　X4	
10　ANI　X16	
11　LDI　X3	
12　ANI　X15	
13　ORB	
14　ANB	
15　AND　Y0	
16　LD　X0	

图 10-12　15/3 吨交流桥式起重机 PLC 控制梯形图及指令语句表

第 11 章

数控机床故障维修

随着现代制造业的发展，对机械加工范围和加工精度都提出了更高的要求，传统普通的加工机床已不能满足现代生产的需要。因此，数控机床技术得到了快速的发展并被广泛地应用到了制造业的各个领域。所以作为一个电气维修人员，必须掌握数控机床的维修。

11.1 数控机床故障检测与维修的对象和故障分类

11.1.1 数控机床故障检测的对象

1. 数控机床本体(包括液压、气动和润滑装置)

对于数控机床本体而言，由于机械部件处于运动摩擦过程中，因此对它的维护就显得特别重要，如主轴箱的冷却和润滑、导轨副和丝杠螺母副的间隙调整与润滑及支承的预紧、液压和气动装置的压力调整和流量调整等。

2. 电气控制系统

电气控制系统包括数控系统、伺服系统、机床电器柜(也称强电柜)及操作面板等。

数控系统与机床电气设备之间的接口有四个部分：

(1) 驱动电路：主要指与坐标轴进给驱动和主轴驱动之间的电路。

(2) 位置反馈电路：指数控系统与位置检测装置之间的连接电路。

(3) 电源及保护电路：由数控机床强电线路中的电源控制电路构成。强电线路由电源变压器、控制变压器、各种断路器、保护开关、接触器、熔断器等连接而成，以便为交流电动机、电磁铁、离合器和电磁阀等功率执行元件供电。

(4) 开关信号连接电路：开关信号是数控系统与机床之间的输入/输出控制信号，输入/输出信号在数控系统和机床之间的传送通过 I/O 接口进行。数控系统中的各种信号均可用机床数据位 "1" 或 "0" 来表示。数控系统通过对输入开关量的处理，向 I/O 接口输出各种控制命令，控制强电线路的动作。

从电气的角度来看，数控设备最明显的特征就是用电气驱动代替了普通机床的机械传动，相应的主运动和进给运动由主轴电动机和伺服电动机共同完成，而电动机的驱动必须有相应的驱动装置和电源配置。

现代数控机床一般用可编程序控制器代替普通机床强电控制柜中的大部分机床电器，

从而实现对主轴、进给、换刀、润滑、冷却、液压以及气压传动等系统的逻辑控制。特别要注意的是机床上各部位的按钮、行程开关、接近开关及电器、电磁阀等机床电器开关，因为它们的可靠性会直接影响到机床能否正确执行动作。这些设备的故障是数控设备最常见的故障。

为了保证精度，数控机床一般都采用了反馈装置，包括速度检测装置和位置检测装置。检测装置的好坏将直接影响到数控机床的运动精度及定位精度。

因此，电气系统的故障检测及维护是数控机床维护和故障检测的重点部分。

资料表明：数控设备的操作、保养和调整不当占整个系统故障的57%，伺服系统、电源及电气控制部分的故障占整个故障的37.5%，而数控系统的故障占5.5%。

11.1.2　数控机床故障检测的分类

数控机床故障是指数控机床失去了规定的功能。按照数控机床故障频率的高低，机床的使用期可以分为三个阶段，即初始运行期、相对稳定期和衰老期。这三个阶段故障频率可以由故障发生概率曲线来表示，如图 11-1 所示。数控机床从整机安装调试后至运行 1 年左右的时间称为机床的初始运行期。在这段时间内，机械处于磨合阶段，部分电子元器件在电器干扰中经受不了初期的考验而破坏，所以数控机床在这段时间内的故障较多。数控机床经过了初始运行期就进入了相对稳定期，机床在该期间仍然会产生故障，但是故障频率相对降低。数控机床的相对稳定期一般为 7～10 年。数控机床经过相对稳定期之后是数控机床的衰老期，由于机械的磨损、电器元器件的品质因数下降，数控机床的故障频率又开始升高。

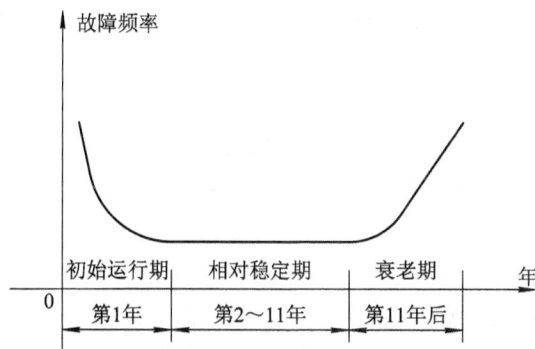

图 11-1　故障发生概率曲线

数控设备的故障是多种多样的，可以从不同角度对其进行分类，按其表现形式、性质、起因等可分类如下。

1. 从故障的起因分类

从故障的起因上看，数控系统故障分为关联性和非关联性故障。非关联性故障是指与数控系统本身的结构和制造无关的故障，故障的发生是由诸如运输、安装、撞击等外部因素人为造成的。关联性故障是指由于数控系统设计、结构或性能等缺陷造成的故障。关联性故障又分为固有性故障和随机性故障。固有性故障是指一旦满足某种条件，如温度、振动等条件，就出现故障。随机性故障是指在完全相同的外界条件下，故障有时发生或不发生的情况。一般随机性故障由于存在着较大的偶然性，给故障的检测和排除带来了较大的困难。

2．从故障出现的时间分类

从故障出现的时间上看，数控系统故障可分为随机故障和有规则故障。随机故障的发生时间是随机的；有规则故障的发生有一定的规律性。

3．从故障的发生状态分类

从故障的发生状态来看，数控系统故障可分为突然故障和渐变故障。突然故障是指数控系统在正常使用过程中，事先并无任何故障征兆而突然出现的故障。突然故障的例子有：因机器使用不当或出现超负荷而引起的零件折断；因设备各项参数达到极限而引起的零件变形和断裂等。渐变故障是指数控系统在发生故障前的某一时期内，已经出现故障的征兆，但此时(或在消除系统报警后)数控机床还能够正常使用，并不影响加工出的产品质量。渐变故障与材料的磨损、腐蚀、疲劳及蠕变等过程有密切的关系。

4．按故障的影响程度分类

从故障的影响程度来看，数控系统故障可分为完全失效故障和部分失效故障。完全失效故障是指数控机床出现故障后，不能再正常加工工件，只有等到故障排除后，才能让数控机床恢复正常工作的情况。部分失效故障是指数控机床丧失了某种或部分系统功能，而数控机床在不使用该部分功能的情况下，仍然能够正常加工工件的情况。

5．按故障的严重程度分类

从故障的严重程度来看，数控系统故障可分为危险性故障和安全性故障。危险性故障是指数控系统发生故障时，机床安全保护系统在需要动作时因故障失去保护作用，造成了人身伤亡或机床故障。安全性故障是指机床安全保护系统在不需要动作时发生动作，引起机床不能启动。

6．按故障的性质分类

从故障的性质来看，数控系统故障可分为软件故障、硬件故障和干扰故障三种。其中，软件故障是指由程序编制错误、机床操作失误、参数设定不正确等引起的故障。对于软件故障，通过认真消化、理解随机资料，掌握正确的操作方法和编程方法，就可避免和消除。硬件故障是指由 CNC 电子元器件、润滑系统、换刀系统、限位机构、机床本体等硬件因素造成的故障。干扰故障则表现为内部干扰和外部干扰，是指由于系统工艺、线路设计、电源地线配置不当等以及工作环境的恶劣变化而产生的故障。

11.2　数控机床故障检测与维修方法

11.2.1　故障检测与维修的方法

1．常规方法

1) 直观法

直观法是一种最基本的方法。维修人员通过对故障发生时的各种光、声、味等异常现象的观察以及认真查看系统的每一处，往往可将故障范围缩小到一个模块或一块印制电路板。这要求维修人员具有丰富的实际经验，要有多学科的知识和综合判断的能力。我们在第 4 章中讲述的"看、问、听、摸、操作"的方法，在数控机床的检修中同样适用。

(1) 看：观察机床电器或线路的表面情况，有的故障能一目了然。例如，有些元器件或导线连接处有无烧焦痕迹，熔断器内的熔芯是否熔断等。根据具体情况采取相应的措施予以排除，这样可以事半功倍。比如看 CRT 报警信息、报警指示灯、熔丝断否、元器件烟熏烧焦、电容器膨胀变形、开裂、保护器脱扣、触头火花等。

(2) 问：向机床操作者了解故障发生的前后情况、机床的故障现象及加工状况，故障是突然发生的还是经常发生的，有什么异常现象出现，有什么失常现象等。这样掌握初始的资料，有利于判断故障发生的部位，迅速找出故障点。

(3) 听：启动机床，听电动机、控制变压器、接触器、继电器等是否有异常声和闭合声(铁芯、欠压、振动等)。

(4) 摸：当机床运行一段时间后，切断电源，用手摸有关电器的外壳或电磁线圈，看是否有不正常的发热现象、振动、接触不良等。

(5) 操作：对机床的所有功能进行操作，在操作中发现机床的故障。

此外，还可以通过闻电气元件是否有焦糊味及其他异味等来判断机床的故障位置等。

2) 自检测功能法

现代的数控系统虽然尚未达到智能化很高的程度，但已经具备了较强的自诊断功能，能随时监视数控系统的硬件和软件的工作状况。一旦发现异常，立即在 CRT 上显示报警信息或用发光二极管指示出故障的大致起因。利用自检测功能，也能显示出系统与主机之间接口信号的状态，从而判断出故障发生在机械部分还是数控系统部分，并指示出故障的大致部位。这个方法是当前数控机床维修时最有效的一种方法。

3) 功能程序测试法

所谓功能程序测试法，就是将数控系统的常用功能和特殊功能，如直线定位、圆弧插补、螺纹切削、固定循环、用户宏程序等用手工编程或自动编程方法，编制成一个功能程序，送入数控系统中，然后启动数控系统，使之进行运行加工，借以检查机床执行这些功能的准确性和可靠性，进而判断出故障发生的可能起因。对于长期闲置的数控机床第一次开机时的检查以及机床加工造成废品但又无报警的情况下，一时难以确定是编程错误还是操作错误或是机床故障，这里采用功能程序测试法来判断是一种较好的方法。

4) 交换法

交换法是一种简单易行的方法，也是现场判断时最常用的方法之一。所谓交换法，就是在分析出故障大致起因的情况下，维修人员可以利用备用的印制电路板、模板、集成电路芯片或元器件替换有疑点的部分，从而把故障范围缩小到印制电路板或芯片一级。它实际上也是在验证分析的正确性。在备板交换之前，应仔细检查备板是否完好，并应检查备板的状态与原板状态是否完全一致。这包括检查板上的选择开关、短路棒的设定位置以及电位器的位置。在置换 CNC 装置的存储器板时，往往还需要对系统进行存储器的初始化操作，重新设定各种数控数据，否则系统仍将不能正常地工作。又如更换 FANUC 公司的 7系统的存储器板之后，需重新输入参数，并对存储器区进行分配操作。缺少了后一步，一旦零件程序输入，将产生 60 号报警(存储器容量不够)。有的 CNC 系统在更换了主板之后，还需进行一些特定的操作。如 FANUC 公司的 FS-10 系统，必须按一定的操作步骤，先输入 9000～9031 号选择参数，然后才能输入 0000～8010 号系统参数和 PC 参数。总之，一定要严格按照有关系统的操作、维修说明书的要求进行操作。

5) 转移法

所谓转移法，就是将 CNC 系统中具有相同功能的两块印制电路板、模板、集成电路芯片或元器件互相交换，观察故障现象是否随之转移。由此可迅速确定系统的故障部位。

6) 参数检查法

众所周知，数控参数能直接影响数控机床的功能。参数通常存放在磁泡存储器或需由电池保持的 CMOS RAM 中，一旦电池电量不足或由于外界的某种干扰等因素，会使个别参数丢失或变化，发生混乱，使机床无法正常工作。此时，通过核对、修正参数，就能将故障排除。长期闲置的机床在工作中无缘无故地出现不正常现象或有故障而无报警时，就应根据故障特征，检查和校对有关参数。

另外，经过长期运行的数控机床，由于其机械传动部件磨损、电气元件性能变化等原因，也需对其有关参数进行调整。有些机床的故障往往就是由于未及时修改某些不适应的参数导致的。

7) 测量比较法

CNC 系统生产厂在设计印制电路板时，为了调整、维修的便利，在印制电路板上设计了多个检测用端子。用户也可利用这些端子比较测量正常的印制电路板与有故障的印制电路板之间的差异。可以检测这些测量端子的电压或波形，分析故障的起因及故障的所在位置，甚至有时还可对正常的印制电路板人为地制造"故障"，如断开连线或短路、拔去组件等，以判断真实故障的起因。为此，维修人员应注意印制电路板上关键部位或易出故障部位在正常时的正确波形和电压值，因为 CNC 系统生产厂往往不提供有关这方面的资料。

8) 敲击法

当系统出现的故障表现为若有若无时，往往可用敲击法检查出故障的部位所在。由于 CNC 系统是由多块印制电路板组成的，每块板上有许多焊点，板间或模块间又通过插接件及电缆相连，因此，任何虚焊或接触不良都可能引起故障。当用绝缘物轻轻敲打有虚焊及接触不良的疑点处时，故障肯定会重复再现。

9) 局部升温

CNC 系统经过长期运行后元器件均会老化，性能会变差。当它们尚未完全损坏时，出现的故障就是时有时无的。这时可用热吹风机或电烙铁等来局部升温被怀疑的元器件，加速其老化，以便彻底暴露故障部件。当然，采用此法时，一定要注意元器件的温度参数等，不要将原来是好的元器件烤坏。

10) 原理分析法

根据 CNC 系统的组成原理，可从逻辑上分析各点的逻辑电平和特征参数(如电压值或波形)，然后用万用表、逻辑笔、示波器或逻辑分析仪进行测量、分析和比较，从而对故障定位。运用这种方法，要求维修人员必须对整个系统或每个电路的原理有清楚的、较深的了解。除了以上常用的故障检查测试方法外，还有拔板法、电压拉偏法、开环检测法等多种检测方法。这些检查方法各有特点，按照不同的故障现象，可以同时选择几种方法灵活应用，对故障进行综合分析，才能逐步缩小故障范围，较快地排除故障。

2. 先进方法

1) 远程检测

远程检测是数控系统生产厂家维修部门提供的一种先进的检测方法，这种方法采用网络通信手段。该系统一端连接用户的 CNC 系统中的专用"远程通信接口"，通过局域网或将普通电话线连接到 Internet 上，另一端则通过 Internet 连接到设备远程维修中心的专用检测计算机上。由检测计算机向用户的 CNC 系统发送检测程序，并将测试数据送回到检测计算机进行分析，得出检测结论，然后再将检测结论和处理方法通知用户。大约 20% 左右的服务可以通过远程检测和远程服务进行处理和解决，而且用于故障检测和故障排除的时间可以减少 90%，维修和维护的费用可以减少 20%～50%。采用远程检测和远程服务将降低服务费用的支出，提高经济效益，从而进一步增强市场竞争力。这种远程故障检测系统不仅可用于故障发生后对 CNC 系统进行检测，还可对用户作定期预防性检测。双方只需按预定时间对数控机床作一系列试运行检查，将检测数据通过网络传送到维修中心的检测计算机进行分析、处理，维修人员不必亲临现场，就可及时发现系统可能出现的故障隐患。

SIEMENS 公司生产的数控系统、荷兰 Delem 公司的 DA65W 和 DA66W 数控系统、MAZAK 公司的 Mazatrol 数控系统以及华中世纪星等数控系统都具有远程故障检测功能。

数控设备 E-服务平台是建立在互联网上的一个特殊网站，内容包括数控设备制造企业的用户档案、协助其进行设备故障检测的领域专家档案、用户设备电子病历，设备远程操作、检测、维护模块，以及网络会诊工具等。平台的作用是通过 Web 这一灵活、方便的形式，将与设备技术支持与服务相关的设备检测信息、用户信息、专家信息组织在一起，形成一个网络化设备故障检测与服务保障体系，提高产品售后服务质量和效率。

机床网关是由运行在生产现场的一台 PC 或笔记本计算机构成的一个数控机床连接器，它一端通过电话网、移动通信网、互联网与数控设备 E-服务平台相连，另一端则通过局域网／RS232 等形式与数控机床相连。其作用是将数控机床内部的 PLC 信息和外部的音频、视频信息、传感器信息发送到互联网上，供设备远程检测使用。另外，它也可以将远程终端用户浏览器发送来的控制信息转发给与之连接的数控机床。

设备使用工程师、设备制造工程师或领域专家通过运行在远程终端上的浏览器，从数控设备 E-服务平台上获取和发布信息，对数控设备故障进行远程协作检测，提供远程技术支持。

当企业用户遇到技术问题时先登录数控设备 E-服务平台，利用平台提供的典型案例、设备常见故障、数控设备检测专家系统等工具尝试自行解决问题；如果用户无法利用平台提供的工具解决问题，则请求作为平台管理员的设备制造企业工程师协助解决问题；如果问题还是不能解决，则由平台管理员请求异地领域专家进行联合会诊，直至问题解决。

2) 自修复系统

自修复系统就是在系统内设置有备用模块，在 CNC 系统的软件中装有自修复程序。当该软件在运行中一旦发现某个模块有故障时，系统一方面将故障信息显示在 CRT 上，同时自动寻找是否有备用模块，如有备用模块，则系统能自动使故障脱机，而接通备用模块，使系统能较快地进入正常工作状态。这种方案适用于无人管理的自动化工作的场合。

3) 专家检测系统

专家检测系统又称智能检测系统。它将专业技术人员、专家的知识和维修技术人员的经验整理出来，运用推理的方法编制成计算机故障检测程序库。专家检测系统主要包括知识库和推理机两部分。知识库中以各种规则形式存放着分析和判断故障的实际经验和知识，推理机对知识库中的规则进行解释，运行推理程序，寻求故障原因和排除故障的方法。操作人员通过 CRT/MDI 用人机对话的方式使用专家检测系统，输入数据或选择故障状态，从专家检测系统处获得故障检测的结论。

11.2.2　检测与维修的一般步骤

数控设备的故障检测与维修的过程大体上可分为故障原因的调查与分析、电气维修与故障的排除及总结提高三个阶段。

1．故障原因的调查与分析

这是排除故障的第一阶段，也是非常关键的阶段。

数控机床出现故障后，不要急于动手处理，首先要摸清楚故障发生的过程，分析产生故障的原因。为此要做好下面几项工作：

(1) 询问调查。在接到机床现场出现故障要求排除的信息时，首先应要求操作者尽量保持现场故障状态，不做任何处理，这样有利于迅速精确地分析故障原因。同时仔细询问故障指示情况、故障表象及故障产生的背景情况，依此做出初步判断，以便确定现场排故(排除故障)所应携带的工具、仪表、图样资料、备件等，减少往返时间。

(2) 现场检查。到达现场后，首先要验证操作者提供的各种情况的准确性与完整性，从而核实初步判断的准确度。由于操作者的水平，对故障状况描述不清甚至完全不准确的情况不乏其例，因此到现场后仍然不要急于动手处理，重新仔细调查各种情况，以免破坏了现场，使排除故障的难度增加。

(3) 故障分析。根据已知的故障状况按上述故障分类办法分析故障类型，从而确定排除故障的原则。由于大多数故障是有指示的，所以一般情况下，对照机床配套的数控系统诊断手册和使用说明书，可以列出产生该故障的多种可能的原因。

(4) 确定原因。对多种可能的原因进行排查，从中找出本次故障的真正原因，对于维修人员来说这是一种对该机床熟悉程度、知识水平、实践经验和分析判断能力的综合考验。当前的 CNC 系统智能化程度都比较低，系统尚不能自动检测出发生故障的确切原因，往往是同一报警信号可以有多种起因，不可能将故障缩小到具体的某一部件。因此，在分析故障的起因时，一定要思路开阔。有时会见到这种情况，自检测出系统的某一部分有故障，但究其起源，却不在数控系统，而是在机械部分。所以，无论是 CNC 系统、机床强电，还是机械、液压、气路等，只要有可能引起该故障的原因，都要尽可能全面地列出来，进行综合判断和筛选，然后通过必要的试验，达到确诊和最终排除故障的目的。

(5) 排故准备。有些故障的排除方法可能很简单，有些故障则比较复杂，需要做一系列的准备工作，例如工具仪表的准备、局部的拆卸、零部件的修理、元器件的采购，甚至排故计划步骤的制订等。

数控机床电气系统故障的调查、分析与检测的过程也就是故障的排除过程，一旦查明了原因，故障也就几乎等于排除了。因此故障分析检测的方法也就变得十分重要了。

一般情况下，在检测系统故障的过程中应掌握以下几个原则：

(1) 先外部后内部。数控机床是集机械、液压、电气为一体的机床，故其故障的发生也会由这三者综合反映出来。维修人员应先由外向内逐一进行排查，尽量避免随意地启封、拆卸，否则会扩大故障，使机床大伤元气，丧失精度，降低性能。

(2) 先机械后电气。一般来说，机械故障较易发觉，而数控系统故障的检测难度则大一些。在故障检修之前，首先排除机械性的故障，往往可达到事半功倍的效果。

(3) 先静后动。先在机床断电的静止状态，通过了解、观察测试、分析确认为非破坏性故障后，方可给机床通电。在运行工作状况下，进行动态的观察、检验和测试，查找故障。而对破坏性故障，必须先排除危险后，方可通电。

(4) 先简单后复杂。当出现多种故障互相交织掩盖，一时无从下手时，应先解决容易的问题，后解决难度较大的问题。通常解决了简单的问题后，难度大的问题也可能变得容易了。

2. 电气维修与故障的排除

这是排除故障的第二阶段，是实施阶段。如前所述，完成了电气故障的分析，也就基本上完成了故障的排除，剩下的工作就是按照相关操作规程具体实施。

3. 维修排故后的总结提高工作

对数控机床电气故障进行维修和分析排除后的总结与提高工作是排故的第三阶段，也是十分重要的阶段，应引起足够的重视。

总结提高工作的主要内容包括：

(1) 详细记录从故障的发生、分析判断到排除全过程中出现的各种问题，采取的各种措施，涉及的相关电路图、相关参数和相关软件，其间错误分析和排故方法也应记录，并记录其无效的原因。除填入维修档案外，内容较多者还要另文详细书写。

(2) 有条件的维修人员应该从较典型的故障排除实践中找出带有普遍意义的内容作为研究课题，进行理论性探讨，写出论文，从而达到提高的目的。特别是在有些故障的排除中并未经认真系统的分析判断，而是带有一定偶然性地排除了故障，这种情况下的事后总结研究就更加必要。

(3) 总结故障排除过程中所需要的各类图样、文字资料，若有不足应事后想办法补齐，而且在随后的日子里研读，以备将来之需。

(4) 从排故过程中发现自己欠缺的知识，制订学习计划，力争尽快补课。

(5) 找出工具、仪表、备件之不足，条件允许时补齐。

总结提高工作的好处是：

(1) 迅速提高维修者的理论水平和维修能力。

(2) 提高重复性故障的维修速度。

(3) 利于分析设备的故障率及可维修性，改进操作规程，提高机床寿命和利用率。

(4) 可改进机床电气原设计之不足。

(5) 资源共享。总结资料可作为其他维修人员的参考资料、学习培训教材。

11.2.3　检测及维修常用工具与设备

1. 万用表

万用表是最常用的一种测量电路及元器件电信号的工具。它通常可测量电压、电流、电阻及音频电平等多种电参量。有的万用表还可测量三极管的放大倍数和电气元件(三极管、二极管、电容、电感等)的有关参数，并以此作为判断元器件质量好坏的依据。由于万用表的输入阻抗高，不会过多地产生分流，故其测量结果是可靠的。万用表的显示方式目前有指针式和数字式两种，两者相比，前者既有测量误差又有读数误差，而后者仅有测量误差，故其结果的准确性以后者为佳。另外，可利用数字式万用表内的蜂鸣器方便地判断电路中有无短路、断路现象。

万用表在使用前应选择合适的挡位和适当的量程，以防实际测量时错挡或测量值大于所设量程范围，烧坏表内部件。另外，在使用万用表前须先校零(指针式校零位，数字式校零显示)，以求测量值的准确性。

2. 逻辑夹

逻辑夹是一种测试数字电路的工具。这种小小的工具夹在集成电路芯片的引脚上，并在其顶端有导线连到集成电路芯片的每一个引脚上。使用者可以将测试探针或输入信号的夹子夹在顶端的导线上，由此可以测量或监测待测电路芯片特定引脚上逻辑电平的变化情况。另一种形式的逻辑夹，本身就具有监视电压变化的能力，这种夹子的顶端不是一根根裸露的导线，而是由两排发光二极管(LED)所组成。其上每一个发光二极管的亮暗状态表示集成电路芯片对应引脚上的逻辑状态(亮：表示逻辑状态 1；暗：表示逻辑状态 0)。此外，夹子上的每一引脚都有缓冲的电子线路，从而不至于在待测芯片上造成负载效应。逻辑夹有若干种不同规格，因此可以适用于包括 TTL 系列以及 CMOS 系列在内的所有逻辑电路芯片，其输入直流电压可达 30 V。

逻辑夹的使用方法是将夹的顶点压紧后，将夹子的下部对准待测芯片的引脚，使其夹到该芯片上。当电源打开后，夹子顶端的 LED 就会指出芯片各个引脚的逻辑状态。

需要特别注意的是，在使用逻辑夹之前，一定要先将系统电源关掉，再夹上逻辑夹。待逻辑夹夹好后，再打开系统电源进行测试。这样可以防止在使用逻辑夹的过程中，不小心造成短路的现象发生。

3. 逻辑笔

逻辑笔亦称逻辑探针，它是目前在数字电路测试中使用最为广泛的一种工具。虽然它不能处理像逻辑分析仪所能做的那种复杂工作，但对检测数字电路中的各点电平是十分有效的。对于大部分数字电路中的故障，这种逻辑笔可以很快地将 90% 以上的故障芯片找出来。如果将逻辑笔的探针尖端放在某一点上(例如某一芯片的某一引脚、电路中的某一点)，逻辑笔上的指示灯会将此点的逻辑状态指示出来(逻辑高电位、逻辑低电位或高阻抗状态)。大部分逻辑笔的探针尖端都加有保护电路，以防止不小心触碰到比逻辑门限电压(+5 V)更高的电压点时可能造成的损坏(其保护能力最高电压可达 +12 V、接触时间在 30 s 内)。

逻辑笔一般提供四种逻辑状态指示：

① 绿色发光二极管亮时，表示逻辑低电位(逻辑 0)；
② 红色发光二极管亮时，表示逻辑高电位(逻辑 1)；
③ 黄色发光二极管亮时，表示浮空或三态的高阻抗状态；
④ 如果红、绿、黄三色发光二极管同时闪烁，则表示有脉冲信号存在。

逻辑笔的电源取自于被测试电路。测试时，将逻辑笔的电源夹子夹在被测试电路的任一电源点，另一个夹子夹到被测试电路的公共地端。

虽然逻辑笔是可以用来寻找示波器不易发现的瞬间而且频率较低的脉冲信号的理想工具，但其主要还是用于测试输出信号相对固定于高电位或低电位的逻辑门电路。

使用逻辑笔检修电路时，一般应从可能出现故障的电路中心部分开始检查逻辑电平的正确性(当然，使用这种方法时必须要有一份系统的电路图)。一般方法是根据逻辑门电路的输入值，测试其输出电平的合理性。采用此种方法，通常不需要太长的时间就可将输出总是停留在某一固定逻辑状态的故障芯片找出。对于逻辑笔的唯一限制是一次只能监测一条导线上的信号。

4. 逻辑脉冲发生器

在测试电路时，如果被测试电路的信号不变或有脉冲信号产生，可以使用逻辑脉冲发生器将受控制的脉冲信号送至电路中。

当打开逻辑脉冲发生器上的开关或启动按钮时，逻辑脉冲信号发生器首先检查目前被测试点上的逻辑状态，然后自动产生一个或一组逻辑状态相反的脉冲信号，此脉冲信号的逻辑状态可由逻辑脉冲信号发生器上的 LED 显示出来。

由于不需除焊或切断导线即可将不同的信号送至电路中，因此使得逻辑脉冲发生器能配合逻辑笔成为理想的测试工具。这两种工具配合使用，可以一步一步测试电路的每一部分是否工作正常。

5. 电流跟踪器

电流跟踪器是一种便携式检修辅助工具，这种辅助测试工具可以帮助检修者准确地找出系统电路板中的短路点。电流跟踪器可以感应电路中电流所产生的磁场，如果用逻辑脉冲发生器来产生一脉冲信号，这个信号就可以由电流跟踪器查出。当电流跟踪器上的指示灯闪亮时，就表示有电流存在。

如果将电流跟踪器的探头放在印制电路板上，并沿着电路导线移动，此时只要电流存在就会使电流跟踪器上的指示灯发亮。当探头移至短路点时，LED 指示灯会变暗甚至不亮，这说明已经找到短路点了。

6. 集成电路芯片测试仪

由于微型计算机中大量使用集成电路芯片，因此，经常会遇到检测芯片好坏的测试工作。此时，如果有一台集成电路芯片测试仪，将对测试工作十分有利。

由 MicroSciences 公司生产的集成电路芯片测试仪，可以测试 100 种以上的 74 系列 TTL 集成电路以及 4000 系列 CMOS 集成电路，这种测试仪还可选配 RAM 及 ROM 测试硬件，以强化芯片测试功能。

由 MicroLeb 公司所研制的集成电路芯片测试仪，可以针对所有 54 系列及 74 系列 900 多种 TTL 集成电路芯片的每一引脚做完整的功能测试。这种测试仪利用液晶显示器将被测芯片的测试状况显示出来，并用 LED 显示 GO/NO GO(正常/故障)的测试结果。

由 VuData 公司推出的一种电路元件测试仪是一种工作频带为 50 MHz，可显示电路板上所有电压与电流关系特性的显示器。所能测试的元器件包括电阻、电容、二极管、三极管以及集成电路芯片等。有了这种测试仪后，便可从屏幕的显示图形看到被测元件的工作情况，也可以方便地找出电路中发生断路、短路、漏电的二极管和三极管、损坏的集成电路芯片等故障。由于这类仪器可以测试仍焊接在电路板上的各类元件，因此特别有实用价值。

7. 示波器

一般来说，示波器是一种电子显示设备。示波器的显示屏幕可以将信号电压与时间或频率的关系以图形方式在阴极射线管(CRT)的荧光屏上绘出。电路中测试点上的电子信号可以经由示波器上的探头送入示波器内，并对其特性加以分析；示波器亦可以当做测量工具，用来测定特定信号的电压波形。

示波器有多种规格，其体积大小亦多种多样，并且功能也不尽相同。简单的单踪示波器只有一个探头，每次只能检测一路电子信号，然后加以分析并显示其波形。双踪示波器有两个探头，可同时分析并显示两路电子信号。示波器最多可达 8 踪，亦即可同时分析并显示 8 路电子信号的波形。此外，彩色数字示波器具有彩色显像能力，它使得由电路各部分取出的信号可以迅速地进行比较。有些示波器内部还装有存储器，可将重要的信号加以储存，以便日后计算使用。

示波器除了具有灵敏度高且能同时处理多路信号的特点外，还有一项重要的特性，即它能处理的信号可以位于相当宽的频率范围，在此范围内信号的波形都能有效地"冻结"在 CRT 荧光屏上以供观察和分析。示波器所能测试信号的频率范围称为示波器的带宽。由于一般示波器所能测试信号的最低频率为直流信号(频率为 0 的信号)，所以其带宽通常是指其所能测试信号的最高频率。示波器的带宽一般为 5 MHz、10 MHz、100 MHz 直至300 MHz。带宽越宽，示波器的价格越贵。

示波器是用来"冻结"一个模拟信号或时间变化信号的有效工具，可以从显示荧光屏上的方格和选用的档次来测量其参数(如电压幅度、周期以及频率或时间宽度等)值。此外，示波器还可以测量被测信号的延迟时间、上升沿(上升时间)、下降沿(下降时间)，甚至可以找出间歇性的杂乱脉冲等。

双踪、4 踪甚至 8 踪示波器的最大优点是可以同时观察数个不同信号或信号路径。例如，可以同时观察一个门电路的输入与输出信号，并测量信号从其输入到输出所造成的延迟时间。此外，多踪示波器可以用于同时显示总线(如数据总线、地址总线)上的所有信号或其部分信号，可以看出逻辑电平(逻辑高电平为+5 V，逻辑低电平为0 V)与所代表的地址或二进制数据。

8. 逻辑分析仪

逻辑分析仪实际上是一种带存储器的多踪示波器，它可以把拾取或储存的许多数字信号同时显示出来。如果每个信号代表数据总线上的一位数据，则用逻辑分析仪可同时看到整个数据总线上的信息，即所传递的数据。这意味着可将信号取样时间内所储存任一瞬间各数据位的逻辑电平显示出来。换句话说，将总线上的信号储存于存储器后，可随时加以显示与分析，这是逻辑分析仪的突出优点。

如同示波器一样，逻辑分析仪所能处理的信号也有一定的带宽，其带宽一般为(2~200) MHz。例如一种 32 踪逻辑分析仪，其数据输入频率可高达 100 MHz；另有一种48 踪、200 MHz 的逻辑分析仪，同时还配有微机以及两个双密度软盘驱动器。逻辑分析仪每条信号通道上都有一个探针夹，用来从电路测试点拾取信号。这种夹子的体积很小，且易于使用。

目前逻辑分析仪的取样能力可由下列规格中看出：在 25 MHz 下提供 104 个数据通道取样能力，在 100 MHz 下取样 32 个数据通道，在 330 MHz 下取样 16 个数据通道。还有的规格是在 8 通道输入数据时，其工作频率可高达 600 MHz。

逻辑分析仪的用途之一是做软件分析和侦错的工作。可用机器码的形式将程序或数据读入，并追踪这些数据在电路中的流动情形。可以针对某个可能有故障的芯片(例如 RAM)同时进行输入及输出分析。此时，可以发现间歇性的杂乱脉冲，这种干扰可能会对计算机系统造成极大的破坏。此外，逻辑分析仪还可用于其他许多方面。

逻辑分析仪可以称为数字领域中的示波器，对于软件或硬件设计及维修人员来说是一种强有力的测试辅助工具，但逻辑分析仪的价格很贵。

9. 工具包

工具包应包括常用的简单工具，如十字螺丝刀、一字螺丝刀等。

(1) 大、中、小号十字螺丝刀及一字螺丝刀各一把，用以完成机器、设备的拆装。如果可能，最好选择顶部带磁性的螺丝刀，这样便于安装机箱内部或不易操作处的螺钉。

(2) 钳子若干把，常用的尖嘴钳用于协助安装较小的螺钉或插接件，偏口钳用于细导线或电缆的铰断和焊接时的"剥线"，台虎钳用于较大物体的固定。

(3) 镊子，用于维修工作中微小物体的拣拾，作板子的清洗和焊接的辅助工具。

(4) 割线刀一把，可利用较锋利的裁纸刀或刻刀，在维修、改线等工作时割断已有的连线或切削之用。

(5) 微型扳手，用以协助螺钉的拧动。

(6) 电烙铁一把，用以焊接电缆或微机板、卡的简单接触、虚焊等方面的焊接工作。

(7) 芯片起拔器，用以取下板上带有插座的 ROM 芯片或其他芯片。

11.3　数控系统的常见故障检测与分析

11.3.1　数控系统硬件故障检测与分析

数控机床的控制系统比较复杂，而且各单元模块之间的关系比较紧密，当数控机床的硬件系统出现故障时，很难准确地确定故障部位与故障原因。要解决数控系统的硬件故障，不仅要求维修人员有较高的电子技术水平，熟练掌握控制系统中各模块、单元的工作原理，还要能熟练运用各种故障检测方法综合分析。下面列举一些硬件故障的检测实例以供参考。

例 1　一台 KMC—3000SD 型龙门式加工中心，在安装调试后不久，轴偶尔出现报警，只是实际位置与指令不一致。检查时发现，轴编码器外壳有变形的现象，故怀疑该编码器发生故障，已经被损坏，调换一个新的编码器安装后开机运行，故障现象消除。

例 2　一台 XHK716 立式加工中心，在安装调试时，CRT 显示器突然不显示任何内容，但是机床可以正常运转。停机后重新开机，又一切正常。在其后运行过程中此故障经常发生。由于此故障不定期出现，因此很难判断出其故障原因，于是在旁对其进行长时间观察。最后发现每当车间上方的门式起重机经过时就会出现此故障，由此判断出可能是干扰或元件接触不良。检查显示板，用绝缘棒逐个接触板上的元件，当触动其中一个集成芯片时，CRT 上的显示突然消失。仔细观察发现该芯片的引脚没有完全插入插座中，而且其旁边的一个晶振引脚上没有焊锡。进行处理后故障消失。

例 3　某 XK715F 型立式数控铣床，系统通电后，正常运行 20 min 左右非正常停机，CRT 无任何报警显示。断电半小时左右后可以正常启动，但工作数分钟后依旧出现上述故障。

系统因故中断又无任何报警显示，分析认为 CPU 控制系统中出现故障的概率较大，而且是断电停机半小时后能正常启动，运行 20 min 后又出现故障，断定故障与温度有关。检查系统板时，触摸到 CPU 板上 ROM 存储器区域一个 ROM 集成芯片温度较其他芯片异常偏高。用气泵为其吹风强制降温时发现系统能够正常运行，停止冷却后故障重新出现。证实该芯片已损坏，调换后故障排除。

例 4　WY203 型自动换箱数控组合机床 Z 轴一启动，即出现跟随误差过大报警而停机。经检查发现位置控制环反馈元件光栅电缆由于运动中受力而拉伤断裂，造成丢失反馈信号。

例 5　JCS—081 立式加工中心，加工的零件不合标准。检查时发现，轴电动机偶尔出现异常振动的声音，于是将电动机和丝杠分开，试车时仍然振动，可见振动不是机械传动机构引起的。为区分是电动机故障还是伺服系统出现故障，采用 Y 轴伺服单元控制轴电动机，故障依然，所以确定是电动机损坏。更换电动机后故障消失。

例 6　TC1000 型加工中心控制面板显示消失。经检查面板 MS401 板电源熔丝断，检测发现其内部无短路现象，换上熔丝后显示恢复。

例 7　TC1000 型加工中心 NC 系统运行异常，经检查，NC 系统冷却风扇未能按时清除污物，空气道堵塞，风扇过负荷而烧坏，导致冷却对象过热，出现异常。更换风扇后故障消除。

例 8　一台从意大利进口的数控铣床，数控系统是德国 HEIDENHAIN 公司的 TNC155。经过几年的使用后，在某冬季 CNC 系统出现了故障，电池虽然是新更换的，但关机后机床数据和加工程序仍经常丢失，有时机床在自动加工时，程序突然中断，CNC 系统死机。冬季过后，故障自然消失，直到下一个冬季来到时，这个故障又重新出现，并且特别频繁，有时因关机使机床参数丢失，而重新输入数据时，CNC 系统就死机，使这台机床基本处于瘫痪状态。根据有时可以开机操作，且夏季并不出现故障的现象分析，认为其一是干扰问题，其二最大的可能是接触问题，由于温度、湿度的变化，导致一些插接件接触不良。检查所有的接地线，并关掉所有能产生干扰的干扰源，但故障仍未消失。后来将机箱拆下并打开，发现总线槽上插接的三块电路板，其中主块已弯曲变形，导致印制电路板线路断路或接触不良。技术人员将该板校直，并采取加固措施，再装上后通电试验，系统稳定工作，再也没有发生这个故障。

总结：以上例子说明，系统发生故障后，首先进行外观检查。运用自己的感官感受判断明显的故障，有针对性地检查有怀疑部分的元器件，看空气断路器、继电器是否脱扣，继电器是否有跳闸现象，熔丝是否熔断，印制电路板上有无元件破损、断裂、过热，连接导线是否断裂、划伤，插接件是否脱落等；若有人检修过电路板，还得检查开关位置、电位器设定、短路棒选择、线路更改是否与原来的状态相符；同时注意观察故障出现时的噪声、振动、焦煳味、异常发热、冷却风扇是否转动正常等。其次要进行连接电缆、连接线、连接端及插接件检查。针对故障有关部分，用一些简单的维修工具检查各连接线、电缆是否正常。尤其注意检查机械运动部位的连接线及电缆，这些部位的连接线易受力、疲劳而断裂。再次就是将在恶劣环境下工作的相关元器件、易损部位的元器件进行全面检查。这些元器件容易受热、受潮、受振动、沾灰尘或油污而失效或老化。

例 9　一台 TC500 型加工中心 INDRAMAT X 轴交流伺服单元一接通电源就出现停机现象。维修人员把 X 轴控制电压线路接到其他轴伺服单元供给控制电压，其他调节器正常且故障现象消失。拆下 X 轴伺服单元进行测量，直流电压为 +15 V，在 X 轴伺服单元中有短路现象，+15 V 与 0 V 间电阻为 0。检查出 +15 V 与 0 V 在 PCB 上有一个 47 μF/50 V 电容被击穿，更换该电容后，再检查 +15 V 不再短路，伺服单元恢复正常。

例 10　FANUC3T-A 系统 CRT 无显示故障。在调试一零件程序当中，将机床锁住进行空运行时，按下启动按钮显示器无任何显示，也无光栅。

CK7815/1 型数控车床采用日本 FANUC 公司的 3T-A 闭环 CNC 控制系统。进给伺服机构采用 FANUC-BESK 直流伺服电动机(FB-15 型)。主轴驱动采用 FANUC-BESK 直流主轴电动机，可在宽范围内实现无级调速和恒速切削。机床顺序控制由 3T-A 系统内装的可编程序机床控制器(PMC)来实现。

机床电源电路如图 11-2 所示，检查 NC 柜中电源板无 24 V 直流电压输出，关掉机床电源，将 PCB 主板上与直流 24 V 电源相连的插接件 PC3 拔下，然后给机床通电，电源板有直流 24 V 电压，此时 CRT 有光栅，这说明在 PCB 主板或与其相连的插口及印制电路板中有短路的地方。关掉电源，将与 PCB 连接的输入/输出接口 M1、M2 和 M18 拔下，把 PC3 插口恢复，通电试车，CRT 显示正常。关掉电源，逐一连接 M1、M2 和 M18。查出输入接口 M1 和与 PLC 板连接的 M18 中均有短路的地方，至此，排除了 PCB 主板和 PLC 板，说明故障出现在机床侧。检查 M1 和 M18 中的 32P 均对地短路，查看 32P 所接的线，都是 5 号(即系统直流 24 V 电源)，通过分线盒与强电柜中的 5 号端子相连，将 5 号端子上的信号线逐一用万用表测量，有一条线与地短路，顺此线查明，故障发生在刀盘接线盒内的刀位开关上，重新调整刀位开关和接线，故障排除，机床恢复正常工作。

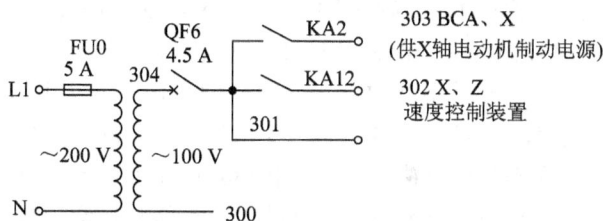

图 11-2　机床电源电路

总结：电源电压正常是机床控制系统正常工作的必要条件，电源电压不正常，一般会造成故障停机，有时还会造成控制系统动作紊乱。出现硬件故障后，对电源电压的检查千万不可忽视！检查步骤可参考调试说明，方法是参照上述电源系统，从前(电源侧)向后地检查各种电源电压。应注意到电源组功耗大、易发热，容易出故障。多数情况电源故障是由负载引起的，因此更应在仔细检查后继环节后再进行处理，熔丝断了只换熔丝是不够的，应检查真正短路或过流过负载的原因。检查电源时，不仅要检查电源自身馈电线路，还应检查由它馈电的无电源部分是否获得了正常的电压；不仅要注意到正常时的供电状态，还要注意到故障发生时电源的瞬时变化。

例 11　GPM900B—2 型数控曲轴铣床多次出现程序中断故障，显示 W 轴伺服报警。经检查是由于滑板放松指令的执行元件电磁阀卡死，造成前一程序段中断不够彻底，而后一程序段中又指令 W 轴移动，使 W 轴电动机伺服单元过负荷，致使程序中断。

例 12　TC500 型加工中心启动不起来，面板显示 EPROM 故障，并提示出报警部位在 EPROM CHIP 41。由于系统软件全部存储于 EPROM 存储器中，它们的正确无误是系统正常工作的基本条件，因此，机床每次启动时系统都会对这些存储器的内容进行校验和检查，一旦发现检测校验有误，立即显示文字报警，并指示出错芯片的片号。据此可知故障与芯片 41 有关。经检查 41 号芯片在伺服处理器 MS250 上，更换芯片 41 无效，更换 MS250 故障消失。

例 13　一台采用西门子 S1NU MERIK 3M 的数控磨床，在回参考点时轴不动，检查机床的报警信息，有 X 轴超负向限位的报警信息，将取消限位的开关打开，手动让 X 轴向正向运动，还是不动。检查 X 轴的伺服使能条件，发现为 0，根据 PLC 程序进行检查，发现一上料开关未打到正确位置，将这个开关打到正确位置后，将 X 轴走回，然后机床 3 轴正常回参考点。

例 14　瑞士 SOHAUBLIN 110 数控车床开动机床回参考点时，CRT 显示 510 号报警。SOHAUBLIN 110 CNC 数控车床是瑞士 SCHAUBLIN 公司的系列产品，系统为 FANUC OTC 系统。

首先把检查的重点放在与 X 坐标有关的 3 个位置传感器上。通过最简单的方法，即在手动运行机床的状态下，由电箱中的 PLC 显示来直接观察 3 个位置传感器的工作状态。观察中发现，机床向–X 方向运行时，在–X 极限位置处，X3073.1(Ref X)闪烁一下又常亮(表明 SB150 到位并有一负脉冲输出，从而证明其工作正常)，继续沿该方向向前运行一小段距离后，X3073.6(–X)闪烁一下又常亮(表明 SB145 到位并有一负脉冲输出，从而证明其工作正常)。此后机床会自动停机并显示 1012 号报警(提示内容为可能碰撞)。

重新启动机床并向反方向(即向+X 方向)运行，直至超过+X 方向的极限位置而且出现 510 号报警(+X 超程)并且停机时，X3073.1(Ref X)和 X3073.7(+X)均一直常亮并未闪烁过。为了进一步确认这两只传感器(SB150 和 SB148)工作状态的好坏(实际上，前面的一个检测步骤已经证实了 SB150 的工作是正常的)，可以将这两只传感器从工作位置上拆下来，用靠近铁质物体的方法来检查，证明两只传感器的工作都是正常的。这样一来，就出现了这样一种情况，即虽然出现了 510 号报警，但 3 只传感器的工作都是正常的。这样的现象，粗看似乎不容易发现，但只要仔细分析前面提到的前、后两种试测过程就不难发现，后面一个测试中，两只传感器(SB150 和 SB148)虽一直常亮未闪烁，而机床却出现了 510 号报警，并且已经知道两只传感器的工作都是正常的，那么就只存在着一种可能来解释这种现象，即表面上虽然超过了极限位置而且出现了超程报警，而实际上是两只传感器均未到达极限位置。而出现这种情况看来只有一种可能，即机床硬件所限定的极限位置与机床软件所设定的极限位置间产生了误差，从而导致出现了 510 号报警(如果为–X 方向超程将出现 511 号报警)。

这种故障实际上是机床硬件所限定的 X 行程(由 SB145、SB148 和 SB150 所决定)与机床软件所设定的 X 行程(+X 的位置由参数 700 决定；–X 的位置由参数 704 决定)间偏移了一个误差带而产生的。因此，解决的方法可以有两种，即软件的方法和硬件的方法。软件的方法是修改机床的软件参数(700 和 704)，将软件所设定的 X 行程区间向+X 方向移动一个误差带，使之与机床硬件所限定的 X 行程区间相对应；硬件的方法是将机床硬件所限定的 X 行程区间向–X 方向移动一个误差带，使之与机床软件所设定的 X 行程区间相对应。这两种方法的前提都是保证机床原有的 X 行程不变。

比较上面两种方法，软件方法简单易行、实施方便；而硬件的方法实施较为麻烦。但是由于是在维修场合，我们必须考虑机床原有的工作状态，即引起机床故障的根本原因。经仔细向操作者了解方得知在一次运行机床至+X 极限超程位置并死机后，操作者曾自己用手工的方法将 X 坐标的滚珠丝杠向+X 方向调整了一段距离使之退出超程位置。

这样一来问题就十分清楚了，故障是由人为因素的错误调整而造成的。在这种情况下，如采用上面所介绍的软件方法来改变机床参数虽简单易行，但却容易造成机床参数的混乱而带来不必要的麻烦；而采用硬件的方法虽然调整过程稍显繁琐，但却可使机床真正回复到原有的正确状态。因此应考虑采用硬件的方法，即调整 X 坐标丝杠使之恢复到原来的位置。

采取的措施如下：

(1) 按照机床机械维修手册中的介绍，拆下 X 坐标滑枕最下方的端盖。

(2) 用一内六角扳手插入端部外露的丝框端面的内六角孔中，旋转丝杠，可使台面上下移动。

(3) 打开机床开关，并按下 E-STOP 键，仔细观察电柜中的 PLC 显示。

(4) 旋转丝杠，使台面(滑枕)向上(即–X 方向)运动一段距离(每次调整量以 10 mm 左右为宜)。

(5) 松开 E-STOP 键，用手动方式使机床向+X 方向运行，并走至极限位置且出现 510 号报警。此时应特别留意观察 PLC 中 X3073.1 是否闪烁过一下(原为常亮)。

(6) 如果出现 510 号报警而 X3073.1 常亮不闪烁，应使机床向–X 方向运行退回，并再次旋转丝杠使台面向+X 方向移动一段后，再重复上述操作并注意观察。

(7) 反复调整丝杠使台面移动，使机床在手动运行状态下达到：

① 在+X 方向上，X3073.1 闪烁一下，而 X3073.7 常亮不闪；

② 在–X 方向上，X3073.1 闪烁一下，而 X3073.6 常亮不闪。

如果在+X 方向上出现 X3073.1 闪烁一下后 X3073.7 也闪烁一下，则为丝杠调整过头，应使台面向反方向(–X 方向)调整。

如果在–X 方向上出现 X3073.1 闪烁一下后 X3073.6 也闪烁一下，则为丝杠调整不足，应继续向+X 方向调整台面。

至此，调整操作即告完成。重新启动机床，510 号报警消除，机床恢复正常运行。

总结：数控机床控制系统多配有面板显示器和指示灯。面板显示器可把大部分被监控的故障识别结果以报警的方式给出。对于各个具体的故障，系统由固定的报警号和文字显示给予提示。特别是彩色 CRT 的广泛使用及反衬显示的应用使故障报警更为醒目。出现故障后，系统会根据故障情况和故障类型提示或者同时中断运行而停机。对于加工中心运行中出现的故障，必要时系统会自动停止加工过程，等待处理。指示灯只能粗略地提示故障部位及类型等。程序能显示报警出现时程序的中断部位，坐标值显示能提示故障出现时运动部件的坐标位置，状态显示能提示功能执行结果。在维修人员未到现场前，操作者尽量不要破坏面板显示状态及机床故障后的状态，并向维修人员报告自己发现的面板瞬时异常现象。维修人员应抓住故障信号及有关信息特征，分析故障原因。故障出现的程序段可能是指令执行不彻底而发生报警。故障出现的坐标位置可能有位置检测元件故障、机械阻力太大等现象发生。维修人员和操作者要熟悉本机床报警目录，对有些针对性不强、含义比较广泛的报警要不断总结经验，掌握这类故障报警发生的具体原因。

11.3.2　数控系统软件故障检测与分析

软件故障是由软件变化或丢失而形成的。机床软件一般存储于 RAM 中。软件故障形成的可能原因如下：

(1) 误操作引起。在调试用户程序或修改机床参数时，操作者删除或更改了软件内容或参数，从而造成软件故障。

(2) 供电电池电压不足。为 RAM 供电的电池经过长时间的使用后，电池电压降低到额定值以下，或在停电情况下拔下为 RAM 供电的电池或电池电路断路或短路、接触不良等都会造成 RAM 得不到维持电压，从而使系统丢失软件及数据。

这里要特别注意以下几点：

① 应对长期闲置不用的数控机床经常定期开机，以防电池长期得不到充电，造成机床软件及数据的丢失。实际上，数控机床开机也是对电池充电的过程。

② 为 RAM 供电的电池当出现电量不足报警时，应及时更换新的电池，以防最后连报警都无法提供，出现软件和数据的丢失。

(3) 干扰信号引起。有时电源的波动及干扰脉冲会串入数控系统总线，引起时序错误或造成数控装置等停止运行。

(4) 软件死循环。运行复杂程序或进行大量计算时，有时会造成系统死循环引起系统中断，造成软件故障。

(5) 操作不规范。这里指操作者违反了机床的操作规程，从而造成机床报警或停机现象。如数控机床开机后没有进行回参考点，就进行加工零件的操作。

(6) 用户程序出错。由于用户程序中出现语法错误、非法数据、运行或输入中出现故障报警等现象。

对于软件丢失或参数变化造成的运行异常、程序中断、停机故障，可采取对数据、程序更改或清除重新输入的方法来恢复系统的正常工作。

对于程序运行或数据处理中发生中断而造成的停机故障，可采取硬件复位法或关掉数控机床总电源开关，然后再重新开机的方法来排除故障。

NC 复位、PLC 复位能使后续操作重新开始，而不会破坏有关软件和正常处理的结果，以消除报警。亦可采用清除法，但对 NC、PLC 采用清除法时，可能会使数据全部丢失，应注意保护不想清除的数据。

开关系统电源是清除软件故障常用的方法，但在出现故障报警或开关机之前一定要将报警信息的内容记录下来，以便于排除故障。

下面列举几个软件故障的检测实例，以供参考。

例 1　德国维尔纳公司制造的 TC800 卧式加工中心，其控制系统是西门子 850 M。机床使用一年后发现在停止状态下刀链(W 轴)来回小范围抖动。该轴的驱动与其他各轴一样采用交流伺服系统，其位置检测为角度脉冲发生器。开始时抖动不很严重，后来越来越厉害并报警停机。在机床制动停机后，通过测量伺服驱动的指令值，发现该输入电压值"+"、"–"不断变化，与抖动周期一致，从屏幕上也发现 W 轴的实际位置也不断地发生增减变化，这说明位置反馈是好的。那么 NC 部分、伺服驱动、电动机这几个环节哪一个有故障呢？首先考虑到是零点漂移，但经调整无效。由于是闭环的数控系统，各环节互相控制、互相制约，分析起来比较复杂。而西门子 850 系统可分为硬件和软件两大部分，软件部分有许多用户可以干预的参数，关于伺服轴的参数也不少。因此决定先从修改参数入手。经几次调整参数，最后将 NC 机床参数 2604(W 轴多项增益)从 25500 改至 15000 后，抖动立即停止。为使系统有比较高的快速性和较宽的稳定裕量，经几次试验将该参数定为 20000。以后刀链一直正常运行。

　　抖动原因是元件老化，系统参数发生变化，而且伺服系统回路的增益太大。理论上在闭环系统里开环增益过大，系统的稳定裕量就小。由于系统某些原因引起参数发生变化或干扰造成系统振荡或不稳定。在全由硬件组成的系统里可以调整某一环节增益得以校正；而在现代计算机控制的加工中心往往可以通过修改某一个相关参数而收到事半功倍的效果。

　　例 2　一台采用 FANUC 0T 系统的数控车床，开机之后出现死机，任何操作不起作用。将内存全部清除后，重新输入机床参数，系统恢复正常。该故障是由机床数据混乱造成的。

　　例 3　一台带 FANUC 0MC 控制系统的数控加工中心，由于机床的控制装置出现偶发性故障，引起了机床的加工坐标轴方向发生偏移，偏移量为 3 mm，导致 ATC 自动换刀不到位，使加工出来的零件在 Z 方向的尺寸不合格。但是机床的运转状况良好无反映，CRT 显示屏也无任何报警信息。

　　在认真调查了发生异常现象的前后状况后，得出以下几种可能的原因：

　　(1) ATC 机械手进行刀具交换中没有到位。

　　(2) 机床 Z 轴坐标位置原点有偏移。

　　(3) 机床异常状况与 CNC 数控装置参数有关。

　　通过检查，排除了第(1)、(2)两项因素。于是，根据这类数控机床的特点，分析检查了与坐标位移有关的参数，发现第 510 号参数是 Z 轴的栅格位移量(GRDSZ)，其设定值在 $(0\sim+32\,767)$ μm 或 $(0\sim-32\,767)$ μm。机床在执行参考原点时，首先会碰到减速限位开关，一旦减速信号发出，机床变为低速移动，当移动部位到达栅格位置时进给也就停止，回参考点工作才完成。由于机床的异常原因使 Z 轴参考原点偏移约 3 mm，这个偏移量是与坐标轴栅格移位量有关的，查看 CRT 画面 510 号参数，它的原始设定值是 –6907 μm，由于加工的工件是过切削而超差。现将这一数据修改为 –9907 μm，再重新开机，先做机床回原点、自动交换刀具等一系列动作都正常后，再进行加工试验，将加工完成的工件送检后证实合格。这种方法对维修人员来说，不同于以往的只忙于查找损坏器件的维修处理，而是根据 CNC 控制装置的数据变化去分析和查找数控机床故障。

11.3.3　追踪检测法

　　追踪检测法是指维修人员对故障机床产生故障的时间、运行方式和故障类型进行了解，寻找出故障产生的各种迹象。步骤如下：

1．追踪故障的基本情况

(1) 确定故障发生的时间。

(2) 确定故障发生的次数。

(3) 确定故障的发生有无重复性。

(4) 确定故障发生时有否雷击。

2．追踪故障发生时机床的工作方式

(1) 确定故障发生时系统处于哪种工作方式。

(2) 确定是否在执行 M、S、T 代码时出现故障。

(3) 确定故障发生时主轴的速度是否正常。

(4) 确定故障发生时进给轴的速度是否正常。

(5) 确定故障发生时是否运行了新程序。

(6) 确定故障发生时机床是否处于锁定状态。

(7) 确定故障发生时是否进行了螺纹车削。

3．追踪故障现象

(1) 检查显示器画面是否正常。

(2) 检查各种状态指示灯是否正常。

(3) 检查显示器画面是否显示报警信息。

(4) 检查故障发生前是否调整过参数或机床。

(5) 检查机床各部位外观有无异常。

(6) 检查气动或液压管路有无泄漏现象。

(7) 检查熔断器有无熔断。

(8) 检查电气元件有无松动。

例1　长春某汽车配件厂一台数控车床，配备了 FANUC 0-TE 系统，机床使用过程中一直比较稳定，有一天突然机床找不到刀号，出现"换刀时间过长"报警。

经了解出现"换刀时间过长"报警时，正值天空打雷，停机修复后机床再没有出现过"换刀时间过长"报警，故推断该报警与雷击有关。

例2　某数控车床，配备了 FANUC 0-TD 系统，在使用过程中经常出现 414 号报警，停机几小时后开机机床运转正常。

经了解，每次机床出现 414 号报警的时间均为凌晨 1～3 点，根据报警信息，查 FANUC 0-TD 系统维修说明书，发现 414 号报警中有高电压报警，经测量机床出现 414 号报警时伺服驱动输入电压为 250 V，而电网电压高达 460 V，给该机床配置稳压器后，机床 414 号报警消失。

例3　某进口车床，X 轴出现失控故障。经查，X 轴出现失控故障前，曾出现过异常响声，维修人员对 X 轴进行维修后出现该报警。将 X 轴电动机拆下，并按下急停按钮，通电检测电动机，发现用于反馈的编码器信号出现了跳跃。拆下编码器检测，发现码盘有裂纹，更换新编码器后故障消失。

例4　某数控车床，配备了 FANUC 0-TD 系统，变频主轴控制系统在使用过程中出现 G01 程序不执行故障。

在一一般情况下，G01 进给与主轴速度到达信号有关，检查变频器速度到达信号输出正常，而系统输入点无速度到达信号，仔细检查，发现主轴速度到达信号输入继电器损坏，更换新继电器后故障消失。

例 5　某数控车床，配备了 SIEMENS 公司 802D 系统，车削螺纹时进给轴不移动，系统不报警。

系统车削螺纹的原理是接收到位置编码器一转信号后开始进给，进给量为主轴每转轴向移动一个导程，由此可初步判定系统未接收到编码器一转信号。检查编码器及连接电缆，未见异常，查系统参数发现 MD30230 设置为"0"，即不使用主轴位置编码器，将系统参数 MD30230 设置为"1"重新进行螺纹车削，机床工作正常。

例 6　某数控车床开机后自动加工程序，出现 1000 号报警，内容为"X、Z 轴未回参考点"。

将操作方式选择到回零方式，执行回零操作，然后重新选择自动加工程序，机床恢复正常。

例 7　某机床开机后，出现 1003 号报警，内容为"气压低报警"。

检查系统气源压力发现气动管路有破裂现象，修复管路后机床恢复正常。

例 8　某数控车床，配备了 FANUC 0-TD 系统，机床快速移动时出现 411 号报警。

故障分析：查 FANUC 公司系统维修说明书，得知该报警内容为动态跟踪误差过大，检查系统参数及电动机均无异常，检查机床润滑系统发现润滑液泄漏严重，导致导轨无油长期运行，修复润滑系统，机床恢复正常。

例 9　CK6140 数控车床，配备了 FANUC 0i-mate TC 系统，机床换刀时突然出现刀架运转不停现象。

经检查发现，用于提高电平的电阻板松动导致该故障，将电阻板紧固后运转机床，故障消除。

例 10　CK6140 数控车床，配备了 FANUC 0i-mate TC 系统，刀架维修后重新通电运行，无法正常换刀。

调整电源相序，故障排除。

11.3.4　自检测功能法

自检测功能是数控系统一项十分重要的技术，它是评价数控系统性能的一个重要指标。数控机床发生故障时，通过数控系统自检测功能，可以帮助维修人员迅速准确地查找故障原因，并确定故障部位。目前，数控系统自检测功能主要有三种方式，即启动检测、在线诊断、和离线检测。

1．启动检测

启动检测是指数控系统每次从通电开始到正常的运行准备状态为止，系统内部检测程序自动执行的检测。

数控机床通电时，系统自检测软件会对系统中最关键的硬件和软件，如 CPU、RAM、ROM、MDI 键盘、显示器、I/O 模块、驱动单元、系统软件、监控软件等逐一进行检测，并将检测结果在显示器上显示出来。只有当全部开机检测项目都正常后，系统才能进入正常运行准备状态。一旦检测未通过，即在显示器上显示报警信息或报警号。

2．在线检测

在线检测是指数控机床正常工作过程中，运行系统内部检测程序，对系统、伺服模块、PLC 以及与系统相连的其他附属装置进行自动检测，显示有关状态及报警信息。数控系统具有丰富的在线自检测功能，不仅能显示有关状态及报警信息，而且能以多页的"检测地址"、"检测数据"形式为用户提供各种机床状态信息。

3．离线检测

离线检测是指当数控机床出现故障时，采取停机检查的方法判断机床故障。早期的数控系统采用专用检测纸带对系统进行离线检测。检测时将检测纸带内容读入到数控系统的 RAM 中，系统根据相应数据进行分析判断软硬件是否有故障，并确定故障位置。近期的数控系统大多采用专用测试装置进行测试，具有方便快捷的特点。数控系统的自检测功能除了启动检测、在线检测和离线检测外，还有远程检测、专家诊断，其中远程检测技术随着互联网技术的发展，已逐步进入实用阶段，在工业现场发挥着越来越重要的作用。

例1　某机床配备了 FANUC 0i-mate 系统，开机后，出现 924 号报警。

查 FANUC 系统维修说明书知 924 号报警内容是伺服模块安装不良，造成故障的可能原因有未安装模块、模块安装错误、伺服模块不良及主板不良。由于本机床属正在使用中的机床，报警前并未维修机床，不可能存在未安装模块及安装错误问题，因此，只可能是伺服模块不良或主板不良。更换伺服模块后故障排除。

例2　一台采用 SIEMENS SINUMERIK 810 的数控车床，每次开机系统都进入 AUTOMATIC 状态，不能进行任何操作，系统出现死机状态。经强制启动后，系统恢复正常工作。

这个故障是因操作人员操作失误或其他原因使 NC 系统处于了死循环状态。

例3　一台专用数控车床，其 NC 系统采用 SIEMENS 的 INUMERIK SYSTEM 3，在批量加工中 NC 系统显示 2 号报警"LIMTT SWTTCH"。

出现这种故障是因为 X 轴行程超出软件设定的极限值。检查程序数值发现并无变化，仔细观察故障现象，当出现故障时，显示器上显示的 X 轴坐标确定达到软件极限，经分析发现是补偿值输入变大引起的，适当调整软件限位设置后，故障被排除。这个故障就是软件限位设置不当造成的。

例4　某台 TNL-150 型数控车床，配备了 FANUC 0-TC 系统，主轴启动时，转速仅有 (20～30) r/min，系统显示器显示 409 号报警，主轴驱动上显示 AL-31 号报警。

查 FANUC 公司的系统维修说明书，得知 409 号报警内容是主轴电动机负载异常，主轴驱动 AL-31 号报警内容是电动机不能按速度指令运转，速度检测信号异常。检查主轴电动机速度反馈电缆，未见异常；检查主轴速度检测用磁头，发现磁头磨损严重，造成速度检测报警，更换磁头后故障消失。

11.3.5　交换检测法

所谓交换检测法，就是在分析出故障的大致原因后，将相同型号的模块、元器件、电动机等进行交换，或者用系统中已有的相同类型部件来替换，观察故障转移情况，判断故障部位。

例1　CK6140 数控车床，配备了 FANUC-TD 系统，车床开机通电后屏幕无显示。

车床显示器正常显示一般需要以下几个条件：电源正常，视频信号正常，显示器正常。检查显示器电源和视频信号均未发现异常。怀疑显示器有问题，用同型号的显示器替换后，车床恢复正常。

例2　CK6140 数控车床，配大森 6 系统，机床使用过程中出现"Z 轴驱动器报警"。

现场只有一台此型号的车床。根据追踪检测法分析此故障现象，未找到有用线索，将该车床的"X、Z"轴指令电缆交换后发现，车床报警变为"X 轴驱动器报警"。怀疑 Z 轴驱动器有问题，用同型号的驱动器替换后，车床恢复正常。

交换检测法是一种简单易行的方法，也是现场判断时常用的方法之一。但在采用此法之前，应仔细检查备用板是否完好，与原板的各种状态是否一致。更换系统主板还应考虑参数的一致问题。采用交换法检查机床故障，切忌不加分析、随意更换，导致车床故障范围扩大。此法有一定的危险性，初学者慎用。

11.3.6　参数检查法

数控机床的参数设置是否合理直接影响到机床能否正常工作。在一般情况下，机床出厂前已经将参数调整到最优状态，使用者不要随意修改，否则会带来其他故障。

例1　一台采用 FANUC-0T 系统的数控车床，每次开机都发生死机现象，任何正常操作都不起作用。

采取强制复位的方法，将系统内存全部清除后，系统恢复正常，重新输入车床参数后，车床能够正常使用。这个故障就是由于车床参数混乱造成的。

例2　一台采用 FANUC-6T 系统的数控车床，出现 X 轴伺服电动机温升过高的现象，且无任何报警。

检查机械、驱动单元、电动机均无异常。检查有关参数，发现 22 号参数(速度指令值)数值显示的闪烁频率比其他参数值闪烁频率快。再查 6 号参数(反向间隙补偿量)的补偿值高达 0.25 mm。适当减小 X 轴反向间隙补偿量后，电动机过热故障消除。

数控车床经过长期运行后，由于机械运动部件的磨损、电气元件性能变化等原因，也需对参数进行修正。有些车床故障，往往就是未及时修正某些不适应的参数所致。运用此法修改参数前，请做好原参数备份。

11.3.7　功能程序测试法

所谓功能程序测试法，就是将数控车床的常用功能及特殊功能编制为一个功能测试程序，然后在车床上运行这个程序，用它来检测车床执行这些功能的准确性及可靠性，从而判断故障发生的可能原因。

例　某数控车床，配备了 FANUC 0i-TA 系统，在自动加工过程中，出现爬行现象。

爬行现象是车床进给轴在低速运行过程中，一停一跳、一慢一快的运动现象。检查车床的加工程序，发现车床运行直线、圆弧插补时无爬行现象，而出现爬行时的加工程序是由众多小段圆弧组成的，编程时使用了正确定位检查 G61 指令。将程序中的 G61 取消，改用 G64 后，爬行现象消除。

参 考 文 献

[1]　佚名. 电力拖动控制线路. 2 版. 北京：中国劳动出版社，1995.

[2]　贺哲荣. 实用机床电气控制线路故障维修. 北京：电子工业出版社，2003.

[3]　贺哲荣. 机床电气控制线路图识图技巧. 北京：机械工业出版社，2005.